21 世纪高等院校教材·化工类

化工安全工程

（第二版）

蔡凤英　谈宗山　孟　赫　蔡仁良　编著

科学出版社
北　京

内 容 简 介

本书根据化学工业的主要危险——火灾爆炸、有毒有害等特点，着重介绍燃烧与爆炸的基本概念和防火防爆的基本措施、职业卫生、压力容器安全、泄漏源及扩散模式，以及危险性分析方法和安全性评价等内容。

本书深入浅出，理论联系实际，可作为高等院校化工类专业的安全工程课教学用书，也可供从事化学工业的工程技术人员、环保和安全管理干部培训和参考学习。

图书在版编目(CIP)数据

化工安全工程/蔡凤英等编著. —2 版. —北京：科学出版社，2009
21 世纪高等院校教材・化工类
ISBN 978-7-03-025622-5

Ⅰ. 化… Ⅱ. 蔡… Ⅲ. 化学工业-安全工程-高等学校-教材 Ⅳ. TQ086

中国版本图书馆 CIP 数据核字(2009)第 170732 号

责任编辑：杨向萍　陈雅娴　刘俊来 / 责任校对：陈玉凤
责任印制：赵　博/ 封面设计：耕者设计工作室

科学出版社 出版
北京东黄城根北街 16 号
邮政编码：100717
http://www.sciencep.com
北京华宇信诺印刷有限公司印刷
科学出版社发行　各地新华书店经销
*
2001 年 2 月第 一 版　开本：720×1000 1/16
2009 年 10 月第 二 版　印张：20 1/4 插页：1
2024 年 8 月第二十一次印刷　字数：394 000

定价：48.00 元

(如有印装质量问题，我社负责调换)

第二版前言

本书第一版自2001年出版以来，已经印刷7次，使用8年之久。随着我国对安全生产的日益重视和安全工程技术的发展，近年来出台了一系列有关安全生产的法律法规，不少技术规范和标准作了修改并颁布了一些新的规范、标准。为能反映安全科学技术的新进展，我们在保持深入浅出、理论联系实际、具有较高实用价值特色的基础上，对第一版的部分内容进行了修订：

1. 所有章节引用的标准都依最新版标准作了修订；

2. 除按新标准对第2章部分内容作修订外，在爆炸分类中增加了“按事故过程爆炸分类”；

3. 将第4章原职业病名单修改为国家最新制定的职业病名单；

4. 根据作者的教学经验对第5章原有结构作了全面修订，更有利于系统地掌握压力容器安全技术；

5. 根据近年来安全科学的进展和国家安监总局发布的有关安全评价的规定，对第8章作了相应的修订并增加了“安全评价的原理”一节，使之更适用于现实工作的要求。

6. 删去了第一版附录Ⅱ车间空气有害物质的最高容许浓度。

本书作为教学用书，有些信息难以在书中全面反映，加之我们水平有限，错误和不妥之处在所难免，恳请读者和使用单位继续给予支持，指出不当之处，提出修改意见和建议，以便再版时修订。

作　者

2009年4月于华东理工大学

第一版前言

化工生产具有生产工艺复杂多变、原材料及产品易燃易爆、有毒有害和腐蚀性，生产装置大型化、过程连续化、自动化等特点，因此在生产过程中存在着潜在的危险因素。这些危险因素在一定条件下会转变为事故，从而破坏正常生产并危及人们的生命安全，甚至给环境造成严重污染。所以必须研究生产中各种灾害发生的原因，从工艺、设备及设施的设计阶段起，就要考虑采取相应的措施以防止事故的发生，并在项目建设、运行中严格管理，力求生产过程安全化、高效率化。

安全工程是研究生产过程事故的成因及其控制，并结合人的因素探讨如何健全生产过程的一门科学，而化工安全工程则是研究化工生产过程事故发生的原因以及关于防止事故所需的科学技术和知识的一门课程。

安全工程技术的发展和应用，对化学工业起着至关重要的作用。随着化工生产技术的迅速发展，生产过程的潜在危险性逐渐增加，从事化学工业的工程技术人员必须系统地掌握安全工程知识。早在1983年国务院就明确规定，各理工科大专院校应开设安全技术课程。根据教学的需要，我们编写了这本书。书中考虑化学工业的主要危险是火灾、爆炸和有毒有害，故着重阐述了燃烧爆炸的基本概念及防火防爆的技术措施、职业卫生、压力容器安全、泄漏源及扩散模式、危险性分析方法及安全性评价等内容。希望读者通过学习能在今后的工程设计、技术开发、科学研究和生产管理中，运用这些知识分析、评价和控制危险，促进化学工业的发展和生产顺利进行。

本书是编者在多年教学实践的基础上，吸收了当前国内外安全科学知识的新内容，几经修改编写而成。全书共分八章，其中第一、七、八章由蔡凤英执笔；第二、三章由谈宗山执笔；第四、六章由孟赫执笔；第五章由蔡仁良执笔。

考虑到本书既是一本教材，又可供工程技术人员阅读和学习，有必要将现行国标规定与习惯用法在此说明，以方便读者阅读。本书采用国标表示法，例如用质量分数 w 代替习惯用法重量百分比浓度 $(W/W)\%$；体积分数 φ 代替体积百分比浓度 $(V/V)\%$；质量浓度 ρ 代替质量体积浓度 $(W/V)\%$ 等。

由于化工安全工程涉及面甚广，加之我们水平所限，书中难免有不妥之处，敬请从事安全工作的同仁不吝指正，以便再版时修订。

编　者

2000年2月于华东理工大学

目　　录

第1章　绪　　论

科学技术的发展，不断提高着人们的物质生活和文化生活水平。特别是化工、石油化工的迅速崛起，有力地促进了国民经济的发展。如今，人们的“衣、食、住、行”样样都离不开化工产品，而且化学工业越来越与其他工业密切相关，化工产品广泛应用于农业、国防、轻工、纺织、建筑等行业，并成为发展国防工业和尖端科学技术不可缺少的原料。因此，化学工业对提高人们的生活水平，促进其他工业的迅速发展都起着十分重要的作用。

但是，随着新技术、新产品的不断开发和利用，潜在的危险因素随之增加。尤其是化工生产由于具有易燃易爆、有毒有害、腐蚀性强等特点，危险性较之其他行业要大，发生事故的后果也往往比较严重。因此在化工生产中要特别重视安全，要从保护人身安全和健康出发，深入研究事故发生的客观规律，努力探讨控制危险的有效措施，防止各类事故的发生。

1.1　安全工程概述

人类在求生存求发展的过程中，不断地从自然界获取物质和精神财富，而同时又在一定条件下经受着自然界作用于人类的危害。特别是在生产活动中，随着生产技术的不断发展，生产过程中的危险性也随之上升。在长期的生产实践中，人们为了保护自身的安全，不得不想办法控制各种危害，从而积累了消除不安全因素，促进生产发展，保护自身安全的经验。由此也逐渐形成了一门新的学科——安全科学。

安全工程是安全科学的工学门类。它是研究生产过程中各种事故和职业性伤害发生的原因以及防止事故和职业病发生的一门科学技术。不同生产过程发生事故的种类和原因不完全相同，防止的方法也有所差异。化工安全工程则针对化工生产中存在的主要危险和有害因素，研究发生事故的原因及防范措施。

1.1.1　安全工程的任务和目的

安全工程与其他工程学有所不同，其他工程学一般是研究正常生产过程。但是任何生产过程都不同程度地存在着一些危险因素，这些危险因素如果不及时消除，就会发生事故，从而威胁到人身的安全和健康，同时也阻碍生产的正常进行，影响经济发展。安全工程是从保护人、发展生产的角度出发，针对伴随生产过程可能发生的不安全因素和职业性危害进行科学分析和研究，并考虑人的因素，探讨如何完善生产过程，以实现高效率和高可靠性的一门学科。

安全工程的任务是研究工业灾害发生的原理及规律，分析、评价生产中可能发生的事故，采用工程技术方法和科学管理手段控制生产中的危险有害因素，防止伤亡事故、职业病、职业中毒以及其他各种事故发生，创建安全、卫生、舒适的劳动条件。其目的是保护人的生命安全以及在生产活动中的身心健康，使职工在劳动中保持持久的劳动能力，提高劳动效率；保护设备财产不受损坏，使生产能安全、稳定、顺利地进行，以提高经济效益。

随着社会的进步，人类文明程度的提高，对安全的要求越来越高，安全工程肩负的任务也将更加繁重。目前，安全已不仅仅只考虑生产过程对企业内部带来的职业安全卫生问题，还要重视对环境的污染，要把健康（health）、安全（safety）、环境（environment）作为一个整体来加强管理。国际上一些大的石油公司如壳牌公司于 20 世纪 80 年代就开始这方面的探索和研究，并于 1995 年制定了 HSE 管理体系标准。1996 年 1 月，ISO/TC67 的 SC6 分委会（国际标准化组织负责石油天然气工业材料、设备的海上结构标准化的技术委员会）发布了《石油和天然气工业健康、安全与环境（HSE）管理体系》标准草案。我国石油天然气总公司也于 1997 年 6 月 27 日正式发布了石油天然气工业健康、安全与环境管理体系的行业标准，并于当年的 9 月 1 日实施。HSE 管理体系已成为国际上现行的一套通用管理办法，相信今后我国各行业都会普遍推广和实施。

1.1.2 安全工程研究的对象

任何生产过程都离不开人、物、环境三个方面的因素。人，包括从事生产活动的操作人员和各级管理人员；物，包括生产中所用的物质（含原材料、辅助材料、催化剂、半成品、产品以及作为动力的能源）和机器设备（如机械设备、电气设备、控制系统和仪器仪表等）；环境是指每个生产过程所处的作业环境和社会环境。三个方面因素构成了“人-物-环境”生产系统，每个因素就是生产系统的一个子系统。各个子系统都存在着一定的潜在危险因素，并在一定条件下转变为事故，影响系统功能的正常发挥。大量事故的调查结果表明，事故基本上是由这三方面因素造成的。例如，人的行为受生理因素和社会环境的影响容易产生差错，主要表现在：技术不熟练、精神不集中、疲劳、身体不适、心情不愉快或素质差等会发生误操作、误判断或违章指挥、违章作业等。这些不安全行为有时对系统的影响可能不大，而有时则能导致灾难性后果。生产中所用的原材料和产品，具有燃烧、爆炸、腐蚀、毒害等危险性，在生产、使用、储存和运输中如缺乏安全防范措施或管理不善，就会发生意外事件；各种设备由于设计、施工、制造时有缺陷或维修保养不良、腐蚀、老化等原因呈现出磨损、松脱、变形、强度下降、破损、发热、移位以及短路、断路等危险状态，运行时常会造成人员伤亡或设备破坏。作业环境中的噪声、振动、粉尘、有毒气体和蒸气、温度、湿度、色彩照明、通风采暖以及射线等物理化学因素，不仅影响人的心理情绪，导致误操作，长期接触还会危害人体健康，甚至引起职业病。管理制度、工时定额、人际关系等社会因素也会影响人的心理状态和行为方式。

在人-物-环境系统中，三个子系统相互联系、相互制约、相互影响，构成一个有机整体。例如，由于人对设备的设计、制造有缺陷或维修保养不良，使物（机器设备）存在着不安全状态；物的不安全状态又会在客观上造成人有不安全行为的环境条件；社会环境和作业环境影响着人的心理、生理特征，某些环境因素也会使物的性能发生变化，例如机器寿命和精度下降。因此，安全工程要从系统的观念出发，研究人、物、环境三个方面潜在的危险因素以及出现的条件和形成事故的规律，探讨控制危险、预防事故的有效对策和手段，提高系统的安全可靠性。

1.1.3　安全工程研究的基本内容

由于生产过程存在着各种各样不安全不卫生的因素，这些因素发生事故的规律及其预防方法不完全相同，因此安全工程研究的内容范围很广，这些内容可归纳为以下三个方面：

1. 安全技术

安全技术是针对生产劳动过程中存在的危险因素，研究采取怎样的技术措施将其消灭在事故发生之前，预防和控制工伤事故和其他各类事故的发生。它包括工艺、设备、控制等各个方面，例如变不安全的工艺流程和操作方法为安全的流程和方法，在设备上安装防护装置、保险装置，设置安全联锁、紧急停车等控制手段。

安全技术寓于生产技术之中，它和生产技术是紧密相关的，有什么样的生产技术就有什么样的安全技术，故安全技术有许多门类，如防火防爆技术、电气安全技术、锅炉压力容器安全技术以及建筑安装、机械加工、个体防护等安全技术。

2. 劳动卫生技术

劳动卫生技术生产劳动过程中存在着对人体健康有害的因素，长期作用于人体会引起机体器官发生病变，导致职业中毒和职业病，劳动卫生技术研究如何防治职业危害的技术措施。这方面的内容也称职业卫生，包括防尘防毒、噪声治理、振动消除、通风采暖、采光照明，以及其他物理化学有害因素的防护、现场急救等。

3. 安全卫生管理

安全卫生管理是指对安全生产所进行的计划、组织、指挥、协调和控制的一系列活动。它从立法和组织上采取措施，保护职工在劳动过程中的安全和健康。研究的内容主要有:制定安全生产的方针政策、法令法规(包括各种规程、规范、条例、标准),使安全生产做到有法必依,有章可循,用法制的手段实施安全。新中国成立以来,我国历届领导人及相应机构都十分重视劳动保护和安全生产工作。早在1952年就根据毛泽东主席的指示制定了安全生产方针。在安全生产方针指导下制定了一系列安全法规和标准。例如,1956年在周恩来总理主持的国务院全体会议上讨论通过并颁布实施了“三大规程”,即《工厂安全卫生规程》、《建筑安装工程安全技术规程》和《工人职员伤亡事故报告规程》。1963年国务院又发布了《关于加强企业生产中安全工作的几项规定》,简称“五项规定”。其内容包括:(1) 关于安全生产责任制;(2) 关于安全技术措施计划;(3) 关于安全生产教育;(4) 关于安全生产的定期检查;(5) 关于伤亡事故的调查和处理。“五项规定”明确指出,企业的各级领导必须实行安全和生产的“五同时”,即在计划、布置、检查、总结、评比生产的时候,同时计划、布置、检查、总结、评比安全工作。20 世纪 70 年代开始尤其是改革开放后,现代化石油化工装置的引进,促进了我国生产技术的高速发展,由此安全问题也日益突出。为保证安全生产,政府加大了行政监管力度,与此同时也研究制定了许多相关法律、法规、规范、标准。1978 年中共中央下发了《关于认真做好劳动保护工作的通知》,在总结当时我国安全生产情况和存在的问题时明确规定:今后,凡是新建、改建、扩建的工矿企业和革新、挖潜的工程项目,都必须有保证安全生产和消除有毒有害物质的设施。这些设施要与主体工程同时设计、同时施工、同时投产,不得削减。1982 年国务院发布《矿山安全条例》和《矿山安全监察条例》,之后相继出台了《中华人民共和国劳动法》、《中华人民共和国消防法》、《中华人民共和国职业病防治法》。

2002 年我国颁布了《中华人民共和国安全生产法》(简称《安全生产法》),该法明确规定:“生产经营单位应当具备本法和有关法律、行政法规和国家标准或者行业标准规定的安全生产条件;不具备安全生产条件的,不得从事生产经营活动”。《安全生产法》还进一步明确:生产经营单位在新建、改建、扩建工程中的安全设施必须坚持“三同时”的原则,即“生产经营单位新建、改建、扩建工程项目(以下统称建设项目)的安全设施,必须与主体工程同时设计、同时施工、同时投入生产和使用。安全设施投资应当纳入建设项目概算”。“三同时”原则是创造安全作业环境,保障职工的身心健康,减少事故的一项根本措施,也体现了“安全第一,预防为主,综合治理”的安全生产方针。

近年来由危险化学品引发的事故频繁发生,而且相当多的属重特大事故,给人民的生命财产造成严重损失,也影响社会和谐稳定。为此,国家制定了一系列有关危险化学品的行政法规,主要有《农药管理条例》、《危险化学品安全管理条例》、《使用有毒物质作业场所劳动保护条例》、《烟花爆竹安全管理条例》、《民用爆破器材管理条例》等。2002 年 11 月国家经贸委发布了 36 号令《危险化学品经营许可证管理办法》，规定“国家对危险化学品经营销售实行许可制度。经营销售危险化学品的单位，应当依照本办法取得危险化学品经营许可证（以下简称经营许可证），并凭经营许可证依法向工商行政管理部门申请办理登记注册手续。未取得经营许可证和未经工商登记注册，任何单位和个人不得经营销售危险化学品”。2004年国务院又发布了397号令《安全生产许可证条例》，明确规定“国家对矿山企业、建筑施工企业和危险化学品、烟花爆竹、民用爆破器材生产企业（以下统称企业）实行安全生产许可制度”。

事故发生之后，为及时吸取教训，采取有效措施，防止同类事故再次发生，我国在处理伤亡事故时提出了“四不放过”原则，即事故原因分析不清不放过；事故责任者没有受到处理不放过；群众没有受到教育不放过；没有防范措施不放过。为确保安全还必须采取一系列组织措施，如建立和健全安全组织机构，明确安全生产责任制等。

各种法规、制度对防止灾害，保证安全生产起了很重要的作用。但是随着新技术、新材料、新能源的不断出现，工艺过程日趋复杂化、大型化，生产中潜在的危险性也随之增加。法规的制定和修改往往需要一个过程，法规范围以外不一定就没有危险。因此，只是单纯强调遵守现行法规，显然不能完全满足安全生产的需要，必须在研究开发先进安全技术的同时，还要探索现代安全管理方法，采用系统的思想方法进行安全管理。

系统的思想方法就是把事物当作一个整体来研究，从整体出发分析其各组成部分之间的有机联系和与外部环境的相互关系，是一种综合的研究分析方法。

把系统的思想用于安全管理可使安全管理走向科学化、现代化。这种管理方法与传统的安全管理不同，不是在事故发生之后就事论事地解决安全问题，而是用系统工程的原理和方法预先分析、评价系统中存在的危险因素及可能造成的损失，从而制订出相应的安全措施控制危险，预防事故，实现系统安全。自20世纪60年代以来逐步形成的一门新的学科——安全系统工程就是系统思想在安全工作中应用实践的总结，已在世界各国得到广泛的推广和使用。

由以上的介绍可以看出，安全工程要达到防止伤亡事故和职业危害，创造安全、健康、舒适的工作条件，保护劳动者的身心健康，提高劳动生产率的目的，其研究的内容极为丰富，涉及的学科范围非常广泛。例如，安全技术研究的内容包括化学物质的燃烧、爆炸、腐蚀等危险特性，锅炉压力容器的爆炸，触电引起的伤害，物体打击，高空坠落，机器转动部件的绞、轧等事故的原理及防止的技术措施，涉及的科学知识和技术有数学、物理、化学、力学、电工学、机械、检测及计算机等方面。

劳动卫生技术研究的内容有噪声、振动、电离辐射、有毒物质、生产性粉尘、高温、湿度等有害因素对人体的危害及其预防的技术措施，应用到物理、化学、生物学、工业毒理学、放射防护学等科学知识。

安全卫生管理是研究和制定安全生产的方针、政策、法规、制度及组织管理等属于社会科学方面的内容。采用系统的方法识别、评价、控制危险因素又涉及运筹学、控制论、决策论、概率论、可靠性等科学知识。

为了更好地使人和机器有机配合，在保持和提高工作效率的同时，保障操作者安全健康、舒适愉快地工作，近年来又创建了一门新的学科——安全人机工程学。它是从劳动者的心理、生理、生物力学等方面研究给生产带来高效率的机械化、自动化、电子化等技术，同时，也研究有害因素的作用机理及其防止方法。安全人机工程是安全工程的一个新的分支，是用心理学、生理学、生物学、人体测量学和工程技术等知识解决人机关系。

综上所述，安全工程是一门多学科、跨门类、综合性很强的交叉学科。

1.2 化工生产与安全

1.2.1 化工生产的特点

国民经济的迅速发展，对化工产品的需求量与日俱增，从而也促进了化工生产的快速增长。特别是20世纪初兴起的石油化学工业，在60～70年代得到飞速发展，产品产量大幅度增长，品种迅速增加，目前化工产品的种类已达数万种之多。化学工业的发展有力地促进了工农业生产，巩固了国防，改善和提高了人们的生活水平。但是化学生产过程存在着许多不安全因素和职业危害，比其他生产有着更大的危险性，这主要是由于化工生产具有如下几个特点：

1. 化工生产的物料绝大多数具有潜在危险性

化工生产使用的原料、中间体和产品绝大多数具有易燃易爆、有毒有害、腐蚀等危险性。例如，聚氯乙烯树脂生产使用的原料乙烯、甲苯和 C_4 及中间产品二氯乙烷和氯乙烯都是易燃易爆物质，在空气中达到一定的浓度，遇火源即会发生火灾爆炸事故；氯气、二氯乙烷、氯乙烯还具有较强的毒性，氯乙烯并具有致癌作用；氯气和氯化氢在有水分存在下有强烈腐蚀性。物质的这些潜在危险性决定了在生产、使用、储存、运输等过程中稍有不慎就会酿成事故。

2. 生产工艺过程复杂、工艺条件苛刻

化工生产从原料到产品，一般需要经过许多工序和复杂的加工单元，通过多次反应或分离才能完成。例如，炼油生产的催化裂化装置，从原料到产品要经过8个加工单元，乙烯从原料裂解到产品出来需要12个化学反应和分离单元。

化工生产的工艺参数前后变化很大。例如，以柴油为原料裂解生产乙烯的过程中，最高操作温度近1000℃，最低则为－170℃；最高操作压力为11.28MPa，最低只有0.07～0.08MPa。高压聚乙烯生产最高压力达300MPa。这样的工艺条件，再加上许多介质具有强烈腐蚀性，在温度应力、交变应力等作用下，受压容器常因此而遭到破坏。有些反应过程要求的工艺条件很苛刻。例如，用丙烯和空气直接氧化生产丙烯酸的反应，各种物料比就处于爆炸范围附近，且反应温度超过中间产物丙烯醛的自燃点，控制上稍有偏差就有发生爆炸的危险。

3. 生产规模大型化、生产过程连续性强

现代化工生产装置规模越来越大，以求降低单位产品的投资和成本，提高经济效益。例如，我国的炼油装置单系列最大规模达年产1000万吨，乙烯装置达到年产100万吨的规模。装置的大型化有效地提高了生产效率，但规模越大，储存的危险物料量越多，潜在的危险能量也越大，事故造成的后果往往也越严重。

化工生产从原料输入到产品输出具有高度的连续性，前后单元息息相关，相互制约，某一环节发生故障常会影响整个生产的正常进行。由于装置规模大且工艺流程长，因此使用设备的种类和数量都相当多。例如，某厂年产30万吨乙烯装置含有裂解炉、加热炉、反应器、换热器、塔、槽、泵、压缩机等设备共500多台件，管道上千根，还有各种控制和检测仪表，这些设备如维修保养不良很容易引起事故的发生。

4. 生产过程自动化程度高

由于装置大型化、连续化、工艺过程复杂化和工艺参数要求苛刻，现代化工生产过程用人工操作已不能适应其需要，必须采用自动化程度较高的控制系统。近年来随着计算机技术的发展，化工生产中普遍采用了DCS集散型控制系统，对生产过程的各种参数及开停车实行监视、控制、管理，从而有效地提高了控制的可靠性。但是控制系统和仪器仪表维护不好，性能下降，也可能因检测或控制失效而发生事故。

1.2.2 安全在化工生产中的重要地位

安全是人类赖以生存和发展的最基本需要之一。西方行为科学的“需要层次论”者认为，人的需要有5个层次，即生理、安全、社交、尊重和自我实现。其中生理需要(吃、穿、住、用、行等)是生存最基本的需要，其次就是希望得到安全，没有伤亡、疾病和不受外界威胁、侵略。可见安全也是人的最基本和低层次的需要。化工生产由于具有自身的特点，一般来说发生事故的可能性及其后果比其他行业要大，而发生事故必将威胁人身的安全和健康，有的甚至给社会带来灾难性破坏。例如，1975年美国联合碳化物公司比利时公司安特卫普厂，年产15万吨高压聚乙烯装置，因一个反应釜填料盖泄漏，受热爆炸，发生连锁反应，整个工厂被毁。1984年

12 月 3 日发生在印度博泊尔市农药厂的毒气泄漏事故，由于储罐上安全装置有缺陷，管理上也存在问题，致使 45 吨甲基异氰酸酯几乎全部泄漏，造成 20 万人不同程度的中毒，死亡数千人，生态环境也遭到严重破坏。近年来我国化工行业也发生了几起重大的恶性事故，如 1988 年某厂球罐内大量液化气逸出，遇火种而发生爆燃，使 26 人丧生，15 人烧伤。

血的教训充分说明，在化工生产中如果没有完善的安全防护设施和严格的安全管理，即使有先进的生产技术、现代化的设备，也难免发生事故。而一旦发生事故，人民的生命和财产将遭到重大损失，生产也无法进行下去，甚至整个装置会毁于一旦。因此，安全在化工生产中有着非常重要的作用，是化工生产的前提和关键，没有安全作保障，生产就不能顺利进行。随着社会的发展，人类文明程度的提高，人们对安全的要求也越来越高，企业各级领导、管理干部、工程技术人员和操作工人都必须做到"安全第一"，始终把安全生产放在一切工作的首位；同时还必须深入研究安全管理和预防事故的科学方法，控制和消除各种危险因素，做到防患于未然。对于担负开发新技术、新产品的工程技术人员，必须树立安全观念，认真探讨和掌握伴随生产过程而可能发生的事故及预防对策，努力为企业提供技术上先进、工艺上合理、操作上安全可靠的生产技术，使化工生产中的事故和损失降到最低限度。

1.3　事故的预防

所谓事故是指人们在进行有目的的活动过程中，突然发生违犯人们意愿，并可能使有目的的活动发生暂时性或永久性中止，造成人员伤亡或(和)财产损失的意外事件。

尽管生产过程存在着各种各样的危险因素，在一定条件下能导致事故发生，但只要事先进行预测和控制，事故一般是可以预防的。

事故有自然事故和人为事故之分。自然事故是指由自然灾害造成的事故，如地震、洪水、旱灾、山崩、滑坡、龙卷风等引起的事故。这类事故在目前条件下受科学知识的限制还不能完全防止，只能通过研究预测预报技术，尽量减轻灾害所造成的破坏和损失。人为事故是指由人为因素而造成的事故，这类事故既然是人为因素引起的，原则上都能预防。据统计，美国 20 世纪 50 年代，在 75000 件伤亡事故中，天灾只占 2%，98%是人为造成的，也就是说 98%的事故基本上是可以预防的。

事故之所以可以预防是因为它和其他事物一样，具有一定的特性和规律，只要掌握了这些特性和规律，事先采取有效措施加以控制，就可以预防事故的发生及减少其造成的损失。

1.3.1 事故的特性

一般来说,事故具有如下特性:

1. 因果性

事故的因果性是指一切事故的发生都是由一定原因引起的,导致事故的原因是多方面的,这些原因就是潜在的危险因素。已知生产中存在许多危险因素,有来自人的方面,包括人的不安全行为和管理缺陷;也有来自物的方面,包括物和环境存在的不安全条件。这些危险因素在一定的时间和地点相互作用就会导致事故的发生。事故的因果性是事故必然性的反映,若生产中存在着危险因素,则迟早必然发生事故。

因果关系具有继承性,即第一阶段的结果可能是第二阶段的原因,第二阶段的原因又会引起第二阶段的结果。它们的关系如图1.1所示。

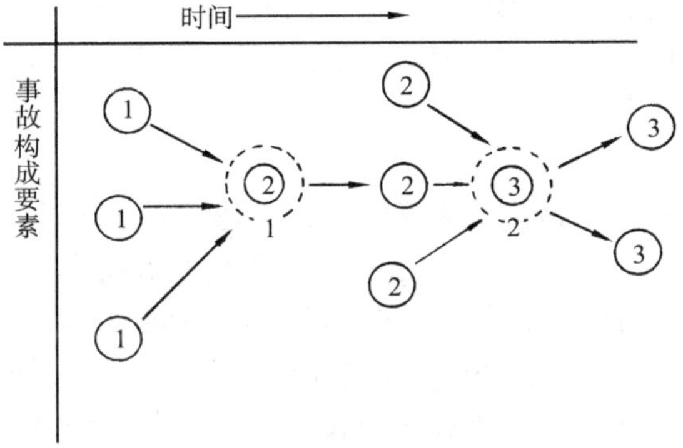

图1.1 因果关系示意图

因果继承性说明事故的原因是多层次的。有的和事故有直接联系,有的则是间接联系,绝不是某一个原因就能造成事故,而是诸多不利因素相互作用促成的。因此,不能把事故原因归结为一点,在识别危险时要把所有的潜在因素都找出来,包括直接的、间接的以及更深层次的。只要把危险因素都识别出来,事先加以控制和消除,事故就可以预防。

2. 偶然性

事故的偶然性是指事故的发生是随机的。同样的前因事件随时间的进程导致的后果不一定完全相同。但偶然当中有必然,必然性存在于偶然性之中。随机事件服从于统计规律,可用数理统计方法对事故进行统计分析,从中找出事故发生、

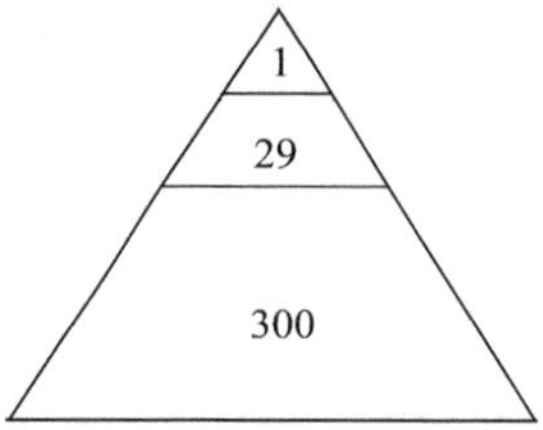

图 1.2　海因里希事故法则

发展的规律，从而为预防事故提供依据。

例如，美国安全工程师海因里希（Heinrich）曾统计了 55 万件机械事故，其中死亡、重伤事故 1666 件，轻伤 48334 件，其余则为无伤害事故。从而得出一个重要结论，即在机械事故中，死亡、重伤、轻伤和无伤害事故的比例为 1∶29∶300，其比例关系可用图 1.2 表示。

这个比例关系说明，在机械生产过程中，每发生 330 起意外事件，有 300 起未产生伤害，29 起引起轻伤，有 1 起是重伤或死亡。国际上把这一法则称为事故法则。不同的行业，不同类型的事故，无伤、轻伤、重伤的比例不一定完全相同，但是这个统计规律告诉人们，在进行同一项活动中，无数次意外事件必然导致重大伤亡事故的发生，而要防止重大伤亡事故必须减少和消除无伤害事故。所以要重视事故的隐患和未遂事故，把事故消灭在萌芽状态，否则终会酿成大祸。

用数理统计的方法还可得到事故其他的一些规律性的东西，如事故多发时间、地点、工种、工龄、年龄等。这些规律对预防事故起着重要作用。

3. 潜伏性

事故的潜伏性是指事故在尚未发生或尚未造成后果之时，是不会显现出来的，好像一切都处在“正常”和“平静”状态。但是生产中的危险因素是客观存在的，只要这些危险因素未被消除，事故总会发生，只不过时间早晚而已。事故的这一特征要求人们消除盲目性和麻痹思想，要常备不懈，居安思危，在任何时候任何情况下都把安全放在第一位来考虑。要在事故发生之前充分辨识危险因素，预测事故发生的模型，事先采取措施进行控制，最大限度地防止危险因素转化为事故。

1.3.2　伤亡事故致因理论

伤亡事故致因理论是运用一些事故模型描述伤亡事故发生、发展的过程和原理，以便预测和预防事故。

1. 海因里希的因果连锁

海因里希认为工业伤亡事故的发生是由 5 个方面的因素按顺序进行的。这就是遗传及环境使人的性格存在缺点，人的缺点会产生不安全行为或使物有不安全状态，人的不安全行为或物的不安全状态导致事故发生，事故会致人伤害。

这 5 个因素的连锁过程如下：

1）遗传及社会环境

遗传因素可能造成人的性格鲁莽、固执、贪婪;社会环境,如缺乏教育等也会使人性格上有缺点。

2)人的缺点

人的性格过激、暴躁、轻率、素养差以及缺乏安全知识等先天或后天因素是产生不安全行为或造成物的不安全状态的直接原因。

3)人的不安全行为或物的不安全状态

人的过失或缺点产生不安全动作或促成机械或物的不安全状态。例如,拆除安全防护装置,转动设备缺乏防护罩,照明不良等,这些是引发事故的直接原因。

4)事故

由于人的不安全行为或物的不安全状态导致失去控制的事件。

5)伤害

事故造成人员伤害。

上述5个因素的顺序说明人身伤害事故的发生是前面因素作用的结果。它们之间的因果连锁关系可以用多米诺骨牌原理来阐述。图1.3所示的骨牌系列,如果第1颗骨牌被碰倒,则将发生连锁反应,使后面的几颗骨牌相继碰倒。若移去中间的一颗骨牌,则系列中断,连锁被破坏,伤害就不会发生。事故因果连锁理论强调,安全工作的重点就是防止人的不安全行为,消除机械的或物的不安全状态,使连锁中断,从而预防伤害事故发生。

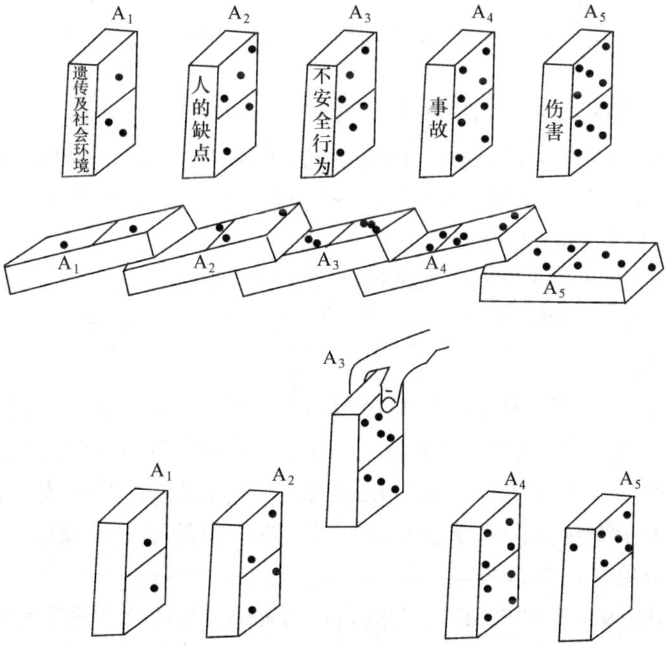

图1.3 海因里希事故因果连锁图

2. 轨迹交叉论

轨迹交叉论认为，在人-机系统中，人的不安全行为和物的不安全状态是人-机“两方共系”(两个方面共同存在于一个系统)中能量逆流的两系列，其轨迹交叉点就会构成事故。

这种理论把人与物分成两大系列连锁。在人的系列连锁中，不安全行为是由人的心理、生理等几个方面引起的，后者又取决于遗传、社会环境。其系列展开如下：

(1) 生理遗传、社会环境和管理上的缺陷；

(2) 由上述原因引起人的心理、生理上缺陷，安全意识低下，缺乏安全知识和安全技能等；

(3) 由(1)和(2)使人产生不安全行为。

在物的系列连锁中，从设计、制造到整个使用过程中，各个阶段都可能产生不安全状态，其系列按以下过程展开：

a. 设计、制造缺陷　由于设计、计算错误或结构上不合理，制作时选材不当，加工质量差等原因而使机器、设备和其他产品有缺陷；

b. 使用、检修或维护保养过程中有缺陷　如机械设备使用时间过长，会由于磨损、老化、腐蚀等原因而发生故障，维修保养不良以及超负荷运转等都有可能出现不安全状态；

c. 物的不安全状态　由于设计、制造、使用、维修保养中有缺陷，使机械设备存在隐患。

由此可见，人的系列运动轨迹是(1)→(2)→(3)，物的系列运动轨迹是 a→b→c。在生产过程中，当人的系列运动轨迹和物的系列运动轨迹相交，即人的不安全行为和物的不安全状态在同一时间、同一空间交叉，就会在此时间和此空间发生事故。这一观点称为轨迹交叉论。

根据轨迹交叉论的观点，如果消除人的过失，中断人的系列连锁，或者排除机器设备、危险物质的隐患，中断物的连锁，使两个连锁系列运动轨迹不能相交，伤亡事故就不会发生。

中断人的连锁系列，则要加强教育和培训，进行科学的安全管理，从人的生理、心理和操作上控制不安全行为的产生。中断物的连锁系列，就要设置“失误-防护”系统，即在机器设备上安装安全防护设施，提高装置设备的本质安全性。这样即使人操作失误，由于安全防护系统会自动动作，防止物的不安全状态出现，使物的连锁中断，就可避免伤亡事故发生。

在人与物的两个系列中，由于人的自由性很大，要使之完全不发生失误是有困难的，而中断物的连锁系列则更为有效。

3. 能量转移论

任何生产过程都离不开能量，这些能量包括电能、热能、机械能、化学能、原子能、辐射能等。人们利用能量做功实现生产的目的。在正常的生产过程中，能量是在受约束和限制的条件下，按照人们的意图进行有序流动。如果能量超越这些约束和限制发生外溢，便失去控制。当能量作用于人体，并且超出人的承受能力，就会发生人身伤亡事故。

能量逆流于人体而引起伤亡事故的原因，主要是器械和设备本身有缺陷或安全防护设施缺乏，或者人机接触时发生失误。根据这个原理采用屏蔽的方法，就可有效地防止伤亡事故的发生。

防止能量转移的方法有许多，如限制能量，包括限制转动部件的速度、使用低电压设备、使用无危险性溶剂等；防止能量释放，如密封、绝缘、用安全带等。在人与能量之间加屏蔽，如防火门、防爆墙、防护栏杆及警告牌示等；缓慢释放能量，如在压力容器上装安全阀、爆破膜等；在能量上设置屏蔽，如在机器转动部位加防护罩，安装消声器等。

1.3.3 预防事故的基本原则

事故预防原则有几种提法，这里只介绍选择对策的原则。

根据伤亡事故的致因理论得知，造成事故的主要原因是人的不安全行为和物的不安全状态，它们的背景原因是管理上有缺陷。要预防事故的发生，必须从这三个方面进行控制，采取安全技术措施，加强安全管理和安全教育，并将三者有机结合，综合利用，才能取得预期效果。

1. 安全技术措施

安全技术措施就是为消除生产过程中各种不安全不卫生因素，防止伤害和职业性危害，改善劳动条件和保证安全生产而在工艺、设备、控制等各方面采取的一些技术上的措施。安全技术措施是提高设备装置本质安全性的重要手段。“本质安全”一词来源于防爆电气设备，这种电气设备没有任何附加的安全装置，完全利用本身构造的设计，限制电路在低电压和低电流下工作，防止产生高热和火花而引起火灾或引燃爆炸性混合物。设备和装置的本质安全性是指对机械设备和装置安装自保系统，即使人操作失误，其本身的安全防护系统能自动调节和处理，以保护设备和人身的安全。安全技术措施必须在设备、装置和工程的设计时就予以考虑，并在制造或建设时给予解决和落实，使设备和装置投产后能安全、稳定地运转。

不同的生产过程存在的危险因素不完全相同，需要的安全技术措施也有所差异，必须根据各种生产的工艺过程、操作条件、使用的物质（含原料、半成品、产品）、设备以及其他有关设施，在充分辨识潜在危险和不安全部位的基础上选择适用的安全技术措施。

安全技术措施包括预防事故发生和减少事故损失两个方面，这些措施归纳起来主要有以下几类：

1）减少潜在危险因素

在新工艺、新产品的开发时，尽量避免使用具有危险性的物质、工艺和设备，即尽可能用不燃和难燃的物质代替可燃物质，用无毒和低毒物质代替有毒物质，这样火灾、爆炸、中毒事故将因失去基础而不会发生。这种减少潜在危险因素的方法是预防事故的最根本措施。

2）降低潜在危险因素的数值

潜在危险因素往往达到一定的程度或强度才能施害。通过一些方法降低它的数值，使之处在安全范围以内就能防止事故发生。例如，作业环境中存在有毒气体，可安装通风设施，降低有毒气体的浓度，使之达到允许值以下，就不会影响人身安全和健康。

3）联锁

当设备或装置出现危险情况时，以某种方法强制一些元件相互作用，以保证安全操作。例如，当检测仪表显示出工艺参数达到危险值时，与之相连的控制元件就会自动关闭或调节系统，使之处于正常状态或安全停车。目前由于化工、石油化工生产工艺越来越复杂，联锁的应用也越来越多，这是一种很重要的安全防护装置，可有效地防止人的误操作。

4）隔离操作或远距离操作

由事故致因理论得知，伤亡事故的发生必须是人与施害物相互接触，如果将两者隔离开或保持一定距离，就会避免人身事故的发生或减弱对人体的危害。例如，对放射性、辐射和噪声等的防护，可以通过提高自动化生产程度，设置隔离屏障，防止人员接触危险有害因素都属于这方面的措施。

5）设置薄弱环节

在设备或装置上安装薄弱元件，当危险因素达到危险值之前这个地方预先破坏，将能量释放，防止重大破坏事故发生。例如，在压力容器上安装安全阀或爆破膜，在电气设备上安装保险丝等。

6）坚固或加强

有时为了提高设备的安全程度，可增加安全系数，加大安全裕度，提高结构的强度，防止因结构破坏而导致事故发生。

7）封闭

封闭就是将危险物质和危险能量局限在一定范围之内，防止能量逆流，可有效地预防事故发生或减少事故损失。例如，使用易燃易爆、有毒有害物质，把它们封闭在容器、管道里边，不与空气、火源和人体接触，就不会发生火灾、爆炸和中毒事故。将容易发生爆炸的设备用防爆墙围起来，一旦爆炸，破坏能量不至于波及周围的人和设备。

8）警告牌示和信号装置

警告可以提醒人们注意，及时发现危险因素或危险部位，以便及时采取措施，防止事故发生。警告牌示是利用人们的视觉引起注意；警告信号则可利用听觉引起注意。目前应用比较多的可燃气体、有毒气体检测报警仪，既有光也有声的报警，可以从视觉和听觉两个方面提醒人们注意。

此外，还有生产装置的合理布局、建筑物和设备间保持一定的安全距离等其他方面的安全技术措施。随着科学技术的发展，还会开发出新的更加先进的安全防护技术措施。

2. 安全教育措施

安全教育是提高各级领导和全体职工增强搞好安全生产的责任感，提高执行安全法规的自觉性，掌握安全生产的科学知识，提高安全操作技能的手段。

安全教育的内容包括安全思想政治教育、安全技术知识和安全技能教育，以及安全管理知识教育。安全思想政治教育主要是思想教育、劳动纪律以及国家有关安全生产的方针、政策、法规法纪教育。通过教育提高各级领导和广大职工的安全意识、政策水平和法制观念，牢固树立安全第一的思想，自觉贯彻执行各项劳动保护法规政策，增强保护人、保护生产力的责任感。安全管理知识的教育包括安全管理体制、安全组织机构及基本安全管理方法和现代安全管理方法等。安全技术知识教育内容含一般安全技术知识和专业性安全技术知识。一般安全技术知识包括生产过程中各种原料、产品的危险有害特性，可能出现的危险设备和场所，形成事故的规律，安全防护的基本措施，尘毒危害的防治方法，异常情况下的紧急处理方案，事故发生时的紧急救护和自救措施等。对从事特殊工种的作业，如锅炉、压力容器、电气、焊接、化学危险品管理、尘毒作业等有特殊的安全要求，应对操作人员进行专业安全技术知识教育。

安全技术知识教育应做到应知应会，不仅要懂得方法原理，还要学会熟练操作，加强处理异常情况的训练，提高突发事件的应变能力。

安全教育不仅要在企业里进行，学校也应开展这方面的工作。日本对幼儿就开始进行以交通安全为中心的安全教育，使之从小就树立良好的安全习惯和意识。我国在国发[1983]85 号文中明确规定，“各理工科大专院校，应设有安全技术课程”,使学生系统地掌握安全知识,了解各种危害因素发生事故的原理及防止方法,学会保护自己,保护他人,保护设备财产不受损失。在开发新技术、新产品时既要研究正常的生产过程,也要考虑可能出现的异常情况,并探索控制危险的方法和手段。只有保证新技术、新产品在技术上先进,生产时安全可靠,才能使之得以应用,创造出预期的经济效益。

3. 安全管理措施

安全管理措施主要是认真贯彻执行国家有关安全生产的方针、政策、法律、法规。为保障职工在劳动过程中的安全和健康,保护设备财产不受损失,国家通过立法程序和行政手段制定了一系列有关安全的政策法规。这些法令法规具有强制作用,各单位、各部门必须认真执行。各级领导和广大职工都要牢固树立“安全第一,预防为主”的指导思想,把安全工作放在一切工作的首位来考虑。建立和健全安全组织机构,结合本单位的具体情况制定和完善各项安全管理规章制度,编制和实施安全技术措施,组织安全检查和宣传教育等。

在传统安全管理基础之上还要大力推广和应用现代安全管理方法,对生产装置进行预先的危险性分析和安全性评价,在分析、评价基础上制定安全防范措施,预防事故发生。

用现代安全管理方法识别—评价—控制危险必须从源头抓起,即在工程项目的初步设计之前,充分地分析、评价危险,并在此基础上提出安全技术措施,供设计部门在安全设计时考虑,将危险因素消灭在项目的建设之中。随着系统的运转,由于磨损、老化、腐蚀等原因,各部分功能开始下降,会产生新的隐患。因此在系统或装置运转的整个过程,还要反复地进行危险性分析和安全性评价。不断发现隐患、及时消除。只有这样才能做到防患于未然,实现系统安全。

信息在系统运行中起着非常重要的作用,安全信息是安全生产、危险性分析、事故预测预防等方面必不可少的依据。因此在安全管理中还要重视和加强安全信息的收集、加工处理和反馈工作。

在安全技术、安全教育、安全管理三个方面措施中,技术措施主要是提高工艺过程、机械设备本身安全可靠程度,控制物的不安全状态,由于人的差错难以控制,所以技术措施是预防事故的根本措施;安全管理是保证人们按照一定的方式从事工作,并为采取安全技术措施提供依据和方案,同时还要对安全防护设施加强维护保养,保证性能正常,否则再先进的安全技术措施也不能发挥有效作用;安全教育是提高人们安全素质,掌握安全技术知识、操作技能和安全管理方法的手段,没有安全教育就谈不上采取安全技术措施和安全管理措施。所以技术、教育、管理三个方面措施是相辅相成的,必须同时进行,缺一不可。技术(engineering)、教育(education)、管理(enforcement)措施又称为“三 E”措施,是防止事故的三根支柱,要始终保持三者的均衡，不能偏重其中某一方面而忽视其他方面，才能保障系统安全。它们的关系可用图 1.4 表示。

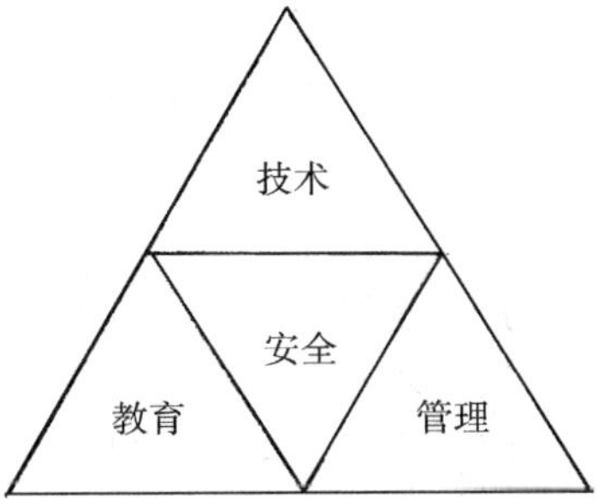

图 1.4　“三 E”措施的关系

思　考　题

1. 安全工程的任务和目的是什么？
2. 安全工程研究的内容有哪些方面？
3. 何谓“三同时”、“五同时”、“四不放过”原则？“五项规定”的内容有哪些？
4. 为什么说安全在化工生产中有着重要的作用？
5. 事故有哪些特性？海因里希事故法则在安全上有何意义？
6. 各种伤亡事故致因理论预防事故的原理是什么？
7. 预防事故的基本对策有哪些方面？安全技术措施主要有哪几类？

第 2 章　燃烧与爆炸

火灾、爆炸事故具有很大的破坏作用，化工、石油化工企业由于生产中使用的原物料、中间产品及产品多为易燃、易爆物质，一旦发生火灾、爆炸事故，会造成严重后果。所以研究燃烧和爆炸的基本原理，掌握火灾、爆炸事故的一般规律，从而采取防止工业生产中发生火灾爆炸事故的措施，对保护劳动者和人民群众的人身安全，保护国家财产免遭损失具有重要意义。本章主要阐述燃烧和爆炸的基本原理。

2.1　燃烧及其特性

2.1.1　燃烧与氧化

燃烧是一种同时有光和热发生的剧烈的氧化还原反应。在氧化还原反应中，某些物质被氧化而另一些物质被还原。氧化还原反应，按电子学说，是由于物质发生电子的转移，电子从一物质转移到另一物质。失去电子的物质被氧化，称还原剂；得到电子的物质被还原，称氧化剂。在氧化还原反应中，某物质失去的电子数等于另一物质得到的电子数。

例如，金属镁的燃烧，镁有两个电子转移到氧原子上，此时镁失去电子而氧则获得电子。

$$Mg \longrightarrow Mg^{2+} + 2e^- \qquad \text{（氧化）}$$

$$\frac{1}{2}O_2 + 2e \longrightarrow O^{2-} \qquad \text{（还原）}$$

镁原子失去电子，故镁被氧化，是还原剂；而氧获得电子，被还原，是氧化剂，其反应式为

$$2Mg + O_2 \longrightarrow 2MgO$$

同理，可列出许多反应式，如氢、碳与氧反应可写成：

$$2H_2 + O_2 \longrightarrow 2H_2O$$

$$C + O_2 \longrightarrow CO_2$$

从化学原理看，一切燃烧现象均是氧化还原反应，但氧化还原反应并不都属于燃烧反应。燃烧反应必须具有如下 3 个特征：

(1) 是一个剧烈的氧化还原反应；

(2) 放出大量的热；

(3) 发出光。

根据这三个特征，可以把燃烧和其他现象区别开来。在日常生活和生产中常见的燃烧现象，大多是可燃物和空气中的氧进行的剧烈的氧化还原反应，但燃烧反应并非都要有氧参加，如铁或氢在氯气中燃烧：

$$2Fe + 3Cl_2 \longrightarrow 2FeCl_3$$

$$H_2 + Cl_2 \longrightarrow 2HCl$$

此时，氯得到电子被还原而铁和氢失去电子被氧化，在反应过程中同时有光和热发生，故属燃烧反应。可是铜与硝酸的反应：

$$3Cu + 8HNO_3 \longrightarrow 3Cu(NO_3)_2 + 4H_2O + 2NO$$

就不能称为燃烧反应。因为反应虽属氧化还原反应，但由于在反应中没有同时产生光和热，故不属燃烧反应。所以一切燃烧反应都是氧化还原反应，但氧化还原反应并不都是燃烧反应。

2.1.2 燃烧条件

燃烧必须具备三个条件(或称三要素)：

(1) 有可燃物存在，它们可以是固态的，如木材、棉纤维、煤等；或是液态的，如酒精、汽油、苯等；也可以是气态的，如氢气、乙炔、一氧化碳等。

(2) 有助燃物存在，即有氧化剂存在，常见的氧化剂有空气(其中的氧)、纯氧或其他具有氧化性的物质。

(3) 有能导致着火的能源，如高温灼热体、撞击或摩擦所产生的热量或火花、电气火花、静电火花、明火、化学反应热、绝热压缩产生的热能等。

上述三点是燃烧的必要条件，犹如三角形的三条边，缺少任一条边，就不能组成三角形。同理，缺少上述三条中的任一条，也就不能导致燃烧。所以人们也称燃烧的三个必要条件为燃烧三角形。

但有时虽然已具备这三个条件，燃烧也不一定发生。这是因为燃烧还必须有充分的条件。可燃物与助燃物要达到一定的比例，才能引起燃烧，如氢气在空气中含量低于 4%时便不能点燃。氧在大气中占 21%，燃烧时在一定的环境中氧含量会逐渐减少，当氧含量低于 14%时，燃着的木块也会熄灭。这时，要使燃烧继续，燃烧区必须有新鲜空气源源不断补充。点火源也要有一定强度(温度和热量)，如电焊渣火花，温度可达 1200℃以上，足以引起易燃液体的蒸气和空气混合气发生燃烧或爆炸，但若该火花落在木块上，就不一定引起燃烧。这是因为火花温度虽高，但能量不足，无法使木块加热到燃烧温度；当大量火花不断落在木块上时，可以引起木块燃烧。所以，要引起燃烧，不仅要具备必要条件，还必须满足充分条件。

近代燃烧理论用连锁反应来解释物质燃烧的本质，认为燃烧是一种自由基的连锁反应，并由此提出了燃烧四面体学说。燃烧四面体学说指出，燃烧除具备上述三要素外，还必须使连锁反应不受抑制，即自由基反应能继续下去，这是燃烧的第四个要素，并由此奠定了某些灭火技术理论基础。

2.1.3　燃烧过程及燃烧形式

可燃物质可以是固体、液体或气体，绝大多数可燃物质的燃烧是在气体（或蒸气）状态下进行的，燃烧过程随可燃物质聚集状态的不同而异。

气体最易燃烧，只要提供相应气体的最小点火能，便能着火燃烧。其燃烧形式分为两类：可燃气体和空气或氧气预先混合成混合可燃气体的燃烧称为混合燃烧，混合燃烧由于燃料分子已与氧分子充分混合，所以燃烧时速度很快，温度也高，通常混合气体的爆炸反应就属这种类型；另一类就是将可燃气体，如煤气，直接由管道中放出点燃，在空气中燃烧，这时可燃气体分子与空气中的氧分子通过互相扩散，边混合边燃烧，这种燃烧称为扩散燃烧。

液体燃烧，许多情况下并不是液体本身燃烧，而是在热源作用下由液体蒸发所产生的蒸气与氧发生氧化、分解以至着火燃烧，这种燃烧称为蒸发燃烧。

固体燃烧，如果是简单固体可燃物质，像硫在燃烧时，先受热熔化（并有升华），继而蒸发生成蒸气而燃烧；而复杂固体物质，如木材，燃烧时先是受热分解，生成气态和液态产物，然后气态和液态产物的蒸气再氧化燃烧，这种燃烧称为分解燃烧。上述的几种燃烧现象不论可燃物是气体、液体或固体，都要依靠气体扩散来进行，均有火焰出现，属火焰型燃烧。而当木材燃烧到只剩下炭时（如焦炭的燃烧），燃烧是在固体炭的表面进行，看不出扩散火焰，这种燃烧称为表面燃烧。木材的燃烧是分解燃烧与表面燃烧交替进行的。金属铝、镁的燃烧是表面燃烧。

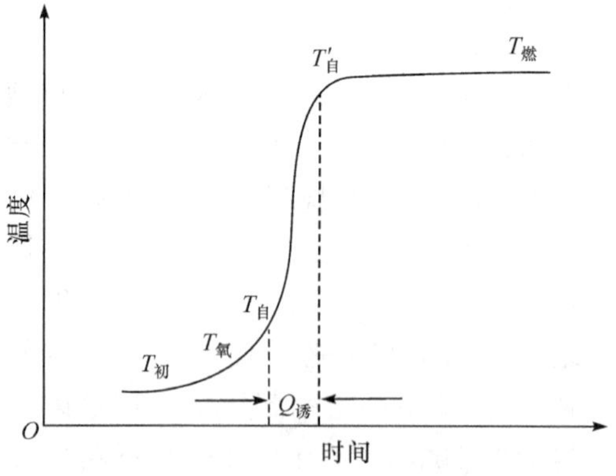

图 2.1　燃烧时间与温度的变化曲线

物质在燃烧时，其温度变化是很复杂的。如图 2.1 所示，$T_{初}$ 为可燃物开始加热时的温度，大部分热量用于熔化、蒸发或分解，故可燃物温度上升缓慢。到 $T_{氧}$ 时，可燃物开始氧化。由于温度较低，氧化速度不快，氧化所产生的热量还较少，若此时停止加热，仍不致引起燃烧。如继续加热，则氧化反应速度加快，温升亦快，当达到 $T_{自}$，此时氧化产生热量的速度与向环境散发热量的速度相等；若温度再稍升高，就突破这种平衡状态，即使不再加热，温度也能自行上升，到 $T'_{自}$ 就出现火焰并燃烧起来。因此，$T_{自}$ 为理论上的自燃点，$T'_{自}$ 为实验时测得的自燃点，$T_{燃}$ 为物质的燃烧温度。自 $T_自$ 到 $T'_自$ 这一段延迟时间称为诱导期 $Q_诱$。

诱导期(着火延滞期),是指物质温度虽已达到 $T_自$(理论上的自燃点),但并不立即着火而要经过若干时间,才会出现火焰,这段时间称为诱导期。诱导期与测试条件有关,首先决定于燃料本身的性质,也随外界温度、混合气压力以及可燃物浓度的不同而略有变化。混合气的着火延滞期与外界温度和压力的关系可以用式(2.1)表示:

$$Q_诱\ p_k^2 e^{-\frac{E}{RT}} = 常数 \tag{2.1}$$

式中,$Q_诱$——着火延滞时间,s;

p_k——混合气压力,MPa;

T——器壁温度,℃。

图 2.2 说明在温度 900℃条件下压力增大对煤油着火延滞时间的影响。

在自燃点测定时,把试样投进的时间和试样在烧瓶中开始着火的时间之差,定义为着火延滞时间,用 Q 表示。如果把这时的烧瓶温度用 T/K 表示,以着火延滞时间 Q 的对数为纵坐标,烧瓶的热力学温度的倒数为横坐标,则在不同着火延滞时间下的自燃点基本上出现在一条直线上,如图 2.3 所示;并可以用式(2.2)表示:

$$\lg Q = \frac{A}{T} + B \tag{2.2}$$

式中,A、B——决定于试样性质的常数。

自燃点是随着火延滞时间而变化的参数。

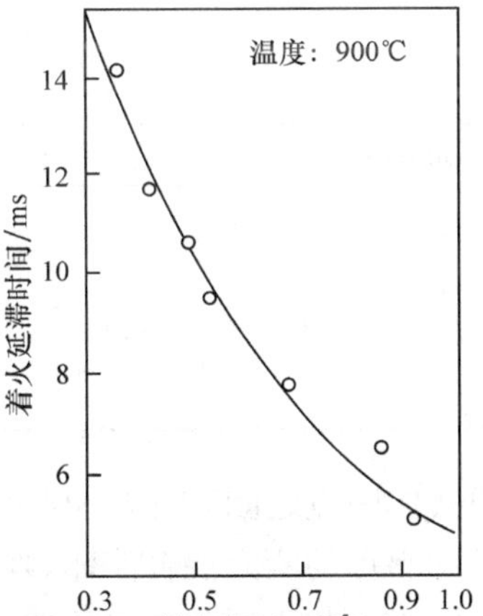

图 2.2　在受热空气中压力对煤油着火延滞时间的影响

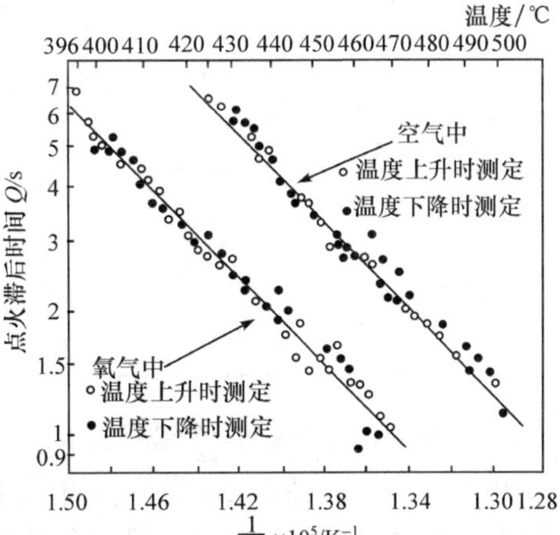

图 2.3　三氯乙烯的发火温度与点火滞后时间的关系

2.1.4 燃烧种类

1. 着火

在有空气存在的环境中，可燃物质与明火接触能引起燃烧，并且在火源移去以后仍能保持继续燃烧的现象叫着火。能引起着火的最低温度叫着火点或燃点，如木材的着火点为295℃。

2. 闪燃

任何液体的表面都有蒸气存在，其浓度取决于液体的温度。可燃液体表面的蒸气与空气形成的混合可燃气体，遇到明火以后，只出现瞬间闪火而不能持续燃烧的现象叫闪燃。引起闪燃时液体的最低温度叫闪点。

当液体的温度升高至超过闪点一定温度时，液体蒸发出的蒸气在点燃以后足以维持持续燃烧，能维持液体持续燃烧的液体的最低温度称为该液体的着火点(燃点)。液体的闪点与着火点相差不大，对易燃液体来说，一般在1～5℃；而可燃液体可能相差几十摄氏度。

闪点是评价可燃液体危险程度的重要参数之一，一些常见的可燃、易燃液体的闪点列于附录Ⅰ。

由定义可知，闪点是对可燃液体而言的，但某些固体由于在室温或略高于室温的条件下即能挥发或升华，以致在周围空气中的浓度达到闪燃的浓度，所以也有闪点，如硫、萘和樟脑等。

可燃液体的闪点随其浓度的变化而变化。水溶性的可燃液体，如乙醇，随浓度的降低，其闪点升高。表2.1列出了乙醇水溶液的闪点。

表2.1 乙醇水溶液的闪点

溶液中乙醇质量分数/%	闪点/℃	溶液中乙醇质量分数/%	闪点/℃
100	12.0	20	35.5
80	19.5	10	47.5
60	22.5	5	60.0
40	25.5	3	—

互溶的两元可燃混合液体的闪点，一般介于原来两液体闪点之间，但闪点与组分并不一定呈线性关系；按某比例混合后具有最高或最低沸点的两元混合液体，则可能具有最高或最低闪点，即混合液的闪点可能比两纯组分的闪点都高或都低。对出现最低闪点的互溶液体，在使用时应引起特别的注意。

当易燃液体与不燃液体混合时，由于易燃液体的蒸气压下降，闪点就相应提高。如果要使可燃液体不闪火而加入不燃液体稀释则需要相当高的浓度才能实现。例如，甲醇中加入四氯化碳可提高甲醇的闪点，但要使甲醇不闪火，四氯化碳的浓度要达到 41%。

可燃液体的闪点可用实验方法测试，常用的闪点测定仪有开杯式和闭杯式两种，因此测出的闪点有开口（开杯）闪点和闭口（闭杯）闪点之分。

闪点低于 300℃的石油化工产品的闪点测定可按石油产品闪点测定法（闭杯法）GB 261—83 标准进行；测定开杯闪点及难于用闭杯测试的石油化工产品的闪点，可按国标 GB 267—88（开杯法）的规定进行；测定闪点在 −40℃至室温的石化产品的闪点时，可用低温闪点测定仪，按国标 GB 7634—87 的规定进行。

值得引起注意的是，不同资料来源的闪点数据常有一些出入，这是因为在测定闪点时存在如下一些影响因素：

(1) 点火源的大小与离液面的距离。点火焰过大，由于点火能量大，测得试样的闪点值偏低。可燃液体蒸气在液面上有一个浓度梯度（开杯式更为显著），火源距离液面越近，测得试样的闪点值就越偏低，因此测试时点火火焰大小及离液面距离应恒定。

(2) 加热速率。加热过快，液相温度梯度较大，导致液面上试样蒸气分布不均，测得的闪点值偏高。

(3) 试样的均匀程度。在测试过程中，要进行搅拌，否则试样浓度不均（温度也不均），影响测定数值。

(4) 试样的纯度。能溶于水的试样，随水分含量的增高闪点升高。

(5) 测试容器。用闭杯式时，试样蒸气不散失，故测得的闪点值要比开杯式测得的数值低。因此在用开杯式闪点测定仪时，环境的气流变化要小，尽可能用屏风遮挡，即便使用闭杯式测试时，也应避免盖子不必要的开启。

(6) 大气压力的影响。在 1 大气压以下，测得的闪点值偏低；在大于 1 大气压时，测得的闪点值偏高。因此，在测试时要按实际气压进行温度修正。

3. 自燃

可燃物质在助燃性气体中（如空气），在无外界明火的直接作用下，由于受热或自行发热能引燃并持续燃烧的现象叫自燃。在一定的条件下，可燃物质产生自燃的最低温度叫自燃点，也称引燃温度。部分物质的自燃点列于附录Ⅰ。

1) 受热自燃和自热自燃

由于热源的不同，自燃分为受热自燃和自热自燃两种。

(1) 受热自燃，是当有空气或氧存在时，可燃物虽未与明火直接接触，但在外部热源的作用下，由于传热而使可燃物温度上升，达到自燃点而着火燃烧。物质发生受热自燃取决于两个条件：一是要有外部热源；二是有热量积蓄的条件。在化工生产中，由于可燃物料靠近或接触高温设备、烘烤过度、熬炼油料或油浴温度过高、机械转动部件润滑不良而摩擦生热、电气设备过载或使用不当造成温升而加热等，都有可能造成受热自燃的发生。

（2）自热自燃，是某些物质在没有外部热源作用下，由于物质内部发生的物理、化学或生化过程而产生热量，这些热量在适当的条件下会逐渐积聚，以致使物质温度升高，达到自燃点而着火燃烧。引起自热自燃也是有一定条件的。其一，必须是比较容易产生反应热的物质，例如，那些化学上不稳定的容易分解或自聚合并发生放热反应的物质；能与空气中的氧作用而产生氧化热的物质；以及由发酵而产生发酵热的物质等。其二，此类物质要具有较大的比表面积或是呈多孔隙状的，如纤维、粉末或重叠堆积的片状物质，并有良好的绝热和保温性能。再者，则是热量产生的速度必须大于向环境散发的速度。满足这三个条件，自热自燃才会发生。因此预防自热自燃的措施，也就是要设法防止这三个条件的形成。

物质自热自燃有如下几种类型：

① 由于氧化热积蓄引起的自燃。油脂类的自燃主要是含有大量不饱和脂肪酸的甘油脂，如亚麻油、桐油、棉籽油等，当其双键在空气中氧化时会放出较高的热量。不饱和油脂的自燃能力与不饱和程度有关。通常油脂的不饱和度用碘值来表示，碘值小于 80 的油脂通常不会自燃。亚麻油的碘值较高，所以亚麻油具有较大的自燃性，动物油次之，而矿物油若非废油或其中掺有植物油，一般不能自燃。油脂类自燃与其所处条件有关，含油破布、棉纱、木屑等由于有很大氧化表面能引起自热自燃，而油脂盛于容器中或倒出成薄膜状时不会自燃。

煤的自热自燃是由于煤的氧化与吸附作用的结果，尤以氧化为主。

金属硫化物如硫化铁极易自燃。在硫化染料、二硫化碳、石油炼制与某些气体燃料的生产中，由于设备受腐蚀而生成的硫化铁，在接触空气时，便有可能引起自燃。

硫化铁类的自燃主要是在常温下发生氧化：

$$FeS_2 + O_2 \longrightarrow FeS + SO_2$$

$$FeS + \frac{3}{2}O_2 \longrightarrow FeO + SO_2$$

$$2FeO + \frac{1}{2}O_2 \longrightarrow Fe_2O_3$$

$$Fe_2S_3 + \frac{3}{2}O_2 \longrightarrow Fe_2O_3 + 3S$$

在化工生产中，由于硫化氢的存在生成硫化铁的机会较多，如设备腐蚀，在常温下：

$$2Fe(OH)_3+3H_2S \longrightarrow Fe_2S_3+6H_2O$$

在 310℃以上：

$$2H_2S+O_2 \longrightarrow 2H_2O+2S$$

$$Fe+S \longrightarrow FeS$$

$$Fe_2O_3+4H_2S \longrightarrow 2FeS_2+3H_2O+H_2\uparrow$$

上列反应均为放热反应，因此极易自燃。

② 由分解发热而引起的自燃。积蓄分解热而引起自燃的物质有硝化棉、赛璐珞等和有机过氧化物。如硝化棉，由于化学不稳定性，即使在常温下也会产生微量的 NO 气体，NO 在空气中氧化为 NO_2，NO_2 又起着促进硝化棉分解的自催化作用，加速硝化棉的分解。分解放热，使温度进一步提高，当达到 180℃时，就会自燃起火，引起爆炸性燃烧。乙醇(或异丙醇)可以吸收因分解而生成的 NO 或 NO_2，使硝化棉失去自催化作用，从而提高了硝化棉的稳定性。所以市售的或储存的硝化棉应浸润在乙醇或异丙醇混合液中，防止成干燥状态，以免发生自燃。

③ 由于聚合热、发酵热引起的自燃。在高分子工业中，对具有较高化学活性的单体，在聚合时由于反应失控，在储存时由于未加入阻聚剂或加入量不足或存在促聚作用的物质，使聚合作用自发进行，放出大量聚合热，又互为因果，使温度升高，聚合加速，放出更大量的热量，使系统压力升高，造成容器或管道破裂，泄漏出来的物质遇空气而自燃。例如，环氧丙烷、丁二烯等均有可能由于聚合热的产生而引发爆炸和自燃。

未经充分干燥的木屑、麦草等由于水分的存在，植物因细菌活动放出热量，在散热条件不良时，热量聚积而使温度上升，达到自燃点而引发燃烧。

④ 由于化学品混合接触而引起的自燃。某些化学品与空气接触或者在互相混合时发热而引起自燃。属于这一类的物质在储存、运输、制造或使用时，有可能引起火灾事故，这种物质又可分为三类：

(a) 接触空气而自行燃烧的物质。这类物质大都自燃点较低，与空气接触会迅速氧化发热而引起自燃，如黄磷、磷化氢等。

黄磷的自燃点低，约为 30℃，遇空气强烈氧化，很快使温度升到自燃点而自燃。因此必须把黄磷储存在有水的密闭的容器中。

(b) 接触水分能引起自燃的物质。属于这一类的物质有碱金属钾、钠及磷化钙、硼氢化物等，遇水反应：

$$B_2H_6+6H_2O \longrightarrow 2H_3BO_3+6H_2\uparrow$$

在反应中析出氢，同时放出反应热导致氢气的自行燃烧。

还有某些金属硅化物，如 Mg_2Si、Fe_2Si 等，在水汽的作用下析出氢化硅，氢化硅在空气中能自行着火燃烧，其反应如下：

$$Mg_2Si+4H_2O \longrightarrow 2Mg(OH)_2+SiH_4$$

(c) 相互混合引起自燃的物质。属于这一类的物质很多，如压缩氧、氯、溴、硝酸、过氧化钠、高锰酸钾、铬酐、氯酸盐、漂白粉等，大多为氧化剂。当它们遇到有机物时就能因反应放热而自行燃烧。乙炔、氢、甲烷等与氯，在光能作用下能剧烈燃烧并析出游离碳，如

$$C_2H_2+Cl_2 \longrightarrow 2HCl+2C$$

2) 自燃点的测定及其影响因素

用自燃点(引燃温度)测试仪可测定可燃液体或气体的引燃温度(自燃点)。

由引燃机理知，自燃点(引燃温度)不是一个恒定的物理常数，是随一系列条件的变化而变化的。其影响因素如下：

(1) 可燃物浓度的影响。可燃气(蒸气)-空气混合气有各种配比，在可燃极限范围内，其组分为化学计算量时，自燃点最低。

(2) 压力的影响。压力越高，自燃点越低；压力越低，自燃点越高。表 2.2 给出了汽油在不同压力下测得的自燃点。

表 2.2　汽油自燃点与压力的关系

压力 / MPa	自燃点 / ℃	压力 / MPa	自燃点 / ℃
0.1	480	1.5	290
0.5	350	2.0	280
1.0	310	2.5	250

(3) 容器影响。试样容器的直径、材质以及表面的物理状态对自燃点的测定值有影响。容器的直径越小，越易散热，自燃点便越高。不同的容器材质对自燃点也有影响，如汽油在铁管中测得的自燃点是 680℃，在石英管中测得的是 585℃，而在铂坩埚中测得的是 390℃。

(4) 添加剂或杂质的影响。含有过氧基化合物的烃类试样，自燃点会降低；而含卤素或卤代烷，则对烃类燃烧起抑制作用。

(5) 固体物质的粉碎度对自燃点的影响。粉碎度越细，粒径越小，其自燃点越低，如表 2.3 所示。

表 2.3　不同粒度硫铁矿的自燃点

筛子网眼尺寸/mm	自燃点 / ℃
0.20～0.15	406
0.15～0.10	401
0.10～0.086	400

对于受热分解后，析出气体的固体物质，析出物越多，自燃点越低。

2.1.5　氧指数

氧指数又叫临界氧浓度(COC)或极限氧浓度(LOC),是用来对固体材料可燃性进行评价和分类的一个特性指标。模拟材料在大气中的着火条件,如大气温度、湿度、气流速度等,将材料在不同氧浓度的 O_2-N_2 系混合气中点火燃烧,测出能维持该材料有焰燃烧的以体积分数表示的最低氧气浓度,此最低氧浓度称为氧指数。由此可见,氧指数高的材料不易着火,阻燃性能好;氧指数低的材料容易着火,阻燃性能差。

由于实际的火灾大都发生在大气条件下,大气中含氧量为 21%,因此在实验条件下凡是氧指数大于 21 的固体材料若在空气中点燃后,都会自行熄灭。但是,材料燃烧时所需的最低氧气浓度受环境温度的影响较大,环境温度升高,最低氧气浓度就要降低,所以在实际发生火灾条件下,环境温度都很高,这时材料燃烧所需的最低氧气浓度就比较低。因此,氧指数较高的材料在火灾条件下也可能着火燃烧。

一般来说,材料的氧指数越高,阻燃性能越好。在建筑和装置中使用有机材料时,应充分注意其氧指数,并严格按有关规定执行。例如,消防部门规定有机玻璃钢(瓦)的氧指数必须高于 30;用于冷却塔的玻璃钢,其氧指数需高于 26;硬质聚氨酯泡沫塑料的氧指数也必须高于 26。

材料的氧指数可按规定的测试标准测定,我国的国家标准 GB 2406—93 规定了对材料氧指数的测定方法。

2.1.6　最小点火能量

在处于爆炸范围内的可燃气体混合物中产生电火花,从而引起着火所必须的最小能量称为最小点火能。它是使一定浓度可燃气(蒸气)-空气混合气燃烧或爆炸所需要的能量临界值。如引燃源的能量低于这个临界值,一般情况下不能引燃。其测定方法是:在充满混合气的球形容器中心由电火花放电作为点火源。其工作原理如图 2.4 所示,即在放电电极电路上并联一只电容器,设其电容为 C/F,当电极放电电压为 U/V,或导体上的电荷为 Q/C 时,放电能量 E/mJ 可以由式(2.3)计算:

$$E=\frac{1}{2}\cdot\frac{Q^2}{C}=\frac{1}{2}CU^2 \tag{2.3}$$

可燃混合气点火能量的大小取决于该物质的燃烧速度、热传导系数、可燃气在可燃气-空气(或氧)系混合气中的浓度(体积分数,φ)、混合气的温度和压力以及电极间隙和形状。可燃气浓度对点火能量的影响较大,一般在稍高于化学计算量时,其点火能量最小。乙炔的最小点火能约为 0.02mJ,含量在 9%,略高于化学计算量 7.8%，如图 2.5 所示。混合气燃烧速度越快，热传导系数越小，所需点火能量越小。一般在测试系统中，当氧分压上升时，最小点火能下降；加入惰性气体，可使点火能增大。

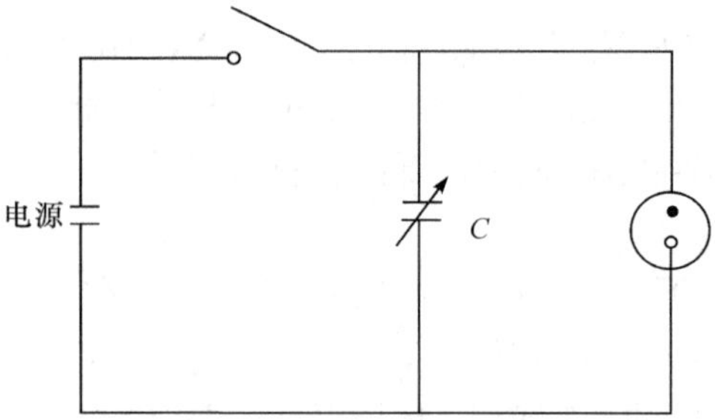

图 2.4　点火能测试原理图

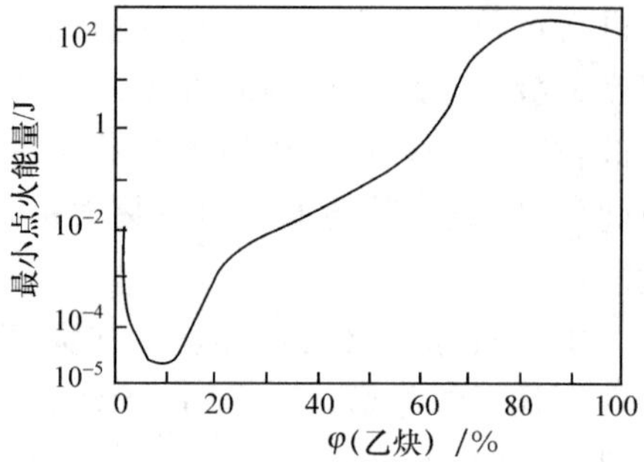

图 2.5　乙炔含量对点火能量的影响

部分可燃气体的最小点火能见表 2.4。

表 2.4　部分可燃气体的最小点火能

可燃性气体	体积分数 / %	最小点火能/10^{-3}J	
		空气中	氧气中
二硫化碳	6.52	0.015	
氢	29.5	0.019	0.0013
乙炔	7.73	0.02	0.0003
乙烯基乙炔	4.02	0.082	
乙烯	6.52	0.096	0.001
环氧乙烷	7.72	0.105	
甲基乙炔	4.97	0.152	
1,3-丁二烯	3.67	0.17	
氧化丙烯	4.97	0.19	
甲醇	12.24	0.215	
呋喃	4.44	0.225	
甲烷	8.5	0.28	
丙烯	4.44	0.282	
乙烷	6.0	0.31	0.031
丙烷	4.02	0.31	
乙醛	7.72	0.376	
丁烷	3.42	0.38	
丁酮	3.67	0.53	
四氢呋喃	3.67	0.54	
苯	2.71	0.55(0.22)*	
乙酸乙烯	4.44	0.70	
氨	21.8	0.77	

续表

可燃性气体	体积分数 / %	最小点火能/10^{-3}J	
		空气中	氧气中
丙酮	4.97	1.15	
三乙胺	2.10	1.15	
异辛烷	1.65	1.35	
甲苯	2.27	2.5	
吡咯	3.83	3.4	
乙腈	7.02	6.0	

＊ 0.55 摘自：资料[6]

0.20 摘自：〔日〕难波桂芳. 1986. 化工厂安全工程. 李崇理等译. 北京：化学工业出版社

2.2　燃烧机理

2.2.1　燃气燃烧的连锁反应

燃气燃烧反应是一种化学反应，符合基本的化学定律。近代用连锁反应理论来解释燃烧机理。根据连锁反应理论，气态分子间的作用，不是两个反应分子直接简单作用得到最后生成物，而是由一连串的反应组成的。该反应只要一经引发生成自由基，就会相继发生一系列基元反应。先由自由基（活性基团）与另一分子起作用，从而产生新的自由基和产物，新的自由基又迅速参与反应，如此下去，直到反应物消耗殆尽，或通过外加因素使链中断而停止反应。

连锁反应通常分直链反应与支链反应两大类。

氯和氢反应是典型的直链反应，其基元反应机理如下：

链的引发　$$Cl_2 \xrightarrow{h\nu} 2\,Cl\cdot$$

链的传递　$$\begin{cases} Cl\cdot + H_2 \longrightarrow HCl + H\cdot \\ H\cdot + Cl_2 \longrightarrow HCl + Cl\cdot \end{cases}$$

链的终止　$$\begin{cases} H\cdot + Cl\cdot \longrightarrow HCl \\ Cl\cdot + Cl\cdot \longrightarrow Cl_2 \\ H\cdot + H\cdot \longrightarrow H_2 \end{cases}$$

氢和氧反应是典型的支链反应。在支链反应中，链发生分支生成多于一个的自由基，使反应变得更为复杂。反应机理如下：

链的引发
$$\begin{cases} H_2+O_2 \xrightarrow{\triangle} 2\,HO\cdot \\ H_2+M \xrightarrow{\triangle} 2\,H\cdot+M \end{cases}$$

链的传递
$$\begin{cases} HO\cdot+H_2 \longrightarrow H\cdot+H_2O \\ H\cdot+O_2 \longrightarrow O\cdot+HO\cdot \\ O\cdot+H_2 \longrightarrow H\cdot+\cdot OH \\ H\cdot+O_2+M \longrightarrow HO_2\cdot+M \\ HO_2\cdot+H_2 \longrightarrow H_2O+HO\cdot \end{cases}$$

链的终止
$$\begin{cases} 2\,H\cdot \longrightarrow H_2 \\ H\cdot+\cdot OH \longrightarrow H_2O \\ H\cdot+H\cdot \xrightarrow{\text{器壁}} H_2 \end{cases}$$

任何连锁反应都由 3 个阶段组成，即链的引发、链的传递和链的终止。

大多数碳氢化合物的燃烧反应进行得比较缓慢，因为碳氢化合物的燃烧是一种退化的支链反应，即新的链环要依靠中间生成物分子的分解才能发生，且分子结构越复杂其反应机理也越复杂。

2.2.2　连锁反应速率表达式

连锁反应的速率与反应物浓度、能量、传播速度、链的生成和销毁速率等有关。

连锁反应的速率，一般可用式(2.4)表示：

$$v=\frac{F(c)}{f_s+f_c+A(1-\alpha)} \tag{2.4}$$

式中，$F(c)$——反应物浓度函数；

f_s——链在器壁上销毁因素；

f_c——链在气相中销毁因素；

A——与反应物浓度有关的函数；

α——链的分支，在直链反应中 $\alpha=1$，在支链反应中 $\alpha>1$。

在连锁反应中，反应系统所处的条件，包括温度、压力、杂质、容器材质、形状和大小等都能影响反应速率。从式(2.4)可见，当 $f_s+f_c+A(1-\alpha)\rightarrow 0$ 时，就会发生爆炸。

2.3 燃烧速度

物质的燃烧速度在本质上是由可燃物和氧发生化学反应的能力决定的，可燃物和氧的反应能力越强，燃烧速度越快。

2.3.1 可燃气体的燃烧速度

可燃气体燃烧不需要像可燃固体、可燃液体那样经过熔化、蒸发等过程，所以燃烧速度较快。可燃气体的燃烧速度随其结构和组成的不同而异，简单的可燃气体，如氢气，燃烧只需受热、氧化等过程；而复杂气体，如天然气，则需经过热分解和氧化过程才开始燃烧。因此，简单构成的可燃气比复杂可燃气燃烧速度快。

在可燃气体燃烧中，不同的燃烧方式，其燃烧速度也不同。扩散燃烧速度取决于气体的扩散速度和化学反应速度；而混合燃烧速度仅取决于燃烧的化学反应速度。一般情况下，混合燃烧速度要比扩散燃烧速度快得多。

燃气燃烧速度可以用火焰传播速度来衡量，所以火焰的传播速度称为气体的燃烧速度。

按燃气运动状态的不同，有层流和紊流状态之分。对层流状态的燃气，火焰传播速度可在一根长玻璃管中装入可燃混合气进行测定。在玻璃管一端点火，这时可见火焰薄层（火焰前锋）从点火端移向预混未燃气的另一端，直到可燃气体全部燃烧完毕，如图 2.6 所示。在实验玻管中火焰前锋的法向指向未燃气体，由于未燃气体是静止的，所以火焰的位移速度就是火焰的传播速度。若火焰前锋在时间间隔 dt 的位移为 ds，则位移速度 u 为

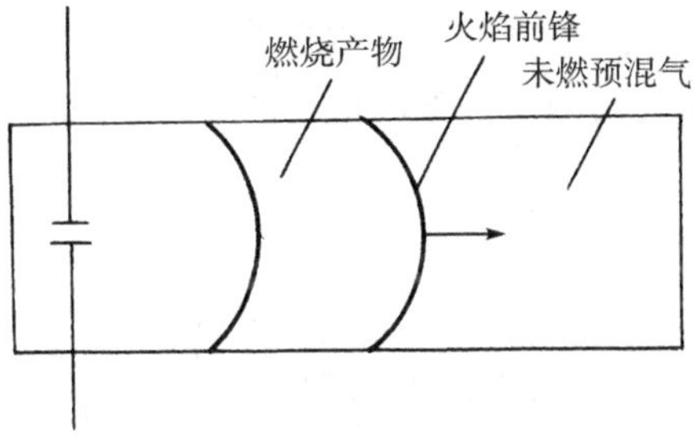

图 2.6　长管中的火焰传播

$$u=\frac{ds}{dt} \tag{2.5}$$

式中，u——火焰位移速度，$m \cdot s^{-1}$；

t——时间，s；

s——位移，m。

一些可燃气体与空气混合气在 ϕ25.4mm 管中测得的火焰传播速度列于表 2.5。

表 2.5　一些可燃气体与空气混合气的火焰传播速度

气体	最大火焰传播速度/$m \cdot s^{-1}$	体积分数/%	气体	最大火焰传播速度/$m \cdot s^{-1}$	体积分数/%
氢	4.83	38.5	丁烷	0.82	3.6
一氧化碳	1.25	45.0	乙烯	1.42	7.1
甲烷	0.67	9.8	炼焦煤气	1.70	17.0
乙烷	0.85	6.5	焦炭发生煤气	0.73	48.5
丙烷	0.82	4.6	水煤气	3.10	43

注:管径为25.4mm。

影响可燃混合气体火焰传播速度的因素很多,主要有混合气性质、混合气成分、混合气原始压力和温度等。

各种烃类与空气组成的混合气,结构和相对分子质量不同,其火焰传播速度不同。炔烃的火焰传播速度最快,如乙炔可达 $141cm \cdot s^{-1}$,其次是烯烃和烷烃。当用氧代替空气时,火焰传播速度将大为提高。混合气中可燃气含量对火焰传播速度的影响如图2.7所示。可燃气浓度在某一最佳值时生成自由基的机会最大,使反应速度达到最大值,而偏高或偏低都使反应速度降低。

混合气的初始温度高,可以加快反应速度。图2.8表明初始温度对氢-空气混合气火焰传播速度的影响。

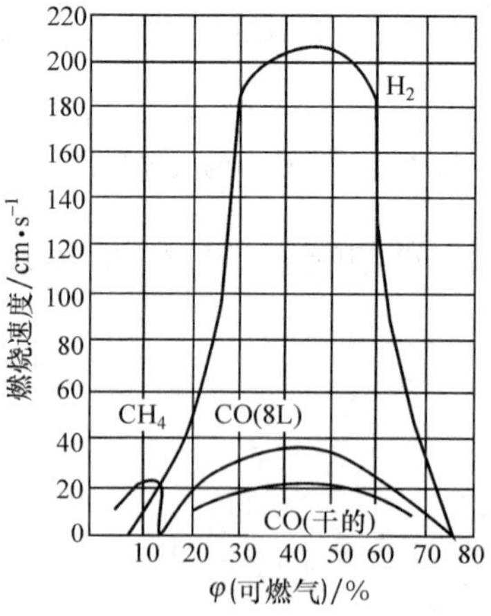

图2.7　混合气中可燃气体含量与燃烧速度的关系

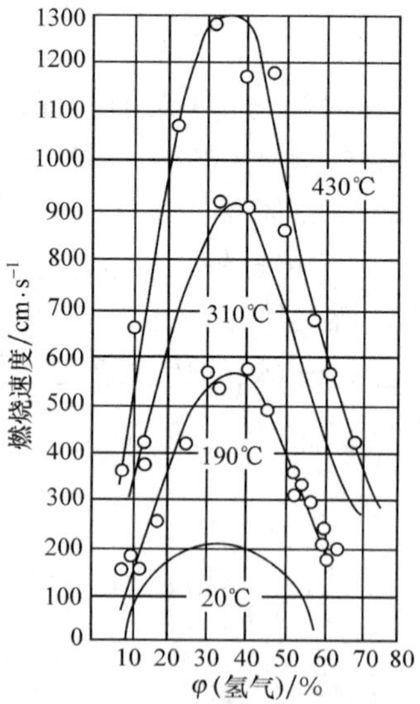

图2.8　初始温度对氢在空气中燃烧速度的影响

混合气的压力对火焰传播速度影响不甚明显，当压力增大时，火焰传播速度略有降低。图 2.9 表明压力对甲烷在空气中燃烧速度的影响。

另外，管壁的传热性能与管径的大小都影响燃烧速度。火焰传播速度一般随管径增加而加快，但当达到某一极限值时，速度就不再加快；随管径的减小火焰传播速度也减小，当管径小到某程度时，火焰在管中就不能传播，阻火器就是根据这一原理设计的。表 2.6 中的数据表明甲烷和空气混合气在不同管径中的火焰传播速度。

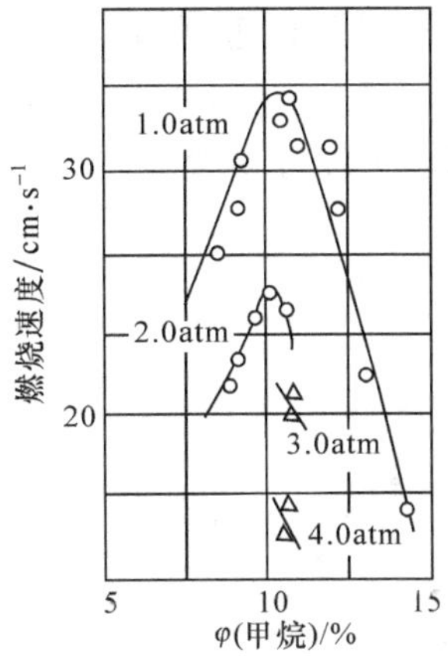

图 2.9　压力对甲烷在空气中燃烧速度的影响

表 2.6　甲烷和空气混合气在不同管径中的火焰传播速度(cm · s^{-1})

甲烷含量 / % \ 管径 / cm	2.5	10	20	40	60	80
6	23.5	43.5	63	95	118	137
8	50	80	100	154	183	203
10	65	110	136	188	215	236
12	35	74	80	123	163	185
13	22	45	62	104	130	138

2.3.2　可燃液体的燃烧速度

易燃液体在常温下蒸气分压就很高，点火源接近时就容易着火燃烧；而可燃液体，由于液体表面上蒸气分压较低，就不易着火燃烧。因此不同液体其着火燃烧的速度是不相同的。

在实用中，液体的燃烧速度有两种表示方法，一种是以容器每平方米面积上每小时燃烧掉液体的质量来表示的，称液体燃烧的质量速度，以 kg · m^{-2} · h^{-1} 表示；另一种是以每小时烧掉容器内液体的高度来表示的，称液体燃烧的直线速度(cm · h^{-1})。

液体的燃烧速度与很多因素有关，如液体的初温、储罐的直径大小、液体的热容、蒸发潜热、火焰的辐射强度、液面的高低和液体中水分的含量等。一般是初温越高，燃烧速度越快；液体的蒸发潜热越高，需要吸收越多的热量才能维持燃烧时所要求的蒸气浓度;储罐中低液位的液体比高液位的液体燃烧速度快;不含水的石油产品比含水的石油产品燃烧速度快;此外,风速对火焰蔓延的速度也有影响。表2.7列举了部分易燃液体的燃烧速度。

表2.7 部分易燃液体的燃烧速度

液体名称	直线燃烧速度/cm · h^{-1}	质量燃烧速度/kg · m^{-2} · h^{-1}	相对密度
苯	18.9	165.37	0.875
乙醚	17.5	125.84	0.715
甲苯	16.08	138.29	0.86
航空汽油	12.6	91.98	0.73
二硫化碳	10.47	132.97	1.27
甲醇	7.2	57.6	0.8

2.3.3 可燃固体的燃烧速度

固体物质的燃烧速度,一般小于可燃气体和可燃液体。不同的固体物质燃烧速度也有很大差别。石蜡、三硫化磷、松香等固体物质,燃烧过程要经过受热熔化、蒸发、分解、氧化着火燃烧等阶段,一般燃烧速度较慢。硝基化合物、硝化纤维及其制品,因含有不稳定的含氧基团,燃烧速度就较快。固体的比表面积越大,燃烧速度越快。

2.4 爆炸及其特性

物系自一种状态迅速转变为另一种状态,并在瞬间以对外做机械功的形式放出大量能量的现象称为爆炸。爆炸现象一般具有如下特征:① 爆炸过程进行得很快;② 爆炸点附近瞬间压力急剧上升;③ 发出声响;④ 周围建筑物或装置发生震动或遭到破坏。简言之,爆炸是系统的一种非常迅速的物理的或化学的能量释放过程。

2.4.1 爆炸分类

1. 按爆炸发生的物理、化学原理分

根据爆炸发生的不同原因,可将其分为物理爆炸、化学爆炸和核爆炸三大类。在研究化工、石油化工工厂防火防爆技术中,通常只涉及物理爆炸和化学爆炸,故核爆炸在本书中不讨论。

1）物理爆炸

物理爆炸由物理变化所致，其特征是爆炸前后系统内物质的化学组成及化学性质均不发生变化。物理爆炸主要是指压缩气体、液化气体和过热液体在压力容器内，由于某种原因使容器承受不住压力而破裂，内部物质迅速膨胀并释放大量能量的过程(见第 5 章)。

2）化学爆炸

化学爆炸是由化学变化造成的，其特征是爆炸前后物质的化学组成及化学性质都发生变化。化学爆炸按爆炸时所发生的化学变化的不同又可分为三类。

(1) 简单分解爆炸。引起简单分解爆炸的爆炸物，在爆炸时并不一定发生燃烧反应。爆炸能量是由爆炸物分解时产生的。属于这一类的有叠氮类化合物，如叠氮铅、叠氮银等；乙炔类化合物，如乙炔铜、乙炔银等。这类物质是非常危险的，受轻微震动即能起爆，如

$$PbN_6 \xrightarrow{\text{震动}} Pb + 3N_2$$

爆速可达 $5123m \cdot s^{-1}$。

(2) 复杂分解爆炸。这类物质爆炸时有燃烧现象，燃烧所需的氧由自身供给，如硝化甘油的爆炸反应：

$$C_3H_5(ONO_2)_3 \xrightarrow{\text{引爆}} 3CO_2 + 2.5H_2O + 1.5N_2 + 0.25O_2$$

爆炸物品，大多具有如下结构：

$—NO_3$	硝酸盐类物质
$—N{=}N{\equiv}N$	叠氮化合物
$—O—N{=}C$	雷酸盐类化合物
$—ClO_3$	氯酸盐类
NX_3	氮卤化物
$—C{\equiv}C—$	乙炔类物质
$={N}{\equiv}N$	重氮类物质

还有硝酸酯类物质及芳香族硝基化合物等。

(3) 爆炸性混合物爆炸。爆炸性混合物是至少由两种化学上不相联系的组分所构成的系统。混合物之一通常为含氧相当多的物质；另一组分则相反，是根本不含氧的或含氧量不足以发生分子完全氧化的可燃物质。

爆炸性混合物可以是气态、液态、固态或是多相系统。

气相爆炸包括混合气体爆炸、粉尘爆炸、气体的分解爆炸、喷雾爆炸。液相爆炸包括聚合爆炸及不同液体混合引起的爆炸。固相爆炸包括爆炸性物质的爆炸、固体物质混合引起的爆炸和电流过载所引起的电缆爆炸等。

2. 按事故过程爆炸分类分

1）分类

按事故过程爆炸分类，可分为三类六种，如下所示：

- 事故过程爆炸分类
  - Ⅰ类：需要有点火源的爆炸
    - ⅠA：着火破坏型爆炸
      - 由于快速燃烧引起的爆炸
      - 粉尘喷雾爆炸
      - 爆炸性混合气体爆炸
      - 气体的分解爆炸
      - 爆炸性物质以及混合危险物质的爆炸
      - 管道材料的燃烧
    - ⅠB：泄漏着火型爆炸
      - 材料强度下降
      - 外部载荷
      - 内压上升
      - 阀门操作
      - 盖子打开
  - Ⅱ类：化学反应热蓄积引起的爆炸
    - ⅡA：自然着（发）火型爆炸
      - 自然着火
      - 混合接触
      - 吸水
      - 氧化
      - 吸附
    - ⅡB：反应失控型爆炸
      - 聚合
      - 合成
      - 分解
  - Ⅲ类：过热液体蒸发引起的爆炸
    - ⅢA：传热型蒸汽爆炸
      - 水蒸气爆炸
      - 低温液化气爆炸
    - ⅢB：平衡破坏型蒸汽爆炸
      - 蒸汽压平衡的破坏

(1) Ⅰ类:需要有点火源的爆炸,有两种:

① ⅠA:着火破坏型爆炸。由于容器内部的危险物质着火,引起持续燃烧、分解等化学反应,放出反应热蓄积起来,引起生成的气体/空气急剧热膨胀,内压上升,使容器发生破坏而爆炸。

② ⅠB:泄漏着火型爆炸。因为保存在容器、塔槽、管道内的危险物质泄漏到外面,在空气中被点火源点火而引起的燃烧爆炸。

(2) Ⅱ类:化学反应热积蓄引起的爆炸,有两种:

① ⅡA:自然着(发)火型爆炸。因反应热的积蓄,达到自然着火点而引起的燃烧、爆炸。例如,氧化分解、混合接触、吸水产生的放热反应和吸附等引起的燃烧爆炸。

② ⅡB:反应失控型爆炸。化学反应热,由于搅拌、冷却失效引起温度上升,反应速度加快,压力剧升致使容器破裂,引起燃烧爆炸。

例如,聚合反应引起的爆炸、合成反应引起的爆炸和分解反应引起的爆炸。

(3) 过热液体蒸发引起的爆炸,有两种:

① ⅢA:传热型蒸汽爆炸。热从高温体向与之接触的低温液体快速传热的结果,液体瞬间变成过热状态,造成蒸汽爆炸,如水蒸气爆炸、低温液体爆炸。

② ⅢB:平衡破坏型蒸汽爆炸。在密闭容器内,在一定温度下,液体的蒸汽压和该液体温度间保持物理化学的平衡,蒸汽压是温度的函数,蒸汽压随温度的变化而变化。

在容器内保持蒸汽压平衡的状态下,若气相部分有裂缝泄漏,则高压蒸汽通过裂缝喷出,容器内压急剧下降时,器内气-液瞬时失去平衡,变为不稳定的过热状态。处于过热状态的液体,为了再次回复平衡,必然要立刻将其部分热量变为蒸发热,使其部分液体变为常压沸点的蒸汽,将剩余的液体冷却到常压沸点的温度。由此,过热液体内部将产生沸腾,形成气泡,液体的体积急剧膨胀而获得惯性,猛烈撞击器壁而呈现液击现象,会施加给器壁数倍最初蒸汽压的冲击压,使容器裂缝裂开更大或断裂,碎片飞散,从而引起平衡破坏型爆炸。其特征是,在高压密闭容器内存在有常压以上蒸汽压的液体而发生的事故。

例如,锅炉内的水或载热油,高温高压下的液体反应失控等。

2) 预防措施

根据事故过程爆炸分类的三类六种情况,针对各种形成爆炸的原因,分别采取切实的预防措施,分别列于下表:

事故过程爆炸分类的预防措施

- Ⅰ类:需要有点火源的爆炸
  - ⅠA:着火破坏型爆炸
    - 惰气置换
    - 混合气的成分控制与管理
    - 点火源的管理
    - 防止不稳定物质的生成
  - ⅠB:泄漏着火型爆炸
    - 防泄漏
    - 防阀门误操作
    - 泄漏物质的检测报警
    - 点火源管理(各种点火源)
- Ⅱ类:化学反应热蓄积引起的爆炸
  - ⅡA:自然着(发)火型爆炸
    - 对自然着火特性进行调研(发热原因)
    - 对蓄热条件(环境)进行分析
    - 强化温控系统
    - 分散、冷却、焚烧
    - 防混合接触
  - ⅡB:反应失控型爆炸
    - 针对放热反应特性采取措施
    - 正确测量、控制工艺参数,控制反应速度
    - 确保冷却和搅拌
    - 失控时处置:及时调整、急冷、放空、中止
- Ⅲ类:过热液体蒸发引起的爆炸
  - ⅢA:传热型蒸汽爆炸
    - 防止水进入高温炉内
    - 高温废弃物的安全处理
    - 水碎设备的安全设计
    - 作业地方要干燥
    - 深冷液化气体的处理(注意点火源的管理,防二次爆炸)
  - ⅢB:平衡破坏型蒸汽爆炸
    - 保持容器的耐压强度
    - 防止容器因外力而引起破坏
    - 防止因火灾而引起加热
    - 防止反应失控
    - 点火源的管理(防二次爆炸)

2.4.2 爆炸极限及其计算

1. 爆炸极限

可燃性气体或蒸气预先按一定比例与空气均匀混合后点燃,较缓慢的扩散过程已经在燃烧以前完成,燃烧速度仅取决于化学反应速度。在这样的条件下,气体的燃烧就有可能达到爆炸的程度。这种可燃气体或蒸气与空气的混合物,称为爆炸性混合气。这种混合气并不是在任何混合比例下都是可燃烧或爆炸的,而且混

合的比例不同，燃烧的速度也不同。由实验可知，当混合物中可燃气体的含量接近化学当量时，燃烧最快或最剧烈；若含量减少或增加，火焰传播速度均下降；当浓度高于或低于某一极限值时，火焰便不再蔓延。所以可燃气体或蒸气与空气（或氧）组成的混合物在点火后可以使火焰蔓延的最低浓度，称为该气体或蒸气的爆炸下限（也称燃烧下限）；同理，能使火焰蔓延的最高浓度称为爆炸上限（燃烧上限）。浓度在下限以下或上限以上的混合物是不会着火或爆炸的。浓度在下限以下时，体系内含有过量的空气，由于空气的冷却作用，阻止了火焰的蔓延，此时活化中心的销毁数大于产生数。同样，当浓度在上限以上时，含有过量的可燃性物质，空气（氧）不足，火焰也不能蔓延，但此时若补充空气，是有火灾或爆炸危险的。故对上限以上的可燃气（蒸气）-空气混合气不能认为是安全的。

可燃性气体（蒸气）的爆炸极限可按标准 GB/ T 12474—90 规定的方法测定。部分可燃气体和蒸气在空气中的爆炸极限值见附录Ⅰ。爆炸极限一般用可燃性气体（蒸气）在混合物中的体积分数（φ/%）来表示，有时也用单位体积中可燃物含量来表示（$g \cdot m^{-3}$或 $mg \cdot L^{-1}$）。

2. 爆炸极限的影响因素

爆炸极限值是随多种不同条件影响而变化的，但如掌握了外界条件变化对爆炸极限的影响规律，那么在一定条件下测得的爆炸极限就有普遍的参考价值，其主要的影响因素介绍如下：

（1）原始温度。爆炸性气体混合物的原始温度越高，则爆炸极限范围越宽，即下限降低而上限增高。因为系统温度升高，其分子内能增加，这时活性分子也就相应增加，使原来不燃不爆的混合物变为可燃可爆，所以温度升高使爆炸的危险性增加。甲烷爆炸范围随温度升高而扩大的情况见图 2.10。

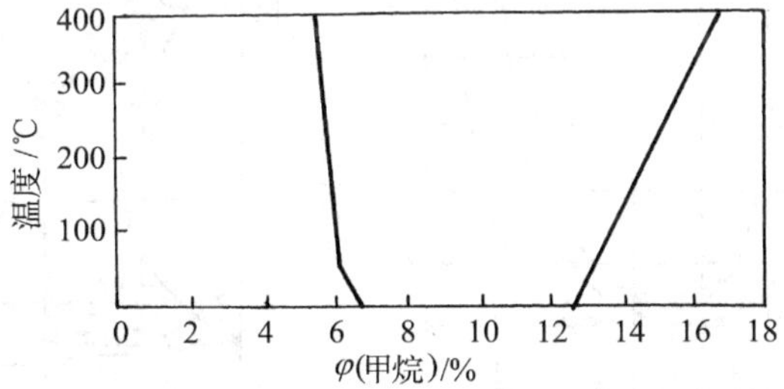

图 2.10　初始温度对甲烷爆炸极限的影响

随温度的升高，爆炸极限范围变宽，下面的公式适用于气体物质：

$$L_{下(T)} = L_{下(25)}[1-0.75(T-25)\times 4.1868/\Delta H_c] \quad (2.6)$$

$$L_{上(T)} = L_{上(25)}[1+0.75(T-25)\times 4.1868/\Delta H_c] \quad (2.7)$$

式中，ΔH_c——燃烧时的纯热量，kJ · mol^{-1}；

T——温度，℃。

(2) 原始压力。在增加压力的情况下，爆炸极限的变化不大。一般压力增加，爆炸极限范围扩大，且上限随压力增加较为显著。这是因为系统压力增加，物质分子间距缩小，碰撞速率增加，使燃烧的最初反应和反应的进行更为容易。压力降低，则气体分子间距拉大，爆炸极限范围会变小。待压力降到某一数值时，其上限即与下限重合，出现一个临界值；若压力再下降，系统便成为不燃不爆。因此，在密闭容器内进行负压操作，对安全生产是有利的。

图 2.11 表明甲烷-空气混合物在减压条件下的爆炸范围，同时可见，原始温度越高爆炸的临界压力越低。

压力增加对上限的影响，可用式(2.8)计算：

$$L_{上(p)}=L_{上}+20.6(\lg p+1) \tag{2.8}$$

式中，p——压力(绝对压力)，MPa；

$L_{上}$——大气压为 0.1MPa 时的爆炸上限；

$L_{上(p)}$——某一压力下的爆炸上限。

(3) 惰性介质。若混合物中加入惰性气体，则爆炸极限范围缩小，惰性气体的 φ 提高到某数值时，可使混合物不燃不爆。

图 2.12 表明加入惰性气体(N_2、CO_2、Ar、He、CCl_4、水蒸气)对甲烷混合气爆炸极限的影响。由图 2.12 可见，随惰性气体的增加对上限的影响较之对下限的影响更显著。

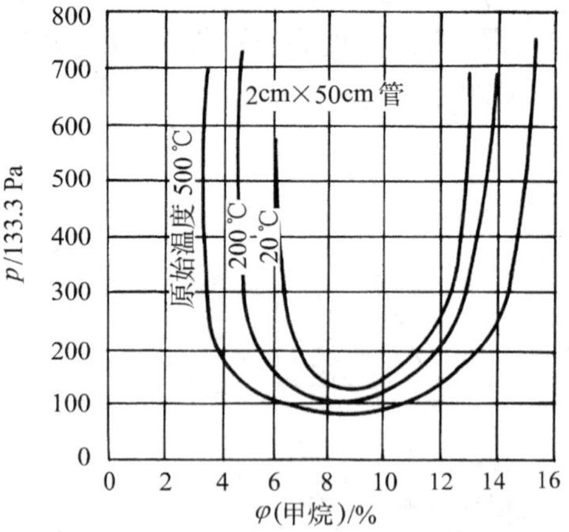

图 2.11　甲烷-空气混合物在减压下的爆炸极限

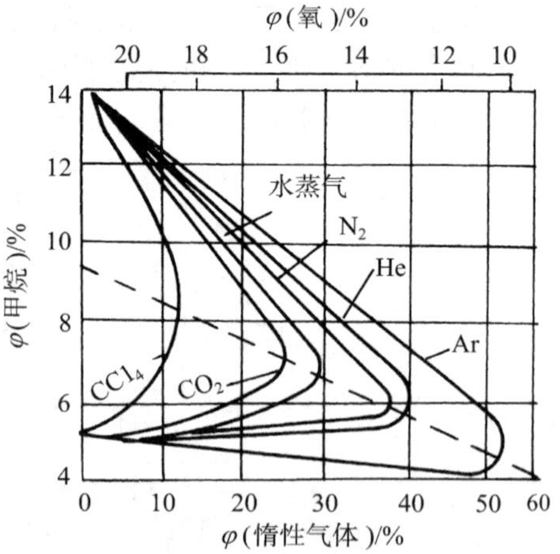

图 2.12　各种惰性气体浓度对甲烷爆炸极限的影响

(4) 容器。容器的大小对爆炸极限也有影响。实验证明，容器直径越小，爆炸范围越窄。这可从传热和器壁效应得到解释。从传热来说，随容器或管道直径的减小，单位体积的气体就有更多的热量消耗在管壁上。有文献报道，当散出热量等于火焰放出能量的23%时，火焰即会熄灭，所以热损失的增加必然降低火焰的传播速度并影响爆炸极限。

器壁效应可用连锁反应理论说明。燃烧持续的条件是新生的自由基数量必须等于或大于消失的自由基数。可是，随着管径的缩小，自由基与反应分子间的碰撞概率也不断减少，而自由基与器壁碰撞的概率反而不断增大。当器壁间距小到某一数值时，这种器壁效应就会使火焰无法继续。火焰的熄灭直径可以通过试验进行测定，也可以通过熄灭间隙进行计算，如下式所示：

$$d_0 = 4.53H^{0.403} \tag{2.9}$$

$$D_0 = 1.54d_0 \tag{2.10}$$

式中，d_0——熄灭间隙，mm；

H——最小点火能，mJ；

D_0——熄灭直径，mm。

(5) 点火能源。爆炸性混合物的点火能源，如电火花的能量，炽热表面的面积，火源与混合物接触时间长短等，对爆炸极限都有一定影响。随着点火能量的加大，爆炸范围变宽。点火能量对甲烷-空气混合气爆炸极限的影响如表 2.8 所示。

表 2.8　标准大气压下，点火能量对甲烷-空气混合气爆炸极限(φ)的影响(容器 V=7L)

点火能量/J	$L_下$/%	$L_上$/%	点火能量/J	$L_下$/%	$L_上$/%
1	4.9	13.8	100	4.25	15.1
10	4.6	14.2	10000	3.6	17.5

(6) 火焰的传播方向(点火位置)。当在爆炸极限测试管中进行爆炸极限测定时，可发现在垂直的测试管中于下部点火，火焰由下向上传播时，爆炸下限值最小，上限值最大；当于上部点火时，火焰向下传播，爆炸下限值最大，上限值最小；在水平管中测试时，爆炸上下限值介于前两者之间。由表 2.9 所列数据可见一般。

表 2.9　火焰传播方向对爆炸极限(φ)的影响

气体名称	LFL/%			UFL/%		
	(↑)	(↓)	(→)	(↑)	(↓)	(→)
氢	4.15	8.8	6.5	75.0	74.5	—
甲烷	5.35	5.59	5.4	14.9	13.5	14.0
乙烷	3.12	3.26	3.15	15.0	10.2	12.9

续表

气体名称	LFL/%			UFL/%		
	(↑)	(↓)	(→)	(↑)	(↓)	(→)
戊烷	1.42	1.48	—	74.5	4.64	—
乙烯	3.02	3.38	3.20	34.0	15.5	23.7
丙烯	2.18	2.26	2.22	9.70	7.4	9.3
丁烯	1.7	1.8	1.75	9.6	6.3	9.0
乙炔	2.6	2.78	2.68	80.5	71.0	78.5
一氧化碳	12.8	15.3	13.6	75.0	70.5	—
硫化氢	4.3	5.85	5.3	45.5	21.3	33.50

(7) 含氧量。空气中的 $\varphi(O_2)$ 为 21%，当混合气中 $\varphi(O_2)$ 增加时，爆炸极限范围变宽。处于空气中爆炸的下限时，组分中 $\varphi(O_2)$ 已很高，故增加 $\varphi(O_2)$ 对爆炸下限影响不大；而增加 $\varphi(O_2)$ 使上限显著增加，是由于氧取代了空气中的氮，使反应更易进行。某些可燃气在氧气中的爆炸极限见表 2.10。

表 2.10 某些可燃气在空气和氧气中的爆炸极限

物质名称	在空气中		在氧气中	
	UFL/%	LFL/%	UFL/%	LFL/%
甲烷	14	5.3	61	5.1
乙烷	12.5	3.0	66	3.0
丙烷	9.5	2.2	55	
正丁烷	8.5	1.8	49	1.8
异丁烷	8.4	1.8	48	1.8
丁烯	9.6	2.0		3.0
1-丁烯	9.3	1.6	58	1.8
2-丁烯	9.7	1.7	55	1.7
丙烯	10.3	2.4	53	2.1
氯乙烯	22	4	70	4
氢	75	4	94	4
一氧化碳	74	12.5	94	15.5
氨	28	15	79	15.5

3. 爆炸极限的计算

具有爆炸危险性的气体或蒸气与空气或氧气混合物的爆炸极限，在应用时一般可查阅文献或直接测定以获得数据，也可以通过其他数据及某些经验公式计算来获得。但由于生产条件与测试条件的出入，这类数据只能作参考。下面介绍几种计算方法。

（1）闪点法。易燃液体的爆炸下限与该液体的闪点是互相联系的。可燃液体在闪点时的饱和蒸气分压正好对应着火的最低体积分数。利用这种关系依式(2.11)可互相推算可燃液体的闪点或爆炸下限：

$$L_{下}=\frac{100\times p_{闪}}{p_{总}}\% \tag{2.11}$$

式中，$p_{总}$——混合气的总压力，常压时为 1.013×10^5 Pa；

$p_{闪}$——闪点时该液体的蒸气分压，Pa。

爆炸上限温度之上（上部闪点之上），可燃液体所生成的蒸气的体积分数在上限以上是不会燃烧或爆炸的。爆炸上限温度（上部闪点）也可用式(12.11)计算。

【例 2.1】 已知乙醇的爆炸上限为 19%(φ)，求爆炸上限温度（上部闪点）。

解

$$C=\frac{p_{分}}{p_{总}}=0.19$$

$$p_{分}=0.19\times1.013\times10^5=19247(\text{Pa})$$

由算图或物化手册中可查出 19247Pa 对应的温度为 42℃。

（2）按可燃气体完全燃烧时的化学当量浓度计算。可燃气（液）体完全燃烧时的化学当量浓度可用来确定链烷烃类的爆炸下限，其计算公式如下：

$$L_{下}=0.55C_0 \tag{2.12}$$

式中，C_0 为气体在完全燃烧时物质的当量浓度，如丙烷在空气中燃烧，其值由反应式

$$C_3H_8+5O_2\longrightarrow3CO_2+4H_2O$$

确定。空气中 $\varphi(O_2)=21\%$，则

$$C_0=\frac{1}{1+\frac{n_0}{0.21}}\times100\%=4.03\%$$

n_0 为完全燃烧时所需氧分子数，故 $n_0=5$。

$$L_{下}=0.55C_0=0.55\times4.03\%=2.2\%$$

此值与某些文献值 2.1%相差不大。

上式也可用于估算链烷烃类以外的其他有机可燃性气（液）体的爆炸下限，但当计算 H_2、C_2H_2 以及含 N_2、Cl_2 等有机物时出入较大，不可应用。

利用算出的爆炸下限计算爆炸上限。对碳氢化合物，在常压和 25℃条件下，在空气中的爆炸上限与下限有如下关系：

$$L_{上}=6.5\sqrt{L_{下}} \tag{2.13}$$

$$L_{上}=4.8\sqrt{C_0} \tag{2.14}$$

$$L_{上}=3.5C_0 \tag{2.15}$$

(3) 复杂组成的可燃性气体混合物的爆炸极限。前面介绍的均为单一可燃性气体与空气组成混合物的爆炸极限，但在生产中常遇到的多为几种可燃性气体混合物，其计算方法可根据 Le Chatelier 方程来计算。

$$L_m=\frac{1}{\sum_{i=1}^{n}\frac{y_i}{L_i}}\times 100\% \tag{2.16}$$

式中，L_m——混合气的爆炸上限或下限；

L_i——混合气中某一组分的爆炸上限或下限；

y_i——某一可燃组分的摩尔分数或体积分数；

n——可燃组分数量。

当求混合气爆炸上限时，y_i 全部以上限值代入；求下限值时，则 y_i 全部以下限值代入。

在应用 Le Chatelier 公式时，必须注意 $y_a+y_b+y_c+\cdots=1(100)$。该公式是一个经验公式，并不普遍适用。在 1952 年美国矿物局的报告中提及了应用这个方程的限制条件，它只适用于混合气中各组分气体的活化能 E、摩尔燃烧热 Q、活化概率的比例常数 k 等近似相等的混合气。故在计算其他可燃性气体混合物时会出现一些偏差，但仍有一定参考价值。

【例 2.2】 已知某混合气体的组成及爆炸极限数据如下所示：

物质名称	φ/%	LFL/%	UFL/%
己烷	0.8	1.1	7.5
甲烷	2.0	5.0	16
乙烯	0.5	2.7	36
空气	96.7		

此混合气有无爆炸危险？

解 先算出此混合气中可燃气体的 φ，即

$$\varphi(己烷)=\frac{0.8}{0.8+2.0+0.5}=\frac{0.8}{3.3}=24\%$$

$$\varphi(甲烷)=\frac{2.0}{3.3}=61\%$$

$$\varphi(乙烯)=\frac{0.5}{3.3}=15\%$$

用 Le Chatelier 公式

$$L_{m(下)}=\frac{1}{\sum_{i=1}^{n}\frac{y_i}{L_{i(下)}}}\times 100\%=\frac{100}{\frac{24}{1.1}+\frac{61}{5.0}+\frac{15}{2.7}}\%=2.53\%$$

$$L_{m(上)}=\frac{1}{\sum_{i=1}^{n}\frac{y_i}{L_{i(上)}}}\times 100\%=\frac{100}{\frac{24}{7.5}+\frac{61}{15}+\frac{15}{36}}\%=13.6\%$$

因为上述混合气中共含 3.3%的可燃组分，处于混合可燃气体爆炸上、下限之间，所以这种混合气具有爆炸危险。

(4) 可燃气体和惰性气体混合物的爆炸极限。

当可燃性气体混合物中含有惰性气时可用下列经验公式计算：

$$L'_m=L_m\times\frac{\left(1+\frac{B}{1-B}\right)\times 100}{100+L_m\times\frac{B}{1-B}}\% \tag{2.17}$$

式中，L'_m——含有惰性气体的可燃混合气的爆炸上限或下限；

L_m——混合可燃部分的爆炸上限或下限；

B——惰性气体体积分数。

【例 2.3】 已知下列组分的混合气，试计算其爆炸极限。

组　分	H_2	CO	CH_4	CO_2	N_2	O_2
φ/%	12.4	27.3	0.7	6.2	53.4	0
爆炸极限/%	4～75	12.5～74	5.3～14			

解　先算出可燃部分的 L_m。该混合气中可燃部分为 40.4%，惰性气体为 59.6%。

可燃部分中：

$$\varphi(H_2)=\frac{12.4}{40.4}=30.69\%$$

$$\varphi(CO)=\frac{27.3}{40.4}=67.57\%$$

$$\varphi(CH_4)=\frac{0.7}{40.4}=1.73\%$$

$$L_{m(下)}=\frac{100}{\frac{30.69}{4}+\frac{67.57}{12.5}+\frac{1.73}{5.3}}\%=7.46\%$$

$$L_{m(上)}=\frac{100}{\frac{30.69}{75}+\frac{67.57}{74}+\frac{1.73}{14}}\%=69.16\%$$

该混合气的爆炸上、下限：

$$L'_{m(下)}=7.46\times\frac{\left(1+\frac{0.596}{1-0.596}\right)\times 100}{100+7.46\times\frac{0.596}{1-0.596}}\%=16.64\%$$

$$L'_{m(上)}=69.16\times\frac{\left(1+\frac{0.596}{1-0.596}\right)\times 100}{100+69.16\times\frac{0.596}{1-0.596}}\%=84.76\%$$

由计算结果可见，含惰性气体混合气的爆炸上限是 84.76%，比不含惰性气体混合气的上限还高，不符合实际，所以此式用于估算含惰性气体的混合气的爆炸上限并不适用。

2.4.3　爆炸范围图

爆炸性混合气体组成可以是 2 种成分，也可以是 3 种或 4 种以至更多成分，对此就称它们为二成分系列或三成分系列等。二成分混合爆炸性气体，应该是由一种可燃气和一种助燃气组成，其爆炸范围即爆炸上、下限之间的浓度范围。

在通常情况下，无论是几元组成的混合气系列都可以化简成一种最基本的组成系列，即三元爆炸性混合气体系列。

下面仅就三成分系列的爆炸范围图作简要讨论。一般三成分系列可有如下三种组成：

(1) 由可燃气 F、助燃气 S 和惰性气体 I 各一种组成；

(2) 由两种可燃气 F_1、F_2 和助燃气 S 组成；

(3) 由可燃气 F 和两种助燃气 S_1、S_2 组成。

如将三成分系列混合气用三角坐标图表示，则分别如图 2.13 所示，图中斜线部分相当于爆炸范围。

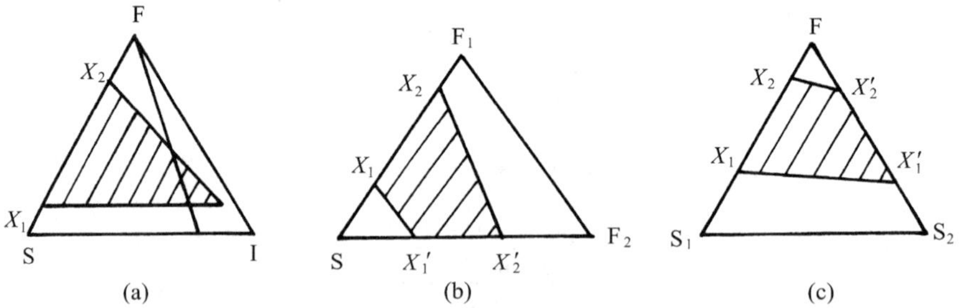

图 2.13　三成分系爆炸范围图（X_1、X_2 为爆炸下限及上限）

最基本的三成分系列爆炸范围图由任意一种可燃气 F、助燃气 O_2 和惰性气体 N_2 所组成，如图 2.14。

X_1、X_2 是可燃气 F 在氧气中的爆炸下限和上限；X_1'、X_2'是可燃气 F 在空气中的爆炸下、上限；FA 是等边三角形坐标中的空气组分线。A 点处 $\varphi(O_2)=21\%$。

当已知某可燃气 F 在氧气和空气中的爆炸下、上限 X_1、X_2、X_1'、X_2'时，即可作该可燃气的爆炸范围图。取定 4 个坐标点后，将 X_1、X_1'和 X_2、X_2'连接并延伸相交于 C，则$\triangle X_1X_2C$ 内的任一组分都是可爆炸组分，组成爆炸范围。当连接 OC 并延交至 Q，则 FX_2CQ 四边形范围内的气体，在密闭容器内时不是爆炸性的；但当该气体从容器中漏出到空气中或空气进入容器中，遇火源则可发生燃烧或爆炸。X_1ONQC 多边形范围内的气体为不燃不爆气体。通过 C 点作 NF 平行线交于 P 点，则 P 点的$\varphi(O_2)$是该可燃气在空气中可引起爆炸的极限 $\varphi(O_2)$，小于此$\varphi(O_2)$，该混合气就成为绝对不燃不爆的气体。

爆炸范围图有多种绘制方法，图 2.15 为几组混合可燃气体的爆炸范围图。

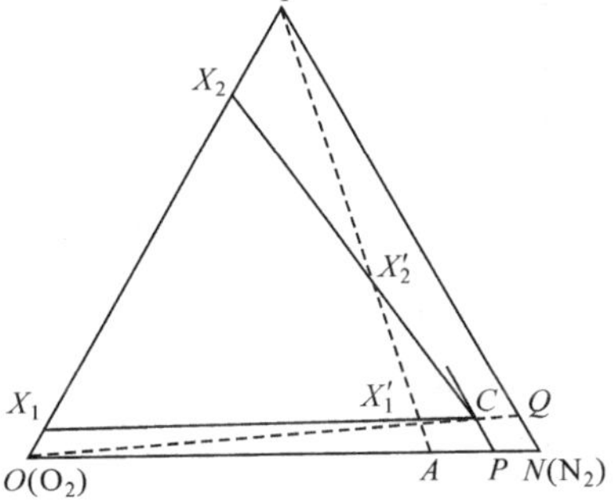

图 2.14　可燃气体-氧气-氮气三成分系列混合气体的爆炸范围图

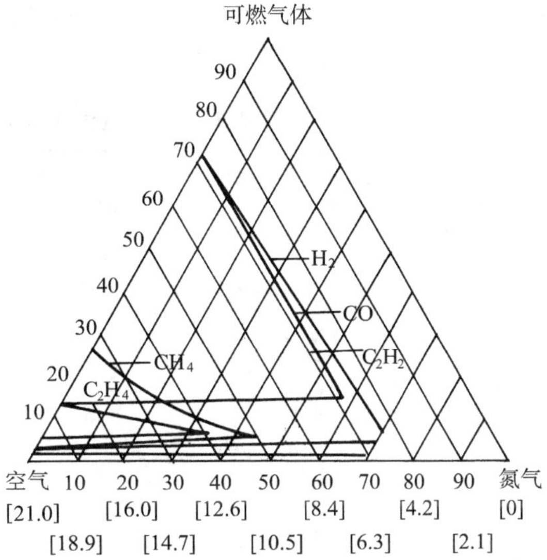

图 2.15　H_2、CO、C_2H_2、CH_4、C_2H_4 等可燃气与空气及氮气三组分气体爆炸范围图

方括号内数据为 $\varphi(O_2)/\%$

测定、绘制爆炸范围图对工艺设计具有重要作用。通常工艺参数的控制不应处于爆炸范围内。

2.4.4　爆炸与爆轰

爆炸性混合气体在全部或部分封闭的环境中（容器或管道中），一经点火，就会以点火源为中心，燃烧的火焰以圆球面形状一层层向外传播，其传播可达爆炸波速度（每秒十数米或数百米）；假如预混物的组成或预热条件适宜，就可能产生一种与通常爆炸根本不同的现象，爆炸波的传播速度可高达 $10^3 m \cdot s^{-1}$，压力再升高，就会产生更大的破坏力，这种现象称为爆轰。

如在一端密闭的管子中点燃混合气体，燃烧产物因膨胀而压迫火焰前面的气体发生运动，而附着于管壁的气层的火焰受到阻力，因而相对加快管子中心的气体运动，这时气体便发生湍流，并增大燃烧面积，从而又增大物质的燃烧速度。由于加速，火焰阵面前产生压缩波，不断加速的结果使更强的压力相继出现。压缩波叠加起来就形成冲击波，从而形成爆轰。因此，爆轰的形成可以说是燃烧加速的结果。

爆轰不仅在混合气体中发生，一些能发生放热的分解反应的气体也能发生爆轰现象，如一氧化二氮、乙烯等，在一定的高压下也会发生爆轰。

爆炸性混合气体的爆轰现象只发生在一定的浓度范围内，这个浓度范围称为爆轰范围。爆轰范围也有上、下限之分，其数值介于爆炸上、下限之间。一些气体混合物的爆轰范围如表 2.11 所列。

表 2.11　一些气体混合物的爆轰范围(φ/%)

混合气体		爆炸下限	爆轰范围		爆炸上限
可燃气	助燃气		下　限	上　限	
氢	空气	4.0	18.3	59.0	75
氢	氧	4.7	15.0	90.0	93.9
一氧化碳	氧	15.5	38.0	90.0	94.0
氨	氧	13.5	25.4	76.0	79.0
乙炔	空气	2.5	4.2	50.0	81.0
乙炔	氧	2.5	3.5	92.0	—
丙烷	氧	2.3	3.2	39.0	55
乙醚	空气	1.85	2.8	45.0	48
乙醚	氧	2.10	2.6	74.0	82.0

混合气的初始温度对爆轰的传播速度影响很小，实验数据表明，升高温度反而使爆轰速度有所下降。例如，氢和氧混合气在 $T_{初}$ 为 10℃ 时测得的爆速为 $2821m \cdot s^{-1}$，而在 100℃时为 $2790m \cdot s^{-1}$。其原因是升高温度使气体密度减小。

初始压力增加会使爆轰速度加快。例如，氢和氧混合气密度从 $0.1g \cdot cm^{-3}$ 增至 $0.5g \cdot cm^{-3}$，爆速从 $3000m \cdot s^{-1}$ 提高至 $4400m \cdot s^{-1}$。

由于爆炸性混合气体在点火以后到形成爆轰有一段发展过程，在常压非扰动的初始条件下，在管子或小直径容器中爆轰的形成与管道或容器的长径比有关，如表 2.12 所示。

表 2.12 在管子和小直径容器中适于爆轰的长径比(常压非扰动初始条件下)

可燃混合气	适于爆轰的长度与直径的最小比例(L/D)
饱和烃和空气1)	75
氢气和空气2)	50
烃和氧气	<10

1) 随压力增加,L/D 缓慢减少,在 10.1×10^5 Pa 时,L/D 约为 40。

2) 随压力增加,L/D 很快减少,在 5.06×10^5 Pa 时,L/D 约为 25。

巨大容器具有小的长径比,但不能因此认为不会引发爆轰。当有相当大的扰动产生,或能量很高的点火源,也可使爆轰在大型容器中产生。

由于目前无论从试验或从理论上对爆轰的认识还是有限的,所以预防爆轰发生的工业措施原则上只能从两方面考虑:①从工艺上消除爆炸性混合气体的存在;②避免任何正常或不慎时有可能出现爆炸性混合气体存在的长距离管线。容器上的引入管线,特别是大直径管子,必须慎重考虑。

2.4.5 分解爆炸性气体爆炸

某些单一成分的气体,在一定的温度下对其施加一定压力时则会产生分解爆炸。这主要是由于物质分解热的产生而引起的,产生分解爆炸并不需要助燃性气体存在。在高压下容易产生分解爆炸的气体,当压力低于某数值时则不会发生分解爆炸,这时的压力称为分解爆炸的临界压力。各种具有分解爆炸特性气体的临界压力是不同的,如甲基乙炔在温度为 293K 时,临界压力为 0.44MPa(绝对压力),N_2O 的临界压力是 2.5×10^5 Pa(绝对压力),NO 为 1.5MPa,乙炔分解爆炸的临界压力一般为 1.4×10^5 Pa,其反应式如下:

$$C_2H_2 \longrightarrow 2C + H_2 + 54.2\times4.1868\text{kJ}\cdot\text{mol}^{-1}$$

但据 BIOS(英国情报资料调查小组委员会)报道,乙炔分解爆炸温度与压力的关系如表 2.13 所示。

表 2.13 乙炔分解爆炸温度与压力的关系

温度/℃	产生分解爆炸所需的压力/(1.0×10^5 Pa)	温度/℃	产生分解爆炸所需的压力/(1.0×10^5 Pa)
1773	1.40	658	2.65
1550	1.74	327	7.5

以上数据仅供参考。实际使用时,以国家规定为准。

2.4.6 粉尘爆炸

粉尘爆炸是悬浮在空气中的可燃性固体微粒接触到火焰(明火)或电火花等任

何着火源时发生的爆炸现象。金属粉尘、煤粉、塑料粉尘、有机物粉尘、纤维粉尘及农副产品谷物面粉等都可能造成粉尘爆炸事故。

1. 粉尘爆炸的必要条件

(1) 燃料。指各种可燃性固体微粒且在空气中要达到一定的浓度。

(2) 空气。在空气中含有氧,氧和固体燃料微粒发生氧化反应而产生热,继而引起燃烧和爆炸。

(3) 混合。对可燃粉尘燃烧与爆炸的重要区别在于:对燃烧而言,燃料与空气中氧的反应在燃料的界面产生,燃料可以是堆积在一起的;而在爆炸中,燃料以固体微粒分布在空气中呈悬浮状态,与空气中的氧混合得很好,这样燃烧释放的能量才能形成爆炸。

(4) 点火源。与爆炸性混合气体需要点火源一样,要使悬浮在空气中的粉尘爆炸,也需要具有一定能量的点火源。

(5) 容器的密闭性。一般而言,爆炸产生的环境往往是在有一定密闭性的容器内或某种空间,如在一个敞开的空间,则只能是形成燃烧。

2. 可燃性粉尘着火爆炸的机理

粉尘空气混合物产生爆炸的过程如下:

(1) 热能加在粒子表面,温度逐渐上升;

(2) 粒子表面的分子发生热分解或干馏作用,在粒子周围产生气体;

(3) 产生的可燃气体与空气混合形成爆炸性混合气体,同时发生燃烧;

(4) 由燃烧产生的热进一步促进粉尘分解,燃烧连续传播,在适合条件下即发生爆炸。

所以,粉尘爆炸本质上是一种气体爆炸。但对金属粉尘的爆炸情况就有所不同。金属粉尘爆炸,主要是由于燃烧时放出大量的燃烧热加热周围环境的气体而发生的爆炸。

3. 粉尘爆炸的特征

(1) 粉尘爆炸的燃烧速度、爆炸压力均比混合气体爆炸小,这可从粉尘爆炸机理得到解释。

(2) 粉尘爆炸多数为不完全燃烧,所以产生的一氧化碳等有毒物质也相当多。

(3) 堆积的可燃性粉尘通常是不会爆炸的。但由于局部的爆炸,爆炸波的传播使堆积的粉尘受到扰动而飞扬,形成粉尘雾,从而连续产生二次、三次爆炸,造成巨大损失,因此应针对粉尘爆炸的特点制订相应的预防措施。

4. 粉尘爆炸的影响因素

(1) 化学性质和组分。粉尘必须是可燃的，对含有过氧基或硝基的有机物粉尘会增加爆炸的危险性。燃烧热越高、爆炸下限浓度越低、点火能越小的物质，越易爆炸。当灰分量在15%～30%时，不易爆炸。当含有挥发分时，如煤含挥发分在11%以上时，极易爆炸。

(2) 粒度大小及分布的影响。粉尘爆炸的燃烧反应是在粒子的表面发生的，比表面积越大，越易反应，所以粒子直径越小，越易爆炸。一般当可燃粉尘的直径大于400μm时，即使用强点火源也不能使其发生爆炸。但当较粗粒子粉尘中含有一定量的细粉尘时，则可使粗、细混合粉尘发生爆炸。例如甲基纤维素粉尘，当粗粉中加入5%～10%的细粉，则会引爆。

(3) 可燃性气体共存的影响。使用强点火源也不爆炸的粉尘，如含有可燃性气体时，其爆炸下限会下降，从而使粉尘在更低浓度下爆炸。煤粉中含有甲烷时的影响如图2.16所示。

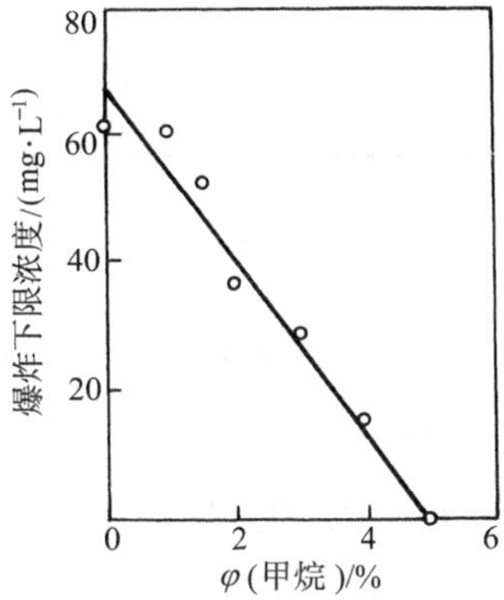

图2.16　在甲烷空气混合气体中煤屑的爆炸下限浓度

(4) 最小点燃能量。粉尘的最小点燃能量是指最易点燃的混合物在20次连续试验时，刚好不能点燃时的能量值。最小点燃能量与粉尘的浓度、粒径大小等有关，测试条件不同则测试值也有所不同，很难得出定值。

(5) 爆炸极限。粉尘与空气的混合物要像气体那样达到均匀的浓度分布是不容易的，所以测试的重现性不好，多数情况是经过统计处理后算出来的。一般工业可燃粉尘爆炸下限约在20～60mg·m^{-3}，爆炸上限可达2～6kg·m^{-3}。上限浓度通常是不易达到的。表2.14列举了部分粉尘的爆炸极限。

表2.14　部分可燃粉尘的爆炸极限

粉尘(200目以下)	最小点火能/10^{-3}J	爆炸下限/(g·m^{-3})	最大爆炸压力/(×0.1MPa)
钛	10	45	5.6
铝	15	40	6.3
镁	40	20	6.6
锌	650	480	3.5
醋酸纤维素	10	25	7.7
酚醛树脂	10	25	5.6

续表

粉尘(200 目以下)	最小点火能/10^{-3}J	爆炸下限/($g \cdot m^{-3}$)	最大爆炸压力/(×0.1MPa)
聚苯乙烯	15	15	6.3
尿素树脂	80	70	6.0
玉蜀黍淀粉	30	40	7.7
砂糖	30	35	6.3
可可	100	45	4.3
咖啡	160	85	3.5
无水苯二甲酸	15	15	4.9
硫黄	15	35	5.6
硬脂酸铝	15	15	6.7
己二酸	70	35	5.3

物系的温度和压力对爆炸极限有影响，一般是温度、压力升高时，爆炸极限变宽。

(6) 水分含量。水分含量对爆炸极限影响不大，但水分含量增加，最小点火能也增加。

2.4.7　雾滴爆炸

当可燃液体用喷嘴雾化进入 0.28～0.76m 的开口玻璃管中，调节燃料和空气的比例，取得爆炸雾滴的浓度，并以高压放电火花点燃。闪点为 323.9℃的花生油和闪点为 43.3℃的司陶大(Stoddard)干洗溶剂油，其火焰均能迅速传播；而闪点为 68.3℃的邻二氯苯点火后火焰传播有困难。由试验可见，可燃液体的雾滴是能够传播火焰的。

在化工、石油化工生产中由于热油管的断裂，通过闪蒸和突然冷却作用而形成大量油雾，垫片破裂、尾气带料、紧急排空等，均可能形成可燃液体的雾滴，当其遇到适当的点火源时，就有可能形成火灾或爆炸。

据报道，当雾滴直径小于 0.01mm 时，其可燃下限恰好等于该物质气相时的爆炸下限(质量分数)，即使是在温度很低、液体不挥发时也是如此。这表明，可燃液体的雾滴即使在远比其闪点低的温度下也存在着危险。当雾滴直径在 0.6～1.5mm 时，燃烧不能传播。然而，此时如果存在小直径雾滴或大雾滴被击碎，仍有可能发生危险。惰性气体、雾化水、卤代烷等的存在能对雾滴燃烧起到有效的抑制作用。

2.4.8　爆炸温度与压力

爆炸性气体混合物的爆炸温度和压力，可根据燃烧反应热或内能来计算。本章仅就用内能法求爆炸性混合气体的爆炸温度与压力做一介绍。

由于爆炸(燃烧)速度很快，所以可设定它是在绝热系统内进行，则爆炸后系统内物质热力学能＝爆炸前物质热力学能＋$Q_{热}$，即

$$\sum U_{产} = \sum U_{反} + nQ_{燃} \tag{2.18}$$

【例 2.4】 已知甲烷的燃烧热 $Q_{CH_4} = 799.14\text{kJ} \cdot \text{mol}^{-1}$，$U_{CH_4} = 1.82\text{kcal} \cdot \text{mol}^{-1}$(300K 时)，原始温度为 300K 时，在空气中爆炸，试求爆炸时的最高温度与压力。

解　先写出燃烧方程式：

$$CH_4 + 2O_2 + 2\times 3.76N_2 = CO_2 + 2H_2O + 7.52N_2$$

求出爆炸前即 300K 时反应物的热力学能和。热力学能由表 2.15 查得。

$$\begin{aligned}\sum U_{反} &= 1\times U_{CH_4} + 2\times U_{O_2} + 7.56\times U_{N_2}\\ &= (1\times 1.82 + 2\times 1.49 + 7.52\times 1.49)\times 4.184\\ &= 66.96(\text{kJ})\end{aligned}$$

系统内爆炸(燃烧)产生的总能量：

$$\sum U_{反} + nQ_{燃} = 66.96 + 799.14 = 866.1(\text{kJ})$$

再用试差法求爆炸后的最高温度：

设爆炸后的温度为 2800K，从表 2.15 查得 2800K 时各产物的热力学能代入式内：

$$\begin{aligned}\sum U_{产} &= 1\times U_{CO_2} + 2\times U_{H_2O} + 7.52\times U_{N_2}\\ &= (1\times 30.4 + 2\times 24.0 + 7.52\times 16.9)\times 4.184\\ &= 859.76(\text{kJ})\end{aligned}$$

由于所设 2800K 时产物内能之和 859.76kJ＜866.1kJ，故爆炸的实际理论温度应大于 2800K，因此要再设爆炸后温度为 3000K，则

$$\sum U_{产} = (1\times 33.0 + 2\times 26.2 + 7.52\times 18.3)\times 4.184 = 933.1(\text{kJ})$$

这个值大于 866.1kJ，故爆炸后的温度应在 2800～3000K。

用内插法求出理论上的最高温度：

$$T_{最高} = 2800 + \frac{866.1 - 859.76}{933.1 - 859.76}\times(3000 - 2800) = 2817(\text{K})$$

爆炸压力可根据气体状态方程式求得：

$$p_{最高} = \frac{T_{最高}}{T_0}\cdot p_0 \cdot \frac{n}{m} \tag{2.19}$$

式中，p_0——原始压力，Pa；

T_0——原始温度，K；

m——爆炸前气体的物质的量，mol；

n——爆炸后气体的物质的量,mol。

$$p_{最高}=\frac{2817}{300}\times 1.01\times 10^5\times\frac{10.53}{10.53}=9.48\times 10^5\,\text{Pa}$$

表 2.15　部分气体的热力学能(×4.184kJ·mol^{-1})

T/K	H_2	O_2	N_2	CO	NO	OH	CO_2	H_2O
300	1.440	1.486	1.489	1.489	1.611	1.523	1.658	1.786
400	1.936	1.998	1.988	1.989	2.126	2.035	2.400	2.399
500	2.436	2.530	2.491	2.496	2.650	2.541	3.229	3.032
600	2.937	3.087	3.006	3.017	3.189	3.049	4.130	3.690
700	3.441	3.667	3.534	3.555	3.846	3.556	5.090	4.381
800	3.948	4.266	4.079	4.110	4.320	4.069	6.100	5.100
900	4.460	4.881	4.640	4.683	4.912	4.589	7.150	5.846
1000	4.986	5.510	5.215	5.270	5.519	5.173	8.235	6.621
1200	6.043	6.799	6.408	6.483	6.768	6.209	10.489	8.444
1400	7.147	8.123	7.643	7.739	8.057	7.346	12.829	9.971
1600	8.291	9.475	8.911	9.023	9.374	8.522	15.220	11.786
1800	9.476	10.848	10.206	10.333	10.706	9.738	17.683	13.687
2000	10.697	12.244	11.520	11.662	12.056	10.986	20.166	15.656
2200	11.950	13.664	12.851	13.004	13.417	12.262	22.688	17.681
2400	13.232	15.105	14.195	14.359	14.791	13.565	25.231	19.752
2600	14.540	16.565	15.549	15.722	16.174	14.890	27.798	21.860
2800	15.872	18.049	16.913	17.093	17.566	16.235	30.382	23.999
3000	17.224	19.553	18.283	18.473	18.962	17.597	32.978	26.198
3200	18.595	21.073	19.661	19.858	20.364	18.974	35.594	28.387
3400	19.981	22.611	21.047	21.248	21.769	20.368	38.237	30.600
3600	21.382	24.166	22.437	22.643	23.179	21.776	40.890	32.846
3800	22.797	25.736	23.831	24.043	24.599	23.197	43.543	35.119
4000	24.223	27.315	25.227	25.447	26.023	24.627	46.211	37.411
4200	25.662	28.911	26.631	26.852	27.453	26.075	48.892	39.691
4400	27.109	30.519	28.039	28.262	28.889	27.531	51.587	41.975

上面计算的是甲烷在空气中按化学当量浓度完全燃烧时计算的值,又假设没有热损失,所以是最大值。如果在系统内可燃气的浓度大于或小于与空气中氧完

全反应所需的化学计量值，则爆炸时的温度和压力都将降低。

【例 2.5】 计算甲烷在爆炸下限时爆炸的温度与压力。已知 $Q_{CH_4}=799.14\text{kJ}$，$T_0=300\text{K}$，$p_0=1.01\times10^5\text{Pa}$，甲烷的 $L_下=5.3\%$。

解 写出燃烧方程式，并算出反应前后系统内各物料的 φ。

$$CH_4 + O_2 + N_2 \longrightarrow CO_2 + H_2O + N_2 + O_2$$

反应前物料浓度 φ：CH_4：0.053；O_2：$0.947\times0.21=0.199$；N_2：$0.947\times0.79=0.75$

反应后物料浓度 φ：CO_2：0.053；H_2O：$0.053\times2=0.106$；N_2：0.75；O_2：$0.199-0.106=0.093$

爆炸前（300K 时）反应物的热力学能和：

$$\sum U_反=(0.053\times1.82+0.199\times1.49+0.75\times1.49)\times4.184=6.32(\text{kJ})$$

系统内爆炸（燃烧）产生的总能量：

$$\sum U_产=\sum U_反+nU_燃=6.32+0.053\times799.14=48.67(\text{kJ})$$

用试差法求爆炸后的最高温度：

设爆炸后温度为 1800K，则

$$\sum U_产=(0.053\times17.68+0.106\times13.69+0.75\times10.21+0.093\times10.85)\times4.184=46.25(\text{kJ})$$

由于 46.25kJ<48.67kJ，故再设爆炸后温度为 2000K，则

$$\sum U_产=(0.053\times20.17+0.106\times15.66+0.75\times11.52+0.093\times12.24)\times4.184=52.33(\text{kJ})$$

由计算数据知 $T_{最高}$ 介于 1800～2000K。用内插法求 $T_{最高}$：

$$T_{最高}=1800+\frac{48.67-46.25}{52.33-46.25}\times(2000-1800)=1880(\text{K})$$

$$p_{最高}=\frac{T_{最高}}{T_0}\times P_0\times\frac{n}{m}=\frac{1880}{300}\times1.013\times\frac{0.053+0.106+0.75+0.093}{0.053+0.199+0.75}=6.32\times10^5(\text{Pa})$$

2.4.9 爆炸压力——爆炸强度

可燃气体（或蒸气）和空气达到一定混合比时，燃烧速度最大。当增加或减少可燃气成分时，燃烧速度都会变小。如果把测试仪器放在密闭容器里，对这种燃烧（爆炸）过程进行压力测试的话，就可以测出瞬时爆炸压力。这时，压力上升速度 $\frac{\mathrm{d}p}{\mathrm{d}t}$ 是衡量燃烧速度的尺度，也就是衡量爆炸强度的尺度（爆炸强度）。压力上升速

度的定义是，在爆炸压力-时间曲线的上升线段通过拐点引出的切线斜率，等于压力差除以时间差的商，即

$$\frac{\Delta p}{\Delta t}=\frac{\mathrm{d}p}{\mathrm{d}t}=\text{压力上升速度} \tag{2.20}$$

图 2.17 所示为可燃气爆炸压力上升速度值$\frac{\mathrm{d}p}{\mathrm{d}t}$的测定关系。

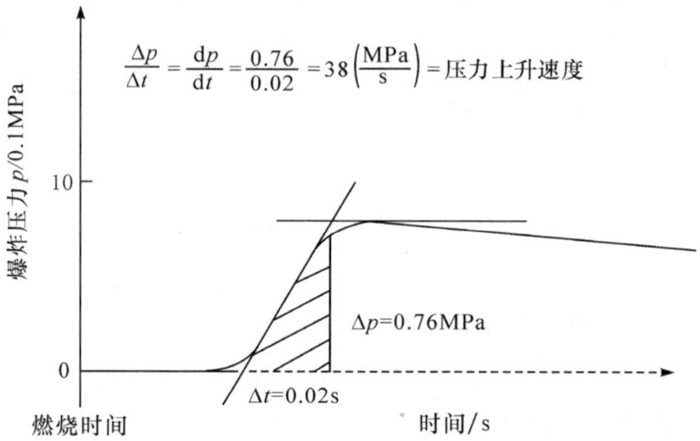

图 2.17　可燃气爆炸压力上升速度值$\frac{\mathrm{d}p}{\mathrm{d}t}$的测定

在不同的气体体积分数 φ 下重复上述试验，可得到最大压力和压力上升的最大速度。图 2.18 所示为压力上升速率和最大爆炸压力“对气相 φ 的关系”。通常，最大压力和压力上升最大速度为可燃范围中的某个值，但不一定在同一浓度。由图 2.18 可见，这个例子中的可燃极限(爆炸极限)为 2%～8%，最大压力出现在 φ=4.5%时，最大压力上升速度出现在 φ=4%时。

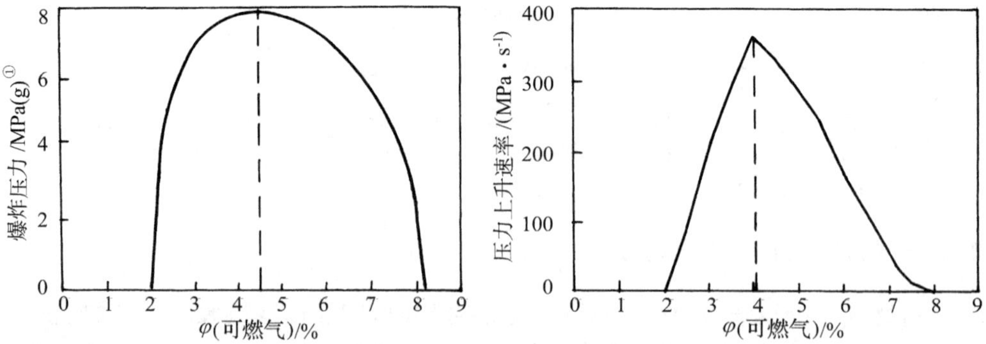

图 2.18　压力上升速率和最大爆炸压力对气相浓度的关系

① 表示表压。

同理，粉尘-空气混合爆炸的爆炸特性也可以测定，但是在装置中要考虑一个样品储槽和粉末分配器，这个分配器能确保在点火之前粉末得到适当的混合。

实验表明，最大压力上升速度与点燃位置有关，如在容器中心点燃爆炸性混合气体，压力上升速度为最大；若把点燃位置移到容器边缘，由于爆炸火焰很快与器壁接触而消散了部分热量，于是压力上升速度就会减小，而爆炸压力变化不大，略有下降(图 2.19)。

常见的可燃气体(蒸气)，其爆炸压力约在 7～8bar①(乙炔约为 10bar)，基本相近。而在同样条件下，不同的可燃气(蒸气)点燃后的最大压力上升速度却是很不相同的。例如，氢气与甲烷气以化学当量计算量混合，在密闭容器中于同样位置点火，所测得的爆炸压力-时间曲线如图 2.20 可见，它们的爆炸压几乎相等，但压力上升速度，氢比甲烷要大得多。

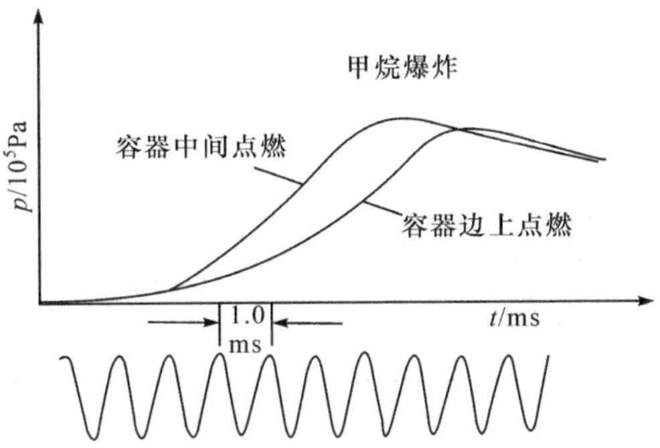

图 2.19　点燃位置对甲烷爆炸压力上升速度的影响

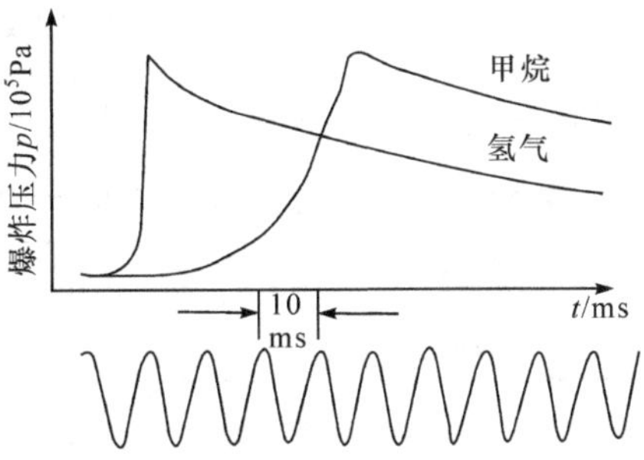

图 2.20　密闭容器中甲烷和氢气爆炸的时间过程(化学计算混合物)

实验表明，最大爆炸压力通常不受容器体积的影响，而容器的容积对爆炸强度有显著的影响，如图 2.21。

用最大压力上升速率的对数对容器容积的对数作图，可得出一条斜率为 −1/3的直线。这种可燃气体(或蒸气)的最大爆炸压力上升速率与容器体积的关系，称为“三次方定律”，即

$$\left(\frac{\mathrm{d}p}{\mathrm{d}t}\right)_{\max} \cdot V^{1/3} = 常数 = K_{\mathrm{g}} \tag{2.21}$$

对粉尘

$$\left(\frac{\mathrm{d}p}{\mathrm{d}t}\right)_{\max} \cdot V^{1/3} = 常数 = K_{\mathrm{st}} \tag{2.22}$$

式中，K_{g} 和 K_{st}分别称作气体爆炸指数和粉尘爆炸指数。表 2.16 和表 2.17 给出

① bar(巴)，常用非法定计量单位，1bar=10^5Pa。

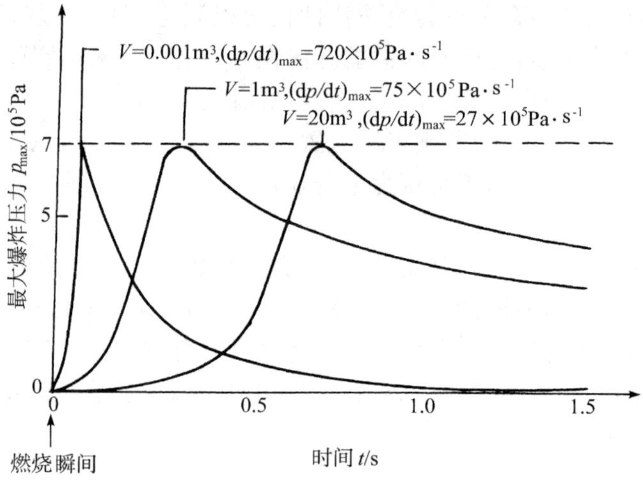

图 2.21　容器容积对丙烷爆炸的影响(化学计算混合物)

了某些气体和粉尘的 K_g 和 K_{st}。

表 2.16　静止状态点燃混合物时,几种典型气体的 K_g(点燃能量 $E=10$J,$p_{max}=7.4$bar)

可燃气	K_g/(bar · m · s^{-1})	可燃气	K_g/(bar · m · s^{-1})
甲烷	55	氢气	550
丙烷	75		

表 2.17　粉末的 K_{st}(强点火源)

粉末	最大爆炸压力/bar	K_{st}/(bar · m · s^{-1})	粉末	最大爆炸压力/bar	K_{st}/(bar · m · s^{-1})
聚氯乙烯	6.7～8.5	27～98	褐煤	8.1～10.0	93～176
奶粉	8.1～9.7	58～130	木粉	7.7～10.5	83～211
聚乙烯	7.4～8.8	54～131	纤维素	8.0～9.8	56～229
糖	8.2～9.4	59～165	颜料	6.5～10.7	28～344
松香粉	7.8～8.7	108～174	铝	5.4～12.9	16～750

粉末爆炸的指数可再被细分为 4 个等级,如表 2.18 所示。作为粉尘爆炸等级,可说明粉尘的爆炸强度,但并不表明粉尘的点燃灵敏度。

表 2.18　K_{st} 与粉尘爆炸等级

粉尘爆炸级	K_{st}/(bar · m · s^{-1})	粉尘爆炸级	K_{st}/(bar · m · s^{-1})
$S_{t\text{-}0}$	0	$S_{t\text{-}2}$	201～300
$S_{t\text{-}1}$	>0～200	$S_{t\text{-}3}$	>301

三次方定律可用来估计在一个有限空间内,如建筑物或容器中爆炸所造成的后果。

$$\left[\left(\frac{\mathrm{d}p}{\mathrm{d}t}\right)_{max}\cdot V^{1/3}\right]_{容器中}=\left[\left(\frac{\mathrm{d}p}{\mathrm{d}t}\right)_{max}\cdot V^{1/3}\right]_{实验} \tag{2.23}$$

混合物的组成、容器的形状、容器中的混合情况、点燃源能量的大小，对 K_g 和 K_{st} 均有影响，但当这些条件相同时，则爆炸指数 K_g 和 K_{st} 可视为一个特定的物理常数。

因为反应过程与压力有关，所以爆炸强度特性值也受初始压力的影响。最大压力和最大压力上升速率与初始压力成直线关系，如图 2.22 所示。当初始压力超过常压时，将使最大爆炸压力、最大压力上升速度值成比例增加；压力降低到常压以下时，特性值将相应地减少，直到爆炸不至传播时为止。

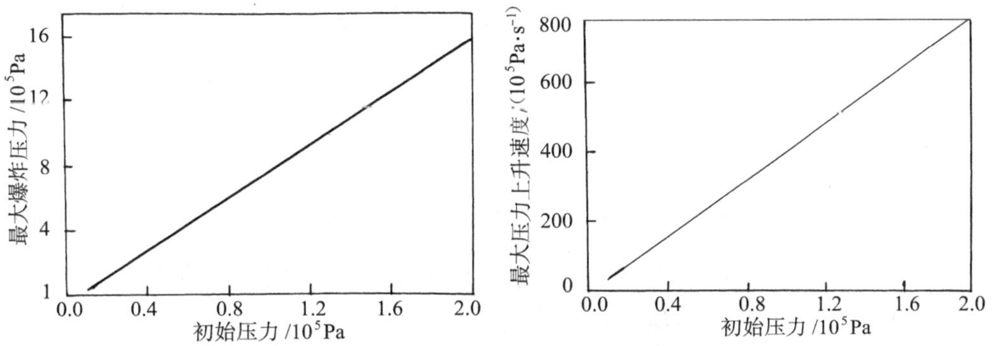

图 2.22　初始压力对最大爆炸压力和速度的影响

在点燃丙烷-空气混合气时，如果提高初始压力到 2bar 以上，丙烷的体积分数 φ 在 4.5%～5.5%（略高于当量计算浓度），燃烧热很高，足以使爆炸速度经过一定的加速路程之后，上升到声速，引起压力上升，进一步加快燃烧过程。于是，爆炸压力和瞬时压力就异乎寻常地上升，使爆炸转变为爆轰。爆轰的范围在爆炸范围内，但要比爆炸范围窄，如图 2.23 所示。

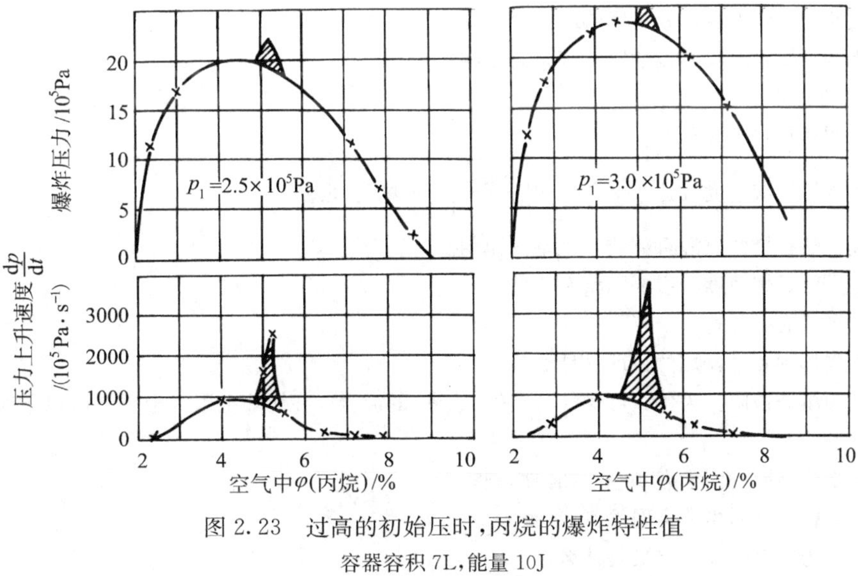

图 2.23　过高的初始压时，丙烷的爆炸特性值

容器容积 7L，能量 10J

如果加大丙烷-空气混合气的点燃源能量，可以看到与上述相似的现象。当点燃源能量为 100J 时，可以在较大的范围内（φ=3.5%～5.5%）观察到极高的燃烧速度。

由表 2.19 可见，点燃能量对二氯甲烷蒸气爆炸特性值的影响是很大的。

表 2.19 不同点燃能量时二氯甲烷蒸气的爆炸特性值（V=7L 容器，中心点燃）

点燃能量/J	最大压力/bar	最大压力上升速度/(bar·s^{-1})	K_g/(bar·m·s^{-1})
10		没有点燃	
65	2.2	1.5	0.29
90	3.3	9.5	1.82
110	3.6	18.4	3.12
165	4.6	25	4.80

用 10J 的火花隙点燃时，它是不可燃的。因此，为了识别某种可燃气体或蒸气的可燃性，必须用相当高的点燃源能量。

对爆炸特性值的影响因素还有容器的形状、流体的流型（如湍流）、互相通过不同管径连接的容器。当点燃爆炸时，测得的爆炸特性值是有很大差异的。

思 考 题

1. 何谓燃烧？具有哪些特点？
2. 燃烧“三要素”是什么？何谓燃烧“四面体”？
3. 什么叫闪点？哪些因素可影响闪点值？
4. 什么叫自燃点？自燃点的影响因素有哪些？
5. 什么叫氧指数？
6. 什么叫最小点火能量？
7. 简述连锁反应速度表达式 $v=\dfrac{F(c)}{f_s+f_c+A(1-\alpha)}$ 的物理意义。
8. 引起自热自燃的热源有哪些？试举例说明。
9. 影响燃气燃烧速度的主要因素有哪些？
10. 燃烧形式有哪几种？
11. 物理爆炸和化学爆炸的特征是什么？
12. 什么叫爆炸极限？为什么可燃气与空气（或氧）的混合气在爆炸上限以上或下限以下时不会爆炸？
13. 影响爆炸极限的因素有哪些？如何影响？
14. 具备哪些条件粉尘才会爆炸？
15. 爆炸压力上升速度的定义是什么？

16. 简述气体爆炸指 K_g 和粉尘爆炸指数 K_{st} 的物理意义。

习 题

1. 已知在 1 大气压下乙醇在闪点时的蒸气分压为 25.08mmHg，求乙醇的 $L_下$。
2. 有一混合物各组分 φ/%如下：

物料	φ/%	物料	φ/%
乙烷	0.50	乙烯	0.50
甲烷	1.00	空气	98.00

试计算在常温和 1 大气压时的爆炸上、下限。

3. 按可燃气体完全燃烧时，化学理论浓度法分别计算甲醇、甲烷的 $L_下$。
4. 试计算 CO-空气混合爆炸时的最高温度和压力。已知 $Q(CO)=285.35\ kJ \cdot mol^{-1}$，初温为 300K，原始压力为 0.1MPa。
5. 试计算 CO-空气混合物在 CO 浓度为 20%时爆炸的理论最高温度与压力。已知 $T_初=300K$，$p_初=0.1MPa$。
6. 已知：CO 在空气中爆炸极限 φ=12.5%～74%，在氧气中爆炸极限 φ=15.5%～94%。
   (1) 试画出 CO 的爆炸范围图；
   (2) 用上面爆炸范围图确定，$\varphi(CO)=30\%$、$\varphi(N_2)=50\%$、$\varphi(O_2)=20\%$的混合气的危险性。
7. 已知某装置尾气的混合组分和爆炸极限如下：

组分	φ/%	爆炸极限 φ/%
甲烷	1.75	5～15
乙烷	1.30	3～15.5
丙烷	0.95	2.1～9.5
氮气	75.84	
氧气	20.16	

此混合气体在系统内有无爆炸危险？

第 3 章　防火防爆措施

防火防爆技术是工业安全技术的重要内容之一，为了确保安全生产，首先必须做好预防工作，消除可能引起燃烧爆炸的危险因素，这是最根本的解决方法。从理论上讲，不使可燃物质处于危险状态，或者消除一切着火源，这两个措施只要控制其一，就可以防止火灾和化学爆炸事故的发生。但在实践中，由于生产条件的限制或某些不可控因素的影响，仅采取一种措施是不够的，往往需要采取多方面的措施，以提高生产过程的安全程度。另外还应考虑其他辅助措施，以便在万一发生火灾爆炸事故时，减少危害的程度，将损失降到最低限度，这些都是在防火防爆工作中必须全面考虑的问题。

3.1　防止可燃可爆系统的形成

各种化工生产过程，其使用原料、过程条件和产品特性都会存在这样或那样的火灾和爆炸的危险，为了使这种可能性不致转化成现实，把事故消灭在发生之前，除在思想上根除事故难免论的消极情绪外，从技术上来说应该把握住每一个环节，从设计工作开始，就采取各种措施控制引起火灾和化学爆炸的“三要素”、“四要素”，从而使生产在更安全的水平上运行是完全可能的。

3.1.1　控制可燃可爆物质

1. 取代或控制用量

在生产过程中不用或少用可燃可爆物质，是一个“釜底抽薪”的办法，但是这只在工艺上可行的条件下才能实现。用不燃或不易燃烧爆炸的有机溶剂如 CCl_4 或水取代易燃的苯、汽油等；根据工艺条件选择沸点较高的溶剂，如沸点在 110℃ 以上的液体，在常温(18～20℃)下使用，通常不易形成爆炸浓度，这些都是为生产创造安全条件值得考虑的方法。

2. 加强密闭

为防止易燃气体、蒸气和可燃性粉尘与空气形成爆炸性混合物，应设法使生产设备和容器尽可能密闭操作。对具有压力的设备，应防止气体、液体或粉尘逸出与空气形成爆炸浓度；对真空设备，应防止空气漏入设备内部达到爆炸极限。开口的容器、破损的铁桶、容积较大且没有保护措施的玻璃瓶是不允许储存易燃液体的；

不耐压的容器是不能储存压缩气体和加压液体的。

为保证设备的密闭性，对处理危险物料的设备及管路系统应尽量少用法兰连接，但要保证安装检修方便；输送危险气体、液体的管道应采用无缝钢管；盛装具有腐蚀性介质的容器，底部尽可能不装阀门，腐蚀性液体应从顶部抽吸排出。如用玻璃管液位计，要装设结实的保护，以免打碎玻璃，漏出易燃液体，应慎重使用脆性材料。

如设备本身不能密封，可采用液封或负压操作，以防系统中有毒或可燃性气体逸入厂房。

加压或减压设备，在投产前和定期检修后应检查密闭性和耐压程度；所有压缩机、液泵、导管、阀门、法兰接头等容易漏油、漏气部位应经常检查，填料如有损坏应立即调换，以防渗漏；设备在运行中也应经常检查气密情况，操作温度和压力必须严格控制，不允许超温、超压运行。

接触氧化剂如高锰酸钾、氯酸钾、硝酸铵、漂白粉等生产的传动装置部分的密闭性能必须良好，转动轴密封不严会使粉尘与油类接触，要定期清洗传动装置，及时更换润滑剂，以免传动部分因摩擦发热而导致燃烧爆炸。

3. 注意通风排气

对设备管道系统的密封尽管已经考虑得很周到，但在实际生产运行过程中还很可能有部分蒸气、气体或粉尘泄漏到器外。对此，必须采取另一些安全措施，以保证易燃、易爆、有毒物质在厂房生产环境里不超过最高容许浓度，这就是通风排气。

在防火防爆环境中对通风排气的要求应按两方面考虑，即当仅是易燃易爆物质，其在车间内的容许浓度可从爆炸极限来考虑，一般应低于爆炸下限的 1/4；对于既易燃易爆又具有毒性的物质，应考虑到在有人操作的场所，其容许浓度应由毒物在车间内的最高容许浓度来定，因为在通常情况下毒物的最高容许浓度比爆炸下限要低得多。

通风类型按动力分为机械通风和自然通风，按作用范围可分为局部通风和全面通风。关于通风问题可参阅工业通风的有关著作，这里我们仅就有关防火防爆问题提出一些注意事项。

对有火灾爆炸危险的厂房的通风，由于空气中含有易燃易爆气体、蒸气或粉尘，所以通风气体不能循环使用；排送风设备应有独立分开的风机室，送风系统应送入较纯净的空气；排除、输送温度超过 80℃ 的空气或其他气体以及有燃烧爆炸危险的气体、粉尘的通风设备，应用非燃烧材料制成；空气中含有易燃易爆危险物质的厂房应用不产生火花的材料制造的通风机和调节设备。

排除有燃烧爆炸危险的粉尘和容易起火的碎屑的排风系统，其除尘器装置也应采用不产生火花的材料。有爆炸危险粉尘的空气流体宜在进入排风机前选用恰当的方法进行除尘净化；如粉尘与水会发生爆炸，则不应采用湿法除尘；排风管应直接通往室外安全处。

对局部通风，应注意气体或蒸气的密度，密度比空气大的气体要防止在低洼处积聚；密度比空气小的要防止在高处死角上积聚。有时即使是少量也会使厂房局部空间达到爆炸极限。

设备的一切排气管（放气管）都应伸出屋外，高出附近屋顶；排气不应造成负压，也不应堵塞，如排出蒸气遇冷凝结，则放空管还应考虑有加热蒸汽保护措施。

4. 惰性化

在可燃气体或蒸气与空气的混合气中充入惰性气体，可降低氧气、可燃物的百分比，从而消除爆炸危险和阻止火焰的传播，这就是惰性化。

1）最小氧气浓度

可燃下限是建立在有可燃气体存在于空气中这一基础上的。氧气是一种关键成分，燃烧的传播要求有一个最小氧气浓度，低于最小氧气浓度，反应就无法生成足够的热量来加热气体混合物，从而也就无法使燃烧得以传播。

最小氧气浓度是指在空气和燃料的体积之和中氧气所占的百分比（体积分数 φ）；低于这个百分比，火焰就不能传播。如果没有实验数据，则可通过燃烧反应的化学计算式及可燃下限（爆炸下限）来估算最小氧气浓度。这种方法适用于许多碳氢化合物。最小氧气浓度（MOC）的计算式为

$$\text{MOC}=L_{\text{下}}\times\frac{\text{氧气的物质的量/mol}}{\text{燃料的物质的量/mol}} \tag{3.1}$$

【例 3.1】 求丁烷（C_4H_{10}）在空气中燃烧的最小氧气浓度。

解 写出化学反应式：

$$C_4H_{10}+6.5O_2\longrightarrow 4CO_2+5H_2O$$

查得丁烷在空气中的燃烧下限 $L_{\text{下}}=1.5\%$①，计算得

$$\text{MOC}=L_{\text{下}}\times\frac{\text{氧气的物质的量/mol}}{\text{燃料的物质的量/mol}}=1.5\%\times\frac{6.5}{1}=9.75\%$$

计算说明，在反应系统内加入氮气至 $\varphi(O_2)<9.75\%$时，就可以阻止丁烷的燃烧。

2）惰性化

惰性化可以将惰性气体加入易燃混合物系统以降低 $\varphi(O_2)$，使系统内 $\varphi(O_2)$ 低于最小氧气浓度（MOC），也可以以惰性气体置换容器、管道内的可燃物，使可燃

① 数据取自文献[49]。

气降至可燃下限以下。

对大多数可燃气体而言，最小氧气浓度 $\varphi(O_2)$ 约为10%，对大多数粉尘而言，最小氧气浓度 $\varphi(O_2)$ 约为8%。

当用惰性气体对容器内混合可燃气进行净化，使氧气浓度降至安全浓度，通常此过程控制点比最小氧气浓度低4%，即如果最小氧气浓度为 $\varphi(O_2)=10\%$，则将 $\varphi(O_2)$ 控制在6%左右。

有如下几种方法可达到惰性化的目的：要求液相上方的气相空间保持惰性氛围时，较为理想的做法是使这个系统具有自动添加惰性气体的装置，以确保氧气浓度始终低于最小氧气浓度。控制系统中必须设有连续测定系统氧浓度的在线分析仪，以及在系统氧气浓度接近最小氧气浓度控制点时，添加惰性气体的控制系统。在开、停车或动火维修时常用的使容器惰性化的方法有：真空抽净法，即将容器抽真空，直至达到预定的真空状态，接着充入惰性气体（如 N_2）至大气压，再抽真空、充 N_2，直至容器内达到预定的氧气浓度。压力净化法，即向容器中加入加压的惰性气体直至扩散到整个容器后，气体再排入大气，直到容器压力降至大气压。要使氧含量降至预定浓度，可能要进行几次循环。吹扫净化法，是将惰性气体从容器的一个口加入，而混合气从容器的另一个口排入大气（或洗涤器）。当容器不宜用真空抽净及压力净化法时，通常就使用这种方法。

5. 工艺参数的安全控制

在化工生产过程中，工艺参数主要是指温度、压力、流量、料比等。按工艺要求严格控制工艺参数在安全操作限度以内，是实现化工安全生产的基本条件，而对工艺参数的自动调节和有效控制则是保证生产安全的重要措施。

1）温度控制

温度是化工生产中主要的控制参数之一。不同的化学反应有各自最适宜的反应温度。对某一特定反应来说，如果超温，可能造成的后果是反应物分解，造成压力升高，导致爆炸；产生副反应生成新的危险产物；升温过快、过高或冷却设备发生故障，可引起剧烈反应发生冲料和爆炸。如果温度过低，有时会造成反应速度减慢或停滞；而一旦反应速度恢复正常时，则往往会因为反应物料过多而发生剧烈反应，引起爆炸。温度过低也会使某些物料冻结、堵塞管道或使之破裂，致使易燃物料泄漏而发生火灾爆炸事故。液化气体或低沸点介质，会因为温度过高而气化，发生超压爆炸；干燥过程，可能因温度过高而使物料分解，着火爆炸。凡此种种情况均说明控制温度的重要性。在工艺设计中应充分注意以下几个方面：

（1）除去反应热。化学反应的热效应，可能是放热也可能是吸热。为保证在一定温度下进行反应，对特定的反应就要给予或移去一部分热量。一般地，硝化、氧化、氯化、水合或聚合等反应过程多是放热反应；而裂解、脱氢、脱水等则是吸热反应。

例如苯的硝化，原料为苯、浓硝酸及硫酸，如果反应温度过高，硝酸则分解放出二氧化氮气体而造成冲料，遇到有机物将引起燃烧；对反应来说，温度过高会生成二硝基苯，这是比硝基苯更容易燃烧爆炸的危险物质。因此必须严格控制反应温度，及时导出反应热。至于传热，可以通过夹套、蛇管冷却等多种传热方法实现，关键是必须确保导走反应热。

（2）防止搅拌中断。搅拌能加速热量传递和物料的扩散混合，有利于温度控制和反应的进行。如中途停止搅拌，物料不能充分混匀，反应和传热不良，未反应物料大量积聚，当搅拌恢复时则大量反应物迅速反应，往往造成冲料以致酿成燃烧爆炸事故。因此，一般情况下在搅拌器因故障停止时，应立即停止加料，视物料性质，必要时要加强冷却；在恢复搅拌后，应待反应温度趋于平稳时再继续加料。在必要的工艺中，为防止搅拌中断，在设计时应考虑双路供电，应特别注意搅拌器的机械强度、耐腐蚀性能，防止变形与器壁摩擦造成断落而中断搅拌。

（3）正确选用传热介质。常用热载体有水蒸气、热水、过热水、联苯醚、熔盐和熔融金属、烟道气等，不同的热载体对加热过程的安全性有重要影响，因此在选用时要根据物料和热载体的性质正确选择。

避免选用和反应物性质相抵触的介质作为加热或冷却的介质。例如金属钠，虽然熔点很低，只有 97.81℃，但它遇水会剧烈反应，故绝不可用水或水蒸气加热。环氧乙烷遇水也会发生剧烈反应，会引起自聚发热而发生爆炸，故对这类物质一般使用液态石蜡作热载体。而对一些水相物料，则不应用联苯醚，因其遇水在高温下会气化而喷出，遇火发生燃烧。

（4）防止传热面结疤。结疤不仅影响传热效率，更危险的是因物料分解而引起爆炸。结疤原因很多，如水质不好而结垢；物料结在传热面上；物料聚合、缩合碳化等而结疤。应针对不同情况采取措施，为防锅壁由于水质不好引起结疤，则应控制水质，定期清洗等；对于物料聚合等原因引起的结疤，应在设备设计时就充分考虑传热方式，特别是搅拌器形式的选择。

（5）热不稳定物质的处理。对热不稳定物质的温度控制十分重要，要注意降温和隔热，既要在工艺过程中严格控制温度使其不致分解，又要在储存时注意与高温物体的隔离。例如，H 发泡剂烘房温度超过 90℃时就可能起火；甲脒亚磺酸纯品在 110℃时分解，工艺上规定在 60℃烘干，但当略含杂质时在 40～50℃时即能迅速分解，因此曾发生过储存于仓库中的成品由于夏日的炎热造成积热升温，分解爆炸的事故。

2）控制投料速度和料比

对于放热反应，投料速度不得过快，以防放热超过设备的传热能力，避免产生“飞温”和冲料危险。例如，在染料生产中常有多种氧化反应，当用氧化剂氯酸钠时，由于反应在强酸条件下进行，氯酸钠遇酸变成氯酸，氯酸不稳定，放出氧气，同时温度猛升，易发生冲料，甚至自行爆炸。所以在氯酸钠投料时必须严格控制，不得过量，且投料速度要均匀，不得突然增大，以免局部反应过剧，温升过快，引起氯酸迅速分解而导致危险。在投料时，对投料顺序也不得颠倒，应先投放盐酸，不然，氯酸钠将与物料直接接触，有发生自燃的危险。

对危险性较大的生产过程要特别注意反应物料的加入速度和配比。例如，丙烯直接氧化制取丙烯酸，在氧化反应时，丙烯在丙烯-空气-水蒸气系统中的爆炸范围如图3.1所示。一旦加料或反应失控，则丙烯浓度就会发生变化，有可能进入爆炸范围，从而引起爆炸，因此必须严格控制料速和料比。

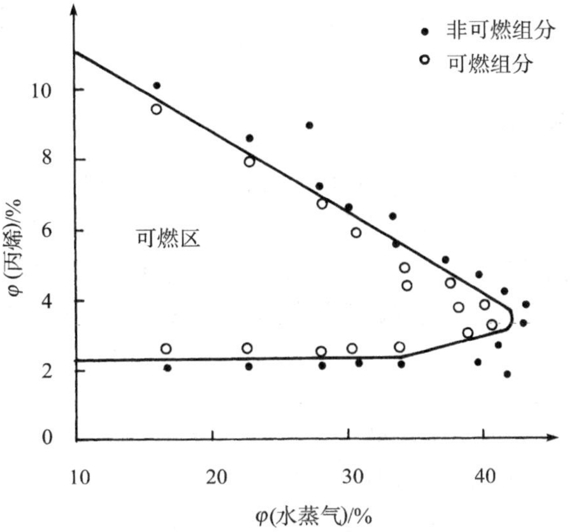

图3.1　丙烯-空气-水蒸气系统爆炸范围图

3）超量杂质和副反应的控制

反应物料中杂质的存在会导致副反应的发生，生成危险物质，从而引起燃烧或爆炸。例如，在乙炔生产中要求磷含量不超过0.08%，因为磷化钙与水产生磷化氢，磷化氢遇空气能自燃，可导致乙炔-空气混合气体爆炸。

为了防止某些有害杂质引起事故，可采取加稳定剂的办法，如氰化氢在常温下呈液态，储存时必须控制其水含量低于1%，装入密闭容器中。由于水的存在，时间一长会生成氨，氨作为催化剂可引起聚合反应，聚合热使蒸气压上升，从而导致爆炸事故。为提高氰化氢的稳定性，常加入浓度为0.001%～0.5%的硫酸、磷酸等酸性物作为稳定剂。

在使用乙醚作溶剂的一些生产过程中，由于乙醚与空气的接触，在蒸馏乙醚时最终会生成亚乙基过氧化物 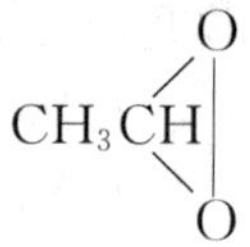 。该物质极不稳定，易猛烈爆炸，要控制其发生和积累。

6. 监测空气中易燃易爆物质的含量

在可燃气体、蒸气可能泄漏的区域设置检测报警仪，这是监测空气中易燃易爆物质含量的重要措施。当可燃气体或液体万一发生泄漏而操作人员尚未发现时，检测报警仪可在设定的安全浓度范围内发出警报，便于及时处理泄漏点，从而避免发生重大事故。其设置应按《石油化工企业可燃气体和有毒气体检测报警设计规范》执行。

3.1.2　着火源及其控制

为预防火灾及爆炸灾害，对着火源进行控制是消除燃烧三要素同时存在的一个重要措施。引起火灾爆炸事故的能源主要有明火、高温表面、摩擦和撞击、绝热压缩、化学反应热、电气火花、静电火花、雷击和光热射线等。在有火灾爆炸危险的生产场所，对这些着火源都应引起充分的注意，并采取严格的预防措施。

1. 明火及高温表面

工厂中的明火是生产过程中的加热用火和维修用火，是通常所说的生产用火；另外的则是非生产用火，如取暖用火、焚烧、吸烟等与生产无关的明火。

在工业生产中为了达到工艺要求经常要采用加热操作，如燃油、燃煤的直接明火加热、电加热、蒸汽、过热水或其他载热体加热，在这些加热方法中，易燃液体的加热应尽量避免采用明火。一般加热可采用过热水或蒸汽；当采用矿物油、联苯醚等载热体时，注意加热温度必须低于载热体的安全使用温度，在使用时要保持良好的循环并留有载热体膨胀的余地，防止传热管路产生局部高温出现结焦现象，要定期检查载热体的成分及时处理或更换变质的载热体；当采用高温熔盐载热体时，应严格控制熔盐的配比，不得混入有机杂质，以防载热体在高温下爆炸。如果必须采用明火，设备应严格密封，燃烧室应与设备分开建筑或隔离，并按防火规定留出防火间距。

在使用油浴加热时，要有防止油蒸气起火的措施。在积存有可燃气体、蒸气的管沟、深坑、下水道及其附近，没有消除危险之前，不能有明火作业。

在有火灾爆炸危险场所及设备内不得用普通照明灯具，必须使用防爆灯具。由于使用普通照明灯具而引起火灾爆炸事故的案例也是不少的。例如，1984 年 6 月云南某氮肥厂用工业酒精清洗 6000m^3 空分分馏塔时，作业人员用 36V 行灯入塔，作业结束当取出行灯时，由于灯泡破裂造成酒精蒸气闪爆，作业人员当场死亡，设备严重破坏。在事故原因中当然还有很多其他措施问题，但就照明一点来说，如采用携带式防爆灯，则可能免遭此难。

对熬炼设备要经常检查，防止窜火和熬锅破裂；盛装油料不要过满，以防溢出。在锅灶设计时可采用“死锅活灶”的方法，以便随时撤去灶火。

喷灯是一种轻便的加热工具，设备维修时常使用，但在有火灾爆炸危险场所使用时应按动火制度执行。

烟囱飞火，汽车、拖拉机、柴油机等的排气管喷火等都可能引起可燃气体或蒸气的爆炸事故，故此类运输工具在未采取防火措施时不得进入危险场所。烟囱应有足够的高度，必要时装火星熄灭器，在一定范围内不得堆放易燃易爆物品。

高温物料的输送管线不应与可燃物、可燃建筑构件等接触；应防止可燃物散落在高温表面上；可燃物的排放口应远离高温表面。如果接近，则应有隔热措施。

化工生产设备和管道中的介质大多是易燃易爆物质，设备检修时一般又离不开切割、焊接等作业，而助燃物空气中的氧又是检修人员作业场所中到处都有的物质，因此对检修动火来说，燃烧要素随时可能具备，所以维修动火具有很大的危险性。

对化工企业来说，动火的含义应该明确。凡是动用明火或可能产生火花或高温的作业与焊接一样都属动火范畴，应办理动火审批手续。

设立固定动火区应符合下述条件：固定动火区距易燃易爆设备、储罐、仓库、堆场等的距离，应符合有关防火规范的防火间距要求；区内可能出现的可燃气体的含量应在允许含量以下；在生产装置正常放空时可燃气应不致扩散到动火区；室内动火区应与防爆生产现场隔开，不准有门窗串通，允许开的门窗应向外开启，道路应畅通；周围 10m 以内不得存放易燃易爆物；区内备有足够的灭火器具。

禁火区动火必须填写书面申请单，经审查批准，手续不齐、没有经批准的动火证，操作者应拒绝施工作业。领导不采取必要措施，不办理动火申请手续，强迫工人冒险作业是违法行为，必须对由此而造成的后果负全部责任。

对化学危险品的设备、管道，维修动火前必须进行清洗、扫线、置换。此外，对附近的地面、阴沟也要用水冲洗。

在动火前必须进行动火分析，一般不要早于动火前半小时。石化系统规定，对设备内存有填料、衬里等的，采样分析合格后超过 1h 动火的，要重新取样分析。从理论上讲，可燃物浓度只要小于爆炸下限即不致发生燃烧爆炸事故，但考虑到取样的代表性，分析误差应留有一定余度。化工企业的动火标准是：可燃物爆炸下限小于 4%的，动火地点可燃物浓度应小于 0.2%为合格；爆炸下限大于 4%的，则现场可燃物含量应小于 0.5%为合格。国外动火分析合格标准有的取爆炸下限的 1/10。

在有人入罐、入塔前还应进行含氧量分析，氧含量>19%方可进入罐、塔内作业。当有人进入器内作业时为保证必需的氧浓度，可用空气通风，严禁充入纯氧，以防造成富氧作业环境。

维修作业在禁火区动火，有关动火审批、动火分析等要求，必须按有关规范规定严格执行，采取预防措施，并加强监督检查，以确保安全作业。

2. 摩擦与撞击

摩擦与撞击往往成为引起火灾爆炸事故的原因。例如在纺织厂，由于棉花中含有的钉子、石头等在打棉机里摩擦，使棉花着火；机器上轴承等摩擦发热起火；金属零件、铁钉等落入粉碎机、反应器、提升机等设备内，由于铁器和机件的撞击起火；磨床砂轮等摩擦及铁质工具相互撞击或与混凝土地面撞击发生火花；导管或容器破裂，内部溶液和气体喷出时摩擦起火；在某种条件下乙炔与铜制件生成乙炔铜，一经摩擦和冲击即能起火起爆等。因此在有火灾爆炸危险的场所，应采取防止火花生成的措施。

(1) 机器上的轴承等转动部件，应保证有良好的润滑，要及时加油并经常清除附着的可燃污垢；机件的摩擦部分，如搅拌机和通风机上的轴承，最好采用有色金属制造的轴瓦。

(2) 锤子、扳手等工具应用铍青铜或镀铜的钢制作。

(3) 为防止金属零件等落入设备或粉碎机里，在设备进料口前应装磁力离析器，不宜使用磁力离析器的危险物料破碎时应采用惰性气体保护。

(4) 输送气体或液体的管道，应定期进行耐压试验，防止破裂或接口松脱喷射起火。

(5) 凡是撞击或摩擦的两部分都应采用不同的金属(如铜与钢)制成，通风机翼应采用铜铝合金等不发生火花的材料制作。

(6) 搬运金属容器，严禁在地上抛掷或拖拉，在容器可能撞碰部位覆盖不会产生火花的材料。

(7) 防爆生产厂房，地面应铺不会发火材料的地坪，进入车间禁止穿带铁钉的鞋。

(8) 吊装盛有可燃气和液体的金属容器用的吊车，应经常重点检查，以防吊绳断裂、吊钩松脱，造成坠落冲击发火。

在处理燃点较低或起爆能量较小的二硫化碳、乙醚、乙醛、环氧乙烷、乙炔、汽油等时，特别要注意不能发生摩擦与撞击。

当高压气体通过管道时，管道中的铁锈因随气流流动与管壁摩擦变成高温粒子，成为可燃气的着火源，这种例子也是很多的。

3. 绝热压缩

绝热压缩的点燃现象,在柴油机中广为应用。在柴油机中,压缩比为13～14,压缩行程终点压缩压力达到3432～3628kPa时,绝热压缩作用能使气缸温度升高到500℃左右。这个温度已远远超过柴油燃点,故能立即点燃喷射到气缸内的柴油。

由热力学可知,如果把体积 V_1 的理想气体绝热压缩到 V_2 时,即压缩比为 V_1/V_2,压力从 p_1 变为 p_2,温度从 T_1 变为 T_2,那么它们之间的关系如下所示:

$$p_2/p_1 = (V_1/V_2)^k \tag{3.2}$$

$$T_2/T_1 = (V_1/V_2)^{k-1} \tag{3.3}$$

式中,k 为气体的等压热容与等容热容之比(C_p/C_V),称为压缩气体的绝热指数。常用压缩气体的绝热指数列于表3.1。

表3.1 常用压缩气体的绝热指数

气体名称	空气	氮	氢	甲烷	乙烷	一氧化碳	二氧化碳	氧
绝热指数	1.4	1.4	1.412	1.315	1.18	1.395	1.295	1.397

现以空气为例,空气的 $k=1.4$,如果把最初压力及温度设为 $p_1=0.1\text{MPa}$,$T_1=20℃$,则在各种压缩比下,升高的压力 p_2 及升高的温度 T_2 的计算值如表3.2所示。

表3.2 空气在绝热压缩中上升的压力及温度($p_1=0.1\text{MPa}$,$T_1=20℃$)

V_1/V_2	$p_2/(1.01\times10^5\text{Pa})$	T_2/℃	V_1/V_2	$p_2/(1.01\times10^5\text{Pa})$	T_2/℃
1	1.0	20	10	25.0	462
2	2.6	120	15	44.2	594
3	4.7	181	20	66.0	697
5	9.5	283			

有人做了非常有趣的实验:在平滑的金属板上滴一滴硝化甘油,用平滑的金属锤打击。如果在硝化甘油液滴内不含有空气泡,要使它爆炸就需要 10^5～10^6 g·cm的冲击能;当硝化甘油液滴中含有空气泡时(直径 5×10^{-2}mm),用 4×10^2 g·cm的冲击能即可使其爆炸,且概率达100%。这个事实表明,硝化甘油液滴中的小气泡,被落锤冲击受到绝热压缩,瞬间升温,可使硝化甘油液滴的一部分被加热到着火点而爆炸。此时的压缩比约为20∶1,气泡温度可达480℃以上。

由此可见,在爆炸性物质的处理过程中,如果其中含有微小气泡时,有可能受到绝热压缩导致意想不到的爆炸事故。

4. 防止电气火花

1）电火花和电弧

电极间击穿放电产生电火花，电弧是由大量密集的电火花汇集而成。电火花的温度都很高，特别是电弧，其温度可高达3000～6000℃。因此，在有爆炸危险的场所内，电火花的产生将会引起可燃物燃烧或爆炸。

电火花可分为工作电火花和事故电火花两类。工作电火花是指电气设备正常运行时产生的火花，如直流电机电刷与整流子滑动接触处、交流电机电刷与滑环接触部位电刷后方的微小火花；开关或接触器开合时的火花；插头拔出或插入插座时的火花等。事故电火花是指线路或设备故障时出现的火花，如短路、绝缘损坏和导电连接松脱时的火花，过电压放电火花，保险丝熔断时的火花，静电火花，感应电火花等。

一般的电气设备很难完全避免电火花的产生，因此在有火灾爆炸危险的场所必须根据物质的危险特性正确选用不同的防爆电气设备。

2）爆炸性物质的分类

根据爆炸和火灾危险环境电力装置设计规范的有关规定，爆炸性物质按它们的物态共分为三大类，Ⅰ类：矿井甲烷；Ⅱ类：工厂爆炸性气体、蒸气和薄雾；Ⅲ类：爆炸性粉尘和易燃纤维。

爆炸性气体按其最大试验安全间隙和最小点燃电流比进行分级，矿井甲烷为Ⅰ级；工厂爆炸性气体分成三级：ⅡA、ⅡB、ⅡC。这些物质按其引燃温度的不同又分为T_1、T_2、T_3、T_4、T_5、T_6六组，见表3.3。

表3.3 爆炸性气体的分类、分级、分组举例表

类和级	最大试验安全间隙 MESG/mm	最小点燃电流比 MICR	引燃温度(℃)与组别					
			T_1	T_2	T_3	T_4	T_5	T_6
			$T>450$	$450\geqslant T>300$	$300\geqslant T>200$	$200\geqslant T>135$	$135\geqslant T>100$	$100\geqslant T>85$
Ⅰ	1.14	1.0	甲烷					
ⅡA	0.9<MESG<1.14	0.8<MICR<1.0	乙烷、丙烷、丙酮、苯乙烯、苯胺、甲苯、苯、氨、一氧化碳、乙酸乙酯、乙酸	丁烷、乙醇、丙烯、丁醇、乙酸丁酯、乙酸戊酯、乙酸酐、甲醇、氯乙烯	戊烷、己烷、庚烷、癸烷、辛烷、汽油、环己烷	乙醛		亚硝酸乙酯

续表

类和级	最大试验安全间隙 MESG/mm	最小点燃电流比 MICR	引燃温度(℃)与组别					
			T_1	T_2	T_3	T_4	T_5	T_6
			$T>450$	$450\geqslant T>300$	$300\geqslant T>200$	$200\geqslant T>135$	$135\geqslant T>100$	$100\geqslant T>85$
ⅡB	0.5<MESG≤0.9	0.45<MICR≤0.8	二甲醚、民用煤气、环丙烷、丙烯腈、焦炉煤气	环氧乙烷、环氧丙烷、丁二烯、乙烯	异戊二烯、硫化氢	乙醚		
ⅡC	≤0.5	≤0.45	水煤气、氢	乙炔			二硫化碳	硝酸乙酯

注：最大试验安全间隙与最小点燃电流比在分级上的关系只是近似相等。

爆炸性粉尘(包括易燃纤维)按其物理性质分为ⅢA、ⅢB 两级；按其自燃点(引燃温度)分为 $T_{1\text{-}1}$、$T_{1\text{-}2}$、$T_{1\text{-}3}$三组，见表 3.4。

表 3.4　爆炸性粉尘分级、分组举例表

类和级	粉尘物质 ＼ 组别 / 引燃温度/℃	$T_{1\text{-}1}$	$T_{1\text{-}2}$	$T_{1\text{-}3}$
		$T>270$	$270\geqslant T>200$	$200\geqslant T>140$
ⅢA	非导电性可燃纤维	木棉纤维、纸纤维、亚硫酸盐纤维素、人造毛料短纤维	木质纤维	
	非导电性爆炸性粉尘	小麦、苯酚树脂	可可子粉、玉米淀粉、砂糖粉	
ⅢB	导电性爆炸性粉尘	镁、铝、铝青铜、焦炭、炭黑	铁、铝(含油)	
	火炸药粉尘		黑火药 TNT	硝化棉、黑索金、特屈儿、泰安

3) 爆炸危险环境的分区

为便于选择合适的防爆电气设备和进行爆炸性环境的电力设计，在有爆炸危险物质存在的场所，根据爆炸性物质出现的频度、持续时间和危险程度，对危险环境按规定进行危险区域划分。

(1) 爆炸性气体环境危险区域划分。

a. 0 级区域(简称 0 区)：在正常情况下，爆炸性气体混合物连续地、短时间频繁地出现或长时间存在的环境；

b. 1 级区域(简称 1 区)：在正常运行时，爆炸性气体混合物，有可能出现的环境；

c. 2 级区域(简称 2 区):在正常运行时,不可能出现爆炸性气体混合物的环境,或即使出现爆炸性气体混合物,也仅是短时存在的环境。

(2) 爆炸性粉尘环境危险区域划分。

a. 10 级区域(简称 10 区):在正常运行时,爆炸性粉尘或可燃纤维与空气的混合物,可能连续或长期出现的环境;

b. 11 级区域(简称 11 区):有时会将积留下来的粉尘扬起而偶然出现爆炸性粉尘混合物的环境。

(3) 火灾危险环境区域划分。

火灾危险环境是根据火灾事故发生的可能性和后果,以及危险程度及物质状态的不同,按规定进行分区。

a. 21 区:具有闪点高于环境温度的可燃液体,在数量和配置上能引起火灾危险的环境;

b. 22 区:具有悬浮状、堆积状的可燃粉尘或可燃纤维,虽不可能形成爆炸性混合物,但在数量和配置上有引起火灾危险的环境;

c. 23 区:具有固体状可燃物质,在数量和配置上能引起火灾危险的环境。

4) 防爆型电气设备

根据结构和防爆原理的不同,防爆电气设备可分为如下几种类型:

(1) 隔爆型(d)。这种电气设备具有隔爆外壳,即使内部有爆炸性混合物进入并引起爆炸,也不致引起外部爆炸性混合物爆炸。它是根据最大不传爆间隙的原理而设计的,具有牢固的外壳,能承受 1.5 倍的实际爆炸压力而不变形;设备连续运转其温升也不能引燃爆炸性混合物。

(2) 增安型(e)。也称为防爆安全型,在正常运行条件下,不会产生点燃爆炸性混合物的火花或达到危险的温度。

(3) 本质安全型(i)。在正常运行或在标准试验条件下所产生的火花或热效应均不能点燃爆炸性混合物。

(4) 正压型(p)。这种电气设备具有保护外壳,壳内充有保护气体(惰气),其压力高于周围爆炸性混合气体的压力,以避免外部爆炸性混合气体进入壳内发生爆炸。

(5) 充油型(o)。将可能产生火花、电弧或危险温度的部件浸在油中,起到熄弧、绝缘、散热、防腐的作用,从而不能点燃油面以上和外壳周围的爆炸性混合物。

(6) 充砂型(q)。外壳内充填细砂颗粒材料,以便在规定使用条件下,外壳内产生的电弧、火焰传播,壳壁或颗粒材料表面的过热温度均不能点燃周围的爆炸性混合物。

(7) 无火花型(n)。在正常运行条件下不产生电弧或火花,也不产生能够点燃周围爆炸性混合物的高温表面或灼热点，且一般不会发生有点燃作用的故障。

(8) 防爆特殊型(s)。在国标规定以外，特别为 0 区或 1 区设计的防爆电气设备，但必须经有关主管部门认定，并经指定的鉴定单位检验通过的这一类防爆电气设备。

5) 防爆电气设备的防爆标志及选型

根据我国的规定，各种防爆电气设备都应标明防爆合格证号和防爆类型、类别、级别、温度组别等的铭牌作为标志。其分类、分级、分组与爆炸性物质的分类、分级、分组方法相同，等级参数及符号也相同。例如，Ⅰ类隔爆型，标志为 dⅠ；Ⅱ类隔爆型 B 级 T_3 组其标志为 dⅡBT_3；Ⅱ类本质安全型 ia 级 B 级 T_5 组，其标志为 iaⅡBT_5。如果采用一种以上的复合型防爆电气设备，须先标出主体防爆型式后再标出其他防爆型式，如主体为增安型，其他部件为隔爆型ⅡB 级 T_4 组，则标志为edⅡBT_4。

防爆电气设备应根据爆炸危险环境区域和爆炸物质的类别、级别、组别进行选型。当同一场所存在两种或两种以上爆炸混合物时，应按危险程度较高的级别选用。表 3.5 中列出了气体爆炸危险区域可选用的电气设备类型。

表 3.5　气体爆炸危险场所电气设备防爆类型选型表

爆炸危险区域	适用的防护型式	
	电气设备类型	符号
0 区	1. 本质安全型(ia 级)	ia
	2. 其他特别为 0 区设计的电气设备(特殊型)	s
1 区	1. 适用于 0 区的防护类型	
	2. 隔爆型	d
	3. 增安型	e
	4. 本质安全型(ib 级)	ib
	5. 充油型	o
	6. 正压型	p
	7. 充砂型	q
	8. 其他特别为 1 区设计的电气设备(特殊型)	s
2 区	1. 适应于 0 区或 1 区的防护类型	
	2. 无火花型	n

5. 静电预防

静电是人类很早就发现的一种现象。古代已发现琥珀在皮毛上摩擦后能吸住纸屑或通草球，后来又进一步发现，玻璃棒在丝绸上摩擦或硬橡胶在毛织物上摩擦都有相同的性质。现代静电在工业上的应用日趋广泛。但静电也带来危险，如静电火花放电，往往酿成火灾爆炸事故，因此，静电预防也就成为安全技术中的一个重要问题。

1）静电的产生

静电的产生是一个比较复杂的过程，大家知道物质是由带正电荷的原子核与带负电荷的电子所组成，由于其带电数量相等，因此呈电中性。如由于某种原因使物质获得电子而又无法失去或失去电子又得不到补充，这样就会使该物质附上电荷，这种附着在物体上较难移动的集团电荷称为静电。

两种物质相互摩擦产生静电是人们所熟知的产生静电的一种方式。根据双电层概念，在两物质紧密接触后分离，当其接触间距达到或小于 25×10^{-8} cm 时，在其接触的界面上会产生电子的转移，失去电子的物质带正电，得到电子的物质带负电。电子的转移是靠“逸出功”来实现的。所谓“逸出功”，就是一个自由电子从金属内转移到金属外所需做的功，也称为功函数，用 ϕ 来表示，单位为电子伏特(eV)。一般金属的功函数在 3～5eV，如 Mg 3.65，Zn 4.24，Cu 4.46，Hg 4.53，Ag 4.47，W 4.67，Au 4.90，Ni 4.97，Pt 5.42。由于功函数的不同，两金属板在紧密接触后分离时就会产生电子的转移。例如，A、B 两种不同金属板的 $\phi_A>\phi_B$，当紧密接触后分离，电子就会从 B 板表面转移到 A 表面，结果 A 带上负电，B 带上正电。这就是说，逸出功高者带负电(获得电子)，逸出功低者带正电(失去电子)。A、B 两金属板由于逸出功不同，当紧密接触分离后就带上静电荷。

双电层概念不仅可解释固体与固体界面的电子转移，而且也可以说明固体与液体、固体与气体、液体与另一不相溶液体等接触引起静电的问题。此外，物质受压或受热，以及物质受到其他带电体感应等，均会产生静电。

由于物质的功函数不同，引出双电层概念，进而揭示不同物质摩擦产生静电的极性的规律。通过试验把两种物质紧密接触时失去电子带正电的物质排在前面，带负电的排在后面从而得到一个静电带电序列表，如表 3.6 所示。表 3.6 中偏(+)端的功函数低，偏(－)端的功函数高，即处于前者的物质带正电，处于后者的物质带负电。

表 3.6 静电带电序列表

(+)正电性	黏胶丝	铁	沙兰树脂
石棉	皮肤	铜	聚酯树脂
玻璃	干酪素	镍	聚丙烯腈纤维
头发	乙酸酯	黄铜	碳化钙
云母	铝	银	聚乙烯
尼龙	锌	硫磺	赛璐珞
羊毛	镉	橡胶	玻璃纸
人造纤维	铬	铂	聚氯乙烯
铅	纸	维尼纶	聚四氟乙烯
棉布	硬橡胶	聚苯乙烯	硝酸纤维
丝	麻	腈纶	(－)负电性

表3.6中物质带电极性的规律是由实验测得的。在实际应用中，由于受杂质、表面氧化程度、吸附作用、接触压力、温度以及湿度的影响，其带电极性规律会稍有出入。

2）静电积聚的影响因素

（1）电阻率。物体产生的静电能否积聚，关键在于物质的电阻率。电阻率有体电阻率 ρ_V 和表面电阻率 ρ_s 两种。在研究固体带静电时，用表面电阻率，即任一正方形对边之间的表面电阻，单位为Ω；研究液体带静电时，则用体电阻，即单位长度、单位面积的介质电流通过其内部的电阻，单位为Ω·cm。电阻率高的物体导电性差，电子难以流失，自身也不易获得电子；电阻率低的物质导电性能好，电子获得和流失均较容易。就防静电而言，如液态物质的电阻率在 $10^6 \sim 10^8$Ω·cm数量级以下者，即使产生静电，也较易消失，不会引起危害，此种物质称为静电导体；电阻率在 $10^9 \sim 10^{10}$Ω·cm者，有可能引起静电危害，但产生的静电量不大；电阻率在 $10^{11} \sim 10^{15}$Ω·cm者，极易积聚静电，危害较大，是防静电的重点；至于电阻率大于 10^{15}Ω·cm者，不易产生静电，但若一旦产生静电，也较难消除。

汽油、煤油、苯、乙醚等电阻率在 $10^{11} \sim 10^{15}$Ω·cm，极易积聚静电。而原油、重油的电阻率低于 10^{10}Ω·cm，一般静电问题不严重。水是静电良导体，但如少量水混合于油品中，水滴与油品相对流动也会产生静电，这样油品静电积聚就会增加。

电阻率由于测试方法、含杂质情况不同有相当出入，表3.7列出了部分常见液体的电阻率。

表3.7　部分常见液体的电阻率

名　称	电阻率/Ω·cm	名　称	电阻率/Ω·cm
乙烷	1.0×10^8	三氯乙烯	6.1×10^{11}
石油醚	8.4×10^{14}	乙醚	5.6×10^{11}
煤油	7.3×10^{14}	乙醇	7.4×10^8
庚烷	4.9×10^{13}	正丁醇	1.1×10^3
轻油	1.3×10^{14}	丙酮	1.7×10^7
二硫化碳	3.9×10^{13}	乙酸乙酯	1.7×10^7
二甲苯	3×10^{13}	甲醇	2.3×10^6
甲苯	2.7×10^{13}	乙酸甲酯	2.9×10^5
汽油	2.5×10^{13}	蒸馏水	1×10^6
苯	1.6×10^{13}	异丙醇	2.8×10^9

（2）介电常数 ε。介电常数也称电容率，同电阻率一起决定静电产生的结果和状态。当流体的相对介电常数超过20，不论管道连续输送还是贮运，当有接地装置时都不会产生静电积聚。

（3）静电消散的半衰期 $t_{1/2}$。静电越不容易泄漏，危险性越大。通常带电体上静电电量泄漏到原来一半所需要的时间称为静电消散半衰期。液体的半衰期可用式(3.4)计算：

$$t_{1/2}=6.5\times10^{-14}\varepsilon\rho \tag{3.4}$$

对于固体带电物质，半衰期可用式(3.5)求得：

$$t_{1/2}=0.69RC \tag{3.5}$$

半衰期是判断静电积聚的重要参数。有些国家根据经验，规定静电半衰期 $t_{1/2}<0.012$s 的，可以认为其静电的积聚是安全的。在此条件下即使产生静电，也不致积聚起来。部分液体的介电常数 ε、电阻率与半衰期的关系，列于表 3.8。

表 3.8　部分液体的 ε、ρ_V 与 $t_{1/2}$ 的关系

名　称	介电常数 ε	电阻率 ρ_V	半衰期 $t_{1/2}$/s
己烷	1.9	1×10^{10}	1.2×10^{5}
二甲苯	2.4	3×10^{13}	4.6×10^{6}
甲苯	2.4	2.7×10^{13}	4.1×10^{6}
苯	2.3	1.6×10^{13}	2.4×10^{6}
庚烷	2.0	4.9×10^{13}	6.4×10^{6}
乙醇	25.7	7.4×10^{8}	1.2×10^{-3}
甲醇	33.7	2.3×10^{6}	5.0×10^{-6}
水	80.4	1×10^{6}	4.9×10^{-8}
异丙醇	25.0	2.8×10^{5}	4×10^{-3}

生产操作条件产生静电的原因除前面已提到的外，还有如输送液体的流速、管径、输送距离以及管材、管壁粗糙程度、流经弯头多少、通过过滤网密度和材质等。用帆布管、塑料管等绝缘性管道输送液体，比用金属管道产生的静电要多得多。油品含有杂质，包括水分和不同油品，在搅拌时也会产生静电。

空气中的湿度对静电积聚有很大影响。当相对湿度超过 60%时，物体表面就会形成一层极薄的水膜，使表面电阻大为降低，成为静电的良导体，静电就不易积聚。

3) 静电的危害

(1) 引起火灾爆炸。静电引起火灾爆炸的原因是静电放电火花能量达到周围可燃物的最小点火能量而引起。静电放电能量可用式(3.6)计算：

$$E=\frac{1}{2}QU=\frac{1}{2}CU^2 \tag{3.6}$$

式中，E——静电放电能量，J；

Q——电量，C；

U——静电压，V；

C——电容，F。

【例 3.2】 向槽车中装苯时产生静电，测得静电压为 1000V，电容为 1.0×10^{-9}F，如发生静电放电，放电能量能否引起苯的燃烧或爆炸？

解
$$E=\frac{1}{2}CU^2=\frac{1}{2}\times1.0\times10^{-9}\times1000^2=5\times10^{-4}(\text{J})$$

苯的最小引燃能量为 0.2mJ，上述数值大大超过苯的最小引燃能量，所以完全可以使之爆炸。

在化工生产中由于静电火花引起火灾爆炸事故，必须具备下列条件：

a. 要具备产生静电的条件；

b. 要具备产生火花放电的电位；

c. 有能产生火花放电的条件；

d. 放电火花有足够能量；

e. 现场环境有易燃易爆混合物。

此 5 个条件缺一不可，因此要达到预防目的，只要消除其中一个即可防止火灾爆炸事故。

(2) 电击伤害。人在活动过程中由于人体、衣物等均会与相接触的物体发生摩擦或相互接触分离，因而均可能产生静电，静电电压可高达数千伏甚至上万伏。当带电人体与接地导体接近时会发生放电，或带电体与人体接近时也会发生放电。这两种电击对人体的伤害程度取决于放电能量的大小，当人体电容为 90pF 时，不同电压下静电电击时人体的反应情况如表 3.9 所示。

表 3.9　静电电击时人体的反应(人体电容为 90pF)

电压/kV	能量/mJ	人体反应
1	0.045	没有感觉
2	0.18	手指外侧有感觉，但不疼痛
2.5	0.281	放电部位有针刺感，轻微冲击感，但不疼痛
3	0.405	有轻微和中等针刺痛感
4	0.72	手指轻微疼痛，有较强的针刺痛感
5	1.125	手掌乃至手腕前部有电击疼痛感
6	1.62	手指剧痛，手腕后部有强烈电击疼痛感
7	2.205	手指、手掌剧痛，有麻木感
8	2.88	手掌乃至手腕前部有麻木感
9	3.645	手腕剧痛，手部严重麻木
10	4.5	整个手剧痛，有电流通过感
11	5.445	手指剧烈麻木，整个手有强烈电击感
12	6.48	由于强烈电击，整个手有强烈打击感

生产过程中产生的静电所引起的电击一般不致直接使人致命，但由此造成二次事故，如电击使人坠落或摔倒，或引起工作人员精神紧张，妨碍工作，甚至产生其他危害，是不能忽视的。

因为静电放电能量 $E=\frac{1}{2}CU^2$，所以带静电物体的电容越大或电压越高，则电击程度越严重。

人体对地电容因人体位置、姿势、鞋、地面等情况而有不同，通常在数十到数百微微法之间。人体电容与鞋底厚度的关系如表 3.10 所示。

表 3.10　人体电容与鞋底厚度的关系

鞋底厚度/mm	0.25	0.5	1.1	12.8	46	89	155
人体电容/pF	6800	2300	850	190	130	100	75

(3) 妨碍生产。静电力的存在，影响粉体的过滤和输送；使纤维缠结、吸附尘土；静电火花使胶片感光，降低质量；使电子自动仪器受干扰，甚至使无线电通信受到破坏等。

在生产过程中易于形成高静电位的单元操作如下：

① 高电阻率液体如二硫化碳、苯、汽油等在管道输送或自容器转注时；

② 压缩或液化气体，自喷嘴或裂缝喷出，尤其当含有杂质(包括乳化液或悬浮固体)时；

③ 某些粉体在管道中输送时；

④ 高电阻物料在搅拌、过滤、压碎、研磨、过筛时；

⑤ 传动带传动、皮带输送时；

⑥ 二物料压紧、剥离，胶片涂片时等。

以上操作过程均可能产生静电的大量积聚，应采取必要的防静电措施。

4) 静电危害的预防

防止静电的危害应从限制静电的产生和积聚这两方面着手。在化工生产中预防静电事故，主要是防止由于静电火花引起的火灾爆炸事故，可从以下几方面采取措施：

(1) 从工艺上控制静电产生。

① 合理设计与选材。利用静电序列表，尽可能选用带电序列位置接近的两种物质，以降低静电产生；或使物料与不同材料制成的设备相接触，产生不同电性的静电，以消除物料所带静电。

在有火灾爆炸危险场所，设备管道尽可能光滑平整无棱角，管径无骤变；皮带传动应用导电皮带，运转速度要慢，要防止过载打滑、脱落，防止皮带与皮带罩相互摩擦；输送高电阻率液体应自底部注入或自器壁缓缓流入器内；尽量减少过滤器，并安装在管路的起端，否则还应采取其他防静电相应措施。

② 控制流速。对于液体物料的输送，通过控制流速可限制静电的产生。烃类油管管径与流速应满足如下关系：

$$v^2 d \leqslant 0.64 \tag{3.7}$$

式中，v——流速，$m \cdot s^{-1}$；

d——管径，m。

不同管径的限制流速如表 3.11 所列。

表 3.11　管径与流速的规定

管径 d/m	限制流速/$m \cdot s^{-1}$	v^2	$v^2 d$	管径 d/m	限制流速/$m \cdot s^{-1}$	v^2	$v^2 d$
0.01	8	64	0.64	0.20	1.8	3.24	0.648
0.025	4.9	24	0.60	0.40	1.3	1.69	0.676
0.05	3.5	12.25	0.61	0.60	1.0	1.0	0.60
0.10	2.5	6.25	0.625				

原中国石油化工总公司规定，铁路罐（槽）车浸没装油速度应满足如下关系：$vd \leqslant 0.8$；汽车罐（槽）车浸没装油速度应满足 $vd \leqslant 0.5$ 的关系。

③ 控制杂质和水分。在油品输送过程中，当油料带有水分时，必须将流速限制在 $1m \cdot s^{-1}$以下，否则，将会产生危险的静电。

④ 控制温度。当不同温度油品混和时，由于温差出现扰动，也会产生静电。

(2) 泄漏导走静电。

① 空气增湿。在工艺条件允许的情况下，增加空气相对湿度可以降低静电非导体的绝缘性。一般相对湿度在 80%时几乎不带静电，在 70%时就能减少带静电的危险。有学者曾对 A-56# 汽油在相同条件下测试：相对湿度 35%～46%时，静电压 1100V；50%时为 500～600V；72%～75%时基本上无静电。移动带电体，在需消电处增湿产生水膜，只要保持 1～2s 即可。增湿方法可采用通风系统调湿、地面洒水及喷放水蒸气等。

② 加抗静电剂。加入抗静电剂使静电非导体增加吸湿性或导电性，从而改变物质的电阻率，加速静电荷的泄漏。抗静电添加剂种类很多，如无机盐类的硝酸钾、氯化钾等与甘油等成膜物质配合作用；表面活性剂类的脂肪族磺酸盐、聚乙二醇等；无机半导体类的亚铜、银的卤化物等；有机半导体高分子聚合物类的高分子化合物和电解质高分子聚合物等。选用时要根据对象、目的、物料工艺状态，以及成本、毒性、腐蚀性、使用场所及有效期等进行全面考虑。

在橡胶或塑料生产中可加石墨、炭黑、金属粉末等材料制成防静电橡胶或塑料，化纤织物中加入 0.2%季铵盐阳离子抗静电剂，就可使静电降到安全限度。

在传动皮带上涂一层工业甘油(50%)，由于吸湿使皮带表面形成一层水膜，也可达到防静电目的，但对悬浮的粉状或雾状物质，任何静电添加剂均无效果。

③ 静电接地。静电接地是将带电物体的电荷通过接地导线迅速引入大地，避免出现高电位，这是消除对地电位差的一个基本措施。但它只能消除带电导体表面的自由电荷，对非导体的静电荷，效果是不大的。应静电接地的一般对象：生产或加工易燃液体和可燃气体的设备及有关储罐、气柜、输送管道、闸门、通风管及以金属丝网、过滤器等；输送可燃性粉尘的管道和生产设备如混合器、过滤器、压缩气、干燥器、吸收装置、磨筛等；注油或有机溶剂设备和油槽车，包括注油栈桥、铁轨机、油桶、磅秤、加油管、漏斗、容器及装卸油的船舶等。此外，在火灾爆炸危险的场所，或静电对产品质量、人身安全有影响的地方所使用的金属用具、门把手、盲插销、移动式金属车辆、家具以及编有金属丝的地毯也应接地。

为防止感应带电，凡有火灾爆炸危险场所，对平行管道间距小于 10cm 时，每隔 20m 应有跨线；金属梁柱、构架与管道、金属设备、平台也应相互连接并接地。

由于不按规定接地或接地不可靠，造成的事故是不少的。静电接地要牢固紧密可靠，注意不要被油漆、锈垢等所隔断。对工艺设备、管道静电接地的跨接端及引出端的位置应选在不受外力损伤，便于检查维修和与接地干线相连接的地方。

对移动设备或槽车、罐车、油轮、手推车以及其他移动容器，在其停留处，要有专门的接地装置以供移动设备接地之用。罐车、油槽车到场之后即停机刹车，关闭电路；在打开罐盖前要进行接地；注液完毕后，要停一段时间再将接地线拆除。

④ 静置存放。装料时液面电压峰值常出现在停泵后 5～10s 内，然后逐步衰减，其过程随油品不同而异，因此停泵后不许马上检测、取样。

对甲、乙类油品注入储罐后进行检测、取样、测温作业，中国石油化工集团总公司制订的《易燃、可燃液体防静电安全规程》具体规定了静置时间，如表 3.12 所示。

表 3.12　油品注入储罐后的静置时间

电导率/$s\cdot m^{-1}$	储油设备容积/m^3			
	<10	10～50	50～500	500～1000
	静置时间/min			
$>10^{-6}$	1	1	1	2
$10^{-12}\sim10^{-6}$	2	3	10	30
$10^{-14}\sim10^{-12}$	4	5	60	120
$<10^{-14}$	10	15	120	240

(3) 采用中和电荷的方法。

这类方法主要是装静电消除器(也叫静电中和器)。静电中和器就是能产生相反电荷离子的装置。由于产生相反电荷离子,物体上的静电荷得到相反符号电荷的中和,从而消除静电的危害。

静电中和器按照工作原理和结构的不同,大体上可分为感应式中和器、高压中和器、放射线中和器和离子流中和器,可根据不同生产情况选用。

(4) 人体防静电。

人体防静电包括接地、穿防静电鞋、防静电服以及加强防静电安全操作等。

① 人体防静电措施。在工作时穿防静电工作鞋,电阻应小于 $1\times10^8\Omega$;禁止穿羊毛或化纤厚袜;穿防静电工作服或手套和帽子,不穿厚毛衣,可穿棉制品服装。

在人体必须接地的场所,应有金属接地棒,当手接触时即可导走人体静电。坐着工作,可在手腕上佩带接地腕带等。

② 导电工作地面。产生静电场所的工作地面应是静电的导体,其泄漏电阻既要小到防止人体积聚静电,又要考虑不会由于误触动力电导致人体伤害。

导电性地面通常指电阻率在 $10^6\Omega\cdot m$ 以下的材料制成的地面。表 3.13 所示为不同地面材料的泄漏电阻。

表 3.13　不同地面材料的泄漏电阻

材料名称	泄漏电阻/Ω	材料名称	泄漏电阻/Ω
导电性水磨石	$10^5\sim10^7$	一般涂漆地面	$10^9\sim10^{12}$
导电性橡胶	$10^4\sim10^8$	橡胶贴面	$10^9\sim10^{13}$
石	$10^4\sim10^9$	木胶合板	$10^{10}\sim10^{13}$
混凝土	$10^5\sim10^{10}$	沥青	$10^{11}\sim10^{13}$
导电性聚氯乙烯	$10^7\sim10^{11}$	聚氯乙烯贴面	$10^{12}\sim10^{15}$

此外,也可用定时洒水的方法使混凝土地面、嵌木地板湿润,使橡胶、塑料贴面及油漆地面形成水膜,增加导电性。每班洒水至少 1～2 次,当空气相对湿度在 30%以下时应多洒几次。

③ 安全操作。在工作中尽量不做与人体静电放电有影响的事,如在工作场所不穿脱衣服鞋帽等。

在有静电危险场所操作、巡视、检查等活动时,不得携带与工作无关的金属物品,如钥匙、硬币、手表、戒指等。在工作中应佩带好规定的劳防用品和穿防护工作服,工作有条理,动作要稳重,处理问题要果断。

3.2　火灾爆炸事故蔓延扩散的限制措施

前面已经就火灾爆炸事故的预防措施从生产过程、物质危险性质、工艺操作及着火源等多方面问题进行了讨论。但由于种种技术上和管理上的原因及生产过程中出现的各种情况，包括未预料到的新情况和投资效果方面的考虑，都会给预防措施的实际效果带来影响，因此在实际生产活动中要完全消灭火灾爆炸事故，尚有一定困难。但从安全角度考虑，把火灾爆炸事故控制起来，当万一发生事故时，使其局限在一定的范围内，不致扩大，并及时采取扑救措施，减少损失，应该说是可以做到的。

对火灾爆炸事故采取限制措施，应该从工程设计时就放在重要地位给予充分考虑，并切实地采取技术措施。只有这样，才能使一座现代化工厂在选址、布局和建筑设计上对可能存在的火灾爆炸的潜在危险作出安全评价，采取安全对策，落实技术措施，从而控制火灾爆炸的危害。

限制火灾爆炸事故蔓延扩散的基本内容可以概括为以下几个方面：①考虑总体布局、厂址选择和厂区总平面的配置对限制灾害的要求；②建筑防火防爆的设计；③消防扑救设施的设置。

3.2.1 厂址选择与总平面布置

1. 厂址选择

厂址选择需要考虑多方面的因素，是一项政策性、技术性都很强的工作。正确选择厂址也是保证安全生产的前提。厂址选择要根据国民经济建设计划和工业布局的要求，按经批准的设计任务书在指定的某一地理区域进行选址。在某一地理区域里又要根据城市规划的要求，实地勘察调查进行综合分析。根据获得的地质、自然气候和经济等资料，如工程地质条件的优劣，风雨雷雪以及地震等自然灾害可能产生威胁的程度，原料燃料供应、厂际协作、水电交通等方面的资料，进行多方案的技术经济和安全性的比较，择优决策。而在安全方面，则应着重考虑以下几条原则：

(1) 要有良好的工程地质条件，避开断层、塌方、洪水地域。厂址不应设在流沙淤泥、土崩、断层、滑坡、溶洞暗流、山谷风及山洪侵袭地区，且要求地基承载力不小于 $1kg \cdot cm^{-2}$。

(2) 要靠近水源，有利交通。在靠近水源时，要防止易燃液体、有毒物质污染水源，应设在江河的下游。

(3) 有良好的气象条件，考虑季节风、台风、雷击及地震的影响。

(4) 生产过程中有易燃、有毒、粉尘、噪声的企业不应选在居民集中的地区。

(5) 有利于厂际协作，避开重点文物保护区、航空站、积雪危险区。

(6) 考虑发展需要的用地及必要的安全距离。

2. 总平面布置

厂区总平面布置,应从全面出发合理布局,正确处理生产与安全、局部与整体、近期和远期的关系。总平面布置应符合防火、防爆基本要求,满足设计规范及标准的规定。合理布置交通运输道路、管线及绿化环境。合理考虑发展、改建和扩建的要求。

1) 按使用功能,合理分区布置

根据工厂各组成部分的性质,使用功能,交通运输联系及防火防爆要求,分成若干组块,一般可分成五大部分:

(1) 生产车间及生产工艺装置区;

(2) 原料及成品储放区(含储罐区、气柜等);

(3) 公用工程及辅助设施区;

(4) 工厂管理区;

(5) 生活区。

2) 分区布置规划应注意的问题

(1) 生产车间及生产工艺装置区应充分满足工艺流程和设备运转的要求。根据工艺流程的流向和运转的顺序规划机器设备的位置,以不交叉为原则,按照从原料投入到中间制品,再到成品的顺序进行布置规划;对有化工过程的工艺,遇有易燃易爆物质的输送管道或生产设备装置,要考虑防爆泄压的要求;装置内明火加热炉宜布置在装置的边缘,且位于可燃性流体设备的全年最小频率风向的下风侧;为防止灾害扩大和保证安全操作,装置设备之间应留有有效的空地;应与居民区、公路、铁路等保持一定的安全距离;工艺装置成阶梯状布置时,阶梯间应有截流措施。

(2) 原料及成品储放区,在配置规划时应注意避免各种装置之间的原料、中间产品和制成品之间的交叉运输,且应规划成最短的运输路线;对化工原料和产品,要注意其燃烧、爆炸和毒害的危险性;成品库、灌装站不得规划在通过生产区、罐区等一类的危险地带;可燃气体或液体的罐区,不应设在排洪沟上游,或高于相邻工艺装置及人员集中场所,必须布置时,应采取防流散的有效措施。

(3) 辅助及公用工程区,在配置时离生产区和罐区要保持一定的安全距离,在遇有紧急情况时,不致受到影响发生故障而被迫停工;对于锅炉设备、总配变电所等,因有成为引火源的危险,所以要设置在处理可燃流体设备的全年最小频率风向的下风向。

(4) 工厂管理区及生活区,布置时不要通过危险区,应坐落在厂前区靠正门的地方,最好设在厂外。

(5) 其他。为防止可燃有毒气体的弥漫,并迅速排除,厂区的长轴与主导风向最好垂直或不小于45°交角,可利用穿堂风,加速气流扩散。

3）厂内交通路线的规划

工厂交通路线的设置应结合生产，根据生产作业线和工艺流程的要求合理组织流线、流量，使厂内外运输经常保持畅通，合理分散人流和物流。

工厂道路出入口至少应设两处，且设于不同方位。厂内不同区块，至少应有两个不同方向接近道路。

厂内道路应尽可能作环形布置，道路的宽度原则上应能使两辆汽车对开错车。

工厂、仓库应设消防车道。这就是说，除可作为消防车道的环形交通道路外，厂房、库房或可燃物等堆场若两侧无道路者，应沿其两侧全长设宽度不小于 6m 的平坦空地。对消防车道的宽度要求不小于 3.5m；道路上空若遇有管架、栈桥等，其净空应不低于 5m。消防车道宜避免与铁道平交，如必须平交，应设备用车道；尽头式车道应设回车道或平面不小于 12m×12m 的回车空地。

甲、乙类生产厂房和物品库房内，不宜设有铁路线。厂内运输易燃和可燃物、液化石油气和其他化学物品的铁路装卸线，应为平直；若受条件限制时，可设在半径不小于 500m 的曲线上。如该装卸线为尽头线时，延伸终端距装卸台应不小于 20m。

3. 防火间距

在设计总平面布置时，留有足够的防火间距，目的在防止火灾的蔓延以减少灾害损失。防火间距，一般指两座建筑物之间的水平距离。在此距离之间不得再建任何建筑物和堆放危险品。其计算方法是以建筑物外墙凸出部分算起；铁路的防火间距，是从铁路中心线算起；公路的防火间距是从邻近一边的路边算起。

防火间距的确定，应以生产的火灾危险性大小及其特点来综合评定。其考虑原则如下：

（1）发生火灾时，直接与其相邻的装置或设施不会受到火焰加热；

（2）邻近装置中的可燃物（或厂房），不会被辐射热引燃；

（3）要考虑燃烧着的液体从火灾地点流不到或飞散不到其他地点的距离。

我国现行的设计防火规范，如建筑设计防火规范、石油化工企业设计防火规范等，对各种不同装置、设施、建筑物的防火间距均有明确规定，在总平面布置设计时，都应遵照执行。表 3.14 列出了石油化工企业总平面布置的防火间距，表 3.15、表 3.16 列出了储罐的防火间距，工程上使用时，应按最新版本执行。

关于安全距离，各国均有一定的标准，有的大企业采用自定标准，有的采用保险公司标准，有的采用行业协会制订的标准，也有政府以法律形式加以规定的。在我国，建设工程的有关安全间距的设计标准必须遵照国家或部委制订的规范执行。

表 3.15 罐组内相邻可燃液体地上储罐的防火间距

液体类别	储罐型式			
	固定顶罐		浮顶、内浮顶灌	卧罐
	≤1000m³	>1000m³		
甲$_B$、乙类	0.75D	0.6D	0.4D	0.8m
丙$_A$类	0.4D			
丙$_B$类	2m	5m		

注:1) 表中D为相邻较大罐的直径,单罐容积大于1000m³的储罐取直径或高度的较大值;

2) 储存不同类别液体的或不同型式的相邻储罐的防火间距应采用本表规定的较大值;

3) 现有浅盘式内浮顶罐的防火间距同固定顶罐;

4) 可燃液体的低压储罐,其防火间距按固定顶罐考虑;

5) 储存丙B类可燃液体的浮顶、内浮顶罐,其防火间距大于15m时,可取15m。

表 3.16 液化烃、可燃气体、助燃气体的罐组内储罐的防火间距

介质	储存方式或储罐型式		球罐	卧(立)罐	全冷冻式储罐(容积)		水槽式气柜	干式气柜
					≤100m³	>100m³		
液化烃	全压力式或半冷冻式储罐	有事故排放至火炬的措施	0.5D	1.0D	*	*	*	*
		无事故排放至火炬的措施	1.0D		*	*	*	*
	全冷冻式储罐	≤100m³	*	*	1.5m	0.5D	*	*
		>100m³	*	*	0.5D	0.5D		
助燃气体	球罐		0.5D	0.65D	*	*	*	*
	卧(立)罐		0.65D	0.65D	*	*	*	*
可燃气体	水槽式气柜		*	*	*	*	0.5D	0.65D
	干式气柜		*	*	*	*	0.65D	0.65D
	球罐		0.5D	*	*	*	0.65D	0.65D

注:1) D为相邻较大储罐的直径;

2) 液氨储罐间的防火间距要求应与液化烃储罐相同;液氧储罐间的防火间距应按《建筑设计防火规范》(GB 50016)的要求执行;

3) 沸点低于45℃的甲$_B$类液体压力储罐,按全压力式液化烃储罐的防火间距执行;

4) 液化烃单罐容积≤200m³的卧(立)罐之间的防火间距超过1.5 m时,可取1.5 m;

5) 助燃气体卧(立)罐之间的防火间距超过1.5m时,可取1.5m;

6) "*"表示不应同组布置。

3.2.2 从建筑设计方面采取限制措施

1. 生产及储存的火灾危险性分类

建筑设计是工业工程设计的一个重要部分。在工业防火防爆安全设计中，建筑设计所采取的防灾措施对防止火灾爆炸事故起着重要作用。建筑条件的好与差，措施的适当与否，在发生的火灾爆炸事故中，其蔓延速度、波及范围、造成的损失程度是不同的。事实表明，大面积火灾大多发生在易燃建筑区。但这并不等于说任何建筑都应采用防火防爆的高标准，而应做到切合实际。既要避免过高的要求而造成浪费，又要防止降低标准而造成不安全隐患。这就有必要对生产过程的火灾爆炸危险性加以分析。例如，了解生产中使用的原料、中间体和成品的物理、化学性质及其火灾爆炸的危险程度，反应中的数量及条件等，综合全面情况，从而对其生产及储存的火灾危险性进行分类。由生产和储存的火灾危险性类别，进而确定设计项目的建筑标准。

根据建筑设计防火规范规定，生产或储存的火灾危险性分为甲、乙、丙、丁、戊五类，具体分类要求见表 3.17 和表 3.18。

表 3.17　生产的火灾危险性分类

生产类别	火灾危险性特征
甲	使用或产生下列物质的生产： 1. 闪点<28℃的液体； 2. 爆炸下限<10%的气体； 3. 常温下能自行分解或在空气中氧化即能导致迅速自燃或爆炸的物质； 4. 常温下受到水或空气中水蒸气的作用，能产生可燃气体并引起燃烧或爆炸的物质； 5. 遇酸、受热、撞击、摩擦、催化以及遇有机物或硫磺等易燃的无机物，极易引起燃烧或爆炸的强氧化剂； 6. 受撞击、摩擦或与氧化剂、有机物接触时能引起燃烧或爆炸的物质； 7. 在密闭设备内操作温度等于或超过物质本身自燃点的生产
乙	使用或产生下列物质的生产： 1. 闪点≥28℃至<60℃的液体； 2. 爆炸下限≥10%的气体； 3. 不属于甲类的氧化剂； 4. 不属于甲类的化学易燃危险固体； 5. 助燃气体； 6. 能与空气形成爆炸性混合物的浮游状态的粉尘、纤维、闪点≥60℃的液体雾滴
丙	使用或产生下列物质的生产： 1. 闪点≥60℃的液体； 2. 可燃固体

续表

生产类别	火灾危险性特征
丁	具有下列情况的生产： 1. 对非燃烧物质进行加工，并在高热或熔化状态下经常产生强辐射热、火花或火焰的生产； 2. 利用气体、液体、固体作为燃料或将气体、液体进行燃烧作其他用的各种生产； 3. 常温下使用或加工难燃烧物质的生产
戊	常温下使用或加工非燃烧物质的生产

注：1）在生产过程中，如使用或产生易燃、可燃物质的量较少，不足以构成爆炸或火灾危险时，可以按实际情况确定其火灾危险性的类别。

2）一座厂房内或防火分区内有不同性质的生产时，其分类应按火灾危险性较大的部分确定，但火灾危险性大的部分占本层或本防火分区面积的比例小于5%（丁、戊类生产厂房的油漆工段小于10%），且发生事故时不足以蔓延到其他部位，或采取防火措施能防止火灾蔓延时，可按火灾危险性较小的部分确定。丁、戊类生产厂房的油漆工段，当采用封闭喷漆工艺时，封闭喷漆空间内保持负压、且油漆工段设置可燃气体浓度报警系统或自动抑爆系统时，油漆工段占其所在防火分区面积的比例不应超过20%。

表3.18 储存物品的火灾危险性分类

储存物品类别	火灾危险性的特征
甲	1. 闪点<28℃的液体； 2. 爆炸下限<10%的气体，以及受到水或空气中水蒸气的作用，能产生爆炸下限<10%气体的固体物质； 3. 常温下能自行分解或在空气中氧化即能导致迅速自燃或爆炸的物质； 4. 常温下受到水或空气中水蒸气的作用产生可燃气体并引起燃烧或爆炸的物质； 5. 遇酸、受热、撞击、摩擦以及遇有机物或硫磺等易燃的无机物，极易引起燃烧或爆炸的强氧化剂； 6. 受撞击、摩擦或与氧化剂、有机物接触时能引起燃烧或爆炸的物质
乙	1. 闪点≥28℃至<60℃的液体； 2. 爆炸下限≥10%的气体； 3. 不属于甲类的氧化剂； 4. 不属于甲类的化学易燃危险固体； 5. 助燃气体； 6. 常温下与空气接触能缓慢氧化，积热不散引起自燃的物品
丙	1. 闪点≥60℃的液体； 2. 可燃固体
丁	难燃烧物品
戊	非燃烧物品

在《石油化工企业设计防火规范》中，同样以使用、生产或储存的物质的危险性进行火灾危险性分类（表3.19、表3.20）。

表 3.19　可燃气体的火灾危险性分类

类　别	可燃气体与空气混合的爆炸下限
甲	$\varphi<10\%$
乙	$\varphi\geqslant10\%$

表 3.20　液化烃、可燃液体的火灾危险性分类

<table>
<tr><th colspan="2">类　别</th><th>名　称</th><th>特　征</th></tr>
<tr><td rowspan="2">甲</td><td>A</td><td>液化烃</td><td>15℃时的蒸气压力>0.1MPa 的烃类液体及其他类似的液体</td></tr>
<tr><td>B</td><td rowspan="5">可燃液体</td><td>甲 A 类以外，闪点<28℃</td></tr>
<tr><td rowspan="2">乙</td><td>A</td><td>28℃≤闪点≤45℃</td></tr>
<tr><td>B</td><td>45℃<闪点<60℃</td></tr>
<tr><td rowspan="2">丙</td><td>A</td><td>60℃≤闪点≤120℃</td></tr>
<tr><td>B</td><td>闪点>120℃</td></tr>
</table>

注：操作温度超过其闪点的乙类液体，应视为甲 B 类液体；操作温度超过其闪点的丙类液体，应视为乙 A 类液体。

这样就可根据火灾危险性的不同，从防火间距、建筑耐火等级、容许层数和防火分区的最大允许建筑面积、安全疏散、消防灭火设施等方面提出防止和限制火灾爆炸的要求和措施。

2. 建筑物的耐火等级

建筑物的耐火等级，对预防火灾发生，限制火焰蔓延扩散和及时扑救，减少国家财产损失和人员伤亡关系极大。属于甲类火灾危险性的生产，如建在易燃性建筑物里，一旦发生火灾，就会很快地焚毁；若建在较高耐火等级的建筑物里，就可限制火势扩展，争取扑救时间，从而减轻灾害损失。

在防火规范里，将建筑物分为 4 个耐火等级。对建筑物的主要构件，如承重墙、梁、柱、楼板等的耐火性能均作出了明确规定。在建筑设计时对那些火灾危险性特别大的，使用大量可燃物质和贵重器材设备的建筑，在容许的条件下，应尽可能采用耐火等级较高的建筑材料施工。防火规范里规定了厂房(仓库)建筑物构件的燃烧性能和耐火极限的关系，如表 3.21 所示。

建筑构件是由建筑材料制成的，根据燃烧性能，建筑材料分为三类，即非燃烧材料、难燃材料和燃烧体。

非燃烧材料，指在空气中受到火烧或高温作用时，不起火、不燃烧、不炭化的材料，如金属中的钢铁，天然或无机材料如矿物材料、砖和水泥等。

难燃材料，指在空气中受到火烧或高温作用时难起火、难燃烧、难炭化，当火源移走后燃烧或微燃立即停止的材料，如沥青混凝土、经过防火处理的木材、用有机物填充的混凝土和刨花板等。

表 3.21 厂房(仓库)建筑构件的燃烧性能和耐火极限(h)

名称		耐火等级			
构件		一级	二级	三级	四级
墙	防火墙	不燃烧体 3.00	不燃烧体 3.00	不燃烧体 3.00	不燃烧体 3.00
	承重墙	不燃烧体 3.00	不燃烧体 2.50	不燃烧体 2.00	难燃烧体 0.50
	楼梯间和电梯井的墙	不燃烧体 2.00	不燃烧体 2.00	不燃烧体 1.50	难燃烧体 0.50
	疏散走道两侧的隔墙	不燃烧体 1.00	不燃烧体 1.00	不燃烧体 0.50	难燃烧体 0.25
	非承重外墙	不燃烧体 0.75	不燃烧体 0.50	难燃烧体 0.50	难燃烧体 0.25
	房间隔墙	不燃烧体 0.75	不燃烧体 0.50	难燃烧体 0.50	难燃烧体 0.25
柱		不燃烧体 3.00	不燃烧体 2.50	不燃烧体 2.00	难燃烧体 0.50
梁		不燃烧体 2.00	不燃烧体 1.50	不燃烧体 1.00	难燃烧体 0.50
楼板		不燃烧体 1.50	不燃烧体 1.00	不燃烧体 0.75	难燃烧体 0.50
屋顶承重构件		不燃烧体 1.50	不燃烧体 1.00	难燃烧体 0.50	燃烧体
疏散楼梯		不燃烧体 1.50	不燃烧体 1.00	不燃烧体 0.75	燃烧体
吊顶(包括吊顶搁栅)		不燃烧体 0.25	难燃烧体 0.25	难燃烧体 0.15	燃烧体

注:二级耐火等级建筑的吊顶采用不燃烧体时,其耐火极限不限。

燃烧体,指在空气中受到火烧或高温作用时立即能起火或微燃,且火源移走后仍继续燃烧或微燃的材料,如木材等。

用非燃烧材料制成的构件,称为不燃烧体;用难燃材料制成的构件,或用燃烧材料制成而用非燃烧材料做保护层的构件,称为难燃烧体;用燃烧材料制造的构件,称为燃烧体。

所谓耐火极限,是按规定的升温曲线,对建筑构件进行耐火试验,从受到火的作用时起到构件失去支持能力或发生穿透裂缝,或背火一面温度升到 220℃时止,这段时间,称为耐火极限,用小时表示。

在确定耐火等级时,各构件的耐火极限应全部达到要求。

3. 厂房的耐火等级、层数和占地面积

为减少火灾所造成的损失及有利于抢救灭火,建筑设计防火规范对厂房的层数及面积、耐火等级依生产的火灾危险性类别的不同,都有适当的规定和限制,如表 3.22 所示。

表 3.22　厂房的耐火等级、层数和防火分区最大允许建筑占地面积

生产类别	耐火等级	最多允许层数	防火分区最大允许占地面积/m²			
			单层厂房	多层厂房	高层厂房	厂房的地下室和半地下室
甲	一级	除生产必须采用多层者外，宜采用单层	4000	3000	—	—
	二级		3000	2000	—	—
乙	一级	不限	5000	4000	2000	—
	二级	6	4000	3000	1500	—
丙	一级	不限	不限	6000	3000	500
	二级	不限	8000	4000	2000	500
	三级	2	3000	2000	—	—
丁	一、二级	不限	不限	不限	4000	1000
	三级	3	4000	2000	—	—
	四级	1	1000	—	—	—
戊	一、二级	不限	不限	不限	6000	1000
	三级	3	5000	3000	—	—
	四级	1	1500	—	—	—

4. 厂房建筑的防爆设计

在有爆炸危险的厂房里，一旦发生爆炸，往往会使厂房倒塌，人员伤亡，机器设备毁坏，甚至使生产长期停顿。如果处理不当，还会引起相邻厂房发生连锁爆炸或二次爆炸，因此厂房的防爆设计是非常重要的。

1）合理布置有爆炸危险的厂房

关于总平面布置前面已经介绍，本节仅就厂房建筑的防爆，作一简要介绍。

（1）有爆炸危险的厂房宜采用单层建筑。除有特殊需要外，一般情况下，有爆炸危险的厂房宜采用单层建筑，其考虑的依据是单层建筑对消除可能引起火灾爆炸的因素有利。单层建筑具有如下优点：

① 便于设置天窗、风帽、通风屋脊，创造自然通风的良好条件，有利于排除可燃气体、可燃液体蒸气及可燃粉尘，因而不易在场所中形成爆炸性混合物。

② 便于设防爆墙将有火源的生产辅助设施隔开，有利于消除引起火灾爆炸的火源。

③ 便于设置较多的安全出入口，对安全疏散和进行扑救有利。

④ 可设置轻质屋盖，加大泄压面积，有利于尽快释放爆炸压力。

⑤ 万一发生爆炸，造成倒塌，其影响范围及程度比多层建筑要小得多。

(2) 有爆炸危险的生产不应设在地下室或半地下室。因为地下室或半地下室的自然通风条件很差，而生产过程中“跑、冒、滴、漏”的可燃气体、可燃液体的蒸气或粉尘，一旦与空气混合达到爆炸极限，遇到着火源则发生爆炸事故。若采用机械通风，也有其不足之处，即机械通风万一发生故障，则不能保证室内的换气以降低可燃物浓度，也是十分危险的。同时，机械通风的设置也增加了投资。

其实，在有火灾爆炸危险的生产场所，地下室和半地下室的设置也是一个危险隐患，因为绝大多数可燃气（蒸气）比空气重，它们会沉降扩散到地下室或半地下室，一旦达到爆炸浓度，遇着火源则发生爆炸事故。

再从建筑防爆方面看，地下室或半地下室不能设置轻质屋盖、轻质外墙及泄压窗，因而万一发生爆炸时，不能将压力很快释放，从而加重爆炸所产生的破坏作用；同时不能设置较多的安全出入口，不利于安全疏散和进行抢救。

(3) 敞开式或半敞开式建筑的厂房，自然通风良好，因而能使设备系统中泄漏出来的可燃气、可燃液体蒸气及粉尘很快地扩散，使之不易达到爆炸极限，因而能有效地排除形成爆炸的条件。例如，氮肥厂的水煤气发生炉及其附属设备、石化企业的大部分装置设备，采用露天框架式建筑，对安全和卫生都是有利的。即使在设备内部发生爆炸事故，由于是敞开或半敞开建筑，由爆炸造成的损失也大为减轻。建筑造价较低，施工也快。但必须指出，对采用敞开或半敞开式建筑的生产设备和装置，应注意气象条件对生产设备和操作人员健康的影响等，并妥善合理地处理夜间照明、雨天防滑、夏日防晒、冬季防寒和有关休息等方面的问题。

(4) 有爆炸危险厂房的平面配置

① 对单层厂房来说，最好将生产设备按流程布置成简单的矩形，如图 3.2 所示，将有爆炸危险的设备配置在靠近一侧外墙门窗的地方。工人操作位置在室内一侧，且在主导风向的上风位置。这有三方面的优点：其一，可能发生爆炸危险的设备位于靠近外墙门窗的一侧，在万一发生爆炸时，外墙门窗起到了泄压作用；其二，工人操作位于室内一侧，便于疏散到另一面的室外；其三，由于操作位置在主导风向的上风向，有利于保护工人的身体健康。

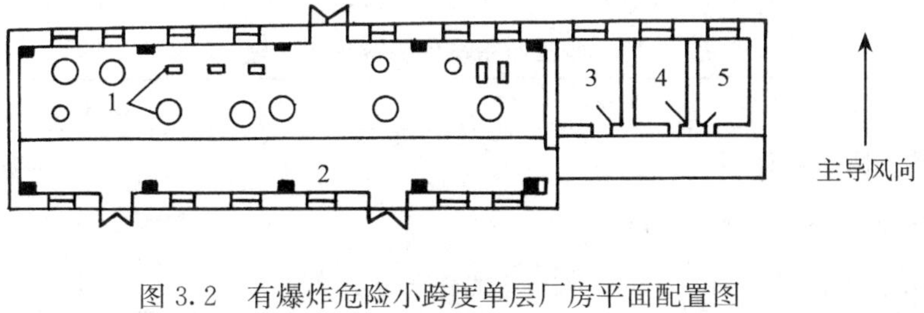

图 3.2　有爆炸危险小跨度单层厂房平面配置图

1. 生产设备；　2. 操作场所；　3. 配电室；　4. 更衣室；　5. 车间办公室

对这类厂房的配电室、车间办公室、更衣室等有火源及人员集中的用房，采用集中布置在厂房一端的方式，设防爆墙与生产车间分隔，以保安全。

② 多层厂房的设备布置。有爆炸危险的多层厂房的平面设备布置，原则基本上与单层厂房相同，但多层厂房不应将有爆炸危险的设备集中布置在底层或夹在中间层，因为如果这样布置，一旦发生爆炸事故，楼上楼下都会遭受危害，这是不可取的。多层厂房，应将有爆炸危险的生产设备集中布置在顶层或厂房一端的各楼层，这样可利用轻质屋盖及侧端面泄压；设在一端各楼层，可用防爆墙分隔，缩小发生爆炸事故波及的范围。

2）采用耐爆结构

对有爆炸危险的厂房，应选用耐火较好、耐爆较强的结构型式，以避免厂房遭受倒塌破坏，减轻现场人员的伤亡和设备物资的损失。

厂房的结构型式有砖混结构、现浇钢筋砼结构、装配式钢筋砼结构和钢框架结构等。在选型时，应根据它们的特点以满足生产与安全的一致性及使用性和节约投资的综合效益考虑。

钢结构厂房耐爆强度是很高的，但由于受热后钢材的强度极限大大下降，如温度升到 500℃时，其强度只有原来的 1/2，耐火极限低，在高温时将失去承受荷载的能力，因此对钢结构的厂房，其容许极限温度应控制在 400℃以下。至于可发生 400℃以上温度事故的厂房，如用钢结构则应采取在主要钢构件外包上非燃烧材料的被覆，被覆的厚度应满足耐火极限的要求，以保证钢构件不致因高温而降低强度。

3）设置必要的泄压面积

有爆炸危险的厂房，应设置泄压轻质屋盖、泄压门窗、轻质外墙。当发生爆炸时，这些轻质构件将首先爆破，向外释放大量气体和热量，减少室内爆炸压力，防止承重构件倒塌或破坏。布置泄压面，应尽可能靠近爆炸部位，泄压方向一般向上，侧面应尽量避开人员集中场所、主要通道及能引起二次爆炸的车间、仓库。

世界各国有关设计规范中，对有爆炸危险厂房所规定的泄压面积与厂房体积的比值（m^2/m^3）不完全一样。我国原建规规定宜采用 0.05～0.22 的比值。表 3.23 和表 3.24 所示为美国和日本有关生产的泄压面积与厂房体积的比值。

表 3.23　泄压面积与厂房容积的比值（美国）

厂房等级	比值/（m^2/m^3）
弱级爆炸危险（颗粒粉尘）	0.0332
中级爆炸危险（煤粉、合成树脂、锌粉）	0.0650
强级爆炸危险（在干燥室内液料溶剂的蒸气、铝粉、镁粉等）	0.220
特级爆炸危险（丙酮、天然气、汽油、甲醇、乙炔、氢等）	尽可能大

表 3.24　泄压面积与厂房容积的比值(日本)

厂房爆炸危险等级	比值/(m^2/m^3)
弱级爆炸物:谷物、纸、皮革、铝、铬、铜等粉末、乙酸蒸气等	1/30(0.033)
中级爆炸物:木屑、煤炭、奶粉、锑、锡等粉尘,乙烯树脂、尿素、合成树脂粉尘	1/15(0.066)
强级爆炸物:淀粉、油漆干燥室或热处理室充满的煤气,醋酸纤维、苯酚树脂及其树脂粉尘,镁、锆等粉尘	1/5(0.200)
特级爆炸物:丙酮、汽油、甲醇、乙炔、氢等	>1/5(>0.200)

我国现行规范参照《爆炸泄漏指南》NFPA68 的相关规定和国内有关单位的有关研究实验结果,对有爆炸危险的甲、乙类厂房其泄压面积,可按式(3.8)计算:

$$A=10CV^{2/3} \tag{3.8}$$

式中:A——泄压面积,m^2;

V——厂房容积,m^3;

C——厂房容积为 1000m^3 时的泄压比,可按表 3.25 选用。

表 3.25　厂房容积为 1000m^3 时的泄压比

厂房内爆炸危险物质的类别	C
氨以及粮食、纸、皮革、铅、镉、铜等 $K_{尘}<10MPa\cdot m\cdot s^{-1}$ 的粉尘	≥0.03
木屑、炭屑、煤粉、锑、锡等 $10MPa\cdot m\cdot s^{-1}\leqslant K_{尘}\leqslant 30MPa\cdot m\cdot s^{-1}$ 的粉尘	>0.055
丙酮、汽油、甲醇、LPG、甲烷、喷漆间或干燥间以及苯酚树脂、铝、镁、锆等 $K_{尘}>30MPa\cdot m\cdot s^{-1}$	≥0.110
乙烯	≥0.16
乙炔	≥0.20
氢	≥0.25

应用式(3.8)计算时,当厂房的长径比大于 3 时,宜将该建筑划分为长径比小于等于 3 的多个计算段,各计算段中的公共截面不得作为泄压面积。长径比是指建筑平面几何外形尺寸中的最长尺寸与其横截面周长的积和 4.0 倍的该建筑横截面积之比。

4) 设置防爆墙、防爆门、防爆窗

防爆墙的作用与泄压装置的作用相反,但目的是一致的,都是为了当万一发生爆炸时减轻爆炸危害。

防爆墙应具有耐爆炸压力的强度和耐火性能,黏土砖、混凝土、钢筋混凝土、钢板及型钢、砂袋等都是建筑防爆墙的材料。防爆墙的构造设计,按材料可分为防爆砖墙、防爆钢筋混凝土墙、防爆单层和双层钢板墙、防爆双层钢板中间夹填混凝土墙等。防火墙上不应开通气孔道，不宜开普通门、窗、洞口，必要时应采用防爆门窗。

发生爆炸时，防爆窗应不致受爆炸产生的压力而破碎，因而窗框及玻璃均应采用抗爆强度高的材料。窗框可用角钢、钢板制作。而玻璃则应采用夹层的防爆玻璃。所用防爆玻璃是由两片或两片以上窗用平板玻璃使用聚乙烯醇缩丁醛塑料衬片，在高温中加压粘合而成，抗爆强度很高，五层以上粘合而成的此种玻璃，具有防止一般短武器射击突过的能力。此种夹层玻璃透明度很好，没有折光作用，适用于建造防爆窗。

防爆门，同样应具有很高的抗爆强度，需采用角钢或槽钢、工字钢拼装焊接制作门框骨架，门板则以抗爆强度高的装甲钢板或锅炉钢板制作，故防爆门又称装甲门。门的铰链装配时，衬有青铜套轴和垫圈，门扇的周边衬贴橡皮带软垫，以排除因开关时由于摩擦碰撞可能产生的火花。

5）不发火地面

有些防爆场所如聚苯乙烯车间、桶装精苯仓库等，由于铁器或金属容器与地面摩擦或撞击发出火花从而引起火灾爆炸事故，因此要求敷设不发火地面。

不发火地面按构造材料性质可分为两大类，即不发火金属地面和不发火非金属地面。不发火金属地面，材料一般常用铜板、铝板等有色金属制作。不发火非金属材料地面，又可分为不发火有机材料制造的地面，如沥青、木材、塑料橡胶等敷设的。由于这些材料的导电性差，具有绝缘性能，因此对导走静电不利，当用这种材料时，必须同时考虑导走静电的接地装置；另一种为不发火无机材料地面，是采用不发火水泥石砂、细石混凝土、水磨石等无机材料制造，骨料可选用石灰石、大理石、白云石等不发火材料，但这些石料在破碎时多采用球磨机加工，为防止可能带进的铁屑，在配料前应先用磁棒搅拌石子以吸掉钢屑铁粉，然后配料制成试块，进行试验，确认为不发火后才能正式使用。

在使用不发火混凝土制作地面时，分格材料不应使用玻璃，而应采用铝或铜条分格。

6）露天生产场所内建筑物的防爆

敞开配置生产设备、装置，使生产实现露天化，可以不需要建造厂房，对安全和卫生极为有利。但按工艺过程的要求，尚需建造中心控制室、配电室、分析室、办公室、生活室等用房，这些建筑通常设置在有爆炸危险场所内或附近。这些建筑自身内部不产生爆炸性物质，但它处于有爆炸危险场所范围，生产设备、装置或物料管道的跑、冒、滴、漏而逸出或挥发的气体，有可能扩散到这些建筑物内，而这些建筑物在使用过程中又有产生各种火源的可能，一旦着火爆炸将波及整个露天装置区域，所以这些建筑必须采取有效的防爆措施。

（1）保持室内正压。这些建筑若在室内维持一定的正压（相对于室外），则可以防止开门进入室内时室外可燃气体的流入。一般采用机械送风，使室内维持20mm 水柱的正压，从而避免室内爆炸性混合物的形成，排除形成爆炸的条件。这里需要注意的是：送风机的空气引入口必须置于气体洁净的地方，防止可燃气体或蒸气的吸入。

(2) 开设双门斗。对建筑物来说都是要开门的，可是当门扇开启时，室外的可燃气体（蒸气）的混合物将随着门的开启而流入室内。为防止这种情况的发生，可采用双门斗，即用两道弹簧木门，中间有一缓冲小室，可以防止室外可燃气体（蒸气）的混合物不断流入，从而排除形成发生爆炸的条件。

(3) 设耐爆固定窗。由于这种建筑已采用机械送风，所以最好不再开窗，至于窗的采光功能，则以人工照明代替。若必须设窗采光时，应选用耐爆性较强的夹丝玻璃的固定钢窗，这样可以防止室外露天生产区发生爆炸时玻璃被击破并射入建筑物内造成伤害事故。

(4) 采用耐爆结构。从一些露天泄漏液化石油气发生的爆炸事故可见，爆炸中心周围的砖混结构建筑物，均遭倒塌破坏，所以应采用耐爆强度好的钢筋混凝土框架结构，并设防爆外墙。

(5) 室内地面应高出露天生产界区地面。因为一般可燃气体或蒸气的密度多高于空气，泄漏的气体或蒸气往往集聚在地面上 0.5m 左右，故这类建筑物的室内地坪若高出室外露天生产界区地面 0.5～0.7m，则对防止比空气重的可燃气体或蒸气窜入室内有好处。

(6) 管道管沟的密封。当由于工艺布置要求建筑留有管道孔隙及管沟时，在安装竣工后，管道孔隙要采取密封措施，材料应为不燃烧体填料；管沟则应设置阻火分割密封。

7) 排水管网的防爆

有爆炸危险的厂房或仓库，当生产设备或储存容器发生事故时，会泄漏出大量可燃液体或气体。当可燃气体或蒸气的密度大于空气时，它们将与可燃液体一样沿排水管沟流入下水管道中去。由于下水管道中有很大的空间，使得这些气体或蒸气在管网中飘逸，如果管网与其他车间或建筑相连接，又无水封井隔离，当达到爆炸极限浓度时，遇到火源就会发生爆炸，沿管网传递从而扩大爆炸灾害范围。为了减小这种危险，应采取合理的排水措施，连接下水主管道处应设水封井。

对工艺物料管道、热力管道、电缆等设施的地面管沟，在此类有爆炸危险的厂房中，为防止可燃气体或蒸气扩散到其他车间的管沟空间，应设置阻火分割设施。如在这类厂房或仓库的地面管沟中段或地下管沟穿过防爆墙外设阻火分隔沟坑。坑内填满干砂或碎石以阻止火焰蔓延及可燃气体或蒸气、粉尘扩散窜流。沟坑长度应不小于 2m 才能有效地阻火。

8）安全疏散设施及安全疏散距离

安全疏散设施包括安全出口，即疏散门、过道、楼梯、事故照明和排烟设施等。关于安全疏散设施的设计标准在《建筑设计防火规范》中都有明确规定，如表 3.26 所示。

表 3.26　厂房疏散楼梯、走道和门的净宽度指标

厂房层数	一、两层	三层	≥四层
宽度指标(m/百人)	0.60	0.80	1.00

一般地，安全出口的数目不应少于两个（层面面积小、现场作业人员少者例外）；过道、楼梯的宽度是根据层面能容纳的最多人数在发生事故时能迅速撤出现场为依据而设计的，所以必须保证畅通，不得随意堆物，更不能堆放易燃易爆物品。疏散门应向疏散方向开启，不能采用吊门和侧拉门，严禁采用转门，要求在内部可随时推动门把手开门，门上禁止上锁。疏散门不应设置门槛。

安全疏散距离是指厂房最远工作地点到外部出口或楼梯的距离，应按表 3.27 的规定设计。

表 3.27　厂房内任一点到最近安全出口的距离(m)

生产类别	耐火等级	单层厂房	多层厂房	高层厂房	厂房的地下室、半地下室
甲	一、二级	30	25	—	—
乙	一、二级	75	50	30	—
丙	一、二级	80	60	40	30
	三级	60	40	—	—
丁	一、二级	不限	不限	50	45
	三级	60	50	—	—
	四级	50	—	—	—
戊	一、二级	不限	不限	75	60
	三级	100	75	—	—
	四级	60	—	—	—

为防止在发生事故时照明中断而影响疏散工作的进行，在人员密集的场所、地下建筑等疏散过道和楼梯上均应设置事故照明和安全疏散标志，照明应是专用的电源。

甲、乙、丙类厂房和高层厂房的疏散楼梯应采用封闭楼梯间，高度超过 32m 且每层人数在 10 人以上的，宜采用防烟楼梯间或室外楼梯。

3.3　消 防 设 施

在进行工厂设计时，必须同时进行消防设计。在采取有效的防火措施的同时应根据工厂的规模、火灾危险性和相邻单位消防协作的可能性，设置相应的灭火设施。

3.3.1　火灾的分类

在自然界、人们日常生活或工业生产中，有众多的可着火燃烧的物质，当着火燃烧成为非人们所希望的目的时则成为火灾，必须进行扑救。但众多可燃易燃物质的着火随其性质的差异其燃烧的形式与过程是不同的，因而进行扑救所采取的方法也是不同的。通常木制家具着火，只要用大量的水就可以达到灭火的目的；而当煤油着火时，有效的灭火手段已不是水，而是二氧化碳和泡沫灭火剂。由此可见，对不同物质的着火，灭火方法也有一定的区别。为了有效地扑灭火灾，减少损失，便于管理与研究，对火灾进行分类是必要的。

通过对可燃易燃物质的着火与灭火的研究，GB 4968—85《火灾分类》中，将火灾分成如下 4 类：

A 类火灾：固体物质火灾，固体物质往往具有有机物质，一般在燃烧时能产生灼热的余烬，如木材、棉、毛、麻、纸张等火灾。

B 类火灾：液体火灾和可熔化的固体物质火灾，如汽油、柴油、原油、醇类、沥青、石蜡等火灾。

C 类火灾：气体火灾，如煤气、天然气、甲烷、乙烷、氢气等火灾。

D 类火灾：金属火灾，如钾、钠、镁、钛、铝镁合金等火灾。

此外，还有带电设备及其电路上的物质，如电动机、变压器、电缆及电气配线，由于放电或其他能源引起的电气火灾，未作单独类型列入标准。火灾的分类不尽相同，如日本学者北川则将火灾分为 6 类，即气体火灾、油品火灾、可燃物火灾、电气火灾、金属火灾和过剩氧火灾。过剩氧火灾是考虑助燃物多少而列为一类。众所周知，通常大面积火灾多发生在空气中，空气中的助燃物（氧化剂）氧气的体积分数 $\varphi(O_2)$ 可认为是恒定的 21%，而当空气中 $\varphi(O_2)$ 超过正常数值时，会急剧增加可燃物的燃烧速度，增大单位时间内所产生的热量，甚至导致在空气中难燃物质的燃烧，这是不容忽视的一种类型。例如棉布在水平方向燃烧时，当空气中 $\varphi(O_2)$ 为 30%时，其燃烧速度比在正常空气中含氧 21%时约快 2 倍。故在一些换气量较少的作业场所进行气割时，在氧气泄漏的情况下，或在空气液化间的地坑内流进液氧，产生氧气时，在这种富氧环境中操作若产生冲击火花，可使在正常空气中不致燃烧的物质如工作服等迅速燃烧，造成伤亡灾害。在特定的条件下应给予过剩氧火灾特别的注意。

3.3.2　灭火的基本方法

在人类历史上，火的发现和利用是人类文明史的一个重要标志，但火给人们带来利益的同时，也给人们带来了灾害。人们同火灾作了长期的斗争，积累了丰富的灭火经验。在几千年前，我国的“五行”学说中就有“水克火”之说，这是灭火经验的最早记载。随着社会的发展，人们对灭火方法一直在进行探讨和实践，特别是近代科学技术的发展，人类用智慧和劳动创造着物质文明，为保护创造的财富不致受一炬之灾，世界各国对灭火方法与药剂的研究都很重视，形成了消防科学，这也是科学技术发展的必然结果。

灭火，就是要破坏已经形成的燃烧条件，使其不致着火。由燃烧理论可知，燃烧必须具备可燃物质、助燃物质（氧化剂）和着火源，这三个条件缺一不可，这就是经典的着火三角形的3个成分。在除去其中任一条件时，绝大多数火焰即告熄灭，由此推理，可得如下基本灭火方法：

（1）隔离法。就是将着火区及其周围的可燃物隔离或移开，燃烧区就会因缺乏燃料不能蔓延而停止。在实际运用时，如将近火源的可燃、易燃及助燃物搬到安全区域，由于泄漏可燃气体、液体而燃烧，则应首先截断气源或液流，尽快关闭管道阀门，减小和终止可燃物进入燃烧区域；拆除与烧着物毗连的易燃建筑物等，这样就可使可燃物与火源隔离，在其他灭火措施的支援下，达到终止燃烧的目的。

（2）窒息法。阻止空气流入燃烧区或用不燃烧也不助燃的惰性气体稀释空气，使燃烧物得不到足够的氧气而熄灭。例如，用石棉毯、湿麻袋、黄砂、泡沫等不燃或难燃物覆盖在燃烧物上；用水蒸气或二氧化碳等惰性气体灌注容器设备；封闭起火的船舱、坑道、设备以及门、窗、孔洞等。

（3）冷却法。着火需要能量，任何可燃物的着火燃烧，温度必须达到燃点。也就是说需要一个最小着火能量。火场高温可以使任何可燃物着火而扩大火势。将灭火剂直接喷射到燃烧物上，以降低燃烧物的温度，当温度降到燃点以下，燃烧停止；或将灭火剂喷洒在火源附近的可燃物上，降温以防止受辐射热影响而起火。冷却法是灭火的重要方法，主要用水作灭火剂。

（4）化学中断法。经典的着火三角形理论，一般可以用来解释灭火的机理，但有些物质的燃烧从动力学的角度进行分析，其反应速率并不完全取决于这三个因素，还取决于燃气燃烧的连锁反应。当某些燃料接触到能源时，它不仅会气化，而且该物质分子的组合会发生热解作用，即在燃烧之前先裂解成更简单分子。这些分子中原子间的共价键常发生断裂，生成自由基。这是一种非常活泼的化学形态，它能与其他的自由基或分子起反应，使燃烧扩展开去。关于连锁反应的机理在燃烧理论中已经介绍。由于连锁反应的存在，生成自由基直接影响燃烧反应的速率和条件，所以着火三角形理论应扩大到包括自由基参与反应的条件。也就是说，着火应考虑到四维参数（4个要素），这就是着火四面体理论。如图3.3所示，其

图3.3 燃烧四面体

中一面代表自由基，其余三面为燃料、热量与氧气。

着火四面体提示了考虑灭火时应该研究的第四种方法。就是研究用某种药剂能在燃烧过程中抑制连锁反应自由基的产生，从而使燃烧反应不能传递下去以达到有效的灭火目的，此法可以称为化学中断法，主要是用卤化烃类的物质作灭火剂。这样归纳起来，灭火的基本方法应该是有四种，即针对着火四面体学说采用的四种基本灭火方法。

3.3.3　灭火物质及其选用

随着现代科学技术的发展，运用现代科学技术防火、灭火，与火灾作斗争，已经成为消防的重要手段。在消防的各种措施中，防火措施是避免火灾，保证安全首先必须考虑的问题。但仅有防火措施是不够的，还需要有必要的和有效的消防措施，即设置相应灭火设施。应根据场所或所产生的火灾的危险性质准备合适的、足够数量的灭火剂。

现代使用的灭火剂，除水以外已发展了许多种类，其中有泡沫液、二氧化碳、干粉、卤代烷类化学灭火剂等。在使用中必须依据生产过程、原材料和产品的性质、建筑结构情况选择合适的灭火剂。

此外，近年来国际上研究出一种多功能、多用途的优秀灭火剂——“轻水”。这种灭火剂有特殊的灭火功能，速度快，效率高，抗变燃性强，不怕冷，不怕热，保存时间长，远优于普通化学泡沫灭火剂。“轻水”灭火剂实际上是一种氟化学泡沫灭火剂，是表面活性剂的一种。名为“轻水”，但实际相对密度为 1.1，比水重。由于其表面张力低，故在灭火时能迅速覆盖在液面上，隔绝空气而达到灭火的效果。“轻水”可灭易燃和可燃液的火灾，是一个大有发展前途的灭火剂。

1. 水与水蒸气

水是使用最广泛的灭火剂，价廉、取用方便、供应量大、对人体基本无害，有很好的灭火效能。1kg 水温度升高 1℃需 4.18kJ 的热量，其汽化潜热为 $2.26\times10^6 J\cdot kg^{-1}$，因此水可以从燃烧物上吸收很多热量，使燃烧物体迅速降温，水吸热后蒸发大量蒸汽，可以阻止空气进入燃烧区，同时稀释燃烧区空气中氧的含量，逐渐减弱以至抑制燃烧的进行。此外，喷射水流还能由于水力冲击产生机械作用，冲击燃烧物和火焰，使燃烧强度显著减弱。

水作为灭火剂可以不同形态出现，如水柱喷射，水雾或水蒸气。其灭火效果也各有不同。

水适用于扑救大面积火灾。

水蒸气的灭火作用是使火场氧含量减少，以阻止燃烧，并能造成汽幕使火焰与空气隔开。油和气体着火都可使用水蒸气扑灭，特别对扑灭气体着火效果很好。

空气中含水蒸气浓度不低于35%时，可有效地灭火。

在用水灭火时要注意如下物质不能用水扑救：

(1) 遇水燃烧物品不能用水扑救，如金属钠、钾、电石、三丁基硼等火灾，只能用干沙土扑救；

(2) 比水轻的非水溶性可燃、易燃液体的火灾，原则上不用水扑救。例如苯、甲苯等若用水扑救，水会沉在液体下面形成喷溅、漂流，反而扩大火势，最好用泡沫、二氧化碳、干粉、1211 等扑救，但数量少时可用雾状水扑救；

(3) 对储存硫酸、硝酸等场所，如遇加压水流会沸腾飞溅，故宜用干沙土、二氧化碳扑救；

(4) 未切断电源的电气火灾，不能用直流水扑救；

(5) 高温设备、高温铁水不能用水扑救，因有可能引起设备破裂、铁水飞溅，可用水蒸气扑救。

2. 泡沫灭火剂

凡与水混合并通过化学反应或机械方法产生灭火泡沫的灭火药剂都属泡沫灭火剂，它一般由起泡剂、泡沫稳定剂、降黏剂、抗冻剂、防腐蚀剂及大量水组成。其灭火主要原理是产生大量泡沫，黏附在燃烧物表面，使其与空气隔绝。按生成泡沫的机理可分为化学泡沫灭火剂和空气泡沫灭火剂两类。兹分述于下：

1) 化学泡沫灭火剂

由两种主要药剂的水溶液通过化学反应而产生灭火泡沫，含 18 个结晶水的硫酸铝(发泡剂)及碳酸氢钠和少量泡沫稳定剂及其他添加剂组成。使用时将两种药剂混合即起下列反应：

$$Al_2(SO_4)_3 + 6NaHCO_3 \longrightarrow 2Al(OH)_3 + 3Na_2SO_4 + 6CO_2 \uparrow$$

反应中生成的二氧化碳，一方面在溶液中形成大量微细泡沫，同时使压力很快上升，将泡沫从喷嘴喷出。反应生成的胶状氢氧化铝，使泡沫具有一定的黏性，黏附在燃烧物上隔绝空气，使火焰熄灭。化学泡沫灭火剂可扑救汽油、煤油、香蕉水等易燃液体的火灾。但对易溶于水的易燃液体如丙酮、酒精等，效果不好，也不能用来扑救电气火灾，除非已切断电源。

化学泡沫灭火剂不能用长距离管道输送到较远的地方，不能加压，否则泡沫会受到破坏。保存温度不得超过 38℃，高温下储存会引起 $NaHCO_3$ 分解而失效。

2) 空气泡沫灭火剂(或称机械泡沫灭火剂)

空气泡沫灭火剂是以发泡剂加入少量稳定剂、防腐剂和防冻剂等添加剂和大量水，通过发泡装置吸入大量空气而成的一种泡沫灭火剂，广泛应用于石油化工消防中。由于发泡剂和添加剂的不同，可分成：

(1) 蛋白泡沫灭火剂。由动植物的硬蛋白质(牛、羊、猪的蹄角、毛血和豆饼、菜籽饼等)在碱液作用下经部分水解浓缩而制成。

(2) 氟蛋白泡沫灭火剂。在普通蛋白灭火剂中加入 0.02%氟碳表面活性剂制成。它具有良好的表面活性、较高的热稳定性、较优的润湿性和流动性以及防油防水的能力。当泡沫通过油层时油不能在泡沫内扩散,而被分割成小油滴被泡沫包裹,并在油罐液面上封闭油品蒸气,形成一个包含小油滴的不燃烧的泡沫层。即使泡沫层内含油达 25%也不燃烧,而普通蛋白泡沫层内含油 10%即开始燃烧,因此氟蛋白泡沫比普通蛋白泡沫有较高的灭火性能,适用于油罐的固定或半固定式的液下喷射灭火设施。

(3) 抗溶性泡沫灭火剂。在蛋白质水解液中添加抗溶性药剂有机酸金属络合盐而制成。它与水接触,析出不溶于水的有机酸金属皂。有机酸金属皂在泡沫壁上形成连续的固体薄膜,能有效地防止水溶性有机溶剂吸收泡沫水分而保护泡沫,使之能持久地覆盖在溶剂表面起到较好的灭火作用。抗溶性泡沫不仅可以扑救一般烃类液体的火灾,而且可以有效地扑灭水溶性有机溶剂如醇类、酮类、酯类等的火灾。但对沸点很低的水溶性有机溶剂,如乙醚(沸点 34.6℃)、乙醛(沸点 20.2℃)的火灾,由于燃后液面温度不能很快下降,因此如没有很好的冷却措施,用抗溶性泡沫灭火,虽能控制火势,但难扑灭。

(4) 高倍泡沫灭火剂。上列各类空气泡沫灭火剂,发泡体积与液体体积之比,大致在 6~10。高倍数泡沫灭火剂是以合成表面活性剂为基料的泡沫灭火剂,其主要成分为脂肪醇硫酸钠、十二醇加上抗冻剂、稳定剂等添加剂制成,发泡倍数可高达千倍以上。大型发泡装置每分钟可产生 1000m^3 以上的泡沫迅速充满着火空间,使燃烧物和空气隔绝,火焰熄灭,可用来扑救非水溶性易燃液体、可燃液体及一般固体物质的火灾,对仓库、飞机库、地下室和坑道都适用。但高倍数泡沫由于密度小,流动性好,不适于扑救油罐火灾,因油罐着火时有一股很大的上升气流,高倍泡沫不能覆盖到油面上。

(5)水成膜泡沫灭火剂。又称“轻水”泡沫灭火剂或氟化学泡沫灭火剂,其组成主要是氟碳表面活性剂,还有无氟表面活性剂和改进泡沫性能的添加剂和水等。“轻水”具有比氟蛋白泡沫更低的临界剪切应力,因而具有非常好的流动性。泡沫能迅速在油面上展开,并析出液体冷却油面,一旦在油面上形成一层水膜,与泡沫层共同抑制燃油的蒸发,使燃油与空气隔绝而扑灭火焰。

它主要适用于扑救一般非水溶性可燃、易燃液体的火灾。“轻水”泡沫与氟蛋白泡沫一样,可采用液下喷射扑救油罐火灾。

“轻水”泡沫由于泡沫消失较快,因此在防止复燃与隔离热液面的性能方面,不如蛋白泡沫和氟蛋白泡沫。

3. 惰性气体灭火剂

惰性气体灭火剂，应用最广的当推 CO_2。其灭火原理是，液态 CO_2 从钢瓶中喷出立即气化，吸收大量气化热，能冷却燃烧物；CO_2 气体能隔绝和稀释空气中的含氧量，当空气中 CO_2 体积分数达 29.2%时，能使燃烧因缺氧而熄灭。

CO_2 可以扑救易燃液体、可燃液体和一般固体物质火灾。由于其不导电性，不污损设备，因此可用于扑救电气、精密仪器以及贵重生产设备的火灾。

CO_2 不能扑救钾、钠、镁、铝等金属火灾，因上述物质非常活泼，能夺取 CO_2 中的氧进行燃烧反应；也不适宜于自身给氧燃烧物质的灭火（如硝化纤维）。在用 CO_2 扑救时，要注意 CO_2 能使人窒息。当空气中浓度达 5%时，呼吸即发生困难，当达 10%时，就会使人死亡。同时还要注意用 CO_2 灭火以后，可燃物温度尚未降低，仍有发生复燃的可能。

氮气作为灭火剂，也是冲淡可燃气体及环境中的氧含量使燃烧停止，一般在装置系统内使用。

4. 化学液体灭火剂

化学液体灭火剂主要是卤代烷类，常用的有 1202、1211、1301 等。卤代烷类灭火剂效率一般比二氧化碳高 4～5 倍，不导电，对扑救高压电器设备、油类、有机溶剂、精密仪器、文件档案等火灾均很有效，且不留痕迹，但不适用于活泼金属及金属氢化物的火灾，对含氧化学品也不适宜。

卤代烷灭火剂灭火机理：卤代烷是借在高温中分解产生的活性游离基 Br、Cl 等参与物质燃烧过程中的化学反应，消除维持燃烧所必须的活性游离基 H · 和 · OH等，从而使燃烧过程中的化学连锁反应的链传递中断而灭火。例如，烃类在空气中燃烧，由连锁反应知

$$RH + O_2 \longrightarrow R\cdot + H\cdot + 2O\cdot$$
$$H\cdot + O\cdot \longrightarrow HO\cdot$$
$$2HO\cdot \longrightarrow H_2O + O\cdot$$

按燃烧的链式反应理论，这种链式反应步骤将自动发展下去，直到反应物用完为止。

而当用卤代烷灭火时，如 1301(CF_3Br)，其反应为

$$CF_3Br \xrightarrow{\triangle} \cdot CF_3 + Br\cdot$$
$$Br\cdot + H\cdot \longrightarrow HBr$$
$$HBr + H\cdot \longrightarrow H_2 + Br\cdot$$
$$HBr + HO\cdot \longrightarrow H_2O + Br\cdot$$

生成的 Br · 不断消除 HO · 、H · 等活性基团，打断燃烧反应的链，阻止燃烧反应的传递，起到灭火作用。

由实验证明，卤代烷灭火剂含溴比含氯、氟原子具有更大效果。在使用卤代烷灭火时，要注意个人防护，因为卤代烷有一定毒性。

卤代烷灭火剂，在我国石化企业应用甚广，品种以 1211 使用量最大。此类灭火剂灭火效率高、不导电，对扑灭高压电气设备火灾尤佳，对油类、有机溶剂、精密仪器、文件档案等火灾的扑救均很有效。但此类灭火剂，如 1211，灭火过程中要产生 Cl^-，Cl^- 对大气臭氧层的破坏作用已为研究所证实。为减少这一破坏作用，1987 年，美、英等 24 国签署了《蒙特利尔条约》，明确规定停止生产和使用氟、氯、溴烃及其他破坏性化学物质的时间表，后又几经修改，现规定发达国家在 2000 年前停止生产，发展中国家在 2010 年前完全停止生产。我国在 1994 年 9 月 14 日签署了该条约，根据我国 1992 年制订的《保护臭氧层物质逐步淘汰国家方案》及原国家环保局和公安部联合制订的《中国消防行业哈龙（Halon）整体淘汰计划》的规定，从 1997 年起哈龙 1211 灭火剂生产开始削减，2010 年完全淘汰。为此必须研制哈龙代用品。目前国际上已开发的新的哈龙替代品如表 3.28 所示。

表 3.28　部分新的哈龙替代灭火剂

商品名称	符　号	分子式	最小设计灭火浓度 φ/%
FM200	HFC-227	C_3F_7H	7
CEA410	FC-3-1-10	C_4F_{10}	6
FE13	HFC-23	CHF_3	16
FE25	HFC-125	C_2HF_5	10.9
哈龙 1301	1301	CF_3Br	5
Inergen		N_2 52%　Ar 40%　CO_2 8%	35

5. 干粉灭火剂

干粉灭火剂主要成分为碳酸氢盐（$NaHCO_3$）和磷酸氢盐（$NH_4H_2PO_4$）等组成的干粉剂。为防碳酸氢钠干粉灭火剂结块，增加流动性，配方之一即加入 2%硬脂酸镁（防潮剂）和 5%滑石粉（增加流动性）。其灭火原理：干粉在 CO_2 或氮气的压力推动下，以粉雾状喷出，受高温后发生如下反应：

$$2NaHCO_3 \xrightarrow{\triangle} Na_2CO_3 + H_2O + CO_2 - Q$$

反应吸热，产生水蒸气、二氧化碳，起到一定的冷却和稀释作用；同时干粉颗粒对燃烧时的活性基团起钝化作用。

$$M + HO\cdot \longrightarrow MOH$$

$$MOH + H\cdot \longrightarrow M + H_2O$$

M 为灭火剂受热裂解生成的基团(如 Na·,K·等),使 HO·、H·等活性基团成为惰性分子,从而中断燃烧的链式反应,达到灭火目的。

干粉灭火剂主要适用于扑救可燃气体以及电气设备的火灾,对一般固体的火灾也很有效。但灭火后留有残渣,不适合扑救精密仪器火灾。钠盐干粉中加入的硬脂酸镁对空气泡沫有破坏作用,故不能与空气泡沫并用,碳酸氢钠(钾)盐不可与蛋白泡沫共用,也不可与磷酸铵盐干粉共用。

3.3.4 灭火装置

1. 机械泡沫灭火设施

机械泡沫灭火设施按灭火系统设备装置的设置方式可分为固定式、半固定式和移动式泡沫灭火系统三种类型。

固定式泡沫灭火系统,一般由消防水泵、泡沫液罐、比例混合器、混合液管线和泡沫产生器及阀件等组成。

半固定式泡沫灭火系统,由泡沫室(泡沫产生器)和带有接口的泡沫混合管线组成,它固定在要灭火设备或装置上(如油罐),其余泡沫混合液产生部分则由泡沫车代替。

移动式泡沫灭火系统,则是泡沫钩枪或泡沫管架代替泡沫产生器,以泡沫消防车来完成混合液产生的任务。

这三种类型的设置视具体情况而定,一般在偏僻地方的油罐区或在 10 分钟内不能调来足够消防力量的油罐区应设置固定灭火系统;对拥有足够移动力量的炼油厂、石油化工厂等油罐区,为节约投资起见,可采用半固定式或移动式灭火系统。

2. 干粉灭火装置

干粉灭火系统的设备,一般由干粉储罐和作为动力的储气瓶及管道、阀门、喷头组成,可装成固定系统,以手动操作、半自动或自动启动的灭火系统。由探测器将起火信号传至启动装置,达到自动喷粉灭火目的,或发生警报由人工操作喷粉灭火。储气瓶是一只压力气瓶,可用 N_2 气或 CO_2 气,一般 25kg 粉量以下的多采用 CO_2 压缩气。喷头压力可为 0.05～0.7MPa,喷射量一般为 9～110kg·min^{-1},射程 1～8m。

3. 二氧化碳灭火系统

二氧化碳灭火系统一般由储气钢瓶、管道和喷头组成。根据消防对象的具体情况,可设计采用固定灭火系统和移动灭火设备。按灭火用途及要求可分为全充满系统及局部应用系统。

4. 卤代烷灭火装置

卤代烷灭火系统有全淹没式灭火系统、局部应用灭火系统和敞开式灭火系统三种。按安装形式分有固定式灭火系统，由几种设备固定安装；移动式，通常为车载式或轮推的箱式灭火装置；半固定式安装。

全淹没式灭火系统是指能在被防护的整个“封闭”空间中迅速形成浓度比较均匀的卤代烷灭火剂气体与空气的混合物，并保持一定的浓度达到灭火所需“浸渍”的时间。这里所谓的“封闭”是相对露天而言，而不是绝对密封。

局部应用灭火系统指在较大空间中的局部区域的重要设备，在喷射时处于卤代烷的保护之下。

敞开式灭火系统是指在敞开空间如浮顶油罐周沿安装的卤代烷灭火装置，在喷射灭火时，灭火剂迅速向大气扩散。

卤代烷灭火装置的组成设备为灭火剂容器、阀和管道、喷嘴及启动控制装置等。

3.3.5 消防用水及设施

1. 工厂消防用水

消防用水量应为同一时间内火灾次数与一次灭火用水量的乘积。在考虑消防用水时，首先应确定工厂在同一时间内的火灾次数。

一次灭火用水量应根据生产装置区、辅助设施区的火灾危险性、规模、占地面积、生产工艺的成熟性以及所采用的防火设施等情况，综合考虑确定。

2. 消防给水设施

(1) 消防水池或天然水源，可作为消防供水源。利用此类水源时，应有可靠的吸水设施，并保证枯水时最低消防用水量，消防水池不得被易燃可燃液体污染。

(2) 消防给水管道，是保证消防用水的给水管道，可与生活、生产用水的水道合并，如不经济或不可能，则设独立管道。低压消防给水系统不宜与循环冷却水系统合并，但可作备用水源。

消防给水管道可采用低压或高压给水。采用低压给水时，管道压力应保证在消防用水达到设计用水量时不低于15m(从地面算起)；采用高压给水时，其压力宜为0.7～1.2MPa。

消防给水管网应采用环状布置，输水干管不应少于两条，当其中一条发生事故时仍能保证供水。环状管道应用阀分成若干段，此阀应常开，以便检修时使用。

(3) 消火栓。可供消防车吸水，也可直接接水带放水灭火。室外消火栓应沿道路设置，便于消防车吸水，设置数量由消火栓的保护半径和室外消防用水量确定，每个消火栓用水量按 10～15 L · s^{-1}计。室外消火栓的间距不应超过 120m。

露天生产装置的消火栓宜在装置四周设置。当装置宽度大于 120m 时，可在装置内的路边增设。

易燃、可燃液体罐区及液化石油气罐区的消火栓应该设在防火堤外。

设有消防给水的建筑物，各层均应设室内消火栓；甲、乙类厂房室内消火栓的距离不应大于 50m。宜设置在明显易于取用的地点，栓口离地面高度为 1.2m。

3. 露天装置区消防给水

石油化工企业露天装置区有大量高温、高压(或负压)的可燃液体或气体，金属设备、塔器等，一旦有火警，必须及时冷却防止火势扩大，故应设灭火、冷却消防给水设施。

消防供水竖管即输送泡沫液或消防水的主管，根据需要设置，在平台上应有接口，在竖管旁设消防水带箱，备齐水带、水枪和泡沫管枪。

冷却喷淋设备。当塔器、容器的高度超过 30m 时，为确保火灾时及时冷却，宜设固定冷却设备。

消防水幕。有些设备在不正常情况下会泄出可燃气体，有的设备则具有明火或高温，对此可采用水幕分隔保护，也有用蒸汽幕的。消防水幕应具有良好的均匀连续性。喷头压力一般在 0.3MPa 以上，供水强度不小于 0.34L · s^{-1} · m^{-2}。

带架水枪。在危险性较大且较高的设备四周，宜设置固定的带架水枪(水炮)。一般地，炼制塔群和框架上的容器除有喷淋、水幕设施外，再设带架水枪。

厂内设置全厂性的消防设施外，还应设置小型灭火机和其他简易的灭火器材。其种类及数量，应根据场所的火灾危险性、占地面积及有无其他消防设施等情况综合全面考虑。

3.3.6　消防站

消防站是消防力量的固定驻地。油田、石油化工厂、炼油及其他大型企业，应建立本厂的消防站。其布置应满足消防队接到火警后 5min 内消防车能到达消防管辖区(或厂区)最远点的甲、乙、丙类生产装置、厂房或库房；按行车距离计，消防站的保护半径不应大于 2.5km，对于丁类、戊类火灾危险性场所，也不宜超过 4km。

消防车辆应按扑救工厂一处最大火灾的需要进行配备。

消防站应装设不少于二处同时报警的受警电话和有关单位的联系电话。

思 考 题

1. 防止可燃可爆系统形成的基本方法有哪些？
2. 什么是最低氧气浓度？
3. 可能引起火灾、爆炸事故的主要点火能源有哪些？如何控制？
4. 爆炸和火灾危险环境电力装置设计规范中，爆炸性物质如何分类？如何分级？如何分组？
5. 爆炸危险场所分成哪几个区域？如何定义？
6. 静电引起火灾爆炸事故通常必须具备哪些条件？
7. 控制静电产生并积聚有哪些方法？
8. 总平面布置一般按哪些使用功能分区？应注意的安全问题有哪些？
9. 生产及储存的火灾危险性如何分类？依据是什么？
10. 厂房建筑的防火防爆设计应考虑哪些重要安全措施？

习 题

1. 试计算下列物质于常压下在空气中燃烧的最小氧气浓度(MOC)：C_3H_6、CH_4、CH_3OH。
2. 在模拟试验时，测得人穿胶底鞋在水泥地坪上行走可达 1400V 静电压，人体对地电容为 2.5×10^{-10}F。试通过计算，分析在有 H_2 逸出的环境(车间)中的危险性，并提出几点预防危险的措施(H_2 的最小点火能为 0.019mJ)。
3. 乙炔经压缩机压缩达 0.45MPa 送入炔化反应器，在催化剂乙炔铜的作用下与甲醛(37%)进行反应，生成丁炔二醇。反应式如下：

$$C_2H_2+2HCHO\xrightarrow[70\sim100℃]{催化剂}C_4H_6O_2$$

已知：乙炔 $L=1.5\%\sim82\%(\varphi)$；甲醛 $L=7.0\%\sim73\%(\varphi)$，闪点 85℃(37%，不含甲醇)，MAC 为 $3mg\cdot m^{-3}$，是疑致癌物；$C_4H_6O_2$ 闪点 152℃。该地区主导风向为东南风。

试回答，在进行该工段工艺工程设计时，应考虑的安全问题：

(1) 各物质的主要危险危害性是什么？

(2) 生产车间的火灾危险性属哪一类别？为什么？

(3) 生产过程、设备应采取哪些安全预防措施？

(4) 车间配置时，应如何合理布置？

(5) 火灾时可用哪些灭火剂？

(6) 乙炔泄漏着火时，应如何灭火？

(7) 如何根据物料危险特性正确合理地选用防爆电气？

第 4 章　职 业 卫 生

生产过程中存在着多种危害劳动者身体健康的因素，这些职业危害因素在一定条件下作用于人体，即会对劳动者的健康造成不良影响，严重时甚至危及生命安全。

国内外均发生过一些重大职业卫生事故，例如，1992 年 9 月江西上饶地区甲胺槽车运输违章致使进料阀折断，2.4t 甲胺泄漏导致 187 人中毒，39 人死亡，经济损失 2000 万元；1984 年 12 月印度博帕尔农药厂甲基异氰酸酯泄漏致使几天内 2500 余人死亡，20 万人受到影响，有 60 万人要求赔偿。这些事故不但使多人丧失生命和严重威胁人民的身体健康，同时也造成了巨大的经济损失。为此，掌握职业卫生知识，深入开展职业卫生实践，对于保障劳动者健康，建立安全卫生的工作环境，提高经济效益和社会效益，促进我国工业化进程的顺利发展，具有十分重要的意义。

4.1　职业卫生与职业病概述

4.1.1　职业卫生

职业卫生(occupational health)是识别和评价不良的劳动条件对劳动者健康的影响以及研究改善劳动条件，保护劳动者健康的科学。劳动者是社会财富的直接创造者，是生产力要素中最活跃的因素。劳动者健康素质的高低，直接关系到国家生产力发展水平和发展质量。职业卫生工作不仅承担着保护劳动者健康的神圣职责，同时也起着保护国家劳动力资源，维持社会劳动力资源可持续发展的作用。根据发达国家防治职业危害的经验与我国职业卫生实践的结果，职业卫生工作应更注重治理和改善不良的劳动条件(包括生产过程、劳动过程和生产环境)，控制职业危害因素，有效预防各种职业病和职业性损害发生，而不是局限于治疗已患病的劳动者。

生产中的职业危害因素可分为 4 大类：

(1)化学性因素，包括工业毒物，如铅、一氧化碳、硫化氢、苯等；生产性粉尘，如聚乙烯尘、聚氯乙烯尘、矽尘、煤尘等；

(2)物理性因素，包括噪声、振动、高温、低温、高气压、低气压、辐射等；

(3)生物性因素，如布氏杆菌、森林脑炎病毒、炭疽杆菌等；

(4)劳动损伤性因素，如疲劳过度、劳动强度过大以及违反人体生理规律的劳动组织安排等。

在化工生产中，化学性有害因素居多，其次是物理性因素和劳动损伤性因素，而生物性因素较少。限于篇幅，本章只介绍化学性职业危害因素。

劳动者在生产过程中接触到有害因素，不一定发生职业性损害，只有与劳动者个体因素以及作用条件联系起来，才会造成病损。劳动者个体因素包括年龄、性别、健康状况、遗传因素、营养条件、生活方式、卫生习惯等。作用条件主要有接触机会、接触方式、接触时间、接触强(浓)度。

预防职业性损害，必须针对上述 3 个方面，采取综合措施，坚持预防为主，遵循“三级预防”原则：

(1)一级预防，也称病因预防。即从工艺选择、平面布置、工程设计、施工质量、设备选用、生产操作、企业管理等方面采取措施，控制各种有害因素，保护生产环境，使生产过程达到安全卫生要求。同时确定就业禁忌症，筛检出易感者，防止职业病和各种事故的发生。

(2)二级预防，也称疾病预防。在一级预防达不到要求、职业危害因素可能影响劳动者健康时，加强通风、隔振、降噪、个体防护等安全卫生措施，降低有害因素强度，开展作业环境监测和健康监护，早期发现对职工健康和安全的威胁，控制和制止职业性损害的发生。

(3)三级预防。对已发生职业性损害的劳动者，做出正确诊断，及时脱离接触，妥善治疗，防止恶化，促进康复。

预防工作应由三级向一级过渡，力争做到本质安全化。但实际上由于工艺、经济、技术等条件的限制，多数情况下很难实现全面的一级预防。因此，二级预防就成为日常工作中必须采取的重要措施。一、二、三级预防的有机结合，将为职业病和职业性损害防治提供可靠保证。

4.1.2 职业病

职业病(occupational diseases)是指劳动者在生产劳动及其他职业活动中，因接触职业危害因素引起的疾病。职业病与职业危害因素有直接因果关系，常在接触人群中有一定的发病率，一般不会只出现个别病人。职业病广义上是指职业危害因素所引起的特定疾病；狭义上是指国家颁布的具有立法意义的职业病。

2002 年国家卫生部、劳动和社会保障部制定的职业病名单，共分 10 类计 115 种(表 4.1)。职业病的诊断应由专门机构按照有关程序进行。确诊患有职业病的职工享受国家规定的相应待遇。

表 4.1　国家法定的职业病名单

一、尘肺	2. 汞及其化合物中毒	35. 二氯乙烷中毒
1. 矽肺	3. 锰及其化合物中毒	36. 四氯化碳中毒
2. 煤工尘肺	4. 镉及其化合物中毒	37. 氯乙烯中毒
3. 石墨尘肺	5. 铍病	38. 三氯乙烯中毒
4. 炭黑尘肺	6. 铊及其化合物中毒	39. 氯丙烯中毒
5. 石棉肺	7. 钡及其化合物中毒	40. 氯丁二烯中毒
6. 滑石尘肺	8. 钒及其化合物中毒	41. 苯的氨基及硝基化合物（不包括三硝基甲苯）中毒
7. 水泥尘肺	9. 磷及其化合物中毒	
8. 云母尘肺	10. 砷及其化合物中毒	42. 三硝基甲苯中毒
9. 陶工尘肺	11. 铀中毒	43. 甲醇中毒
10. 铝尘肺	12. 砷化氢中毒	44. 酚中毒
11. 电焊工尘肺	13. 氯气中毒	45. 五氯酚（钠）中毒
12. 铸工尘肺	14. 二氧化碳中毒	46. 甲醛中毒
13. 根据《尘肺病诊断标准》和《尘肺病理诊断标准》可以诊断的其他尘肺	15. 光气中毒	47. 硫酸二甲酯中毒
	16. 氨中毒	48. 丙烯酰胺中毒
	17. 偏二甲基肼中毒	49. 二甲基甲酰胺中毒
二、职业性放射性疾病	18. 氮氧化合物中毒	50. 有机磷农药中毒
1. 外照射急性放射病	19. 一氧化碳中毒	51. 氨基甲酸酯类农药中毒
2. 外照射亚急性放射病	20. 二硫化碳中毒	52. 杀虫脒中毒
3. 外照射慢性放射病	21. 硫化氢中毒	53. 溴甲烷中毒
4. 内照射放射病	22. 磷化氢、磷化锌、磷化铝中毒	54. 拟除虫菊酯类农药中毒
5. 放射性皮肤疾病	23. 工业氟病	55. 根据《职业性中毒性肝病诊断标准》可以诊断的职业性中毒肝病
6. 放射性肿瘤	24. 氰及腈类化合物中毒	
7. 放射性骨损伤	25. 四乙基铅中毒	56. 根据《职业性急性化学物中毒诊断（总则）》可以诊断的其他职业性急性中毒
8. 放射性甲状腺疾病	26. 有机锡中毒	
9. 放射性性腺疾病	27. 羰基镍中毒	四、物理因素所致职业病
10. 放射复合伤	28. 苯中毒	1. 中暑
11. 根据《职业性放射性疾病诊断标准（总则）》可以诊断的其他放射性损伤	29. 甲苯中毒	2. 减压病
	30. 二甲苯中毒	3. 高原病
	31. 正己烷中毒	4. 航空病
三、职业中毒	32. 汽油中毒	5. 手臂振动病
1. 铅及其化合物中毒（不包括四乙基铅）	33. 一甲胺中毒	五、生物因素所致职业病
	34. 有机氟聚合物单体及其热裂解物中毒	1. 碳疽

续表

2. 森林脑炎	七、职业性眼病	4. 氯甲醚所致肺癌
3. 布氏杆菌病	1. 化学性眼部灼伤	5. 砷所致肺癌、皮肤癌
六、职业性皮肤病	2. 电光性眼炎	6. 氯乙烯所致肝血管肉瘤
1. 接触性皮炎	3. 职业性白内障(含放射性白内障、三硝基甲苯白内障)	7. 焦炉工人肺癌
2. 光敏性皮炎		8. 铬酸盐制造业工人肺癌
3. 电光性皮炎	八、职业性耳鼻喉口腔疾病	十、其他职业病
4. 黑变病	1. 噪声聋	1. 金属烟热
5. 痤疮	2. 铬鼻病	2. 职业性哮喘
6. 溃疡	3. 牙酸蚀病	3. 职业性变态反应性肺泡炎
7. 化学性皮肤灼伤	九、职业性肿瘤	4. 棉尘病
8. 根据《职业性皮肤病诊断标准(总则)》为可以诊断的其他职业性皮肤病	1. 石棉所致肺癌、间皮瘤	5. 煤矿井下工人滑囊炎
	2. 联苯胺所致膀胱癌	
	3. 苯所致白血病	

4.2 职 业 中 毒

4.2.1 工业毒物的基本概念

1. 毒物定义与来源

毒物通常是指较小剂量的化学物质,在一定条件下作用于机体,与细胞成分产生生物化学作用或生物物理变化,扰乱或破坏机体的正常功能,引起功能性或器质性改变,导致暂时性或持久性病理损害甚至危及生命者。毒物与非毒物之间并不存在绝对界限。只能以引起毒效应的剂量大小相对地加以区别。以盐酸为例,1%浓度的盐酸可内服,用于治疗胃酸分泌减少影响消化吸收的患者;但如果内服浓盐酸,则可引起口腔、食道、胃和肠道严重灼伤,甚至致死。可见,低浓度盐酸是一种药物,而高浓度盐酸是一种毒物。

工业毒物(生产性毒物)是指生产中使用或产生的毒物。

在化学工业中,毒物的来源多种多样,可以是原料、中间体、成品、副产品、助剂、夹杂物、废弃物、热解产物、与水反应产物等。

2. 毒物的形态

在一般情况下,工业毒物常以一定的物理形态(气、液、固态)存在,但在生产过程中,主要以下列五种形式逸散于车间空气中。

(1)粉尘:漂浮于空气中直径大于 0.1μm 的固体微粒,如塑料粉尘。

(2)烟尘：又称烟雾或烟气，是指悬浮在空气中直径小于 0.1μm 的固体微粒，多为金属熔融后在空气中氧化冷却的结果，如熔铅时产生的氧化铅烟尘。

(3)雾：混悬于空气中的液体微滴，多由蒸气冷凝或喷洒形成，如酸雾。

(4)蒸气：液体蒸发或固体升华而成，如可燃液体蒸气、碘蒸气。

(5)气体：常温常压下呈气态的物质，如氯气、氮氧化物等。

(1)、(2)、(3)又统称为气溶胶。掌握工业毒物在生产环境中的存在形态，不仅有助于了解工业毒物进入人体的途径，且便于采取相应的防护措施。

3. 工业毒物侵入人体的途径

生产条件下，工业毒物主要通过呼吸道和皮肤进入人体，职业中毒时经口途径比较次要。

(1)呼吸道。空气中的有毒物质易因呼吸作用进入人体。由于毒物性质及呼吸道各部分特点不同，吸收情况也不同。水溶性强的毒物，易被上呼吸道黏膜溶解吸附吸收；水溶性差的毒物，进入肺泡吸收，易引起全身中毒。肺泡气与血液中的毒物浓度梯度是扩散过程的推动力，对于同一种毒物，其值越大，吸收越快，反之则慢。血/气分配系数[饱和时血中毒物浓度($mg \cdot L^{-1}$)与肺泡气中毒物浓度($mg \cdot L^{-1}$)的比值]越大，毒物越易进入血液。

可以根据车间空气中有毒物质的浓度估算接触者的吸收量：

$$估算剂量(mg \cdot kg^{-1}) = 毒物浓度(mg \cdot m^{-3}) \times 10m^3 \times 储留率(\%) / 体重(kg) \tag{4.1}$$

其中：毒物浓度采用时间加权平均浓度($mg \cdot m^{-3}$)；$10m^3$ 表示 8h 内人的大约通气量；储留率与化学物质水溶性有关，可由表 4.2 得到。

表 4.2　化学物质水溶性与储留率的关系

水中溶解度	g/%	储留率/%
基本不溶	<0.1	10
难溶	0.1～5	30
中等程度溶	5～10	50
易溶	50～100	80

(2)皮肤。有些工业毒物可以通过无损的皮肤(包括表皮、黏膜、毛囊皮脂腺、汗腺、眼睛)进入人体。工业毒物经皮肤吸收，包括两个扩散过程：一是穿透表皮的角质层；二是在真皮经毛细血管吸收进入血液。既具有脂溶性又具有水溶性的物质最易经皮肤吸收，如脂溶性与水溶性都很好的苯胺易经皮肤吸收，而脂溶性很好水溶性极微的苯经皮肤吸收较少。对皮肤有腐蚀性的物质会严重损伤皮肤的完整性，可显著增加毒物的渗透吸收。低相对分子质量的有机溶剂如甲醇、乙醚、丙酮等可损伤皮肤的屏障功能。水与皮肤较长时间接触，可因角质层的水合作用而增强皮肤对水溶性毒物的吸收。相对分子质量大于 300 的物质不易经皮肤吸收。皮肤性状、环境

温度、湿度等均会影响毒物经皮肤吸收。

(3)消化道。工业毒物由消化道进入人体的机会很少,多由不良的卫生习惯造成误服,或由于呼吸道黏液混有部分毒物,被无意吞入。毒物的吸收主要受胃肠道的酸碱度和毒物的脂溶性等因素影响。

4. 毒物的体内分布

毒物进入体内,有的可直接发挥毒作用,但多数需经过生物转化后才能发挥毒作用。生物转化主要有四种形式:氧化、还原、水解和结合。毒物或其代谢物通过血液循环分布到全身的器官组织,在到达靶器官并达到临界浓度时,就可以产生毒作用并引起组织损伤。

多数毒物在体内的分布具有以下规律:

(1)初期:血液中毒物浓度最高,毒物在器官、组织内的浓度主要与供血量有关。

(2)中期:经过一段时间后(几小时或几天),血液中毒物浓度降低,体内未排出的毒物主要按它对各器官组织的亲和力大小而重新分布,并通过血液循环维持动态平衡。

(3)后期:体内如有长时间不能排出的剩余毒物,则大部分储留在作为“储存库”的器官或组织中,然后缓慢释放入血液中,进行新的循环。

长期接触毒物时,如毒物或其代谢物在体内的生物半衰期较长,在接触间隔内不能完全排出,则将在体内逐渐累积,这一现象称为蓄积。若毒物的蓄积部位与靶器官一致,则易发生慢性中毒。若蓄积部位是对毒物不敏感的“惰性”组织时,此部位又称“储库”。这时蓄积具有一定的保护作用,但同时仍可成为潜在的危险。如脂肪组织作为DDT及其代谢物的“储库”,可以长期储留毒物而不引起毒作用;又如骨组织是无机铅的“储库”,但可在特殊的生理条件下,将铅释放至血中而引起中毒。

5. 毒物的排泄

毒物及其代谢物从体内排出的速率对毒效应有很大影响。排出越快,毒效应越小;排出缓慢的,潜在毒效应就大。绝大多数毒物主要经肾脏随尿排泄;其次是经胆汁进入肠道,随粪便排泄;少量可随乳汁、汗液、唾液、指甲、毛发等排出。气态和挥发性毒物可经呼气排出。对吸入性中毒,使中毒者迅速脱离毒区不仅能阻止毒物的继续吸收,同时也有利于毒物的排出。

4.2.2 工业毒物对人体的危害

按照对靶器官的作用,毒物对人体的危害可以分为:

1. 神经系统

一氧化碳、硫化氢等窒息性气体中毒可致缺氧性脑病；汽油、苯等有机溶剂可致类神经症；四乙基铅、二硫化碳等尚能引起类似精神分裂的症状。各种亲神经性毒物的慢性作用主要表现为神经衰弱症候群：乏力、易于疲劳、记忆力减退、头昏、头痛、失眠、心悸、多汗等。

2. 呼吸系统

氨气、氯气、光气、硫酸二甲酯、氮氧化物、二氧化硫等刺激性毒物可引起上呼吸道炎症、肺炎及肺水肿等。有些高浓度毒物（如硫化氢、氯、氨等）能直接抑制呼吸中枢或引起机械性阻塞而窒息。甲苯二异氰酸酯、酞酐等可因其致敏作用或原发性刺激作用而引起职业性哮喘。

3. 血液和心血管系统

苯、三硝基甲苯可致再生障碍性贫血；砷化氢、苯肼、苯酚等可引起溶血性贫血；苯的氨基和硝基化合物可致高铁血红蛋白血症；一氧化碳可使血液的输氧功能障碍。

有机氟烯烃类和烷烃类某些化合物、有机农药、砷等可引起心肌损伤；各种刺激性和窒息性气体中毒也可使心肌受损。

4. 消化系统

铅、汞、镉、磷等可致口腔炎；氟化氢、氯化氢、酸雾等可致牙齿酸蚀症；有机磷农药、汞、砷、二甲基甲酰胺等可致急、慢性胃肠炎或消化性溃疡；急性铅中毒可致腹绞痛；卤代烃、芳香族及其硝基氨基化合物可致中毒性肝病。

5. 泌尿系统

卤代烃、酚类、有机氯等可致中毒性肾病；二硫化碳长期作用可致慢性肾功能衰竭；芳香胺、氟烯烃等可致出血性膀胱炎。

6. 生殖系统

铅、二硫化碳、二溴氯丙烷、甲苯二胺、二硝基甲苯等对男性生殖系统有损害；铅、汞、镉、铍、氯乙烯、苯乙烯等可对女性生殖系统产生危害。

7. 皮肤

强酸、强碱、酚类、黄磷等可导致皮肤灼伤和溃烂。二硝基氯苯、对硝基氯苯等可引起接触性皮炎及过敏性皮炎。液氯、氯乙烯等可引起皮炎、红斑、湿疹等。苯、汽油等有机溶剂可使皮肤脱脂、干燥、皲裂。

8. 眼睛危害

三硝基甲苯可致白内障;汞、砷、甲醇等可致中毒性眼病,如视力减退、视网膜病变等;腐蚀性物质,如强酸、强碱、石灰或氨水等,可使结膜坏死糜烂或角膜混浊等。

9. 致癌

国际癌症研究中心(IARC)至1994年对775种化学物、生产过程或环境对人致癌性做了综合评价,其中肯定对人致癌的化学物和生产过程共计63种。例如,石棉可致肺癌、间皮瘤,苯可致白血病,氯甲醚可致肺癌,氯乙烯可致肝血管肉瘤,联苯胺、4-氨基联苯、β-萘胺可致膀胱癌,橡胶工业可致肺癌、胃癌、肠癌等。

10. 其他

氯乙烯可致肢端溶骨症,无机氟可致氟骨症,铬酸可致鼻中隔穿孔等。

4.2.3 工业毒物的毒性

毒性是指某种毒物引起机体损伤的能力。毒性大小,一般以毒物引起实验动物某种毒性反应所需的剂量表示,所需剂量越小,表示毒性越大。常用指标有:

(1)绝对致死量或浓度(LD_{100}或LC_{100}):染毒动物全部死亡的最小剂量或浓度。

(2)半数致死量或浓度(LD_{50}或LC_{50}):染毒动物半数死亡的剂量或浓度。是将动物染毒实验的数据统计处理得到。

(3)最小致死量或浓度(MLD或MLC):染毒动物中个别动物死亡的剂量或浓度。

(4)最大耐受量或浓度(LD_0或LC_0):染毒动物全部存活的最大剂量或浓度。

(5)阈剂量(浓度):引起机体发生某种有害作用的最小剂量(浓度)。不同的反应指标有不同的阈剂量或浓度,如麻醉阈剂量、嗅觉阈浓度等。最小致死量也是阈剂量的一种。

上述各种剂量常用毒物质量(毫克数)与动物的每公斤体重之比($mg \cdot kg^{-1}$)表示。而浓度常用质量浓度ρ——$1m^3$空气中的毒物质量($mg \cdot m^{-3}$)或体积分数φ表示。

对于气态或蒸气状态的毒物,上述φ与ρ可以通过气体的摩尔体积和物质的相对分子质量M_r进行换算。在0℃,1atm条件下,φ与ρ之间的换算关系为

$$\rho=\frac{M_r\times\varphi}{22.4}\times10^6 \quad 或 \quad \varphi=\frac{22.4\rho}{M_r}\times10^{-6} \tag{4.2}$$

式中，M_r——物质的相对分子质量。

对于两种或多种工业毒物共同存在的情况，可以根据下面的经验公式估算混合物可能的 LD_{50} 值。

$$\frac{1}{LD_{50}(混合物)}=\frac{a}{LD_{50}(A)}+\frac{b}{LD_{50}(B)}+\cdots+\frac{n}{LD_{50}(N)} \tag{4.3}$$

式中，$a,b,\cdots,n$ 分别为毒物 A，B，…，N 在混合物中的质量比例，$a+b+\cdots+n=1$。由于多种毒物同时存在，进入人体后会表现为联合作用，故混合物准确的 LD_{50} 值只能通过毒理学试验测得。根据混合物实测 LD_{50} 值与估算 LD_{50} 值之间的相对关系，可以判断毒物联合作用的类型。

为便于区分毒物的毒性程度，利于采取相应的防护措施，毒物的急性毒性可按 LD_{50} 或 LC_{50} 的数值划分为剧毒、高毒、中等毒、低毒、微毒五类（表 4.3）。

表 4.3 化学物质的急性毒性分级

毒性分级	小鼠一次经口 $LD_{50}/mg\cdot kg^{-1}$	小鼠吸入 2h 的 $LC_{50}/mg\cdot m^{-3}$	兔经皮吸收 $LD_{50}/mg\cdot kg^{-1}$
剧毒	<10	<50	<10
高毒	11～100	50～500	11～50
中等毒	101～1000	501～5000	51～500
低毒	1001～10000	5001～50000	501～5000
微毒	>10000	>50000	>5000

化学物质的吸入毒性不仅取决于其固有毒性（以 LD_{50}/LC_{50} 表示），而且与其挥发性密切相关。沸点、闪点低、蒸气压大表明该物质容易挥发、蒸发，在空气中易形成高浓度。如果其固有毒性较大，吸入中毒危险必定很大；即使其固有毒性较小，人处于因该物质大量挥发形成的高浓度环境中，发生中毒的危险性也很大。因此蒸气压和半数致死浓度是决定化学物质吸入中毒危险性的两个最重要因素。毒理学上以潜在吸入毒性指数（Index of Potential Inhalation Toxicity，IPIT）——20℃时饱和蒸气浓度与半数致死浓度的比值来划分吸入中毒危险性。其中饱和蒸气浓度可通过 20℃蒸气压（VP，kPa）与大气压（101.33kPa）之比求得。根据 IPIT 指数的不同可将吸入中毒危险性划分为四个等级（四级危险程度），表 4.4 给出了 IPIT 指数与危险等级、危险程度的对应情况，并对常见的有毒物质进行了分级。IPIT 可由式（4.4）计算：

$$IPIT=(VP/101.33)/LC_{50}\times10^6 \tag{4.4}$$

式中，VP——20℃时的蒸气压，kPa；

LC_{50}——半数致死浓度，mg·m^{-3}。

表 4.4　IPIT 数值对应的毒物吸入中毒危险等级和危险程度

IPIT	危险等级	危险程度	常见化学品举例
<3	4	低度	甲苯二异氰酸酯(TDI)
<30	3	中度	硫酸二甲酯
<300	2	高度	氨、二氯乙烷
>300	1	极度	光气、氯气、一氧化碳、硫化氢、二氧化硫、二氧化氮、氰化氢、砷化氢、氟化氢、三氯化磷、异甲胺、氯甲烷、环氧乙烷、异氰酸甲酯、丙烯腈等

4.2.4　工作场所有害因素职业接触限值

职业接触限值是指劳动者在职业活动过程中长期反复接触，对绝大多数接触者的健康不引起有害作用的容许接触水平。工作场所化学有害因素职业接触限值是企业监测工作场所环境污染情况、评价工作场所卫生状况和劳动条件、劳动者接触化学有害因素的程度、评估生产装置泄漏情况、评价防护措施效果等以及职业卫生监督管理部门实施职业卫生监督检查、职业卫生技术服务机构开展职业病危害评价的重要技术法规依据。

我国卫生部 2007 年发布的《工作场所有害因素职业接触限值第一部分：化学有害因素》标准中规定的化学有害因素的职业接触限值分为时间加权平均容许浓度、短时间接触容许浓度和最高容许浓度三类。

(1) 时间加权平均容许浓度(PC-TWA)：以时间为权数规定的 8 h 工作日、40 h 工作周的平均容许接触浓度。

时间加权平均容许浓度，根据采集一个工作日内一个工作地点，各时段的样品，按各时段的持续接触时间与其相应浓度乘积之和除以 8 得到。其计算公式为

$$C_{TWA}=(C_1T_1+C_2T_2+\cdots+C_nT_n)/8 \tag{4.5}$$

式中：C_{TWA}——8h 工作日接触化学有害因素的时间加权平均浓度(mg·m^{-3})；

$C_1,C_2,\cdots,C_n$——$T_1,T_2,\cdots,T_n$ 时间段接触的相应浓度；

$T_1,T_2,\cdots,T_n$——$C_1,C_2,\cdots,C_n$ 浓度下相应的持续接触时间；

8——一个工作日的工作时间(h)，工作时间不足 8h 者，仍以 8h 计。

例如：乙酸乙酯的 PC-TWA 为 200mg·m^{-3}，劳动者的接触状况为 400 mg·m^{-3}，接触 3h；160mg·m^{-3}，接触 2h；120mg·m^{-3}，接触 3h。按式(4.5)计算得

$$C_{TWA}=(400\times3+160\times2+120\times3)/8=235(mg\cdot m^{-3})$$

计算结果超过该物质的PC-TWA,不符合卫生要求。

同样是乙酸乙酯,若劳动者的接触状况为300mg · m^{-3},接触2h;200 mg · m^{-3},接触2h;180mg · m^{-3},接触2h;不接触的时间为2h。按式(4.5)计算得

$$C_{TWA}=(300\times2+200\times2+180\times2+0\times2)/8=170(mg\cdot m^{-3})$$

在这种接触状态下,计算结果未超过该物质的PC-TWA。

(2) 短时间接触容许浓度(PC-STEL):在遵守PC-TWA前提下容许短时间(15min)接触的浓度。

PC-STEL是PC-TWA相配套的短时间接触限值,可视为对PC-TWA的补充。只用于短时间接触较高浓度可导致刺激、窒息、中枢神经抑制等急性作用,及慢性不可逆性组织损伤的化学物质。

在遵守PC-TWA的前提下,PC-STEL水平的短时间接触不引起:①刺激作用;②慢性或不可逆性损伤;③存在剂量-接触次数依赖关系的毒性效应;④麻醉程度足以导致事故率升高、影响逃生和降低工作效率。即使当日的TWA符合要求时,短时间接触浓度也不应超过PC-STEL。当接触浓度超过PC-TWA,达到PC-STEL水平时,一次持续时间不应超过15min,每个工作日接触次数不应超过4次,相继接触的间隔时间不应短于60min。

对已有PC-TWA而尚未制定PC-STEL的粉尘和化学物质,可采用超限倍数控制其短时间接触水平的过高波动。在符合PC-TWA的前提下,粉尘的超限倍数是PC-TWA的2倍;化学物质的超限倍数见表4.5。

表4.5 化学物质的超限倍数与PC-TWA的关系

PC-TWA/(mg · m^{-3})	最大超限倍数	PC-TWA/(mg · m^{-3})	最大超限倍数
PC-TWA<1	3	10≤PC-TWA<100	2.0
1≤PC-TWA<10	2.5	PC-TWA≥100	1.5

(3) 最高容许浓度(MAC):工作地点、在一个工作日内、任何时间有毒化学物质均不应超过的浓度。

MAC主要是针对具有明显刺激、窒息或中枢神经系统抑制作用,可导致严重急性损害的化学物质而制定的不应超过的最高容许接触限值,即任何情况下都不容许超过的限值。

《工作场所有害因素职业接触限值第一部分:化学有害因素》标准对339种化学物质、47种粉尘、2种生物因素制定了工作场所空气中容许浓度。下面列举几种常见物质的职业接触限值(表4.6)。

表 4.6　部分常见物质的职业接触限值

名称	MAC /(mg · m^{-3})	PC-TWA /(mg · m^{-3})	PC-STEL /(mg · m^{-3})	备注
氨	—	20	30	—
苯	—	6	10	皮,G1
丙酮	—	300	450	
丙烯腈	—	1	2	皮,G2B
丙烯酸	—	6	—	皮
光气	0.5	—	—	—
过氧化氢	—	1.5	—	—
甲醇	—	25	50	皮
甲醛	0.5	—	—	敏,G1
氯	1	—	—	—
氯化氢及盐酸	7.5	—	—	—
一甲胺	—	5	10	—
环氧氯丙烷	—	1	2	皮,G2A

注:备注中标“皮”的物质,表示可因皮肤、黏膜和眼睛直接接触蒸气、液体和固体,通过完整的皮肤吸收引起全身效应。

备注中标“敏”的物质,是指已被人或动物资料证实该物质可能有致敏作用,但并不表示致敏作用是制订 PC-TWA 所依据的关键效应,也不表示致敏效应是制订 PC-TWA 的唯一依据。

备注中标“G1”、“G2A”、“G2B”的物质,作为参考性资料。国际癌症研究中心(IARC)将潜在化学致癌性物质分类为 G1:确认人类致癌物;G2A:可能人类致癌物;G2B:可疑人类致癌物。

当工作场所存在两种或两种以上化学物质时,应注意其联合作用。毒物的联合作用可发生三类,即

(1) 独立作用:混合物的毒性是各个毒物单独作用结果的简单汇总。

(2) 协同作用:协同作用包括相加作用和相乘作用。相加作用是指若各种毒物在化学结构上属同系物,或结构相近似,或其作用的主要靶器官相同,毒作用等于各毒物分别作用的强度的总和。一般情况下,有机溶剂蒸气的混合物可认为是相加作用,如苯、甲苯、二甲苯混合物。相乘作用又称加强作用,一种毒物加强另一种毒物的毒性,对机体的危害性比相加作用要大。例如,一氧化碳与氮氧化合物同时存在时,前者毒性增加 1.5 倍,后者毒性增加 3 倍,危害性大幅增加;又如 0.8 g · m^{-3}的硫化氢使小鼠死亡 3%,而混有石油气的 0.4g · m^{-3}的硫化氢可使小鼠死亡 63%。乙醇会加强苯的血液毒性,加强一氧化碳对人的致死作用,加强氯仿

的毒性。所以在实际情况中对毒物的相乘作用,应予以特别注意。

(3) 拮抗作用:一种毒物减弱另一种毒物的毒性,总的毒效应小于各毒物单独作用的总和。例如,乙醇拮抗二氯乙烷、乙二醇的毒作用,铅可以拮抗四氯化碳的毒作用。

当工作场所中存在两种或两种以上毒物时,若缺乏联合作用的毒理学资料时,应分别测定各化学物质的浓度,并按各个物质的职业接触限值进行评价。

当两种或两种以上有毒物质共同作用于同一器官、系统或具有相似的毒性作用(如刺激作用等),或已知这些物质可产生相加作用时,则应按式(4.6)计算结果,进行评价:

$$C_1/L_1+C_2/L_2+\cdots+C_n/L_n=1 \tag{4.6}$$

式中:$C_1,C_2,\cdots,C_n$——各化学物质所测得的浓度;

$L_1,L_2,\cdots,L_n$——各化学物质相应的容许浓度限值。

算出的比值≤1 时,表示未超过接触限值,符合卫生要求;当比值>1 时,表示超过接触限值,不符合卫生要求。

【例】 某车间空气中有苯、甲苯、二甲苯三种毒物共存,经分析检测浓度分别为5mg · m^{-3}、15mg · m^{-3}、25mg · m^{-3},这三种物质的 PC-TWA 分别是 6mg · m^{-3}、50mg · m^{-3}、50mg · m^{-3},该车间空气中有毒物质的浓度是否符合卫生标准?

解 苯、甲苯、二甲苯三种毒物共存时,它们的联合作用可认为是相加作用,按式(4.6)计算:

$$5/6+15/50+25/50=1.63>1$$

计算结果说明该车间空气中有毒物质的浓度超过卫生标准要求,必须进行整改。

4.2.5 职业接触毒物危害程度分级

1985 年劳动人事部委托中国预防医学中心卫生研究所制订了《职业性接触毒物危害程度分级》国家标准(GB 5044—85),是以急性毒性、急性中毒发病状况、慢性中毒患病状况、慢性中毒后果、致癌性、最高容许浓度六项指标为基础的定级标准。依据六项指标,全面衡量,以多数指标的归属定出危害程度的级别,但对某些特殊毒物,可按其急性、慢性或致癌性等突出危害程度定出级别(表 4.7)。该标准列举了国内常见的 56 种工业毒物的危害程度分级和行业举例,为深入认识毒物的危害程度以及《有毒作业分级》(GB 12331—90)的实施、操作提供了依据,如汞及其化合物、苯、氯乙烯、氰化物等属Ⅰ级;铅、氯、甲醛、氯丁二烯、一氧化碳等属Ⅱ级;甲醇、甲苯、盐酸等属Ⅲ级;溶剂汽油、丙酮、氨、氢氧化钠等属Ⅳ级。1996 年化工部颁发了《化工行业职业性接触毒物危害程度分级》(HG 24001—96),补充规定了 104 种工业毒物的危害程度级别,见附录Ⅱ。

表 4.7　职业性接触毒物危害程度分级

指标		分级			
		Ⅰ	Ⅱ	Ⅲ	Ⅳ
		极度危害	高度危害	中度危害	轻度危害
急性毒性	吸入 LC_{50}/mg·m^{-3}	<200	200～2000	2000～20000	>20000
	经皮 LD_{50}/mg·kg^{-1}	<100	100～500	500～2500	>2500
	经口 LD_{50}/mg·kg^{-1}	<25	25～500	500～5000	>5000
急性中毒发病状况		生产中易发生中毒,后果严重	生产中可发生中毒,愈后良好	偶可发生中毒	迄今未见急性中毒,但有急性影响
慢性中毒患病状况		患病率高(>5%)	患病率较高(<5%)或症状发生率较高(>20%)	偶有中毒病例发生或症状发生率较高(>10%)	无慢性中毒而有慢性影响
慢性中毒后果		脱离接触后,继续进展或不能治愈	脱离接触后,可基本治愈	脱离接触后,可恢复,不致严重后果	脱离接触后,自行恢复,无不良后果
致癌性		人体致癌物	可疑人体致癌物	实验动物致癌物	无致癌性
最高容许浓度/mg·m^{-3}		<0.1	0.1～1.0	1.0～10	>10

4.2.6　职业中毒与现场急救

1. 急性中毒与慢性中毒

劳动者在生产过程中,由于接触生产性毒物而引起的中毒称为职业中毒。职业中毒一般包括急性中毒、慢性中毒和亚急性中毒。

(1)急性中毒是指在短时间内大量毒物进入人体引起的中毒。易挥发、易扩散的气态毒物或易经皮肤吸收的毒物易引起急性中毒,如光气、氯气、一氧化碳、硫化氢、砷化氢、苯、汽油等。

(2)慢性中毒是指长期少量毒物进入人体引起的中毒。此类毒物大多数有蓄积性,如铅、锰、汞、苯胺、四氯化碳等引起的慢性中毒。

(3)亚急性中毒是指在较短时间内较大剂量毒物进入人体引起的中毒。

2. 急性中毒的现场急救

急性中毒具有发病快、变化快和病情重的特点,处理不当常危及生命。因此在现场立即进行自救互救，对于挽救患者生命、减轻中毒程度，为正规救治创造条件非常重要。现场急救应遵循以下原则：

(1)救护人员做好防护使中毒者脱离现场，同时切断毒源。

救护者首先应做好防护(应视毒物的侵入途径而定)，再进入毒区迅速将中毒人员移至空气新鲜处(应尽量移至上风向)。为防止毒物继续泄漏，应采取有效措施迅速切断毒源，如关闭阀门、停止进料、堵漏等，避免毒物继续外逸引起多人中毒。对毒性高、有火灾爆炸危险的毒物，应尽快利用通排风稀释或喷洒吸收剂、中和剂吸收、中和毒物等措施，有效降低空气中毒物浓度。

(2)防止毒物继续侵入人体。

对于吸入中毒者，脱离毒区后，注意保持呼吸道通畅，保持体温。对于皮肤吸收中毒者，立即脱去污染衣着，用流动清水或生理盐水等彻底冲洗，一般冲洗时间至少15min。眼部受到污染，更应迅速采取冲洗等相应措施进行处理。对于误服中毒者，若毒物为非腐蚀性的，应立即催吐或洗胃；若毒物为腐蚀性的，则严禁催吐，应给饮牛奶、豆浆、蛋清等保护胃黏膜，降低毒物吸收速度。

(3)促进生命器官功能恢复。

对因中毒引起呼吸、心跳停止者，应立即进行人工心肺复苏或采用苏生器进行呼吸复苏。人工心肺复苏的主要方法有口对口人工呼吸和心脏胸外挤压术。当术者只有一人，而中毒者呼吸、心跳俱停时，应注意心肺复苏同时交替进行。对于剧毒气体如丙烯腈、硫化氢中毒，在进行人工呼吸时，一定要避免吸入患者的呼出气，以免术者中毒。

(4)尽早使用解毒剂。

发生急性中毒时，应及时使用相应的解毒剂，降低或消除毒物对人体的危害。例如氰化物中毒者，立即给吸0.2～0.4mL亚硝酸异戊酯，再缓慢静注3%亚硝酸钠10～20mL，接着用同一针头缓慢地静注25%～50%硫代硫酸钠，也可口服或肌注4-二甲基氨基苯酚(4-DMAP)。苯胺、硝基苯类中毒者，可给予1%亚甲蓝(美蓝)6mL加入25%葡萄糖20mL中，缓慢静注。

此外，若中毒人员有骨折、出血等外伤症状，也应在现场妥善处置，进行有效固定和包扎止血。之后，依据中毒人员病情，送往医院做进一步的检查与救治。

4.2.7 常见工业毒物

表4.8列出了一些常见工业毒物的接触危害程度、健康危害、职业中毒诊断标准号及其职业禁忌症。

表 4.8 常见工业毒物危害程度、健康危害、职业中毒诊断标准、职业禁忌症

名称	接触危害程度级别	健康危害	职业中毒诊断标准	职业禁忌症
铅	Ⅱ	职业铅中毒多为慢性中毒，早期出现神经衰弱，严重可致多发性神经病、腹绞痛、贫血和脑病。孕妇和哺乳期女工接触可致不育、流产、死胎及婴儿铅中毒；男工可致精子数减少、活动减弱及形态改变	GB 11504—89	明显贫血；神经系统、心血管器质性疾病；明显肝、肾疾病；妊娠和哺乳期妇女
汞	Ⅰ	急性中毒可致间质性肺炎与细支气管炎、明显口腔炎及肾损伤。慢性中毒早期可出现神经衰弱，后出现易兴奋症、汞毒性震颤、口腔炎、肾损伤。可致生殖异常		神经系统疾病；口腔炎；明显肾脏疾病；妊娠和哺乳期妇女、未婚女工不宜接触
氯	Ⅱ	急性中毒，轻度出现黏膜刺激症状，中度出现支气管炎和支气管肺炎，重度出现肺水肿，可发生昏迷和休克。可致喉头痉挛和水肿，造成窒息，甚至反射性呼吸抑制而致死。慢性中毒可致慢性支气管炎，诱发支气管哮喘和肺水肿。可引起职业性痤疮及牙齿酸蚀症	GB 4866—85	明显的呼吸系统慢性疾病；明显的心血管系统疾病
氟化氢	Ⅱ	急性中毒可引起眼及呼吸道黏膜刺激症状，重者可致支气管炎、肺炎，甚至反射性窒息。慢性中毒可引起鼻、咽、喉炎症，可灼伤皮肤，可致氟骨病	GB 3234—82	骨关节疾病；明显的心血管，肝、肾疾病；明显的呼吸系统疾病；地方性氟病
光气	Ⅱ	主要损害呼吸系统，可致化学性肺炎和肺水肿。急性中毒，轻者流泪、畏光、咽部不适、胸闷等，中度症状加重，并有紫绀、呼吸困难，重者可致肺水肿，甚至死亡	GB 8787—88	明显的慢性呼吸系统疾病；明显的心血管系统疾病
氮氧化物	Ⅲ	急性中毒主要损害呼吸系统。轻者出现化学性气管炎、支气管炎，重者出现肺炎、肺水肿。慢性接触可出现上呼吸道黏膜刺激症状	GB 7801—87	明显的呼吸系统疾病；明显的心血管系统疾病
一氧化碳	Ⅱ	与血红蛋白结合而造成组织缺氧。急性中毒可出现头痛、头晕、恶心，严重者可出现昏迷甚至死亡。长期吸入一定量一氧化碳可致神经和心血管损害。高温可增强一氧化碳的毒性，苯、汽油、氮氧化物、二氧化碳可增强机体对其毒作用的敏感性	GB 8781—88	各种中枢神经和周围神经器质性疾病；器质性心血管疾病
氨	Ⅳ	低浓度氨刺激黏膜，高浓度可致组织坏死、化学性肺炎及灼伤。急性中毒可出现鼻炎、咽炎、气管炎及支气管炎，重度出现喉头水肿、声门狭窄、呼吸道黏膜脱落、窒息，可有肺水肿和肝损伤	GB 7800—87	明显的呼吸系统疾病；明显的肝肾疾病；明显的心血管疾病

续表

名称	接触危害程度级别	健康危害	职业中毒诊断标准	职业禁忌症
苯	Ⅰ	急性中毒主要损害中枢神经系统，有头晕、头痛、神志恍惚等，重度可致震颤、昏迷、强直性抽搐，严重时可因呼吸中枢麻痹致死。慢性作用可致白细胞减少、牙龈出血等再生障碍性贫血与神经衰弱	GB 3230—82	血象指标低于或接近正常值下限者；各种血液病；严重的全身性皮肤病；月经过多
苯酚	Ⅲ	可抑制中枢神经系统或损害肝、肾功能。可导致肺水肿。误服会引起消化道灼伤，肝、肾损害，急性肾功能衰竭。皮肤接触可致皮炎		严重慢性皮肤病；明显心血管、肝肾疾患；中枢神经系统疾患
甲醇	Ⅲ	主要作用于神经系统，具有明显的麻醉作用。对呼吸道及胃肠道黏膜有刺激作用，对血管神经有毒作用，引起血管痉挛，形成淤血或出血，对视神经和视网膜有特殊的选择作用，可致视网膜坏死、失明	GB 16373—1996	视神经疾患；显著内分泌疾患
甲醛	Ⅱ	急性中毒可致结膜炎、角膜炎、鼻炎、支气管炎，重者发生喉痉挛、声门水肿和肺炎等。对皮肤有原发性刺激和致敏作用。误服灼伤口腔和消化道。慢性中毒可致头痛、头晕、乏力、两侧不对称感觉障碍和排汗过盛以及视力障碍	GB 8791—88	呼吸系统慢性疾病；全身性皮肤病；慢性眼病；对甲醛过敏者
汽油	Ⅳ	吸入蒸气能引起头痛、眩晕、恶心、心动过速等现象。吸入大量蒸气可致中枢神经障碍。长期低浓度接触可致神经衰弱综合征及周围神经炎。皮肤长期接触可致脱脂。误吸入液体汽油可致吸入性肺炎。汽油与一氧化碳同时吸入，毒性增强	GB 8785—88	中枢神经系统器质性疾病或明显的神经官能症；过敏性皮肤疾病或手掌角化；妊娠及哺乳期妇女
四氯化碳	Ⅱ	大量吸入引起的急性中毒，可立即出现意识不清、昏迷、抽搐，严重者可致死。一般浓度吸入时，可致黏膜刺激、神经衰弱、肝肾损害。慢性中毒可致神经衰弱，伴有肝肾损害，重者可致肝硬化，皮肤可因脱脂而干燥、皲裂	GB 11509—89	明显的肝肾疾病；神经系统器质性疾病
二硫化碳	Ⅱ	主要损害神经和血管。急性中毒，轻度有酒醉样表现、感觉异常；重度先兴奋，后谵妄、意识丧失、昏迷等，可因呼吸中枢麻痹致死；严重者可致神经衰弱后遗症，伴有精神障碍和周围神经损害。慢性中毒可致神经衰弱和植物神经功能紊乱。可致生殖障碍，男工常见精子减少，女工月经紊乱、流产等	GB 3233—82	神经系统器质性疾病；精神病、视网膜病变、高血压及冠状动脉硬化性心脏病；糖尿病；先天性代谢障碍引起叠氮碘试验阳性者

续表

名称	接触危害程度级别	健康危害	职业中毒诊断标准	职业禁忌症
硫化氢	Ⅱ	强烈神经毒物。浓度为 $70 \sim 150mg \cdot m^{-3}$，$1 \sim 2h$，可引起结膜炎、鼻炎、咽炎、气管炎，$2 \sim 5min$ 后嗅觉疲劳；浓度为 $760mg \cdot m^{-3}$ 时，吸入 $15 \sim 60min$，可引起急性支气管炎和肺炎；浓度为 $1000mg \cdot m^{-3}$ 以上时，数秒即可引起呼吸麻痹，迅速窒息死亡。长期低浓度接触，可致神经衰弱及植物神经功能紊乱	GB 8789—88	明显的呼吸系统疾病；神经系统器质性疾病及精神疾患；明显的器质性心、肝、肾疾患
苯胺	Ⅱ	急性中毒，轻度头晕乏力，重度呼吸急促、心率加快、意识障碍、抽搐、休克并可致死。可致严重溶血性贫血、肝肾损害。慢性中毒可致神经衰弱，伴有轻度发绀、贫血和肝脾肿大。皮肤接触可致湿疹	GB 8788—88	肝、肾疾病；血液病；慢性皮肤病，如经久不愈的慢性湿疹、银屑病等
丙烯腈	Ⅱ	急性中毒，轻度头晕、乏力、恶心、呕吐，并伴有黏膜刺激症状；严重时可致呼吸困难、紫绀、抽搐、昏迷，甚至死亡。可致接触性皮炎，表现为红斑、疱疹及脱屑等	GB 7799—87	明显神经系统疾病；明显肝脏疾病；明显心血管疾病；经常发作的过敏性皮肤病
硫酸二甲酯	Ⅱ	对眼睛、黏膜、呼吸道及皮肤有强烈的刺激作用。如吸入高浓度可出现黏膜刺激、喉和支气管痉挛、炎症、化学性肺炎、肺水肿，中毒性肝肾损害，甚至死亡	GB 11507—89	明显的慢性呼吸系统疾病；明显的慢性结膜炎或角膜炎；明显的心血管疾病
有机氟聚合物单体和热裂解物	八氟异丁烯Ⅰ 六氟丙烯Ⅲ 四氟乙烯Ⅳ	急性中毒早期出现头晕、头痛、咽痛、乏力、体温升高等，后出现心悸、呼吸困难、烦躁及发绀。轻度中毒可致化学性支气管炎或支气管周围炎，较重者出现化学性肺炎、间质性肺水肿，重症可出现肺水肿、细支气管炎、成人呼吸窘迫综合征、呼吸衰竭或肺纤维化，可伴有中毒性心肌病变及肾脏病变	GB 4867—85	明显的慢性呼吸系统疾患；明显的慢性心血管系统疾患；明显的肝、肾疾患；地方性氟病

4.3 生产性粉尘及其对人体的危害

4.3.1 生产性粉尘及分类

生产性粉尘是指生产过程中使用、产生的，能较长时间悬浮于作业环境中的固体微粒。在工业生产过程中，由于矿藏的开采，固体物质的机械加工，物质加热产生的蒸气在空气中的凝结或氧化，有机物质的不完全燃烧，物质的转运装卸过程等均可产生粉尘。按其性质可分为三类(表 4.9)。

表 4.9　生产性粉尘分类表

属　性	类　别	举　例
无机性	矿物性	石英、金属矿石(金、铜、钨等)、煤、滑石、石棉等粉尘
	金属性	冶炼或加工中形成的金属及其氧化物如铝、铁、钡等粉尘
	人工性	水泥、炭黑、玻璃纤维等粉尘
有机性	植物性	棉、麻、谷物、蔗渣、烟草、茶叶等粉尘
	动物性	动物的皮、毛、骨、角等粉尘
	人工性	有机染料、塑料、合成纤维及合成橡胶等粉尘
混合性		各种粉尘的混合存在

4.3.2　生产性粉尘对人体的危害

生产中遇到的粉尘种类繁杂，其对人体的危害也各不相同，主要有：

1. 尘肺

尘肺是我国危害最严重的职业病，是长期吸入较高浓度的粉尘沉积在肺内后引起的，以肺组织纤维化病变为主的全身性疾病。我国规定的职业病名单中列出了 12 种法定尘肺(表 4.1)。其中患病率最高的是矽肺和煤工尘肺。表 4.10 列出了 1986 年全国尘肺流行病学办公室的调查结果。尘肺是难以治愈的，如矽肺和石棉肺，一旦得病，轻则慢性致残，重则死亡。

表 4.10　1986 年全国尘肺累积病例病种构成

种　类	矽肺	煤工尘肺	铸工尘肺	陶工尘肺	水泥尘肺	石棉肺	其他
比例/%	48.30	39.06	4.01	2.56	1.21	1.09	3.77

注：1986 年累积病例为 31 万。

2. 呼吸系统损害

粉尘进入呼吸道后，可引起黏膜刺激。石棉尘、二氧化硅粉尘可引起上呼吸道炎症，棉尘、麻尘等植物性粉尘可引起呼吸道阻塞性疾病。茶、枯草、皮毛等粉尘可引起过敏性体质人员发生支气管哮喘。霉变枯草可致“农民肺”，甘蔗渣可致“蔗渣肺”。

3. 中毒

吸入铅、砷、锰、农药、化肥、助剂等有毒粉尘，能经呼吸道溶解吸收，引起全身中毒。

4. 皮肤病变

长期接触粉尘可使皮肤及眼受到损害，如沥青尘可致光感性皮炎，金属性粉尘可致角膜损伤，导致角膜感觉迟钝和角膜混浊。

5. 致癌

石棉粉尘、镍及其氧化物粉尘、铬、砷等金属性粉尘可导致肺癌，放射性粉尘进入人体也会引起癌变。

粉尘对人体健康的危害程度与其理化性质有关，如化学成分、分散度、形状、密度、溶解度、荷电性、吸附性等。粉尘中游离二氧化硅含量越高，对肺脏致纤维化作用越强。分散度越高，即微小粒子越多，越容易进入肺部的深处。重量、形状和密度决定粉尘在空气中的沉降速度，沉降速度小的粉尘可长期浮游于空气中，增加吸入的可能性。粉尘的形状还可能影响其致肺纤维化作用。溶解性越小，机械刺激作用越大。荷电粉尘更易被吸附于体内，荷电量的大小可能影响巨噬细胞吞噬粉尘的速率。空气中的有毒有害物质吸附于粉尘表面，会增强其危害作用。

4.3.3 生产性粉尘的卫生标准

为了保护劳动者的健康，国家制定了生产性粉尘卫生标准，以 PC-TWA（总尘、呼尘）表示。

人体对粉尘具有一定的清除功能，大于 10μm 的可被上呼吸道清除；5～10μm 的可因下呼吸道黏膜上皮的纤毛运动随黏液向外运动，并通过咳嗽排出体外；基本上只有 5μm 以下的粉尘才可进入肺泡和终末细支气管，因此被称作呼吸性粉尘。尘肺尸检资料表明，尘肺纤维化病灶中的粉尘粒子大多为呼吸性粉尘，故在最近制定的卫生标准中已开始采用呼吸性粉尘标准。

粉尘中游离二氧化硅的含量很大程度上影响粉尘的致纤维化能力，多数粉尘标准中限定了该粉尘所含游离二氧化硅含量，在应用中要给予注意。

石棉粉尘的危害性是由其粉尘和纤维特性决定的，故其 PC-TWA 有粉尘和纤维两种表示方法，粉尘是 $mg \cdot m^{-3}$，纤维是以每毫升空气中石棉纤维数（$f \cdot mL^{-1}$）表示。

4.4 防尘防毒的对策措施

防尘防毒是职业卫生工作中的一项重要内容，对于预防职业中毒与尘肺等职业病的发生具有十分重要的意义，为了有效地预防尘毒，减轻尘毒危害程度，保护劳动者的身体健康，应采取综合措施，突出重点、先重后轻、分清主次地做好尘毒预防工作。

1. 完善法律、法规、标准体系

我国职工的安全和健康是受《宪法》和其他有关法律如《劳动法》、《矿山安全法》、《尘肺病防治条例》、《职业病防治法》等保障的。自 1950 年制定《工厂卫生暂行条例(草案)》，1954 年在北京召开第一届全国工业卫生会议以后，国家相继制定了若干法规、条例、规范。这些法律、法规、条例、规范的制定和实施为保护劳动者的安全和健康，促进生产的发展起到了积极作用。随着生产的发展，新工艺、新流程的开发以及多年的实践经验，很多标准、规范需要修改、补充、完善，标准、规范的整体构架也有待于进一步建构、健全、完善，使其更适于目前职业卫生工作发展的需要。还应加快有关标准、规范的制定，为设计、生产单位、监测监督部门提供必须的依据。在健全法律、法规、标准、规范的同时，必须保证法律、法规、强制性标准、规范的约束力，做到有法可依、有法必依、执法必严。

2. 采取有效的技术措施

1）工艺选用

在确定生产工艺时，要优先选用不产生尘毒危害或尘毒危害较小的新工艺、新技术。尽量以低毒或无毒物质代替高毒物质。散发粉尘的作业应尽量采用湿式作业或以颗粒物料、浆料代替粉料。

例如，维生素 B_6 生产中，新工艺以甲苯代替旧工艺中的苯作为有机合成反应的带水剂，将反应后生成的水共沸蒸馏除去，甲苯是Ⅲ级毒物，而苯是Ⅰ级毒物，工艺改革使带水剂的毒性显著降低，潜在中毒的危险程度明显减小。

在石油炼制过程中，高含硫油与低含硫油调和混合后进料，可使生产装置中的硫含量较单炼高含硫油时大幅降低，从而使硫化氢浓度明显下降，减轻硫化氢对设备的腐蚀和因泄漏、脱水、采样等引起人员中毒的可能性与危险性。

2）加强密闭与隔离

为有效防止化工生产中的尘毒外逸，应尽量使用密闭的生产工艺和设备。避免敞开式操作，减少作业人员的直接接触。加强设备、管道、法兰、阀门、机泵等的选材、选型，提高设计、加工、安装水平，做到生产装置的有效密闭；日常应加强维护保养及检查，有效防止“跑、冒、滴、漏”。

对尘毒危害严重的生产装置可布置在半封闭或全封闭的建(构)筑物内，其排风量应比送风量大 10％以上，以保证封闭房间内维持负压，使尘毒不会外逸；也可以设置独立的操作室或控制室，利用送风保持正压，使尘毒不能进入，有效地实现人员与尘毒物质的隔离。

3）通风

化工生产中存在很多加料、出料、取样等操作，设备、管道、法兰、机泵、阀门、弯头、密封垫片等也存在腐蚀、磨损、老化等问题，很难做到生产装置的绝对密闭，不可避免会有少量尘毒逸出，因此，通常采用必要的通风措施将空气中的尘毒及时排走或稀释，使其符合国家卫生标准的要求。

通风可分为自然通风和机械通风，局部通风和全面通风，送风和排风。

应在生产装置的尘毒主要逸散点如加料口、排料口、搅拌口等处装设局部排风装置，使散发的有害物质就近排出，对排出浓度较大者应进行净化回收等处理，以免造成污染。必要时可增加机械送风，保证新鲜洁净的空气送到工人的作业点或呼吸带。

全面通风是利用大量的新鲜空气将作业环境的尘毒浓度稀释，适用于尘毒危害性较低、正常情况下浓度较小的场所。

送风与排风也可结合起来，同时使用。

4）提高自动化与程序控制水平

自动化与程序控制是现代化工生产大型化、连续化的要求，同时也为尘毒预防提供了条件。加料、排料、取样、检测等过程实现自动化，免除了工人直接接触的危险，起到了有效的隔离作用。工艺参数等的自动和程序控制使生产过程的非正常排放等事故频度大幅度减少，降低了工人短时间内处于高浓度尘毒环境的危险。

5）消除“二次尘毒源”

粉尘和毒物可能因泄漏或储运过程而积存于车间、厂区、甚至渗入地面，因风力作用或蒸发作用等再次污染车间空气，形成二次污染源。

为防止尘毒物质储存于围护结构，长期缓慢向车间内释放有害物质，对于尘毒危害严重的厂房和仓库等建(构)筑物的墙壁、顶棚和地面应采用光滑的、不易渗透、不易吸附、不易吸收毒物的材料，必要时应设防腐、防水等特殊保护层以便清扫。清扫要经常、彻底，应采用吸尘、冲洗等方式，避免尘毒二次飞扬。

6）除尘

利用除尘设备除掉粉尘是防止粉尘外逸的有效措施。按照除尘设备的工作原理，有以下几种：

①利用重力、离心力、惯性等作用，实现粉尘分离的机械除尘器。

②利用粉尘吸水性和溶解性与离心力、碰撞作用，实现含尘气体净化的湿式除尘器。

③利用多孔材料对粉尘的过滤作用捕集、阻留粉尘的过滤式除尘器。

④利用粉尘的荷电性与电场力的作用捕获粉尘的电除尘器。

7）设置必要的事故应急处理设施

对于有毒物质泄漏可能造成重大中毒事故的设备，应设置安全排放装置、事故储槽、自动检测报警、事故联锁处理装置等。例如，二硫化碳储槽宜设有备用储罐；液氯储存仓间周围宜安设水蒸气或氨水喷淋设施；光气生产中，应装设事故碱液喷淋设施等。

3. 强化管理

1）坚持“三同时”、“五同时”

做好“三同时”，可以保证尘毒预防设施和控制设施与主体工程同时设计、施工、投用；做好“五同时”可以保证尘毒预防工作常抓不懈、持久深入；“三同时”、“五同时”工作的有效实施，将切实保障尘毒预防工作的顺利进行。

2）健全组织机构，完善管理制度

化工企业应按照我国2002年制定的《职业病防治法》的有关要求，建立职业卫生管理机构，配备必要的人员和装备。贯彻国家法律、法规、标准、规范和有关部门的规定，根据企业的具体情况，制定相应的规章制度。

建立教育培训体系，通过教育培训使各类人员充分认识生产中的各类职业危害因素，掌握必须的气体防护、自救互救、应急处理等技术。

建立监测机构，通过监测准确反映各危害因素的实际情况，为预防、治理、防护提供科学依据。

完善健全防毒防尘操作规程、检测制度、剧毒物品保管领用制度、化学危险品储运制度等。

化工企业应针对重大化学危险源，编制化学事故应急救援预案。防止突发性重大化学事故发生，一旦发生事故能迅速有效控制处理，确保企业、社会及人民的生命财产安全。

从事尘毒作业的职工，就业前应进行体格检查，有禁忌症的不得从事相应作业。就业后，按规定发放保健，定期体检，建立个人健康监护档案。

4. 做好个体防护

在事故状态、抢修设备以及部分岗位尘毒超标作业时，做好个体防护是避免发生职业中毒和大量吸入粉尘的有效方法。值得注意的是，当必须采取个体防护手段时，也就表明外部危险性处于不可控状态，一旦个体防护措施失效，就可能导致机体损害。

呼吸防护用品可分为过滤式和隔离式两大类。前者包括防毒口罩、防尘口罩、防毒面具等；后者包括送风式头盔、自吸式面罩、空气呼吸器、氧气呼吸器等。

皮肤防护用品包括防护手套、防护眼镜、防护鞋、防护服、防护油膏等。

防护用品的选择要根据现场情况（如毒物、粉尘的性质，浓度，氧气含量）及其防护特性确定。

思 考 题

1. 什么是职业卫生？其根本任务是什么？
2. 职业危害因素分为哪几类？
3. 预防职业性损害的“三级预防”原则是什么？
4. 什么是职业病？我国规定的职业病有哪几大类？
5. 什么是工业毒物？在车间空气中，工业毒物主要以何种形式存在？
6. 工业毒物以何种途径侵入人体？
7. 工业毒物的毒性通常以哪些指标来评价？毒物的急性毒性可以分为几级？
8. 什么是工业毒物的潜在吸入毒性指数？如何划分毒物的吸入中毒危险程度？
9. 什么是工业毒物的职业接触限值？我国现行的职业接触限值有哪几类？
10. 工作场所存在两种或两种以上毒物时，如何评价该场所空气中毒物浓度是否符合卫生要求？
11. 什么是职业中毒？职业中毒一般分为几类？
12. 在生产场所发生急性中毒，应如何进行现场急救？
13. 什么是生产性粉尘？什么是呼吸性粉尘？什么是尘肺？
14. 简述防尘防毒的对策措施。

习 题

1. 计算二硫化碳、臭氧的潜在吸入毒性指数，并判断它们的吸入中毒危险程度。
2. 在某生产车间存在三种工业毒物苯、甲苯、二甲苯，检测浓度分别为 5mg · m^{-3}、20mg · m^{-3} 和 50mg · m^{-3}，通过计算，判别该生产车间内毒物浓度是否符合国家卫生标准要求。
3. 某乙酸生产车间，有 3 个直接接触乙酸的生产岗位，其空气中的乙酸浓度分别为 5mg · m^{-3}、4mg · m^{-3}和15 mg · m^{-3}，工人在各岗位的工作时间分别为 2h、3h 和 2h。评价该生产车间的卫生状况。

第 5 章　压力容器安全

5.1　压力容器的安全问题

5.1.1　引言

压力容器是一种承压设备。承压设备是指涉及生命安全、危险性较大的锅炉、压力容器(含气瓶)、压力管道等承压类特种设备和安全附件[16]。压力容器是承装带有一定压力的流体的密闭设备,是工业生产中必不可少的一类机械设备。压力容器广泛应用于国民经济的各个部门。由于压力容器极宽广的操作范围,包括压力、温度、介质、周围环境等,使其在设计、制造、使用和管理等方面与其他一般机械设备不同,尤其在安全性方面的要求更为苛刻和严格。

5.1.2　压力容器的应用和特点

压力容器就其广义的定义而言,不仅是用于承装压力流体的密闭容器,从安全使用管理角度而言,更是一类具有潜在爆炸危险的特种设备,一旦发生爆炸事故将造成严重的后果。因此,压力容器表现出以下与一般机械设备不同的特点:

1. 容器应用的广泛性

压力容器在工业中具有极其广泛的应用,各种型式和规格的压力容器广泛用于石油、天然气、化工、石油化工、能源、制药、食品、航天和交通运输等工业部门,在民用和农业部门也屡见不鲜。其中,尤以炼油、化学和石油化工企业应用最为普遍,石油化工企业中的塔、釜、槽、罐无一不是容器或作为设备外壳的容器,而且多半是在压力条件下操作,如一个年产 30 万吨的乙烯装置,约有 793 台设备,其中压力容器 281 台,占 35.4%。至于民用或工厂用的液化石油气瓶,更是到处可见。蒸汽锅炉也是一种特殊压力容器,火焰接触式锅炉是用油或天然气等燃烧加热水使之产生蒸汽,其设计、制造、运行和管理有单独的规定。

2. 操作条件的复杂性

压力容器的操作条件十分复杂,甚至近于苛刻。压力从 $10^{5}\sim10^{-10}$ Pa 的高真空到高压、超高压,如石油加氢为 10.5～21.0MPa;高压聚乙烯为 100～200MPa;合成氨为 10～100MPa;人造水晶高达 140MPa,温度从 −196℃ 低温到超过 1000℃的高温,而处理介质则包含爆、燃、毒、辐(照)、腐(蚀)、磨(损)等数千个品种。操作条件的复杂性使压力容器从设计、制造、安装到使用、检验、改造、维护都不同于一般机械设备，而成为一类特殊的承压设备。

3. 对安全的高要求

一般压力容器的结构并不复杂，但因其一承受各种静、动载荷或交变载荷，还有附加的机械或温度载荷；其二大多数容器容纳压缩气体或饱和液体，若容器破裂，导致介质突然卸压膨胀，瞬间释放出来的破坏能量极大，加上压力容器多数系焊接制造，容易产生各种焊接缺陷，一旦检验、操作失误易发生爆炸破裂，器内的易爆、易燃、有毒的介质将向外泄漏，势必造成极具灾难性的后果。因此，对压力容器本身就要求有足够的强度、刚度和稳定性，以及密封性好等很高要求的安全可靠性。

当前压力容器向大型化、高参数、高效能发展，如核电站一个 1500MW 压水堆压力壳，工作压力为 14～16MPa，工作温度为 250～330℃，容器内直径 7800mm，壁厚 317mm，重 650t；又如煤液化装置中的压力容器工作压力为 17.5～25MPa，工作温度为 450～550℃，内直径为 3000～5000mm，壁厚为 200～400mm，重 400～2600t，对这类容器的工艺要求和运行可靠性要求更高，显然在材料、设计、制造、检验和使用等方面比一般压力容器又有更高、更严格的安全性要求。

5.1.3 压力容器的安全特征

压力容器的安全性是一个十分重要而又具工程综合性的问题，影响压力容器安全的因素很多也很复杂。因此，由于各种原因诱发的压力容器事故已经给工厂企业造成了严重的财产损失和人员伤亡。压力容器事故有以下三个主要特征：

1. 量大面广

前面已经提到压力容器应用面极广，因此其数量之多，也是不喻自明的。截至 2007 年底，全国在用固定压力容器 169.71 万台，锅炉 53.40 万台。另外，各类气瓶 13 210.02 万只，罐车 2.24 万辆，压力管道 75.5 万公里（其中工业压力管道 17.8 万公里）。此外，持有压力容器（含气瓶）制造资格的单位 5897 个，持有设计单位资格的单位 1755 个[17]。存在如此数量巨大且有潜在爆炸危险性的承压设备，以及地域广泛、数量庞大的设计、制造和维修单位，自然成为国内外政府特别重视其安全的原因，分别制定了专门法律法规，建立专业监察机构，实施专门管理。我国政府早在 1956 年就成立了锅炉安全检查局，专门负责锅炉压力容器的安全管理和监督检查工作，现为国家质量检验检疫总局（简称国家质检总局）特种设备安全监察局。1982 年颁布了《锅炉压力容器安全监察暂行条例》，并于 2003 年修订为《特种设备安全监察条例》。据统计，仅 2005 年全国安全监察机构 2855 个，持有安全监察机构颁发的有效证 5422 人；特种设备独立检验单位共有 665 个，派出检验单位 19 个，持证检验人员 15 946 人[18]。

2. 事故率高

据 1968 年英国原子能局（UKAEA）安全卫生处和联合部技术委员会（AOTC）工程检验机构调查，使用年限在 30 年以内，符合英国 BS1500 和 BS1515 等压力容器规范的压力容器发生破坏事故的统计情况如表 5.1 所示。

表 5.1 压力容器破坏概率

年份	容器运行/台·年	灾难性事故1)		损伤事故2)		总计	
		次数	事故率3)	次数	事故率	次数	事故率
1962～1967	100300	7	0.7×10^{-4}	125	12.5×10^{-4}	132	13.2×10^{-4}
1967～1972	105400	16	1.5×10^{-4}	123	11.7×10^{-4}	139	13.2×10^{-4}

1）灾难性事故指灾难性破坏事故或无法修复的容器；

2）损伤事故指有潜在危险的事故；

3）事故率＝发生事故数/（设备台数×运行年），例如每年运行 10^6 台，10 年内发生事故 15 次，则事故发生率＝$15/(10^6\times10)=1.5\times10^{-6}$次·（台·年）$^{-1}$。

表 5.1 中的数字表明，10000 台容器中每年发生损伤事故 12.5 次，达到破坏事故 0.7 次，事故概率为 1.32‰，而且这 132 起使用中的容器事故，按其原因分类，89.3％即 118 起是各种制造裂纹所引起。

据统计，2001～2005 年的“十五”期间，我国共发生各类压力设备事故 783 起，其中重大事故 2 起，较大事故 42 起，一般事故 739 起，造成 636 人死亡，1394 人受伤，直接经济损失 19 353.97 万元[17]。2005 年共发生各类特种设备严重以上事故 274 起，其中，特大事故 1 起，重大事故 18 起，严重事故 255 起。在 274 起事故中，发生锅炉、压力容器、气瓶、压力管道等压力设备事故 133 起，死亡 94 人，受伤 211 人，直接经济损失 4065.64 万元。压力容器的事故率为 0.28 起数·（万台·年）$^{-1}$[18]。

3. 危害性大

压力容器一旦发生事故其危害非常严重。例如，1979 年 9 月 7 日国内某厂电化厂 415L 液氯钢瓶爆炸，击穿 5 个，爆炸 5 个，10200kg 液氯外泄，波及 7km 范围，造成几天内 59 人死亡，779 人严重中毒，损失 63 万元；1979 年 12 月 18 日，国内某地液化气站 400M^3 储罐爆炸，引发 3 个球罐和 1 个卧罐爆炸，5000 只气瓶爆炸，600t 液化气燃烧，32 人死亡，54 人伤，损失 627 万元；1984 年 12 月 3 日，印度博帕尔市农药厂异氰甲酸脂储罐发生泄漏，造成几天内 2500 余人死亡，125000 人中毒，5 万人失明；1964 年 6 月，日本川崎市化工厂环氧丙烷储罐爆炸，死亡 18 人，炸伤 118 人；1986 年 4 月 28 日，苏联切尔诺贝利核电站压力壳发生核泄漏，31 人死亡，20 个国家 4 亿人受害；1905 年3 月 20 日，美国 SULTANA 蒸汽船锅炉爆炸，船只 20 分钟沉没，1547 人溺水身亡；1898～1903 年美国共爆炸锅炉 1000 多台。上述例子显然表明压力容器或锅炉一旦发生事故，造成的后果不仅是经济财产损失，而且对人的生命安全和周围环境都造成重大的危害。

发生压力容器事故很多是出于制造和操作管理上的原因，如上述的在 2001 年至 2005 年发生的 783 起压力设备事故中，非法使用、违章操作 140 起，占 69%；非法制造、制造质量问题 141 起，占 18%；超期检验或未按规定检验 56 起，占 7%；安全装置失效、混装等其他原因 46 起，占 6%[17]。国外，美国 1993 年发生的 261 起压力容器事故中，因使用不当和违章作业（不含安全装置失效）为 60%，制造质量、设计问题占 4%。

虽然与一般设备相比，压力容器的事故率较高，危害性也较大，但是同任何事物一样，压力容器也有其安全运行的规律，只要在压力容器的材料、设计、制造、检验、运行管理等的各个环节循其规律、层层设卡、周密防范，完全可以做到减少和避免事故发生，确保压力容器安全、稳定、持久、可靠运行。

江泽民同志曾对 1999 年 1 月 13 日宁夏回族自治区某矿银川办事处发生燃油热水锅炉爆炸事件作了指示：对锅炉这种产品，从制造到安装，每一环节都必须进行严格的质量检验，不合格的决不允许出厂和使用。运行中的锅炉，也必须定期严格检查，及时发现和消除隐患，防患于未然。几十年前我们就是这么做的，现在有些制度松懈了，不那么严格了，是非常危险的。人命关天的事，一定要慎之又慎，确保万无一失。

综上所述，压力容器是涉及生命安全和较大危险性的承压类特种设备之一。当前，我国承压设备的事故率与发达国家相比较高，安全形势还比较严峻，需要坚持“安全第一、预防为主、综合治理”的基本方针，不断提高安全技术水平和能力，完善法规标准体系建设，加强全过程的安全监管。

5.2　压力容器的分类

5.2.1　压力容器的安全监察范围

从字面上看，凡承受一定流体压力的密闭容器都属于压力容器范围。但实际中只是将比较容易发生事故，且事故危害性较大的压力容器才作为一种需要专门实施安全监察的特种设备。根据 2002 年 6 月 29 日发布的《特种设备安全监察条例》(代替 1982 年颁布的《锅炉压力容器安全监察暂行条例》)，将最高工作压力大于或者等于 0.1MPa(表压)，且压力与容积的乘积大于或者等于 2.5MPa·L 的气体、液化气体和最高工作温度高于或者等于标准沸点的液体的固定式容器和移动式容器划归为安全监察范围[16]。在 1990 年 5 月 9 日国家劳动总局颁发，2000 年国家质量技术监督局修订的《压力容器安全技术监察规程》(以下简称"容规")，划定最高工作压力大于等于 0.1MPa(不包含液体静压力)；内直径(非圆形截面指断面最大尺寸)大于等于 0.15m，且容积大于等于 0.025m^3；盛装介质为气体、液化气体或最高工作温度高于等于标准沸点的液体以下的压力容器属于安全监察的实施范围[19]。实际上以上规定都是出于考虑工作压力、容积、介质性态这三方面对容器发生爆炸时释放出能量的贡献大小。压力低、容积小的容器发生爆炸时释放的能量较小，即对设备的破坏和人体的伤害程度较轻而不属"容规"的管辖范围。一般液体因压缩性小，与气体相比自然爆炸能量低，如一容积为 10m^3，压力为 1MPa 的容器，爆破时释放的能量，空气是水的 6200 倍。但如是标准沸点以上的饱和液体，爆炸时因瞬间卸压，饱和液体急剧蒸发，释放出的爆炸能量比饱和蒸汽大得多，因而介质的状态也是上述条例或规程考虑的因素之一。

5.2.2 压力容器的分类

压力容器的型式很多，按不同的需要可以进行不同的分类。例如在容器的设计中，按壁厚大小有薄壁和厚壁容器之分；按承压方式分内压和外压(真空)容器；按压力大小分为中低压、高压、超高压容器；按工作温度分高温、常温和低温容器；在容器的制造中，又按材料分为钢制、铸铁、有色金属和非金属容器；按制造方法分为铆接、焊接、锻造和铸造容器等。但是从压力容器的使用管理和安全监察角度出发，按照"容规"将压力容器区分几个类别，具体分类方法如下：

1. 按使用位置分

(1) 固定式压力容器，即固定安装在使用地点的容器；

(2) 移动式容器，指气瓶、气桶和槽车等无固定安装和使用地点的容器。"容规"对这类容器不适用，对它们另有专门的规定。

2. 按设计压力分

(1) 低压容器：$0.1 < p < 1.6$MPa；

(2) 中压容器：$1.6 \leqslant p < 10$MPa；

(3) 高压容器：$10 \leqslant p < 100$MPa；

(4) 超高压容器：$p \geqslant 100$MPa。

这种分法是出于安全和管理方面的考虑，与设计规范的区分不同。例如，我国 GB 150—1998《钢制压力容器》设计规范以 35MPa 为最高设计压力，0.1MPa 为最低压力。当设计压力高于 35MPa 时，采用 JB 4732—1995《钢制压力容器——分析设计标准》；低于 0.1MPa，可采用 JB/T 4735—1997《钢制焊接常压容器》。

3. 按工艺作用分

按压力容器在生产过程中的作用或原理，可分为反应容器、换热容器、分离容器和储存容器。

(1) 反应容器：主要用于完成介质的物理、化学反应的压力容器，如反应器、反应釜、聚合釜、合成塔、变换炉等；

(2) 换热容器：主要用于完成介质的热量交换的压力容器，如废热锅炉、热交换器、蒸发器、硫化锅、蒸压釜等；

(3) 分离容器：主要用于完成介质的流体压力平衡和气体净化分离等的容器，如分离器、过滤器、洗涤器、吸收塔、干燥塔等；

(4) 储存容器：主要用于盛装生产或生活用的原料气体、液体、液化气体等，如各种型式的储罐、槽车等。

4. 按安全监察管理分

根据容器在生产过程中的重要性、压力高低和介质危害程度(指易燃介质、毒性介质)将容器分成三类，“容规”并对不同类别的容器在设计、材料、制造检验与使用管理等方面提出不同的要求，具体划分见表 5.2。化学介质毒性程度和易燃介质的划分参照 HG 20660《压力容器中化学介质毒性危害和爆炸危险程度分类》，无规定时按下述原则确定毒性程度，即极度、高度、中度和轻度危害四级，其最高允许浓度分别为 $<0.1\mathrm{mg \cdot m^{-3}}$、$0.1 \sim 1.0\mathrm{mg \cdot m^{-3}}$、$1.0 \sim 10\mathrm{mg \cdot m^{-3}}$、$\geqslant 10\mathrm{mg \cdot m^{-3}}$。极度与高度危害介质如氟、氢氟酸、光气等；中度危害介质如二氧化硫、一氧化碳、二氧化碳、氨、氯乙烯、甲醇、硫化氢等；低度危害介质如氢氧化钠、丙酮、四氟乙烯等。所谓易燃介质指与空气混合的爆炸下限 $<10\%$，或爆炸上限和爆炸下限之差 $\geqslant 20\%$ 的气体，如甲烷、乙烯、乙烷、氯甲烷、环氧乙烷、丙烯、甲烷等。

表 5.2　压力容器的分类

介　质 pV/(MPa·m^3)		气体、液化气体或最高工作温度高于等于标准沸点的液体									
		非易燃	无毒或轻度毒性	易　燃			中度毒性			极度或高度毒性	
				≥0.0025 <0.5	≥0.5 <10	≥10	≥0.0025 <0.5	≥0.5 <10	≥10	≥0.0025 <0.2	≥0.2
低压/MPa $0.1 \leqslant p \leqslant 1.6$	管壳式余热锅炉	二	二	二	二	二	二	二	二	二	三
	反应容器	一	一	二	二	二	二	二	二	二	三
	储存容器	一	一	二	二	二	二	二	二	二	三
	换热容器	一	一	一	一	一	一	一	一	二	三
	分离容器	一	一	一	一	一	一	一	一	二	三
	搪玻璃容器	二	二	二	二	二	二	二	二	二	三
中压/MPa $0.6 \leqslant p \leqslant 10$	管壳式余热锅炉	三	三	三	三	三	三	三	三	三	三
	反应容器	二	二	二	三	三	二	三	三	三	三
	储存容器	二	二	二	二	三	二	二	三	三	三
	换热容器	二	二	二	二	二	二	二	二	三	三
	分离容器	二	二	二	二	二	二	二	二	三	三
	搪玻璃容器	三	三	三	三	三	三	三	三	三	三
高压/MPa $10 \leqslant p \leqslant 100$	管壳式余热锅炉	三	三	三	三	三	三	三	三	三	三
	反应容器	三	三	三	三	三	三	三	三	三	三
	储存容器	三	三	三	三	三	三	三	三	三	三
	换热容器	三	三	三	三	三	三	三	三	三	三
	分离容器	三	三	三	三	三	三	三	三	三	三
	$\sigma_b \geqslant 540$MPa 材料制造的容器	三	三	三	三	三	三	三	三	三	三
	移动式容器	三	三	三	三	三	三	三	三	三	三
	球形储罐($V \geqslant 50m^3$)	三	三	三	三	三	三	三	三	三	三
	低温液体储存容器($V \geqslant 5m^3$)	三	三	三	三	三	三	三	三	三	三

说明：□一类容器；■二类容器；▒三类容器。

需要指出的是，国家质检总局特种设备安全监察局在2007年9月启动了对1999年版的"容规"的修订，2008年8月形成了报批稿。新版"容规"(更名为《固定式压力容器安全技术监察规程》)，一方面对总体适用范围做了调整，只适用固定式压力容器，不包含移动式压力容器；另一方面参照欧盟承压设备的分类做法，按照设计压力、容积和介质危害性三个因素决定压力容器类别。按照危险程度的不同，仍然划分为三类。请读者予以关注[20]。

5.2.3　压力容器安全管理法规与安全技术标准

为了保证压力容器安全运行，国内除了有各级政府劳动部门专门设立的安全监察机构外，并由他们制定的一系列法律法规、规章制度、规范标准，逐步形成了完整的安全法规和标准体系。除了1982年2月国务院颁发的《锅炉压力容器安全监察暂行条例》(于2003年为国务院令第373号《特种设备安全监察条例》所替代)和1982年7月劳动人事部颁发的《锅炉压力容器安全监察暂行条例》实施细则；1990年8月的《压力容器产品质量监督检验规则》和1996年4月《压力管道安全管理与监察规定》；1999年6月国家质量技术监督局颁发的《压力容器安全技术监察规程》(本书简称《容规》)等部门法规制度外，还包括大量的与压力容器设计、制造和检验等有关的技术规范和标准。例如，前述的GB 150《钢制压力容器》，是由全国压力容器标准化技术委员会在1989年3月颁发的，1998年已修订为第二版，以及1995年颁布的JB 4732《钢制压力容器——分析设计标准》(2005年确认)、1999年的GB 12337《钢制球形储罐》、2005年的JB/T 4730.1-6《承压设备无损检测》等。近年来，国家质检总局特种设备安全监察局又专门对特种设备制定和修订了一系列的安全法规和标准，如TSG R7001—2004《压力容器定期检验规则》、TSG R2002—2005《超高压容器安全技术监察规程》、TSG R1001—2008《压力容器压力管道设计许可规则》、TSG ZF001—2006《安全阀安全技术监察规程》、TSG R4001—2006《气瓶充装许可规则》等。国外也有此类法规、规范或标准，且涉及范围更广泛，内容还要丰富，读者可参见相关参考书[21]。

5.3　压力容器的基本结构

5.3.1　压力容器的主要工艺参数

影响压力容器设计、制造和使用管理的主要技术参数有压力、温度、直径等，下面分别加以说明。

1. 压力

压力是容器工作时承受的介质压力，实际上是器内介质压力与器外大气压力的差值，因而内压容器承受的压力即其内部介质的表压力，真空容器则为真空度。

在设计规范中，压力容器的工作压力指在正常工作情况下，容器顶部可能达到的最高压力。而容器的设计压力指设定的容器顶部的最高压力，与相应的设计温度一起作为设计载荷条件。用以确定承压元件在相应的设计温度下厚度的压力则称为计算压力。另外在容器竣工前需要进行整体压力试验，又规定了试验压力，即压力试验时容器顶部的压力。设计压力和试验压力在不同的规范或规程中都有相应的规定，在以后的章节中将另有讲述。

此外，当设计的压力容器要选用标准化的零部件时，需要将这些压力纳入到一定次序排列的压力级别中，谓之公称压力，即标准化后的压力数值。常用的公称压力(MPa)有 0.1、0.25、0.6、1.0、1.6、2.5、4.0 …等。

2. 温度

容器的机械强度取决于材料的机械性能，而材料的机械性能又与温度高低有关，因此需要规定设计温度，其与设计压力一起作为设计载荷条件。设计温度指容器在正常工作情况下，设定的元件的金属温度。设计温度与容器内部介质的温度不完全一致，具体数值与保温情况、介质温度、加热方式和环境状况有关。通常通过传热计算可以求得设计温度，或者取容器在工作状态下内部介质可能达到最高温度或最低温度(摄氏零度以下)。同样，在容器压力试验时，要规定试验温度，即压力试验时壳体的金属温度。

3. 直径

容器直径大体决定容器的容积。出于标准化的要求，将容器的直径按尺寸大小排成系列，即标准化后的尺寸，称为公称直径。例如容器的公称直径(mm)系列尺寸为 300、400、500、600、700、800、900、1000、1200、1400 …等。除了无缝钢管制的容器壳体外，钢板卷制的容器的公称直径系指内直径。

当容器壳体是无缝钢管时，此时容器的公称直径(mm)均指钢管的外径，如 159、219、273、325、426 …等。有了公称直径，加上公称压力就方便选用标准化的容器零部件，如法兰、封头、支座等。

5.3.2 压力容器的基本构成

压力容器的结构相对其他机械设备而言比较简单，一个典型的中压圆筒形卧式储罐的基本构成如图 5.1 和图 5.2 所示：

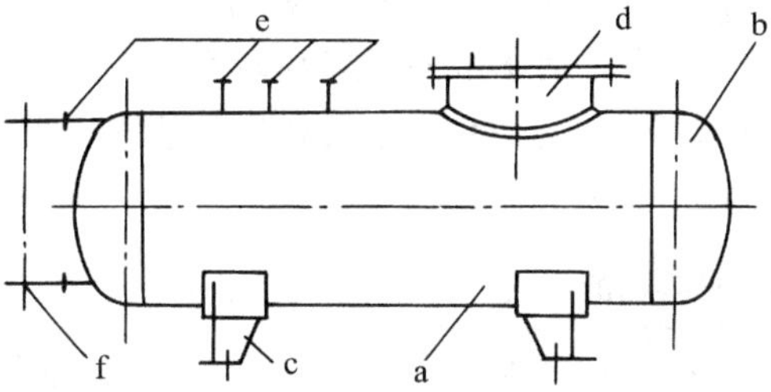

图 5.1　压力容器的基本结构

a. 筒身；b. 封头；c. 支座；d. 人孔；e. 接管；f. 液位计

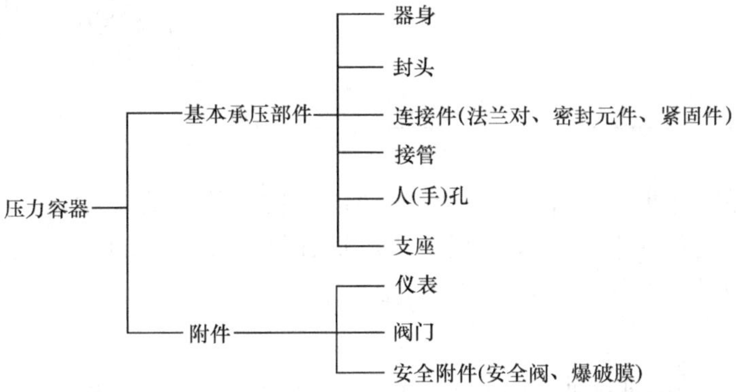

图 5.2　压力容器的结构组成

由上可见，影响压力容器安全性的主要部分是承压部件。以下讲述压力容器的安全设计技术和制造安全技术主要是如何对这些承压部件进行正确选材、合理设计结构、保证有足够的强度、刚度与稳定性，以及确保整个制造过程中的工艺符合质量要求，使它们一旦投入运行即能保证安全可靠。而安全附件则是确保容器正常使用和安全运行，对超压、超温等超负荷以及不测的非正常操作起监控或保护作用。

5.3.3　压力容器的结构特征

压力容器作为储存设备或其他设备的外壳，除基本结构大致相似外，根据承压大小，在其结构形式、密封方式和制造方法等方面尚各有特征。

1. 中低压容器的结构特征

中低压容器因压力不高，当直径不太大时，其壁厚较小，因此直径范围宽，制造较容易，除小直径筒体直接用无缝管外，一般采用金属板材卷焊制造。因压力不高容易达到密封要求，故密封结构较简单，通常采用螺栓—垫片—法兰连接的强制密封结构。中低压容器器身的几何形状通常为圆筒形或球形，也有异形的，如长圆形、矩形等。圆筒形与球形容器各有其特点和应用范围，它们的比较如表 5.3 所示。图 5.3 系典型的球形储罐。

表 5.3　圆筒形与球形容器的比较

项　目	圆筒形	球形
受力状况	较好	好
表面积/体积	大	小(10%～30%)
材料消耗	多	少(30%～40%)
制造	易	难
内件安装	易	难
应用	广泛	大型液化气、液氨储罐

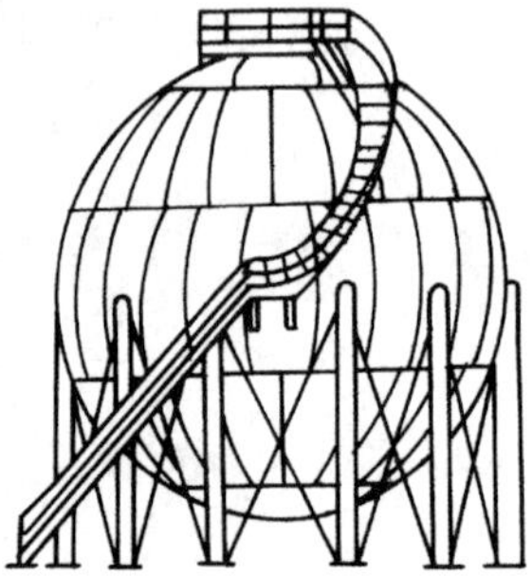

图 5.3　球形储罐

除器身外，封头是容器的重要组成部件。在中低压容器中，封头结构形式很多，按其形状主要有平板、锥形 、无折边球形、碟形、椭球形、半球形等，图 5.4 为各种封头结构型式，表 5.4 对它们进行了比较。

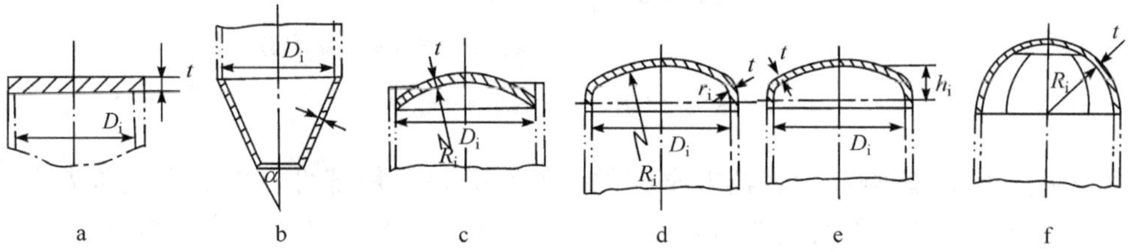

图 5.4　封头结构型式

a. 平板；b. 锥形；c. 无折边球形；d. 碟形；e. 椭球形；f. 半球形

表 5.4　各种封头的比较

项目	平板	锥形	无折边球形	碟形	椭球形	半球形
受力状况	最差	差	较差	较好	好	最好
材料消耗	最多	多	较多	较少	少	最少
制造	最易	易	较难	较易	较易	最易
应用	高压或小直径容器	气体均匀分布物料汇集卸料	较小直径较低压力容器	较大直径较低压力容器	广泛使用	大直径或高压储器

2. 高压容器的结构特征

图 5.5 所示为典型的圆筒形高压容器的结构，其基本结构与中低压容器类似，但高压容器因其压力高势必壁厚大；为了保证工艺空间，长径比大，故其外观细长；在密封要求上比中低压容器高，因此在筒体(或壁厚)的制造上有更多的方法，在高压密封结构上有独特的型式。

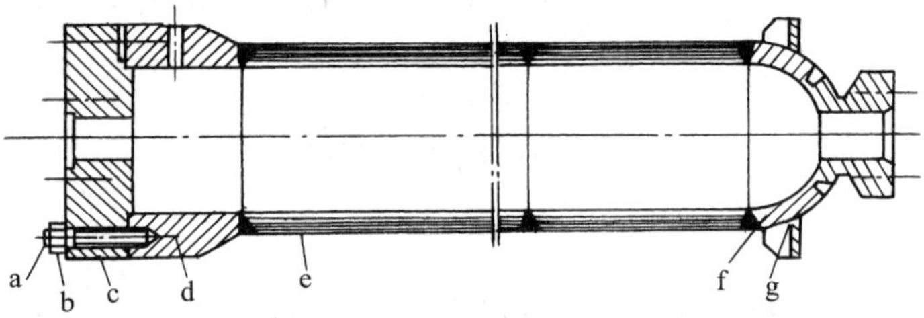

图 5.5　高压容器

a. 主螺栓；b. 主螺母；c. 平板顶盖；d. 筒体端部；e. 筒体筒节；f. 球底封头；g. 支座

1) 筒体

高压容器的筒体以制造方便的圆筒形居多，但由于壁厚大，此器壁的制造方法也颇多，取决于原材料、加工能力、经济性、安全性等因素。常见筒体的器壁形式有两类，即单层式和多层式或组合式，每一类中的主要器壁形式如图 5.6 所示：

图 5.6　常见高压筒体的器壁形式

一般而言，从运行安全角度，锻造制造方法因质量可靠比焊接好，多层结构因由薄板或钢带组合比单层好；从经济角度，单层结构因制造方便、生产率高比多层好。至于最终选择何种结构型式还要根据具体情况，综合考虑各种影响容器安全和成本的因素而定。

2) 封头

高压容器封头的主要型式是平盖或半球形封头，这是因为器壁厚，对小直径容器，平盖制造比较容易；而直径较大的容器则采用半球形封头，有利减少厚度或改善受力状况。

3）密封

密封结构是高压容器的重要组成部分，其安全性很大程度上决定密封的可靠性，高压化学介质一旦发生泄漏，其后果自然相当严重。因此除在压力不高或波动不大情况外，采用与中低压容器类似的强制密封（如螺栓连接的金属平垫密封等），高压密封还采用各种在操作时有自密封作用的半自紧密封或自紧密封结构，如双锥密封、伍德式密封、C 形环密封、楔形密封、B 形环密封等。从安全角度后者比前者强，但结构与安装要求要复杂得多。有关压力容器和管道的各种密封的具体结构参阅文献[22]。

5.4 压力容器的失效形式

5.4.1 引言[23]

压力容器及其承压部件在使用过程中，尺寸、形状或材料性能会发生改变而完全失去或不能良好地实现原定的功能或继续使用中失去可靠性和安全性，因而需要立即停用进行修理或掉换，称为压力容器或其承压部件的失效。对压力容器而言，从安全出发，最关心的失效形式是破裂失效。因此保证压力容器安全，最重要的是防止其在使用过程中发生破断碎裂。压力容器的失效从安全角度分类，通常分为以下几种型式，即①韧性破裂；②脆性破裂；③疲劳破裂；④腐蚀破裂；⑤蠕变破裂；⑥泄漏。

引起压力容器破裂的原因是多方面的，包括操作、设计、制造和维修等。通过对容器各种破裂型式的内在机理和外部特征的了解，探究诱发该种型式破裂的原因，针对性地提出预防事故发生的措施。反之亦是，万一发生容器的破裂事故，也可通过对破裂容器的宏观变形和断口形貌的显微观察与分析，找出事故发生的原委，从而采取改进措施，防止日后发生同样的事故。下面简要介绍各种破裂方式的形成机理、产生原因、基本特征和预防措施。

5.4.2 韧性破裂

压力容器的韧（延）性破裂往往是容器受到超过正常工作内压的作用，在其器壁截面上产生的总体薄膜拉伸应力使材料发生明显塑性变形，如压力继续升高，一旦应力超过材料的强度极限时，容器就会发生破裂。如果材料本身或容器制造中不存在严重的缺陷，容器的韧性破裂通常出自由塑性很好的材料，如低碳钢、低合金钢制造的容器。

韧性破裂有以下的特征：容器发生显著的塑性变形，主要表现在容器的周长明显伸长或容积明显增大、中间部分有鼓胀，且壁厚明显减薄。其最大圆周伸长率或容积残余变形率一般在 10％以上。破裂时一般不会产生碎块，而是沿容器轴向撕开较长裂缝，如图 5.7 所示。对于韧性越好、壁厚越薄的容器，破裂的断口宏观特征为无金属光泽、暗灰色的纤维状。由于塑性变形的主要形式是剪切滑移，故撕裂的断口与主应力方向成 45°。当壁厚较厚或材料强度较高而韧性较差时，断口出现纤维区、放射纹与人字纹区、剪切唇区等三部分(图 5.8)。断口的显微形貌，即通过电子显微镜对断口进行高倍观察，从微观角度分析破裂的物理过程即破裂机理，从而判别破裂的类型。压力容器韧性破裂断口的显微特征是韧窝花样——圆形或椭圆形窝坑，因此韧性破裂机理上属于微孔聚集破裂，微孔即是窝坑。

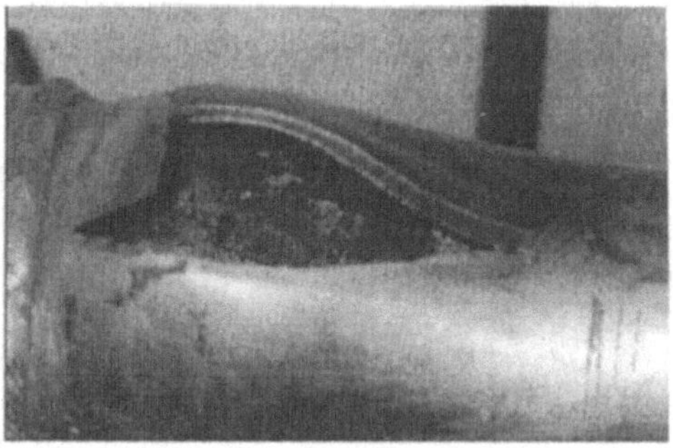

图 5.7　压力容器的韧性破裂

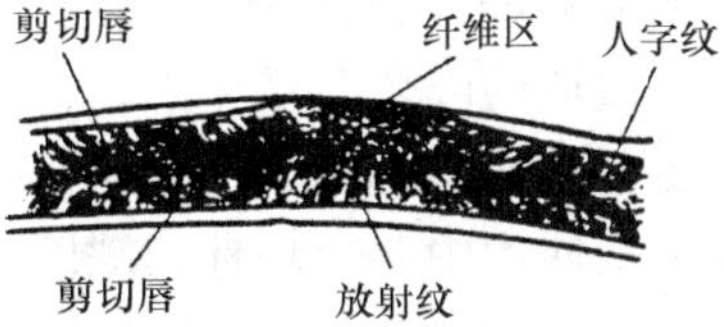

图 5.8　韧性破裂的断口形貌

压力容器发生韧性破裂的主要原因是容器超压，超压的原因如有液化气储罐过量充装，当环境温度增高时，使罐内液化气体饱和蒸汽压急剧升高；操作人员违反操作规程，操作失误，又未设置超压泄放装置或泄放装置选用不当或失灵，造成容器或系统超压；容器未正常维护，例如器壁发生严重腐蚀，壁厚过度减薄等。当然设计中的材料选择不当或结构不合理，同样也会降低容器的承载能力，最终导致容器发生韧性破裂。下面以几个实例说明这种破坏的现实性。

(1) 某地 1973～1983 年，液化石油气瓶超装发生爆炸 11 次，死 10 人，伤 47 人。按照气瓶的有关规定充装低压液化气(如液氨、液氯等)气瓶，由于瓶内气、液两相共存，其充装量要保证所装入的液化气体在 60℃时瓶内不满液，仍保留有气体空间。而高压液化气体(如乙烯等)和压缩气体气瓶则要求 60℃时瓶内的气化或气体压力不超过气瓶的最高许可压力。

(2) 1976 年，某化肥厂检修合成氨系统高压设备气密试验，整个试压系统五台高压容器和管道等炸毁。原因是检修系统与煤气柜的连接管道未用盲板隔断，截止阀泄漏使煤气与空气混合被压缩机压入试压系统。

(3) 某小化肥厂一加压变换冷却塔，工作压力 $p=0.8\text{MPa}$，容器内直径 $D_i=1000\text{mm}$，壁厚 $t=8\text{mm}$，材料 16Mn。由于增加 3m 高塔节未采取防腐蚀措施，以致介质将器壁腐蚀，三年后爆裂。经检查最大剩余厚度为 3mm，最小仅为 1mm。

因此，正确设计和规范操作压力容器，设置超压泄放装置，并正确选用和维护，以及保持设备完好状态是预防压力容器发生韧性破裂的重要措施。此外加强在用压力容器的检查维护工作，及时发现容器可能表现出来的如宏观变形等爆破预兆，则常可避免事故的发生。

5.4.3　脆性破裂

从压力容器破坏时的宏观变形观察，有时并不表现出明显塑性变形，而就其破裂时的爆破压力计算出来的容器总体薄膜应力也远低于制造容器材料的强度极限，甚至低于它的屈服极限，此外起裂部位常在截面不连续处，常伴有表面缺陷或内部缺陷，即该处有严重的应力集中。因此，将容器不发生或未发生充分塑性变形下就破坏的破裂型式称为脆性破裂，以区别于上述的韧性破裂。造成容器脆性破裂主要有两方面原因：一是容器的材料问题，即材料本身韧性差；二是容器本身在制造或使用中存在超标的缺陷。下面列举几个事故加以说明。

(1) 1962 年 1 月，某化肥厂一台水洗塔(1957 年 10 月建成投产)爆裂成 43 块，其中一块约 1t，飞出 127m，伤亡十余人。该容器内直径 2.2m，壁厚 44mm，高 21m，设计压力 3MPa。爆炸发生在 2.8MPa 压力。按照计算爆破时器壁最大薄膜应力为 70MPa，仅是材料(普通碳素钢)屈服极限 240MPa 的 29%。经分析，断口平直、基本无塑性变形，属脆性破裂。爆破原因是焊缝质量差，存在 13～19mm 深的裂缝，加上爆炸时环境气温低达－27℃，材料的韧性较差，终于导致脆性破裂。

(2) 英国汤姆森(John Thompson)公司在 1965 年 12 月制造的一台氨合成塔，外壳的内直径 1.7m，壁厚 150mm，总长 18.3m。制造该容器的材料为锰铬钼钒低合金钢，在－120℃下的实际屈服极限为 388MPa。容器的设计压力为 35.1MPa，设计温度为 200℃，水压试验压力 48MPa。在室温下进行水压试验，试至压力 34.5MPa 时容器发生爆炸，4 块质量为 2t 的碎片飞出。此时器壁应力为 199.5MPa，仅为材料屈服极限的 50%。究其爆破原因系端部法兰锻件存在成分偏析的焊接热影响区到金属焊缝处有 10mm 的三角形埋藏裂纹。此外，由于对该处环焊缝退火处理时，退火温度较低(120℃)，致使材料从理论冲击韧性 $\alpha_{KV}^{20℃}=60N\cdot m\cdot cm^{-2}$ 下降到实际冲击韧性 $\alpha_{KV}^{20℃}=15N\cdot m\cdot cm^{-2}$。

1. 脆性破裂发生的原因

压力容器脆性破裂的发生既有外部原因又有内部因素，前者包括应力状态、加载速率、环境条件等，后者则为材料自身的韧性(受显微组织、晶粒度、夹杂物及有害元素等影响)和容器本身存在的超标缺陷等。

1）材料脆性

通常选用制造容器的材料要有较好的塑性和韧性，但是容器在制造过程中由于工艺条件的不良改变引起材料韧性降低，对缺口敏感性增大。例如，上述氨合成塔因退火处理温度不足，造成焊缝附近材料韧性下降。表征材料韧性的通常采用冲击功度量，即用冲击条件下将带有 V 型缺口的试样打断所吸收的功来表征，而在线弹性断裂力学范畴，又以尖裂纹试样在慢加载速率下起裂时的应力强度因子的临界值度量，此量值称为断裂韧性。两者都反映材料的韧度，对冲击值较高的材料，前者也能较好表征材料的韧性，但断裂韧性更真实反映材料脆性破裂的机理。断裂韧性是材料的一种力学性能，因此它因材料而异，即使同一种材料因热处理或加载条件不同，断裂韧性也不一样，且断裂韧性受温度影响。对制造容器的一般碳素或低合金结构钢，断裂韧性随温度的降低而减小，因此往往在低温条件下发生脆性破裂。有鉴于此，人们一开始把材料的脆性破裂与低温联系起来，称之为材料的冷脆性，并较早对此进行了很多的研究，其中较多的是集中在确定脆性转变温度上，脆性转变温度指材料由韧性状态向脆性状态转变的温度，也称无塑性转变温度（NDT）。它是在不同温度下对材料缺口试样进行系列冲击试验，以冲击值发生由高向低转变，按一定的准则确定脆性转变温度。显然与上述断裂韧性相比，此终究是一个经验判据，并和脆断事故发生时的应力状态无关。有关更多的这方面知识参阅文献[21]。

2）容器材料或其结构部件存在严重缺陷

容器材料可能存在原始缺陷，如钢材中气孔、白点、非金属夹杂物等；容器壳体或其他承压部件在制造过程中，都有可能在部件的表面或内部产生各种类似裂纹的缺陷，它们都是容器发生脆性破裂的根源。大多数容器发生脆性破裂的原因是焊缝和热影响区的各种裂纹造成的。例如，前面介绍过的英国压力容器事故统计中，132 起使用事故裂纹原因 118 件，占 89.3%。

3）容器存在较高的附加应力

由于容器结构设计不合理或安装质量不良，在容器局部结构处存在很高的附加应力或残余应力，如该处材料的韧性较差，或已存在裂纹等缺陷，在三者的联合作用下即使容器尚未承受到额定载荷就可导致脆性破裂的发生。

2. 脆性破裂的特征

脆性破裂在发生断裂前外观没有明显的预兆和塑性变形，断裂时器壁内的应力较低，且破坏的容器常断裂成碎块飞出。图 5.9 即上述英国汤姆森公司发生脆性断裂的氨合成塔。对于材料脆性引起的脆性破裂，其断口的宏观特征为断口平齐，呈金属光泽的结晶状，断口与最大主应力垂直，显然与上述韧性破裂断口不同。而微观特征主要表现为解理断口，即裂纹沿某一结晶结构的结晶平面发生的断裂

(图 5.10)。因此,裂纹扩展结果形成河流状花样的解理台阶。而对于韧性较好的材料因缺陷引起的脆性破裂,断口宏观特征与上述不同,如同韧性破裂存在几个区域:原始缺陷区、裂纹稳定扩展的纤维区、裂纹快速撕裂的放射纹与人字纹区和边缘剪切唇区。显微形貌既有韧窝,也会有河流的花样。因此,要注意即使容器材料的韧性尚好,但内部缺陷严重,容器最终断裂时,不论其显微形貌,宏观特征却是脆性的。

图 5.9　压力容器的脆性破裂

图 5.10　脆性破裂断口显微形貌

3. 预防脆性破裂的措施

(1) 正如上所述,容器发生脆性破裂的原因是同时具备了以下三个条件:一个高应力场;材料具有脆性倾向;存在脆裂的引发源,如缺口或裂纹。因此,防止上述三个条件同时存在,即采取低应力场设计方法,或限制容器运行在高于材料 NDT 温度之上,或采用综合考虑材料性能、缺陷的几何尺寸和应力场影响的断裂力学设计方法,是设计抗脆性破裂容器的有效方法。

(2) 在工程上,合理选材,即选用在运行温度下有良好冲击韧性或断裂韧性的材料;在制造、运行过程中保证符合规范的制造工艺和正常的操作条件,使所用材料不发生可能的韧性下降;加强容器在制造的各阶段中的检验,及时发现和消除材料中的先天或后发性的缺陷或裂纹。此外,在役期间实施定期的检查,以判断上述缺陷或裂纹是否已扩展到临界状态,是避免容器不发生突然脆性破裂的有效措施。

5.4.4 疲劳破裂

1. 疲劳破裂的产生原因

压力容器常在交变载荷(机械载荷或热载荷)下运行,经历长期作用后,在某些局部的应力集中部位发生了破裂或泄漏。与脆性破裂一样,容器外观上没有明显的塑性变形，且也是突发性的。容器的这种破坏形式称为疲劳破裂。疲劳破裂按机理分：

(1) 高应力低循环疲劳，指材料所受的交变载荷循环次数在 $10^2 \sim 10^5$，而相应的应力水平较高，接近或超过材料的屈服极限。容器的承压部件的疲劳破裂多数属于此类问题。对高应力低循环疲劳，通常采用应变值作为控制变量，即绘制"虚拟应力幅"与循环次数的曲线，这里的虚拟应力幅为假定材料仍处于弹性范围，按照总应变幅计算得到。

(2) 低应力高循环疲劳，发生这类疲劳破坏的构件的应力值在材料的弹性极限以下，材料所受的交变载荷循环次数在 10^5 以上，一般高速回转或往复机械的曲轴、连杆等构件的疲劳破裂属此范畴。将最大交变应力值与相应最高能承受的交变循环次数绘成曲线，称为材料的疲劳曲线。由此可获得材料的持久极限，即材料经过一定循环次数(如 10^7 次)不发生破坏时的最大交变应力值。

由此可见，容器发生疲劳的首要条件是存在交变载荷，它们可以是开停车或间隙操作容器的周期性加压和卸压；操作过程中较大的压力或温度波动等；其次，发生疲劳破坏的局部区域存在很大的应力变化幅，因而具备疲劳裂纹扩展的载荷条件，因此控制疲劳寿命的参数是交变应力的范围。此外，有可能在该区域原来已经存在裂纹性缺陷，也可能原来不存在裂纹，则疲劳破裂要经历裂纹成核——产生微裂纹的过程。显然两者发生疲劳破裂的循环次数不同。

2. 压力容器疲劳破裂的特征

压力容器的疲劳破裂具有以下的特征：

(1) 疲劳破裂常发生在结构局部应力较高或存在材料(包括焊缝及其热影响区)缺陷处，加之器壁总体应力不高，所以容器没有明显的塑性变形，而且当用强度较低而韧性较好的材料制造容器时，不一定发生破裂，而是疲劳裂纹穿透壁厚发生泄漏，也称为"未爆先漏"。自然，如压力容器的材料强度偏高而韧性较差时，则要发生爆破事故。

(2) 疲劳破裂的断口形貌与脆性断口不同，与疲劳破裂过程三个阶段，即裂纹的发生、裂纹扩展到临界尺寸、剩余断面的失稳断裂相对应，断口也有三个区，但由于裂纹萌生部分占断口尺寸很小，实际观察较明显的是裂纹扩展区和最终断裂两个区。前者有一个经"磨亮"的平滑表面，能见到贝壳状纹理，汇聚于破裂起源点，即应力集中或原始缺陷处；后者则存在放射及人字状花纹。它表明最后快速被拉断。若电镜观察其显微特征，疲劳断口的主要表现是海滩状花样，或称疲劳辉纹。图 5.11 和图 5.12 分别为典型的疲劳破裂断口和断口的显微形貌。

图 5.11 典型的疲劳破裂断口

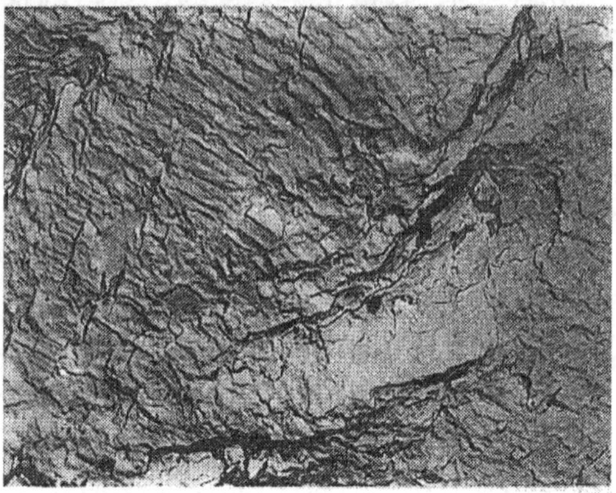

图 5.12 疲劳破裂断口的显微形貌

3. 疲劳破裂的预防

针对上述疲劳破坏的发生原因，预防疲劳破裂关键要严格容器的制造和检验，减少附加的应力集中，避免焊接或安装过程中的先天或后天性裂纹或缺陷；其次，要减少频繁开停车、压力或温度波动、外加强迫振动、周期性外载荷等，维持设备的稳定运行，以抑制或延缓裂纹扩展破裂。对于新设计的容器，则通过选择塑性应变能力好的抗疲劳的材料，采用不造成局部高应力集中等的抗疲劳结构；按照容器分析设计规范进行疲劳分析或基于断裂力学的抗疲劳断裂设计方法等。

5.4.5 应力腐蚀破裂

由于压力容器广泛使用在石油、化工等工业部门，因此腐蚀破裂是压力容器的最常见的形式。就广义而言，腐蚀破裂起源于环境对容器材料的腐蚀，即材料与周围环境介质产生化学或电化学作用，使材料厚度减薄或本身性能发生变化，从而最终导致容器破裂。腐蚀有多种型式，包括直接化学腐蚀、电化学腐蚀、均匀腐蚀、点腐蚀、晶间腐蚀、应力腐蚀、氢致开裂等；腐蚀常与其他诱发破裂的因素相互作用，如腐蚀疲劳等。许多压力容器材料对应力腐蚀敏感，所以应力腐蚀是压力容器最重要的一种腐蚀形式，据 1982 年的调查，72 台氨球罐中 37 台发现存在应力腐蚀裂纹。所谓应力腐蚀破裂指容器材料在特定介质环境中，并在拉应力作用下，经过一定时间后发生开裂和破断的现象。显然，应力腐蚀破裂是应力与环境对一定材料综合作用的结果。应力腐蚀破裂与上述的脆性破裂、疲劳破裂成为当前工程断裂事故的三种主要型式。下面仅简要介绍应力腐蚀破裂。

1. 应力腐蚀破裂发生的条件

发生应力腐蚀破裂需要有以下三个条件：

(1) 特定腐蚀介质与材料的组合。一定的材料只有在与特定的腐蚀介质组合下才会发生应力腐蚀，即应力腐蚀具有选择性的特点。例如，碳钢与苛性碱溶液、奥氏体不锈钢与含氯离子溶液才发生应力腐蚀等。应力腐蚀与介质种类、浓度、环境温度、湿度等有关，介质浓度、环境温度越高，越容易发生应力腐蚀。例如，1979年10月，某厂1971年1月投入使用的人造水晶高压釜因5%NaOH在釜内具有较大应力集中的凸台处富集而发生碱脆破裂；又如1968年10月，某石油厂一台1963年投产的高压加氢反应器，内壁发现纵向裂纹6条，长达400～670mm。取样分析，发现有大量H_2S腐蚀产物，故这些裂纹为H_2S应力腐蚀所致。

(2) 拉应力的存在。拉应力是发生应力腐蚀破裂的必要条件之一。拉应力包括装配应力、残余应力或腐蚀产物引起的内应力等。通常应力越大，发生应力腐蚀开裂的时间越短。

(3) 材料纯度和组织状态影响。通常认为纯金属材料不会发生应力腐蚀，但存在极少杂质时，也可能发生应力腐蚀。材料的组织状态影响其对应力腐蚀的敏感性。稳定的组织对应力腐蚀敏感性较小，例如在H_2S环境中的碳钢，当其硬度超过HB250时，即明显存在应力腐蚀现象。

2. 应力腐蚀破裂的特征

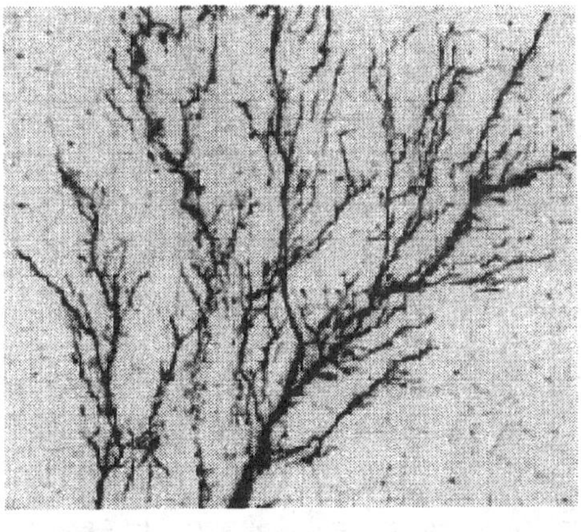

图5.13　应力腐蚀的显微形貌

应力腐蚀破裂是一种延迟性破坏，一旦萌生腐蚀裂纹，裂纹扩展的速度比纯腐蚀要快得多，因此应力腐蚀破裂宏观形态具有脆性破裂的特征，即无宏观的塑性变形，断口可见到腐蚀产物；通常发生在结构的应力集中部位或腐蚀介质富集区，但断口形貌与脆性破裂有区别。从宏观形貌来看，其断口存在两个区域，一是腐蚀裂纹扩展区，通常无金属光泽，呈深暗色，往往有腐蚀产物覆盖；二是快速断裂区，断口可以含有纤维状、放射纹和人字纹状以及剪切唇等三个区。但不一定全部出现，取决于裂纹穿透壁厚的深浅。观察应力腐蚀断口开裂情况，表现出与主断口垂直方向有裂纹分叉，呈树枝状，这是它与非应力腐蚀的明显区别(图5.13)。应力腐蚀断口的显微形貌可以是穿晶也可以是沿晶开裂，与腐蚀介质和材料组织状态有关。

3. 预防应力腐蚀破裂的措施

基于应力腐蚀的选择性，对于特定的介质，选择对该介质应力腐蚀不敏感的材料应是首选措施，但这要一看可能性，二视经济性。因此，若使材料避开对应力腐蚀敏感的环境条件（如浓度或温度）或与腐蚀介质隔离开来，采用耐腐蚀的复合钢板、防腐蚀涂层或衬里等，也是经济有效的办法。其次，可通过加缓蚀剂等改变环境介质的条件来避免应力腐蚀破裂。此外，在结构设计和制造过程中避免或减小应力集中，减少残余应力等的存在，对防止应力腐蚀破裂也是有效办法。最后，要简要提一下，能源工业、石油化工的迅速发展，使得接触氢介质的机会增多，因此作为高压和（或）高温临氢环境下的容器材料因氢进入使材料性能变坏，诱发出微裂纹并可能不断扩展，最终也将导致容器在远低于正常工作载荷下发生开裂和破断，这就是氢致开裂（HIC），也称氢脆。例如，1974 年 2 月某氨合成塔由于超温使用，导致内壁环焊缝处严重脱碳（含碳量从 0.19%降低至 0.05%～0.07%）发生破裂泄漏，即是典型的氢致开裂。防止氢致开裂发生如同上述减少应力腐蚀的办法，可以通过降低材料对氢的敏感性，减小或消除拉应力，杜绝或减少氢环境等三个方面来采取措施。

5.4.6 蠕变破裂

在高温下工作的压力容器，操作温度超过一定极限，材料就在应力的作用下发生缓慢的塑性变形。这种塑性变形经过长期的累积，最终会导致材料破裂。例如，低碳钢和低合金钢发生蠕变温度为 300～350℃，合金钢为 400～450℃。低于这一温度，可以不考虑蠕变。蠕变破裂有明显的塑性变形和蠕变小裂纹，断口无金属光泽，呈粗糙颗粒状，表面有高温氧化层或腐蚀物。当材料由于高温作用发生金相组织变化，如石墨化倾向时，由此引起的蠕变破裂有明显脆性断口特征。若高温容器再遇变载荷，则产生另一类容器破裂问题，即蠕变疲劳破裂。

通常可通过限制容器器壁温度或选用满足高温机械性能要求的材料来避免容器的蠕变破裂，所以蠕变破裂常见之于设备的受热部件，且发生在不正常运行情况下，如器壁超温运行，炉管因结垢局部过热等，都是造成蠕变破裂的常见原因。因此只要设计无误，规范操作程序和保证稳定运行是避免发生容器蠕变破裂的重要措施。

5.4.7 泄漏失效[22]

上述压力容器可能发生的任何形式的破裂，最终都表现为容器内的介质向外泄漏。根据泄漏的介质性质和容器工况不同，泄漏造成的灾害和危害也不同。泄漏造成大量易燃、易爆、有毒物质向空中释放，并在空中扩散，在有火源条件下，会引起燃烧、爆炸，人暴露在这种环境中就会中毒，从而带来严重的人身伤亡、财产损失和环境污染。不仅压力容器本体或各个部件之间的焊接处因发生破裂造成泄漏，在压力容器与外接设备(包括管道、阀门和安全附件等压力附件)和不同压力腔体之间的可拆连接处，因密封失效或密封不严而发生泄漏更是屡见不鲜(图 5.14)。泄漏造成的灾害，其严重程度都和泄漏率(单位时间介质外泄的数量)有关。因此，对压力容器密封连接构件的材料选用、结构设计、安装制造和使用等各个环节采取有效措施，防止压力容器发生泄漏失效，限制压力容器介质泄漏率，是降低压力容器发生事故可能性，提高承压设备安全性的重要保证。

图 5.14　泄漏失效

5.5　压力容器的安全设计

压力容器设计是保障压力容器安全的首先环节，在这一阶段更重要的是设计者要考虑到容器在此后的制造和制造中的检验、投入运行和在运行中的检验等保证容器安全的技术措施的可行性，即在设计阶段就防患于未然。

5.5.1　压力容器的材料及选用

压力容器设计从安全角度包括强度安全设计和结构安全设计，而两者都离不开正确选材，不同材料的容器的承载能力与结构可靠程度是不相同的。设计是先导，材料是基础。满足压力容器设计要求的材料的主要性能是其机械性能和制造工艺性，前者即为材料在外载荷(包括压力、重力、风力、地震力等载荷和热载荷等)作用下，抵抗变形和断裂的能力。机械性能一般包括强度、塑性、韧性、冷弯性能和硬度等。后者主要指铸、锻、焊、热处理等加工性能。压力容器要求材料的机械性能好，因此各种钢材自然成为绝大多数压力容器的首选材料，其他金属或非金属材料，如有色金属和高分子复合材料等也有用于容器制造。

1) 压力容器用钢的安全要求

压力容器用钢的安全要求一般包括：

(1) 冶炼方法：主要承压元件用钢材应由平炉、电炉或氧气转炉冶炼。钢板要求使用镇静钢板，若用沸腾钢板则因其在不完全脱氧条件下获得，因此质量较差，仅用于非承压的钢结构件。作为碳素结构钢的镇静钢板，如 Q235-B 和 Q235-C类钢，虽两者都要求保证化学成分和力学性能，允许用于制造设计参数较低的压力容器，但 B 类钢要求验收冲击韧性。它们的使用范围也有限制，Q235-C 类钢：容器设计压力 $p \leqslant 1.6$MPa；钢板使用温度 0～350℃；用于壳体时，钢板厚度≤20mm；不得用于毒性程度为高度或极度危害介质的容器。而 Q235-C 类钢：容器设计压力 $p \leqslant 2.5$MPa；钢板使用温度 0～400℃；用于壳体时，钢板厚度≤30mm。此外，对钢板的内部要求不允许有超标的分层、夹渣等缺陷。

（2）化学成分：显然制造压力容器的钢材应具有良好的加工工艺性，尤其是冷热加工和焊接性能，因此对钢材的化学成分控制较严，如一般要求控制含碳量在 0.25%以下，在特殊情况下，如选用含碳量超过 0.25%的钢材，应限定碳当量不大于 0.45%；钢材中的杂质含量如硫、磷、氧等不但损害其机械性能，而且影响它的工艺性能，因此压力容器专用钢板对硫、磷的含量比一般结构钢板要低，按《容规》要求硫含量不应大于 0.020%，磷含量不应大于 0.030%。

（3）力学性能：钢材要求具有良好的综合机械性能，即要求强度高、塑性和韧性好，较低的冷脆倾向，较低的缺口和时效敏感性等，如一般要求延伸率 δ_5 应大于或等于 15%；U 型缺口冲击值 α_K不低于 6kg · m · cm^{-2}。而高温（350℃以上）或低温（－20℃以下）则应分别采用耐热钢或低温钢，因为高温时，要考虑温度和时间对材料强度和组织等的影响；低温时要防止材料韧性的下降。例如，对低温压力容器用钢，要求试验温度下的夏比 V 型缺口冲击功 A_{KV}不低 27J（钢材标准抗拉强度下限值大于 515～650MPa）等。

（4）与介质的相容性：钢材抗介质的耐蚀性是决定压力容器材料的又一重要因素，因接触介质而异，往往要用不锈钢、抗氢钢等钢种，自然经济性也是选择材料时不可忽视的因素，但它是在保证安全前提下力求的最大经济性。

2）压力容器用钢

压力容器所用钢材有普通碳素钢、低合金钢、不锈钢、耐热钢、抗氢钢和低温钢等。表 5.5 列出了压力容器常用钢板。

表 5.5　压力容器常用钢板举例

钢　号	使用状态	厚度/mm	最高使用温度/℃
Q235-B或-C	热轧	3～40	350
20R	热轧、正火	6～100	475
16MnR	热轧、正火	6～120	475
15MnVR	热轧、正火	6～60	400

续表

钢 号	使用状态	厚度/mm	最高使用温度/℃
15MnNbR	正火	10～60	350
18MnMoNbR	正火加回火	30～100	475
09MnNiDR	正火、正火加回火	6～100	350
16MnDR	正火	6～100	350
15CrMoR	正火加回火	6～100	550
0Cr18Ni9	固溶	2～60	700
0Cr18Ni10Ti	固溶	2～60	700
0Cr17Ni12Mo2	固溶	2～60	700
00Cr17Ni14Mo2	固溶	2～60	450

5.5.2 压力容器的强度

压力容器的强度设计，指在确定的容器结构尺寸下，所选材料在容器寿命期内有足够抵抗各种外来载荷和经受周围环境条件的破坏能力；而结构的安全设计则是设计容器的总体或局部结构时，尽量避免制造和使用中附加的削弱容器强度的因素。下文所述的容器强度设计仅指容器在均匀内压下不出现弹性失效，即容器的承载部件不发生塑性屈服变形，将器壁中的应力控制在材料的弹性极限以内，因此不包括刚度（过度变形）或稳定性（如外压容器）等的控制要求，有关此内容读者可参阅文献[21]。

1. 压力容器中的应力

压力容器承受的载荷有静载荷和动载荷两类。设计容器时主要考虑的是静载荷，包括内压、外压和液体静压力；需要时还应考虑其他载荷，包括重力载荷，如容器的自重、物料或试验介质的重量、附着在容器上的设备或构件重量，外来附加载荷等以及风载荷、地震力等。

压力容器受到载荷后发生变形，并在器壁中产生内力，通常把单位截面上的内力称为应力。应力即是容器材料对外力的抗力。当该应力大到超过材料允许的限度时，如屈服极限或强度极限，容器产生明显的塑性变形或破裂。因此，控制应力值是容器强度安全设计的目标。应力的数值与容器的几何形状、尺寸和施加的载荷有关，且同样的载荷在同一容器不同结构部位产生的应力大小也不相同。更应关注的是各类应力对容器破坏的作用或称应力的性质不相同。

从广义上讲，容器所受的载荷包括温度引起的载荷，这是容器整体或局部的温度差产生的膨胀或压缩变形因受各种限制而在容器器壁中产生的温度（差）应力，或称热应力。下面简要介绍薄壁圆筒形容器因均匀内压引起的机械应力和热应力的基本知识。

1）内压薄壁圆筒体中的薄膜应力

对圆筒体而言，以筒体的外直径与内直径之比值 K 的大小区分，即 $K\leqslant 1.2$ 为薄壁圆筒，而 $K>1.2$ 为厚壁圆筒。当薄壁圆筒的壁厚与直径相比很小时，为了简化计算，假设筒壁犹如薄膜一样，只能承受拉伸或压缩应力，完全不能承受弯曲应力，将这种符合工程允许误差范围内的分析壳体的近似理论称为“无力矩理论”或“薄膜理论”。由薄膜理论分析得到的应力，称为“薄膜应力”。反之，同时考虑弯曲影响的壳体理论，称为“有力矩理论”。

图 5.15(a)所示为一承受均匀内压 p 的圆筒，在离封头一定距离处，用一横向截面将其切开，使圆筒端部的总压力与作用在圆筒横截面上的纵向力相等，便可计算出纵向应力[图 5.15(b)]：

$$\sigma_1 t 2\pi r_c = p\pi {r_i}^2 \tag{5.1}$$

式中，t——壁厚；

r_c和 r_i——分别为圆筒的平均半径和内径，因系薄壁圆筒 $r_c\approx r_i$，则有

$$\sigma_1 = pr_c/2t \tag{5.2}$$

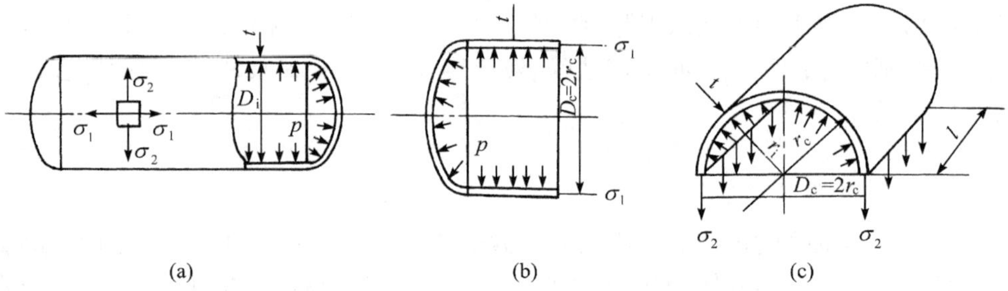

图 5.15　承受内压圆筒中的薄膜应力

另在圆筒水平直径处将一段圆筒切开，可得到如图 5.15(c)所示的下半个圆筒体。使作用在圆筒上内压力的合力（可以推导出其值为压力与承压曲面沿合力方向的投影面积的乘积）与作用在圆筒横截面上的力相等则可求得环向应力：

$$\sigma_2 2tl = p2r_c l \tag{5.3}$$

$$\sigma_2 = pr_c/t \tag{5.4}$$

若以圆筒平均直径 D_c 代替平均半径 r_c，式(5.2)和式(5.4)可改写为

$$\sigma_1 = pD_c/4t \tag{5.5}$$

$$\sigma_2 = pD_c/2t \tag{5.6}$$

显然，圆筒器壁中的两个薄膜应力，环向应力比纵向应力高两倍。

【例 5.1】 一承受均匀内压 $p=1.6\text{MPa}$ 的圆筒，其内直径 $D_i=1000\text{mm}$，壁厚 $t=10\text{mm}$，试计算其薄膜应力。

解 因 $D_c=D_i+t=1010\text{mm}$

$$\sigma_1 = pD_c/4t = 1.6\times1010/4\times10 = 40.4(\text{MPa})$$

$$\sigma_2 - pD_c/2t = 1.6\times1010/2\times10 = 80.8(\text{MPa})$$

2）标准椭球形封头中的薄膜应力

标准椭球形封头指 $D_c/2h=2$，其中 h 为封头中曲面的高度。按照薄膜理论分析，承受内压的标准椭球形封头中，在封头的顶端（极点），沿经向的应力与环向应力相等，其值为

$$\sigma_1 = \sigma_2 = pD_c/2t \tag{5.7}$$

在封头的底部（赤道）处，经向应力为

$$\sigma_1 = pD_c/4t \tag{5.8}$$

此数值与圆筒的纵向应力相同，而在赤道处的环向应力为

$$\sigma_2 = -pD_c/2t \tag{5.9}$$

注意，此环向应力数值虽与顶部的环向应力相等，但符号相反，为压缩应力（图 5.16）。

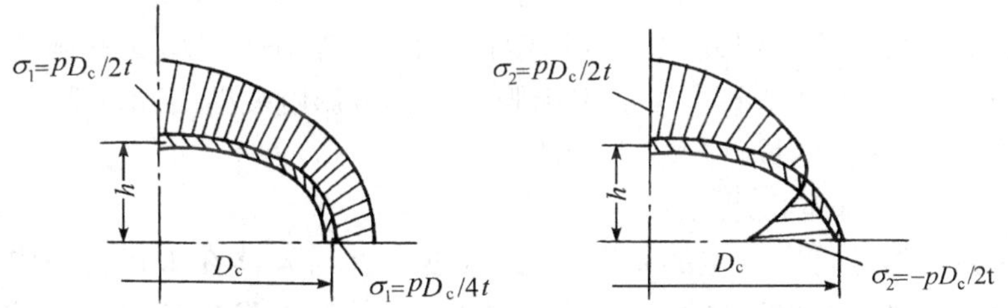

图 5.16 标准椭圆形封头中的薄膜应力

3）不连续应力的基本概念

实际容器都是几个不同几何形状壳体的组合，即使同一壳体其厚度、材料、载荷和约束等也不完全相同。当容器受到内压作用时，这些部位由于受相邻部分材料的约束或结构自身的约束，将产生局部的弯曲，这样在接合处受到附加的弯矩和剪力的作用，也称边缘弯矩和边缘剪力。这些弯矩和剪力在其附近的器壁内产生附加应力，且它们可能比筒体上内压产生的薄膜应力大得多。由于它

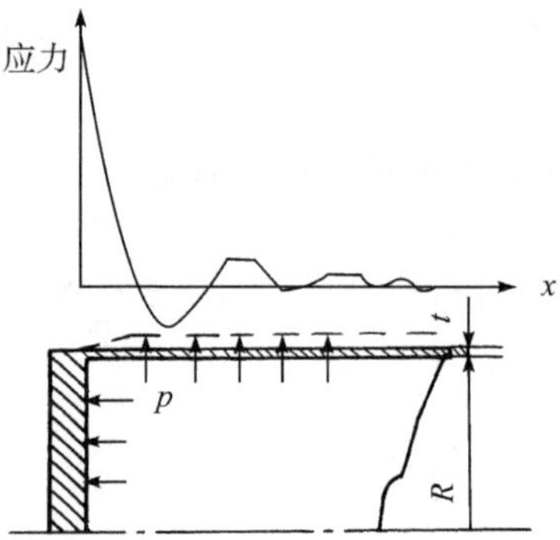

图 5.17　不连续应力的概念

们只存在于上述的不连续部位，因此称为不连续应力或边缘应力。例如，图 5.17 所示为一厚平盖与圆筒体的连接部位。在内压的作用下，该处圆筒部分的径向增大量与封头径向增大量是不相同的，因此，在这些部位的接合处就发生了局部弯曲以保持器壁的连续性，产生如图中虚线所示的弯曲变形，在其附近产生相应的附加应力，即不连续应力。

不连续应力虽然可能达到较大数值，但作用范围是非常局部。这些应力只存在接合部位极其邻近的区域，离开连接处不远，就很快衰减至筒体的正常薄膜应力。如上述的厚平盖与圆筒的情况中，当离开连接边缘 $x=2\pi/k$ 处（k 称衰减系数，其值与圆筒尺寸和材料有关），弯曲应力已经趋近于零。当 $x=\pi/k$，对于钢质圆筒，此相当 $x=2.5\sqrt{Rt}$时，其轴向弯矩已衰减 95.7%。

不连续应力的另一个特征是自限性。因为不连续应力产生的原因是容器相邻部分在内压作用下不同的薄膜应力引起的不同的自由位移受到弹性约束。因此一旦此局部区域的应力高至使部分材料发生屈服或较小的畸变，这种约束就会有所消除，应力会自动限制，即谓之“自限性”。因此与前述筒体上的薄膜应力相比，对容器的危害就较低，不会影响圆筒整体的静力强度和抗塑性破坏能力。而且设计时对不连续应力通常可采取对结构进行局部的柔性处理或采取局部加强措施，以降低该处的应力数值。但此只是对用塑性好的材料制造和承受静载荷的容器而言，对因不连续应力数值较大可能引起脆性破坏或影响疲劳寿命的容器，则要进行详细计算，并按有关的设计规定进行评定[21]。

4）热应力的基本概念

大多数容器运行在一定的温度下，此温度往往与容器在未运行或安装时的温度（室温）不相同，这种温度的改变（升高或降低）使结构发生膨胀或收缩变形。当这种变形受到自身内部或相邻部件的限制（或称约束）时，将在器壁内产生应力，把此应力称为温差应力或热应力。这里重要的是变形受到限制，否则部件可以自由伸缩，就不会产生温差应力。

温差应力概念可以用如下简单的例子说明。图 5.18(a)为一根长为 L 的直管，管子一端被约束。当管子受热工作时，由于工作温度 T 与安装温度 T_a 存在温差 $\Delta T=(T-T_a)$，管子要伸长，其伸长量为 $\Delta L=\alpha L\Delta T$，$\alpha$ 为管子材料的线膨胀系数，1/℃；当另一端也被约束时[图 5.18(b)]，这一伸长量完全被限制，相当管子受到一约束反力（本例为压缩力），其压缩量等于伸长量，因此存在以下关系：

$$\Delta L = -PL/EA \tag{5.10}$$

式中，E——管子材料的弹性模量，MPa；

A——管子的横截面积，mm^2。

因此，可得温差应力为

$$\sigma_T = -\alpha E \Delta T \tag{5.11}$$

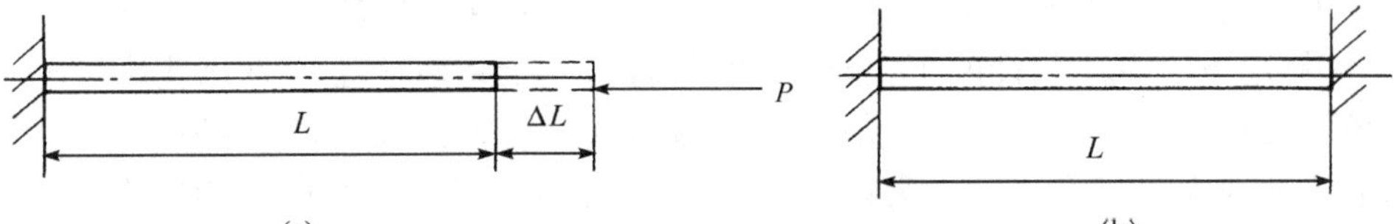

图 5.18　热应力的基本概念

由式(5.11)可知，温差应力仅与温度差和材料的物理性质(E、α)有关，与部件尺寸无关。温差越大，应力越高。因此，在实际工程设计中，对于较小的温差，可不考虑温差应力。温差应力也存在容器相连的两个部分温度不同，致使变形不等(如换热器的列管与筒体存在壁温差)或者相连两个部分因材料不同使线膨胀系数不相同(如复合钢板制成的容器)，或者同一部分的内部温度分布不均匀(如厚壁容器内外壁存在温差)等情况中。同时温差应力也具有与上述不连续应力类似的自限性质。由于产生温差应力原因之一系约束变形所致，因此采用挠性结构、避免刚性约束等都可以降低或消除温差应力，如在固定管板列管式换热器的壳体上设置 U 型膨胀节，蒸汽热管线上安装 Ω 型补偿器或滑动支座等。

2. 设计方法简介

工程上，压力容器设计有两种方法：按规则设计和按分析设计。前者是基于经济方法的设计，其典型过程是确定设计载荷，选用设计公式、曲线或图表，并对材料取一个安全应力，最终给出容器的基本厚度，然后根据规范许可的构造细则及有关制造检验要求进行制造。它不需要详细的应力分析。事实上，在正常的工作条件下制定的设计规则已能根据经验将容器的最大应力控制在一个安全水平上，因此它是基于理论、实验和以往成功经验的一种方法。而后者需要考虑作用在容器上载荷的性质，进行详细的应力分析，计算得到的应力按其对容器破坏的作用分类，与安全应力比较和评定，并加上严格的材料、制造和检验要求。应当说这种方法比较严密科学，但设计和制造等费用必然是昂贵的。前面提及的 GB 150《钢制压力容器》即属于按规则设计或称常规设计，而 JB 4732《钢制压力容器——分析设计标准》则属按分析设计方法。这里仅简介常规设计方法。压力容器设计的目的是把容器可能发生的破坏从工程设计角度限制在安全水平之内，即依据特定的使用条件，有效地利用选定材料的强度或刚度，使容器或其部件在设计寿命内不失去正常工作能力，也就是所谓“设计准则”。压力容器设计准则有强度设计准则和刚度设计准则两种，而前者又分弹性失效设计准则、弹塑性失效设计准则、塑性失效设计准则、爆破失效设计准则等，此处仅介绍弹性失效设计准则内容。按照弹性失效设计准则，假定容器在操作中不出现涉及总体范围的较大变形，即在内压力等静载荷作用下，容器壁中的最大当量应力(σ_d)不超过材料的弹性极限，并考虑应力分析、材料性质等方面估计的不精确性，采用通过安全系数确定的许用应力($[\sigma]$)代替弹性极限。如对上述的受均匀内压力的薄壁圆筒容器而言，弹性失效设计准则是以筒体的周向薄膜应力作为最大当量应力，使其保持在材料的许用应力之内，从而确定它的计算壁厚。这里提到的当量应力则是通过理论假设得到一相当应力，以代替容器实际受到的复杂应力，并将它与该容器材料的简单拉伸或压缩试验中得到的弹性或塑性极限值(σ)进行比较。当量应力的确定有各种理论依据，谓之“强度理论”。压力容器设计规范中应用较早又较广泛的一种强度理论是“最大正应力理论”，该理论假设容器材料受到多向应力，如其最大主应力等于或大于同样材料的试件在简单拉伸试验中失去弹性时的最大正应力即告破坏。用数学表达式表示如下：

$$\sigma_d=\sigma_2=pD_c/2t\leqslant“\sigma”/n=[\sigma] \tag{5.12}$$

若需确定圆筒的计算壁厚 t 时，则将式(5.12)改变为(以下用计算压力 p_c 代替工作压力 p)：

$$t=p_c D_c/2[\sigma] \tag{5.13}$$

若考虑焊接和温度因素，且有 $D_c=D_i+t$，则

$$t=p_c D_i/(2[\sigma]^t\phi-p_c) \tag{5.14}$$

式中，p_c——计算压力，MPa；

D_i——容器内径，mm；

$[\sigma]^t$——设计温度下材料的许用应力，MPa；

ϕ——焊接接头系数，$\phi\leqslant1$，考虑容器因焊接致使容器母材强度减弱的系数，根据焊接接头型式和无损检测的长度比例确定，具体数值参见表 5.6。

表 5.6 焊接接头系数

焊接接头型式	无损检测长度比例	焊接接头系数 ϕ
双面焊对接接头或全焊透对接接头	100%	1.00
	局部	0.85
单面焊对接接头(沿焊缝根部全长有金属垫板)	100%	0.90
	局部	0.80

再考虑钢材厚度负偏差和由于腐蚀、机械磨损而导致厚度减薄等因素，实际制造容器的符合钢材标准规格的厚度或称名义厚度 t_n 为

$$t_n = t + C_1 + C_2 + \Delta t \tag{5.15}$$

式中，t——计算厚度，mm，由式(5.14)计算得到；

C_1——钢材厚度负偏差，mm，按钢材标准的规定，C_1 不大于 0.25mm 且不超过名义厚度的 6%时，C_1 可忽略不计；

C_2——腐蚀裕量，mm，具体数值要视器内介质、使用条件和容器寿命等因素而定，当介质为压缩空气、水或水蒸气时，C_2 不小于 1mm；

Δt——厚度圆整值，mm。

【例 5.2】 一压缩空气常温储罐，内直径为 600mm，材料为 20R，焊接接头为双面焊对接接头，经 100%无损探伤，承受内压为 6.3MPa，则保证该容器有足够强度所需的壁厚为多少？已知 6～16mm 厚 20R 钢板常温下的 $[\sigma]^t = 133$MPa。

解　取 $p_c = 6.3$MPa，$C_1 = 0$，$C_2 = 1$，查表 5.6 有 $\phi = 1.00$，$D_i = 600$mm，故按式(5.14)可得

$$t = p_c D_i / (2[\sigma]^t \phi - p_c) = 6.3 \times 600 / (2 \times 133 \times 1.00 - 6.3) = 14.5(\text{mm})$$

则

$$t_n = t + C_1 + C_2 + \Delta t = 14.5 + 0 + 1.0 + 0.5 = 16(\text{mm})$$

5.5.3　压力容器的结构设计

常规压力容器设计，除了通过计算保证容器总体的强度、刚度和稳定性要求外，对于前述的结构不连续或温度载荷引起的附加应力等有碍容器安全的因素，虽然不采用按分析设计方法，进行详细应力分析和评定，但需要在结构上采取措施，减少附加应力和应力集中程度，此外合适的结构也是方便制造、检验，保证容器制造质量的重要措施。事实也表明，许多压力容器破坏的直接原因是结构的不合理性，导致应力集中，焊接缺陷等不安全因素。例如，1978～1981 年，年产 3000t NH_3 的工厂发生过六起氨冷凝器爆炸事故，原因是封头与管板连接处的环向角焊缝根部存在严重的未焊透缺陷，再加上该处本身结构不连续引起了很高的应力集中，因此在实际运行的交变载荷作用下，导致焊缝根部的裂纹萌生和疲劳扩展，直至发生爆炸。因此，压力容器设计过程中要在总体或局部结构、焊接结构和接头型式等方面遵循便于制造、利于检验、避免局部附加应力和应力集中的一般性原则。而对具体应用来说，大致有以下方面：

(1) 防止压力容器各承压部件连接处的几何形状、厚度、材料和载荷(包括温度)等突变形成的总体和局部结构不连续，产生的过高的局部应力。例如，可以采用圆滑过渡或斜坡过渡形式消除几何形状或厚度的突变。

(2) 避免压力容器上局部高应力和它们之间的相互叠加,前者如在容器上限制开大孔,容器设计规范有凸形封头或球壳的开孔最大直径不超过壳体内直径的 1/2 的规定等;即使一般性开孔必要时要有局部补强措施,如采用补强圈、厚壁接管或整体补强等;后者则采用高应力区与强度薄弱环节错开分隔,例如在凸形封头过渡部分一般不开孔,以避免与封头过渡区不连续效应叠加;又如使接管、支座避开筒体纵环焊缝;筒体或其他受压元件的拼接焊缝应彼此错开一定距离等。

(3) 合理选择焊接结构和接头型式,如避免未焊透结构和刚性焊接结构,优先采用等厚对接接头,尽量少用连接强度差的搭接和未焊透的角接接头,以减少焊接变形和附加应力。

(4) 检验部位要方便无损检验,以准确发现制造缺陷。例如,整体补强的接管比补强圈补强的接管容易进行超声波检验。

5.5.4 压力容器的设计管理

压力容器的正确设计是保证其安全运行的先决条件。为了加强对压力容器设计的安全监察,确保压力容器的设计质量,实行压力容器设计许可制度。根据 TSG R1001—2008《压力容器压力管道设计许可规则》规定,压力容器设计单位必须取得国家质量监督检疫总局颁发的《特种设备设计许可证》方可进行设计工作。按照压力容器的品种和类别,压力容器设计许可分为 A 级、C 级、D 级和 SAD 级等级别,每一级别又分为若干等级,如 A1 级,指超高压容器、高压容器;D1 级,指第一类压力容器;D2 级,指第二类压力容器;SDA 级,指压力容器应力分析设计等。压力容器设计单位根据其专业设计能力和满足规定的基本条件,申请相应的压力容器设计许可的级别。设计许可并按照分级管理的原则,分别由国家质检总局和省级质量技术监督部门负责受理和审批。因此,压力容器设计必须由具有相应许可类别、级别的设计和审批资格单位进行。设计单位对设计文件的质量负责。设计单位在设计压力容器时,应当满足国家有关技术规范、标准的要求。《设计许可证》有效期为 4 年,有效期满需要办理换证手续后继续从事设计工作。

5.6 压力容器的安全制造

如前所述,压力容器发生破裂事故大多数是制造质量的低劣所致。而压力容器大部分通过冷热加工成形与组装而成,其中热加工中以焊接居多。而焊接过程中的许多因素导致焊缝及其热影响区的焊接缺陷,正是这些缺陷成为容器破裂的策源地。这些缺陷包括气孔、夹渣、裂纹、未焊透、未溶合和咬边等，此外存在组织和性能的不均匀性和较大的附加应力等。因此，焊接接头的质量好坏反映容器制造质量的优劣，直接影响容器使用的安全性。压力容器的制造缺陷可分为成形组装缺陷和焊接缺陷两类，下面分别简要介绍它们的特征、成因和对容器安全性的影响，防范缺陷发生的措施以及制造质量的安全管理和监察。

5.6.1　压力容器的制造缺陷[25]

1. 焊接缺陷

焊接技术始于 20 世纪初，焊接结构的用材占钢产量的 50%左右，广泛用于各个工业部门。影响焊接质量的因素很多，涉及焊接材料、焊接结构、焊接设备、焊接工艺和环境以及焊工的操作水平等。对焊接质量的安全保证主要是对制造容器材料，通过焊接工艺评定确定合理的焊接方法和工艺，并利用无损检测技术检验焊接质量，从而确保焊接结构的安全可靠。

熔化焊接接头形成过程包括加热、熔化、冶金反应、结晶、固态相变等，或可以说包含三个局部过程，即热过程、化学冶金过程、结晶和相变过程。正是这些复杂的物理化学过程使焊接部位存在化学成分不均匀、组织性能不均匀、附加应力较大(焊接应力集中或残余应力)以及焊接缺陷较多等问题。其中焊接缺陷是威胁容器安全的最主要的因素，焊接缺陷(图 5.19)按其位置分以下几类：

1) 外部缺陷

外部缺陷包括焊缝成形不良、焊缝尺寸不符合要求，以及咬边、弧坑、过烧、电弧擦伤等表面缺陷。

(1) 形状缺陷：焊缝表面粗糙；焊道熔敷不均匀；焊缝与母材不圆滑过渡等；

(2) 尺寸缺陷：焊缝宽度太宽或太窄；焊缝加强高过高或过低，甚至下陷[图 5.19(a)]等。

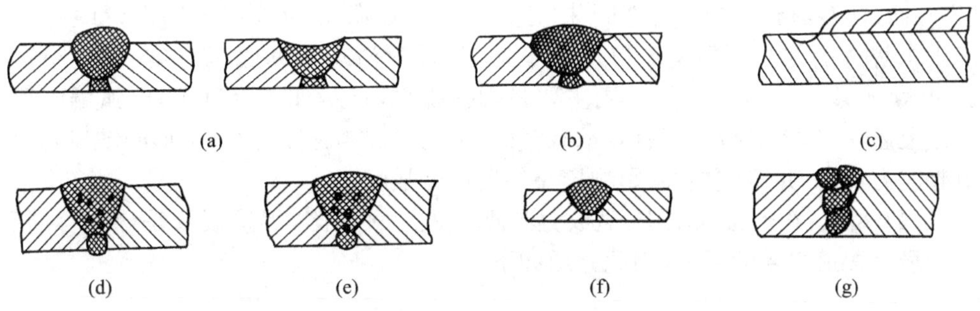

图 5.19　焊接缺陷

以上两类缺陷使焊缝的有效承载截面减少，造成局部的应力集中，削弱了抗疲劳强度。产生这些缺陷的原因是焊接坡口角度不当或装配间隙不均匀，焊接规范选择或操作控制不当等。

(3) 咬边：指焊趾的母材部位产生凹陷或沟槽[图 5.19(b)]，主要原因系焊接时焊接工艺参数不当，如焊接电流过大、电弧过长；焊接速度太快；焊接作业位置不正确等。

(4) 弧坑：这是在焊接断弧或收弧时，焊道末端形成的低洼部分[图 5.19(c)]。产生的主要原因是熄弧时间过短或焊接薄板时焊接电流过大等。

(5) 其他：烧穿、焊瘤、电弧擦伤等。

以上这些缺陷同样削弱了焊接接头的强度，并造成的应力集中和诱发疲劳裂纹。

2) 内部缺陷

内部缺陷包括夹渣、气孔、未焊透、未熔合和裂纹等。焊接缺陷中以焊缝内部缺陷对焊接容器安全的危害最突出。

(1) 夹渣：残留在焊缝中的非金属夹杂物[图 5.19(d)]。产生夹渣的原因往往是操作不当，使熔渣混入溶池；焊缝坡口过小或焊接电流过小或速度太快，使溶渣未及浮出；每层焊道的熔渣未清理干净而残留在焊缝内等。

(2) 气孔：溶池金属中的气体在金属凝固时未及时逸出而留下的空穴[图 5.19(e)]。形成气孔的气体主要来源于周围大气，溶解在母材、焊接材料(焊丝和焊剂)中的气体，以及油或锈等赃物受热分解和焊接时的冶金反应产生的气体等，所以焊接材料和焊接工艺方面导致焊接过程产生气体的因素都是形成气孔的原因，如焊条药皮或焊剂受潮，未按要求烘干；气体保护不良等。气孔和夹渣的存在，减少了焊缝的静承载能力，对疲劳强度则有较大的影响，因为它们虽不完全是裂纹，但也是一种缺口，同样会引起应力集中。

(3) 未焊透和未熔合：焊接接头根部未完全熔透的现象称为未焊透[图 5.19(f)]；而焊道与母材或焊道之间未完全熔合的现象称为未熔合[图 5.19(g)]。产生未焊透的主要原因是坡口尺寸不适当，焊根清理不彻底，焊接电流过小，弧长过大、速度过快等。未熔合则主要是焊接操作所致，如热流过小，电弧偏向等。

上述缺陷，不仅减少了有效承载截面，削弱了焊缝强度，而且也形同缺口，容易引起应力集中，并造成裂纹，影响接头的抗疲劳强度。

(4) 裂纹：在焊接缺陷中，裂纹是最严重的一种缺陷，焊接裂纹是导致容器破坏的最直接最主要的原因，因此介绍如下。

2. 焊接裂纹的类别和成因

焊接裂纹若按其产生的温度和时间不同，有热裂纹、冷裂纹和再热裂纹之分。

1) 热裂纹

热裂纹是焊接接头的冷却过程中，温度处于固相线附近的高温区(700～1000℃)产生的焊接裂纹，主要出现在焊缝金属中，少量在热影响区。产生热裂纹主要是由于焊接溶池在结晶过程中存在偏析现象，偏析元素形成的物质多为分布在晶界上的低熔点共晶和杂质，因其最后凝固且强度又低，当受到焊缝冷却收缩的拉力作用时容易产生开裂，所以这种开裂也通常沿晶界发生。如果母材存在低熔点共晶和杂质，在热影响区同样也会产生热裂纹。

2) 冷裂纹

冷裂纹是焊接容器最常见的裂纹，冷裂纹产生在焊缝冷却到马氏体转变温度(200～300℃)或以下的温度，故称冷裂纹。冷裂纹可以在焊后立即出现，也可以延迟一定时间出现，因此也称为延迟裂纹。因延迟裂纹大多为氢致裂纹，也称氢致延迟裂纹。冷裂纹的这种延迟性质，因不能预见可能导致突发事故，所以其比一般的裂纹危险性更大。冷裂纹多数产生在热影响区，也可产生于焊缝中。热影响区裂纹的位置包括焊道下裂纹(图5.20中a)、焊趾裂纹(图5.20中b)、根部热影响区裂纹(图5.20中c)、横向热影响区裂纹(图5.20中d)等；焊缝金属裂纹的位置有横向裂纹(图5.20中e)、纵向裂纹(图5.20中f)和根部裂纹等(图5.20中g)。冷裂纹有穿晶的，也有晶间的。前者存在于淬硬性较低的钢中，而后者则相反。产生冷裂纹的主要是材料的可焊性，即材料形成对冷裂纹敏感的淬硬组织的倾向性；焊缝或热影响区的氢浓度；焊接接头的拘束应力(包括焊接热应力、焊接接头金属组织转变的组织应力、焊件对焊接接头的刚性拘束应力等)等因素综合作用的结果。

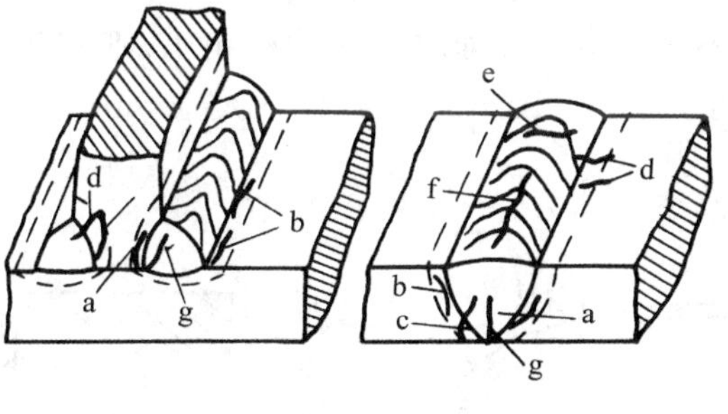

图5.20 冷裂纹出现的部位

a. 焊道下裂纹；b. 焊趾裂纹；c. 根部热影响区裂纹；d. 横向热影响区裂纹；
e. 横向裂纹；f. 纵向裂纹；g. 根部裂纹

3) 再热裂纹

再热裂纹是当对容器进行消除焊接残余应力退火处理(500～700℃)或经历多道焊或长期高温下使用时，在焊接热影响区的粗晶粒区沿晶界开裂的裂纹。

影响产生再热裂纹的因素主要是材料中能引起沉淀强化的碳化物元素（如 V、Nb、Ti 等），焊接的拘束应力（包括焊接残余应力或应力集中等）、焊接或热处理工艺等。

由上述可知，在容器的焊接制造过程中，容易发生各种焊接缺陷，这些缺陷对容器的安全使用是潜在的威胁，尤其是裂纹性缺陷，所以加强焊接和焊后热处理工艺的监督和焊接的无损检验，及时发现和消除超标的焊接缺陷，是压力容器安全保障体系中十分重要的环节。

3. 成型、组装缺陷

压力容器的主要承压部件，如壳体、封头和接管等多数是由钢板通过冷热加工制成。在此成型和组装过程中，往往会由于机械设备和人为操作等原因产生各种缺陷，这些缺陷同样对容器的安全造成危害。这些缺陷包括：

1）成型缺陷

成型缺陷主要指表面形状的偏差，包括截面不圆度、表面凹凸不平和纵向皱折等。例如，按 GB 150 的规定：凸形封头内表面的形状偏差如图 5.21 所示，当用弦长等于封头内径 3/4 D_i 的内样板检查时，其最大间隙不得大于封头内径的 1.25%；封头直边部分的纵向皱折深度应不大于 1.5mm。

2）组装缺陷

组装缺陷指接头的尺寸偏差，包括圆筒纵缝或环缝对口错边量 b（图 5.22）、环向或轴向形成的棱角 E（图 5.23）。按 GB 150 的规定：如对口处钢板厚度 t_n 不大于 12mm 时，对口错边量 b 应不大于 t_n 的 1/4；当用弦长等于 1/6 内径 D_i，且不小于 300mm 的内样板或外样板检查时，环向形成的棱角 E 不得大于 $(t_n/10+2)$mm，且不大于 5mm；轴向形成的棱角 E，则用长度不小于 300mm 的直尺检查，其值不得大于 $(t_n/10+2)$mm，且不大于 5mm。关于限制这些缺陷的详细要求参阅文献[24]。

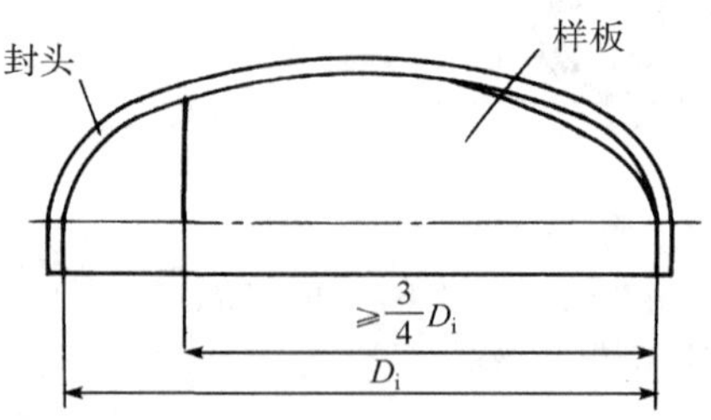

图 5.21　凸形封头的形状偏差图

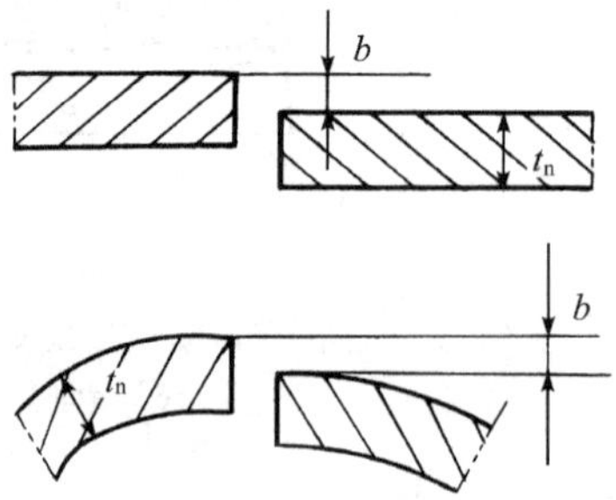

图 5.22　焊缝对口错边

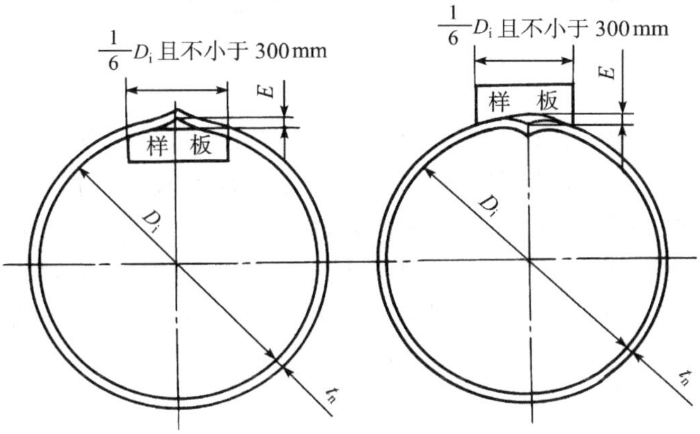

图 5.23　焊缝棱角

成型缺陷往往引起过大的附加弯曲应力，而焊接接头的对口错边量和棱角等组装缺陷是脆性破裂的根源，影响容器的安全性。例如，1968 年 4 月日本千叶 $1000m^3$ 的球罐在水压试验时发生脆性破裂的事故即起因于错拼球瓣，使球瓣组焊的对口错边量和棱角严重超标。

5.6.2　压力容器的制造检验

如前所述，压力容器在制造过程中可能产生缺陷，而它们都是各种事故的隐患，因此确保容器在制造过程中得到可靠的质量保证，是十分重要的。对压力容器制造质量的控制主要体现在设计审查、材料验收、焊接管理、无损检测和压力试验等方面。除设计、材料检查外，本节简要介绍容器制造过程中主要的质量控制或检验要求。

1. 宏观检查

用肉眼直接观察或量具对容器内外表面进行检查或测量，检查项目包括腐蚀或磨损状况、机械损伤状况、密封状况、变形状况、安全装置和指示仪表状况等。

2. 焊接工艺评定和产品焊接试板

焊接工艺评定是容器制造厂在产品焊接之前，依据所用钢材的焊接性能试验，进行必要的焊接工艺验证性试验。它既验证拟订的焊接工艺的可靠性，还考核施焊设备的能力和人员的素质。因此，焊接工艺评定是焊接质量的重要保证。压力容器的焊接工艺评定要求按照 JB 4708《钢制压力容器焊接工艺评定》中的规定。焊接控制的另一关键是产品焊接试板，包括试板条件、数量、试板和试样的要求、试样的力学性能检验与评定等，是对焊接材料、焊接工艺和焊接环境的综合考核。有关产品焊接试板见《容规》或 GB 150《钢制压力容器》等规定。

3. 无损检测

无损检测是不损坏材料而通过射线、超声波、磁粉、渗透和涡流检测等方法对焊接接头内部和表面的缺陷进行检验。各种方法都有其局限性，如超声波检测对裂纹这类平面型缺陷灵敏度比射线探伤高，而射线检测则以检验如气孔、夹渣等体积型缺陷较有效；磁粉、渗透检测主要用于检查表面缺陷。压力容器的无损检测也按《容规》、JB/T 4730《承压设备无损检测》和 GB 150《钢制压力容器》等有关规定进行与验收。

4. 耐压试验

耐压试验起什么作用、达到什么目的众说不同，有人认为是发现重大的泄漏；而其他一些人认为应没有泄漏，不论大的或小的。也有认为超设计压力的试验可以考核承受实际使用压力的能力，或容器投入运行前发现设计的错误或潜在的制造缺陷，甚至认为可达到释放某些应力，延缓裂纹的扩展速度的目的。尽管如此，耐压试验仍是容器产品竣工验收的必要检验项目。耐压试验中的试验介质、试验压力和试验温度等都有规定。通常试验介质采用洁净水或其他无燃爆危险的液体，此时的压力试验也称为液压试验。液压试验的试验压力对固定式钢制压力容器而言，取 1.25 倍设计压力，并乘以容器材料在试验温度下的许用应力与设计温度下的许用应力之比值。而试验温度与容器材料有关，如碳素钢、16MnR 和正火 15MnVR 钢容器，则规定液体温度不得低于 5℃，其他低合金钢不得低于 15℃。当设计和支承的容器不允许充满液体或者不允许残留水或其他液体，则需要用空气或其他惰性气体代替液体进行压力试验（也称气压试验），不过其试验压力和试验温度与液压试验要求不同。气压试验的试验压力取 1.15 倍设计压力，并乘以容器材料在试验温度下的许用应力与设计温度下的许用应力之比值；其试验温度对碳素钢和低合金钢容器则不得低于 15℃。耐压试验时，压力容器壳体的环向薄膜应力，对液压试验，不得超过试验温度下材料屈服点的 90 %与焊接接头系数的乘积；对气压试验，不得超过试验温度下材料屈服点的 80 %与焊接接头系数的乘积；其他要求和试验步骤见 GB 150《钢制压力容器》或《容规》中的有关规定。

5. 气密性试验

当介质的毒性程度为极度、高度危害或设计上不允许有微量泄漏的压力容器，则必须在液压试验后进行气密性试验。气密性试验的试验压力为压力容器的设计压力；对碳素钢和低合金钢容器，试验用气体的温度不得低于 5℃。

5.6.3　压力容器的制造管理[26]

综上所述，在压力容器的安全质量链（材料—设计—制造—制造检验—在役检查）中，制造和制造检验是至关重要的链节。压力容器的制造质量关系到承压设备投入运行后，能否可靠地满足工艺要求和保证安全运行。因此，压力容器制造单位要建立健全的质量保障体系并使之有效地运行，即包含满足制造容器的工艺性能、安全可靠性、达到设计寿命和经济性所必需的有计划、有系统的全部活动。建立压力容器的质量保证体系，编制压力容器质量保证手册，制定企业标准（包括管理制度、程序文件、作业指导书、通用工艺及特殊方法标准等），对产品安全性能的项目，包括图样资料、材料、焊接、外观几何尺寸、无损检验、热处理、耐压试验、气密试验、安全附件、出厂技术资料和监检资料等进行全面监督检查，即制造质量管理的全部内涵。只有如此，才能最大限度地保证压力容器产品的安全质量。因此，压力容器的制造单位应取得《压力容器制造许可证》，并按批准的范围制造。制造单位应严格执行国家法律、法规、行政规章制度和规范、标准，严格按照设计文件制造压力容器。例如，对于焊接工艺应严格按照《锅炉压力容器压力管道焊工考试与管理规则》、《钢制压力容器焊接工艺规程》（JB/T 4709—2000）、《钢制压力容器焊接工艺评定》（JB 4708—2000）、《钢制压力容器产品焊接试板的力学性能检验》（JB 4744—2000）等进行管理和控制；对焊接接头的返修，按照《容规》规定：同一部位的返修次数不宜超过两次。超过两次以上的返修，应经制造单位技术总负责人批准；制造过程中发生对原设计的修改，包括加工尺寸的变更、无损检测方法的改变、对主要受压元件的材料代用等，制造单位应征得原设计单位同意，按设计修改通知单的要求进行制造，并标注在竣工图样上；产品出厂时，制造单位应提供竣工图样、压力容器产品合格证、产品质量证明文件（产品合格证、主要受压部件材质证明书、无损检测报告、热处理报告、压力试验和泄漏试验报告）、产品铭牌、特种设备制造监督检验证书等文件。

5.7　压力容器的定期检验

5.7.1　定期检验的目的和意义

压力容器的定期检验是指在容器的使用过程中，定期对其进行各种检查，目的是及时查清设备的安全状况，及时发现设备的缺陷和隐患，及时排除险情或采取监控措施，确保压力容器在检验周期内连续的安全运行。压力容器在使用过程中，由于受到内外各种环境因素作用，不可避免地构造容器的材料会发生物理或化学变化，引起机械性能下降，产生裂纹、变形、磨损等缺陷，包括原来材料和制造过程未检测到的微小缺陷产生的扩展。如果这些缺陷不能及早发现或消除，任其发展下去，势必在继续使用过程中导致容器发生泄漏或破裂，最后引起燃烧、爆炸和中毒等严重事故。在这方面，国内外已经有过不少经验和教训。因此，实行压力容器定期检验，及时查清压力容器的安全状况，及早发现存在的缺陷，及时消除缺陷和隐患，防止事故发生，是确保压力容器长期、可靠、稳定和安全运行的一项行之有效的措施。压力容器的定期检验按照 TSG R 7001—2004《压力容器定期检验规则》（以下简称《规则》）进行。

5.7.2　定期检验的检验内容和要求[27]

1. 检验类别和检验周期

压力容器定期检验分为年度检查、全面检验和耐压试验。年度检查是指为了确保压力容器在检验周期内安全而实施的运行过程中的在线检查。全面检验是指压力容器停机时的检验，全面检验应当由检验机构来进行。耐压试验是指压力容器全面检验合格后，所进行的超过最高工作压力的液压试验或气压试验。年度检查每年至少一次。全面检验按照压力容器的安全状况等级，检验周期分别为：

(1) 安全状况等级为 1、2 级的，一般每 6 年一次。

(2) 安全状况等级为 3 级的，一般 3～6 年一次。

(3) 安全状况等级为 4 级的，其检验周期由检验机构确定。

压力容器一般应当在投用满 3 年时进行首次全面检验。根据具体情况，全面检验周期可以适当缩短或延长。例如，介质对压力容器材料的腐蚀情况不明或者介质对材料的腐蚀速率每年大于 0.25mm，以及设计者所确定的腐蚀数据与实际不符的；材料表面质量差或者内部有缺陷的；停止使用时间超过 2 年的；搪玻璃设备等，全面检验周期可以适当缩短。而安全状况等级为 1、2 级的压力容器并符合一定条件的，检验周期也可以适当延长，如非金属衬里层完好，最长可以延长至 9 年等，读者可参见《规则》中的相关规定。

对固定式压力容器，耐压试验原则上每 2 次全面检验期间内应当进行一次，而对一些特殊情况，如对用焊接方法更换受压元件；改变使用条件，超过原设计参数并且经过强度校核合格；停止使用 2 年后重新复用；从外单位移装或本单位移装等，全面检验合格后必须进行耐压试验。

当全面检验、耐压试验和年度检查在同一年度进行时，应当依次进行全面检验、耐压试验和年度检查，其中全面检验已经进行的项目，年度检查时不再重复进行。

对设计图样注明无法进行全面检验和耐压试验的压力容器，应由使用单位提出申请，地、市级安全监察机构审查同意后报省级安全监察机构备案。因特殊情况不能按期进行全面检验或耐压试验的压力容器，应由使用单位提出申请并经使用单位技术负责人批准，征得原设计单位和检验单位同意，报使用单位上级主管部门审批，向发放《压力容器使用证》的安全监察机构备案，方可推迟或免除。

2. 检验项目和方法

压力容器的年度检查包括使用单位压力容器的安全管理情况检查,压力容器本体和运行状况检查和压力容器安全附件检查等。检查方法以宏观检查为主,必要时进行测厚、壁温检查和腐蚀介质含量测定、真空度测试等。

全面检验的具体项目包括宏观检查,保温层、隔热层和衬里检查,壁厚测定,表面无损检测,埋藏缺陷检测,材质检查,紧固件检查,强度校核,安全附件检查,气密性试验等项目。检验的方法以宏观检查、壁厚测定、表面无损检测为主,必要时可以采用超声检测、射线检测、金相检验、化学分析或者光谱分析、强度校核或者应力测定等其他方法。宏观检查主要是检查外观、结构及几何尺寸是否满足容器安全使用要求。

耐压试验包括液压试验或气压试验,具体方法与 5.6.2 相同。

3. 检验的一般程序

压力容器检验的一般程序如图 5.24 所示。

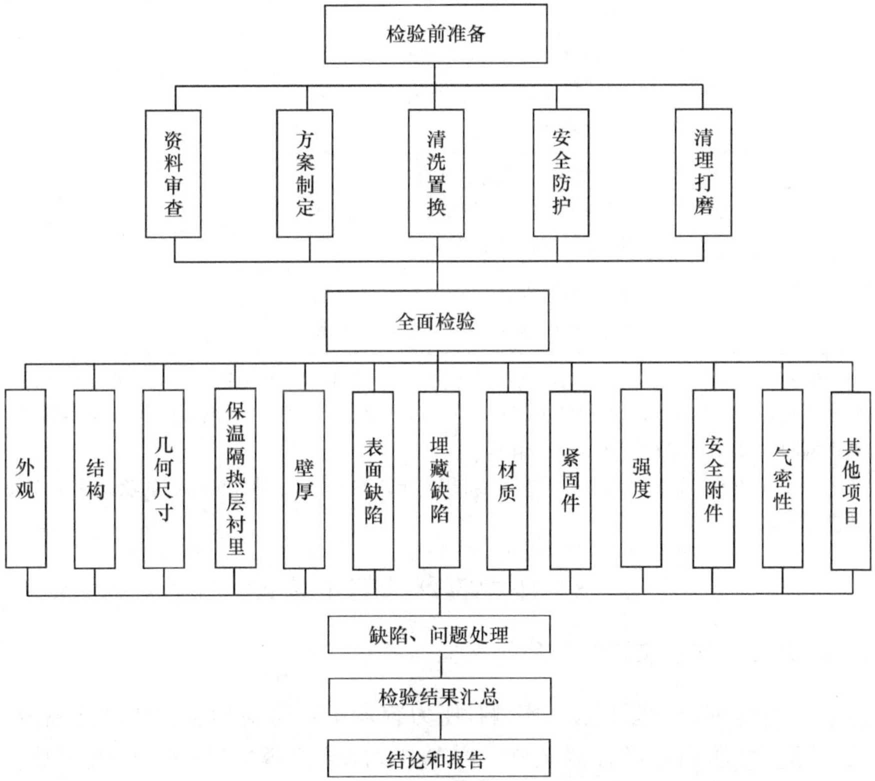

图 5.24　压力容器检验的一般程序

4. 安全状况等级评定[28]

根据《压力容器使用登记规则》的附件二"压力容器安全状况等级的划分和含义",在用压力容器的安全状况划分为五个等级,如表5.7所示。因此,对在用压力容器进行定期检验后,根据其材质、结构、裂纹、机械损伤和腐蚀磨损、焊接和制造缺陷、耐压试验等的检验结果,综合评定出在用压力容器的安全状况等级。需要维修改造的压力容器,按照维修改造后的复检结果进行安全状况等级的评定。对检验结果的安全状况等级评定的具体规定读者可参见"压力容器定期检验规则"相关规定。

表5.7 在用压力容器安全状况等级

等级	出厂资料状况	设计制造质量状况	检验报告结论
1	齐全	符合有关法规和标准	在设计条件下能安全使用
2	基本齐全	基本符合有关法规和标准;存在某些不危及安全可不修复的一般性缺陷	在法规规定的定期检验周期内,在规定的操作条件下,能安全使用
3	不够齐全	主体材质、强度、结构基本符合准的要求,存在某些不符合有关法规或标准的问题或缺陷	在法规规定的定期检验周期内,在规定的操作条件下,能安全使用
4	不齐全	主体材质不明或不符合有关规定;结构和强度不符合有关法规和标准的要求;存在严重缺陷	在法规规定的检验周期内,需要在规定操作条件下监控使用
5		缺陷严重,难于或无法修复,无修复价值或修复后仍难于保证安全使用	判废

注:1. 对于新压力容器2级的要求:出厂资料齐全;设计、制造质量基本符合有关法规和标准的要求,但存在某些不危及安全且难以纠正的缺陷,出厂时已取得设计单位、用户和用户所在地劳动部门锅炉压力容器安全监察机构同意;在设计条件下能安全使用。

2. 表中所述缺陷是指该压力容器最终存在的状态,如缺陷已消除,则以消除后的状态确定该压力容器的安全状况等级。

5.8 压力容器的安全装置

5.8.1 压力容器安全装置的作用与类型

由于某些物理或化学因素的影响,压力容器不可避免地会发生超压现象,即容器内的实际工作压力超过容器能够承受的压力,导致容器破裂等重大事故。除了采取必要的防范措施避免容器发生超压外,一旦发生超压,需要自动、及时、迅速泄压,以保证压力容器安全运行。因此,设置超压泄放等安全装置是压力容器不可缺少的安全附件。压力容器安全装置按照功能可分成三类：

(1) 安全泄压装置。超压泄压装置的作用是当容器或系统在正常工作压力下运行时，该装置不起作用，但一旦器内介质压力超过其设定的安全压力时，它将自动开启，迅速泄出器内部分或全部介质，器内压力不再持续攀高，达到保护容器的目的。超压泄压装置包括安全阀、爆破膜及其组合等。

(2) 显示或(和)报警装置。显示装置用于显示容器运行过程中的压力、温度、液位等状况，如各种压力表、液面计、测温仪表等。有些显示装置附带有自动报警作用，能在超限时发出声光等预警讯号。

(3) 安全联锁装置。安全联锁装置目的是防止人为的错误操作或难以预料的工艺状况的变动，该装置能依照设定的工艺参数自行调节和控制，保证容器在稳定的工艺条件范围内安全运行。通常这种装置可同时具有显示或报警作用，如快开门式压力容器安全联锁装置、紧急切断阀、电接点压力表或温度计等。

5.8.2 压力容器安全装置的基本要求

对压力容器安全装置有以下两个基本要求：

(1) 选用的安全装置要满足设备的工艺操作要求，如压力和温度等，且有良好的密封性，其所用的材料要适应包括黏性大、毒性大、腐蚀性强、压力有波动等介质。

(2) 安全装置的结构要能及时迅速排放器内介质，泄压反应快，动作及时，无明显的滞后现象。从定量上要求装置的排气量 G 大于安全泄放量 W_S。排放量 G 指装置完全开启后，在排放压力下单位时间容器能够排出的介质量，而安全泄放量 W_S 指容器超压时，保证压力不升高单位时间必须排出的介质量。

5.8.3 压力容器的安全泄压装置

1. 类型

安全泄压装置是压力容器安全装置中最主要的一类。按其结构可分成安全阀、爆破膜、易熔塞以及安全阀与爆破膜构成的组合型式。

1) 安全阀

安全阀属于一种阀型安全泄压装置，仅用于排放容器或系统内高出设定压力的部分介质，在压力降至正常值后能自动复位，容器或系统仍可继续运行。因此其突出优点是能自动开闭，可以调节，不致中断生产，但存在密封性较差，会有微量泄漏，有滞后现象，不能适应要求快速泄压的场合。此外，对高黏性或含固体颗粒的介质，可能造成堵塞或粘连而影响使用。

2) 爆破片装置

爆破片装置由爆破片(或爆破片组件)与夹持器(或支承圈)等装配而成，爆破片是爆破片装置中，能够因超压而迅速动作的压力敏感元件；夹持器用以固定并支承爆破片,保证爆破片准确动作。当爆破片两侧压力差达到预定温度下的预定值时,爆破片即刻动作(破裂或脱落),泄放出压力介质。爆破片装置属于一种断裂型安全泄压装置。因此,爆破片装置与安全阀不同,是不可逆作用,不能回复原来状态,造成操作中断,但是它具有密封性好、反应迅速、灵敏度高、泄放量大,能适应黏性大、毒性大、腐蚀性强的介质,特别是因异常化学反应导致压力瞬间急剧升高或达到燃爆的场合。

3) 安全阀与爆破片装置的组合形式

安全阀具有动作后回复的优点,但不能完全密封,不适合黏稠物料;爆破片则具有排放量大,密封性好的特点,但破裂后不能恢复。因此,在一些特殊的场合,将两者组合起来使用,可以充分发挥它们各自的优点。这种组合有串联和并联两种形式,如图 5.25 所示。串联[图 5.25(b)、(c)]系在弹簧式安全阀入口或出口处装设爆破片,并联[图 5.25(a)]则是在容器上同时安装弹簧式安全阀和爆破片。后者是将安全阀视作一级泄放装置,当因物理原因超压时,由安全阀排放;而爆破片为二级泄放装置,当因化学反应原因急剧超压时,由爆破片与安全阀共同排放。串联中的安全阀前置爆破片[图 5.25(b)]适用于密封和耐腐蚀要求高以及粘污介质,爆破片对安全阀起保护作用,安全阀也可使容器暂时继续运行;安全阀后置爆破片[图 5.25(c)]则用于容器内压力有脉动的场合,安全阀对爆破片起稳压和爆破片防止安全阀泄漏的作用。但串联使用要注意两者之间应有压力指示和泄压放空措施,此外两者的动作压力和排放能力要适配。

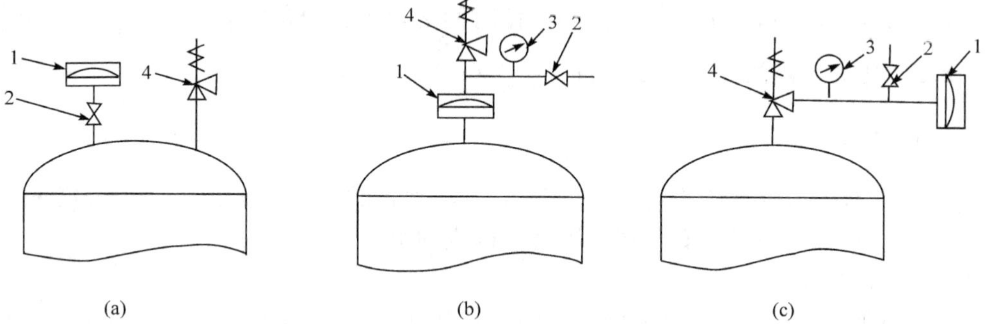

图 5.25 安全阀与爆破片装置的组合

1. 爆破片;2. 截止阀;3. 压力表;4. 安全阀

2. 安全泄放量的计算

1) 压力容器安全泄放量的定义

压力容器安全泄放量指为保证容器出现超压时,器内压力不再继续升高,安全泄放装置在单位时间内所必须的最低泄放(介质)量。因压力容器超压的原因不同，有物理的也有化学的，还有人为的操作失误，加上器内介质状态也不一样，所以计算安全泄放量的方法各不相同。这里仅介绍较简单的压缩气体储罐的安全泄放量的计算方法，其他介质的算法见《容规》。

2）安全泄放量的计算方法

以中间压缩气体储罐为例，其气体可能来自多处，也可能同时输向多处，因此它的安全泄放量按其进口管截面和最大流速进行计算，即

$$W_S=0.785(d/1000)^2\rho(w\times 3600)=2.83\times 10^{-3}d^2\rho w \tag{5.16}$$

式中，W_S——压力容器的安全泄放量，$kg\cdot h^{-1}$；

d——容器进口管的内直径，mm；

ρ——泄放状态下的介质密度，$kg\cdot m^{-3}$；

w——进口管内的气体流速，通常可取气体：10～15$m\cdot s^{-1}$、饱和蒸汽：20～30$m\cdot s^{-1}$、过热蒸汽：30～60$m\cdot s^{-1}$。

$$\rho=T_0\rho_0 p/p_0 ZT \tag{5.17}$$

式中，ρ_0——标准状态（p_0、T_0）下的气体密度，$kg\cdot m^{-3}$；

p——排气压力（绝对压力），MPa；

T——排气温度，K；

Z——气体压缩因子，如空气 $Z=1$，于是可改写式(5.16)为

$$W_S=7.55d^2\rho_0 wp/T \tag{5.18}$$

【例 5.3】 一空气储罐 $p=0.8$MPa，$T=40$℃，$d=100$mm，$w=10m\cdot s^{-1}$。计算该储罐的安全泄放量。

解　因 $\rho_0=1.293kg\cdot m^{-3}$，故

$W_S=7.55d^2\rho_0 wp/T=7.55\times 1.293\times 10\times 100^2\times 0.98/313=3057(kg\cdot h^{-1})$

［式中 $p=0.8\times 1.1+0.1=0.98$(MPa)］

5.8.4　安全阀及其选用[29]

1. 安全阀的类型与适用范围

安全阀按作用原理有杠杆式和弹簧式两种类型，杠杆式和弹簧式安全阀的结构如图 5.26 所示，表 5.8 是它们的比较。按阀瓣开启程度可分为微启式和全启式。微启式与全启式的区别在于前者开启度较小，开启高度一般小于 $d/20$（d 为阀孔直径），后者开启高度不小于 $d/4$。全启式适用于气体泄放或排量较大，微启式则用在压力不高、排量不大的场合。此外，按气体排放方式分全封闭、半封闭和敞开式等，它们指排放气体外泄的方式，全封闭式将排放气体全部经泄放管排放，

主要用于有毒、易燃介质容器。

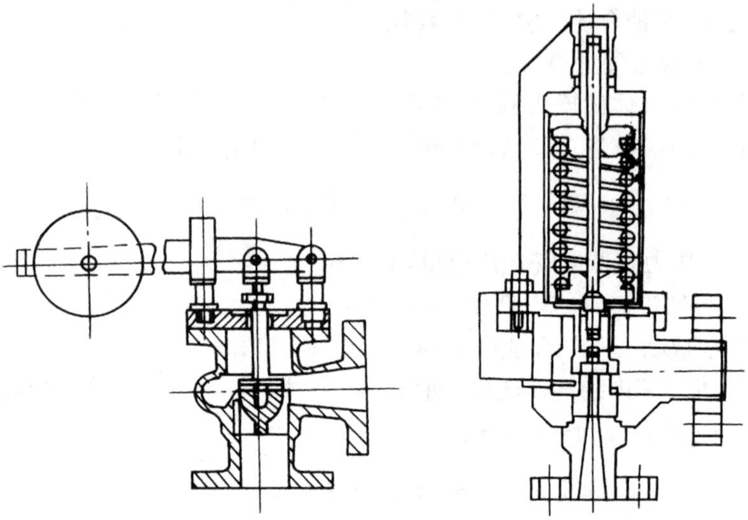

(a)杠杆式安全阀　(b)弹簧式安全阀

图 5.26　安全阀的结构

表 5.8　安全阀的类型与适用范围

型　式	作用原理	结构特点	适用范围
杠杆式	利用重锤和杠杆对阀瓣施加预压力,以平衡介质作用在阀瓣上的正常工作压力	结构简单,调整容易、正确,比较笨重,对振动敏感,回座压力较低	压力不高而温度较高的场合
弹簧式	利用压缩弹簧的弹力施加于阀瓣,以平衡介质作用在阀瓣上的正常工作压力	结构紧凑,灵敏度高,对振动的敏感性差,开启滞后,弹力受高温影响	温度不高而压力较高的场合

2. 安全阀排放能力的计算

所谓安全阀的排放能力指在排放压力下,阀全部开启时,单位时间内安全阀的理论气体排量。安全阀的排放能力应不小于压力容器的安全泄放量。安全阀的排放能力按式(5.18)计算:

$$G=7.6\times10^{-2}CpAK\sqrt{M_r/ZT} \tag{5.19}$$

式中,G——排放能力,$kg\cdot h^{-1}$;

p——排放压力,MPa;

T——气体的温度，K；

M_r——气体相对分子质量；

A——最小排气截面积，mm^2；

K——排放系数，全启式安全阀 $K=0.60\sim0.70$，带调节圈的微启式安全阀 $K=0.4\sim0.5$；

C——气体特性系数，$C=520\sqrt{k[2/(k+1)]^{(k+1/k-1)}}$；

k——气体绝热指数，如空气 $k=1.4$；

Z——气体压缩系数，如空气 $Z=1$。

关于安全阀排放其他介质的能力的计算参见《容规》。

【例 5.4】 前述空气储罐安装全启式安全阀，其最小流通直径 $d_0=32\text{mm}$，试计算其排气能力。

解 因 $K=0.7, Z=1, C=356, d_0=32\text{mm}, p=0.98\text{MPa}, T=313\text{K}, M_r=29, A=0.785, d_0^2=803.84\text{mm}^2$，故

$$G=7.6\times10^{-2}\times356\times0.98\times803.84\times0.7\sqrt{29/313}=4541(\text{kg}\cdot\text{h}^{-1})$$

由此可见

$$G\geqslant W_S=3057(\text{kg}\cdot\text{h}^{-1})$$

该安全阀满足使用要求。

3. 安全阀的选用

1）类型选择

安全阀型式的选择根据容器的工作压力、工作温度、介质特性、泄放要求以及容器有否震动等因素综合考虑。例如，压力较高、温度较低且无震动的容器可采用杠杆式安全阀；有毒、易燃介质应采用全封闭式安全阀，而压缩空气、蒸汽介质可选用敞开式或半封闭式安全阀；泄放量小、压力要求平稳和安全裕度大的气体或液体介质的容器可采用微启式安全阀，而工作压力高、泄放量大的气体或蒸汽介质的容器则宜选用全启式安全阀等。

2）规格选择

根据标准化要求，选用安全阀应按照标准压力和尺寸系列，即公称压力 PN 和公称直径 DN 的选用。安全阀的公称压力指安全阀在常温下的最大允许压力，因此对高温容器选用安全阀时，要考虑阀体材料因高温强度受到削弱应降低阀的最大允许压力；而公称直径是由容器安全泄放量计算确定的安全阀标准系列口径，例如：

PN/MPa：1.6　2.5　4　6.4　10　16　32

DN/mm：15　20　25　32　40　50　80　100　150　200

3）安全阀阀体、阀瓣、弹簧等材料的选择

安全阀阀体、阀瓣等材料按照介质的压力、温度和腐蚀性等特性选定。

4）选择步骤

（1）根据容器工作压力、温度、介质特性和产品样本等，选择安全阀型式、规格和材料等；

（2）按照选定的公称压力和公称直径，确定安全阀的阀座通径，并据此计算其额定排量 G；

（3）计算容器的安全泄放量 W_S，要求满足 $G \geqslant W_S$。

【例 5.5】 选择例 5.4 中空气储罐的安全阀。

解 现选用全启式弹簧安全阀，型号为 A42H—16C DN50，该代号表示：

A	4	2	H	16	C	DN50
弹簧式	法兰连接	全启式	合金钢密封面	公称压力 1.6MPa	铸铁阀体	公称直径 50mm

查此安全阀的最小流通口径为 32mm，如上计算其额定排量 $G=5184\text{kg}\cdot\text{h}^{-1}$，大于容器的安全泄放量 $W_S=3057\text{kg}\cdot\text{h}^{-1}$，因此选择正确。

5）安全阀的安装和调试

安全阀必须垂直安装，一般应尽量靠近被保护容器，并安装在易于检修和调整的位置。对于充满液体的容器，安全阀应安装在容器顶部或出口管道上。出入口管道不小于安全阀的出入口直径。

安全阀与压力容器之间一般不宜装设截止阀门。对于盛装毒性程度为极度、高度、中度危害介质，易燃介质，腐蚀、黏性介质或贵重介质的压力容器，为便于安全阀的清洗与更换，经过使用单位主管压力容器安全技术负责人批准，并且制订可靠的防范措施，方可在安全阀与压力容器之间装设截止阀门。压力容器正常运行期间截止阀门必须保证全开（加铅封或锁定），截止阀门的结构和通径应当不妨碍安全阀的安全泄放。

安全阀在安装前或使用过程中要定期校验，需要调节开启压力或整定压力，例如对弹簧式安全阀，在加压条件下通过调节弹簧对阀座的压紧力，调定到所需要的开启压力。开启压力根据容器的工作压力确定，如固定式压力容器上只装一个安全阀时，开启压力不应大于容器的设计压力，且安全阀的密封试验压力应大于容器的最高工作压力；对移动式压力容器安全阀的开启压力取 1.05～1.10 倍容器的设计压力等。经调定后的安全阀应于铅封，以防随意改变开启压力。安全阀一般每年至少校验一次。对于弹簧直接载荷式安全阀，当满足《规则》所规定的条件时，经过使用单位技术负责人批准，校验周期可以适当延长到 3 年或 5 年。

5.8.5　爆破片装置及其选用[30]

1. 爆破片装置的分类与特点

爆破片装置按其爆破片破裂(或脱落)的力学特征和形状分为正拱型、反拱型、平板型等主要类型。正拱型爆破片装置的爆破片呈拱形，安装后拱的凹面处于压力系统的高压侧，动作时爆破片发生拉伸碎裂；反拱型爆破片装置的爆破片呈反拱形，安装后拱的凸面处于压力系统的高压侧，动作时爆破片发生压缩失稳，致使其碎裂或脱落；平板型爆破片装置的爆破片呈平板形，动作时发生弯曲或剪切而破裂。它们的特点如表5.9所示。此外，按组件的结构特征，正拱型和平板型爆破片装置还细分为普通、开槽、带槽等型式；反拱型爆破片装置细分为带刀架型、脱落型和带槽型等型式。

表5.9　爆破片的主要类型和比较

类　型	正拱型	反拱型	平板型(剪切)	平板型(弯曲)
类型	拉伸正拱型 	失稳反拱型 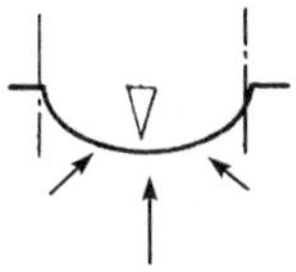	剪切平板型 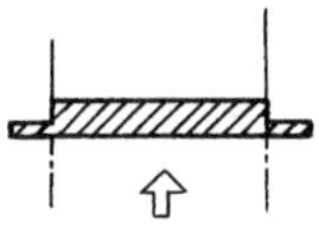	弯曲平板型 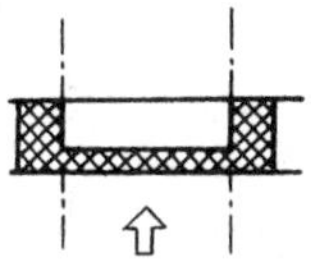
结构特点	膜片呈拱形凸起，凹面侧受压后，膜片仅受拉伸应力。介质达到爆破压力时，拱顶中央首先破裂	膜片呈拱形，凸面侧受压后，膜片仅受压缩应力。介质达到临界压力时，膜片拱顶失稳翻转，被背置刀刃割裂或自行破裂	膜片为平板形，受载后，沿夹持周边被剪切破坏	膜片为平板形，由脆性材料(铸铁 石墨等)制成，受载后膜片因弯曲破坏
有无碎片	无	无	有	有
压力范围	中、高、超高压	低、中	低	低
温度范围	由膜片材质决定			
相态要求	气、液	气	气、液	气、液
耐疲劳性	良	好	差	差
爆破精度	高	高	中	低
阻力大小	中	大	小	小
加工难易	难	难	易	易
应用范围	广泛	低压或大直径 操作波动性大	低压	有腐蚀性低压场合

2. 爆破片爆破压力的确定

爆破片装置在相应的爆破温度下动作时，爆破片两侧压力差称为爆破压力。爆破压力又区分规定爆破压力、标定爆破压力和试验爆破压力。规定爆破压力(p_{bs})是用户提出的、对应于爆破温度下的爆破压力；标定爆破压力(p_b)是同批次爆破片，在规定温度下进行爆破试验，所得实际爆破压力的算术平均值。试验爆破压力是爆破试验时，爆破片在爆破瞬间所测量到的实际爆破压力。因此，确定爆破片的爆破压力时要考虑上述各种压力之间的关系，图 5.26 示出容器的操作压力、设计压力和爆破片的规定爆破压力、标定爆破压力之间的关系。

(1) 考虑爆破片在正常工作期间，不受蠕变和疲劳等影响而发生提前爆破，最小标定爆破压力($p_{b,min}$)与容器的最大正常操作压力(p_w)应留有适当的裕量，如表 5.10 所示，其大小与爆破片型式和操作条件有关。

表 5.10 最小标定爆破压力与最大正常操作压力的比值

类　型	载荷性质	$p_w/p_{b,min}$
普通正拱型	静载荷	0.70
开缝正拱型	静载荷	0.80
正拱型	脉动载荷	0.60
反拱型	静、脉动载荷	0.90

(2) 最大标定爆破压力($p_{b,max}$)不得高于容器的设计压力或最大允许操作压力(p_d)。

(3) 为方便爆破片制造，在制造时允许设计爆破压力存在一定的变动范围，称制造范围，如表 5.11 所示。表 5.11 中仅列出正拱形爆破片的部分制造范围数值，其余详见文献[6]。

表 5.11 爆破片的制造范围

	规定爆破压力(表)/MPa	标准制造范围	
		上 限	下 限
正拱型爆破片	1.10～1.40	+0.110	−0.065
	2.60～3.50	+0.210	−0.105
	3.60 以上	+6%	−3%
反拱型爆破片	0.10 以上	0	−10%

(4) 考虑膜片材料的均匀性等因素将影响爆破压力的精确性，爆破片的实际爆破试验压力相对于标定爆破压力允许一定的偏差，如规定正拱型爆破片，标定爆破压力≥0.2MPa，压力允差为±5%。

(5) 采用越小的制造范围和爆破压力允差，得到的爆破片精度越高，实际爆破压力越接近标定爆破压力，但经济性降低。

【例5.6】 为某压力容器选择一普通正拱型爆破片。假设该容器载荷无脉动，最大正常操作压力为 $p_w = 10\text{MPa}$。

解 首先按表5.10，由容器的最大正常操作压力和载荷性质，确定爆破片的最小标定爆破压力，即

$$p_{b,min} = p_w/0.7 = 10/0.7 = 14.3(\text{MPa})$$

其次，按照表5.11考虑爆破片的制造范围，确定爆破片的最大标定爆破压力，即

$$p_{b,max} = p_{b,min}(1 + 6\% + 3\%) = 15.6(\text{MPa})$$

容器的设计压力不能低于最大标定爆破压力，故取标准化的公称压力系列，$p_d = 16\text{MPa}$。

若制造厂按照上述的制造范围，将抽检一批产品进行爆破试验，取爆破压力的平均值为 $p_b = 14.5\text{MPa}$，即为标定爆破压力，它是在上述最大和最小标定爆破压力的范围内。同时，这些抽样的实际爆破压力对标定爆破压力的偏差，必须在爆破压力允差范围(如±5%)内，即15.23～13.78MPa。

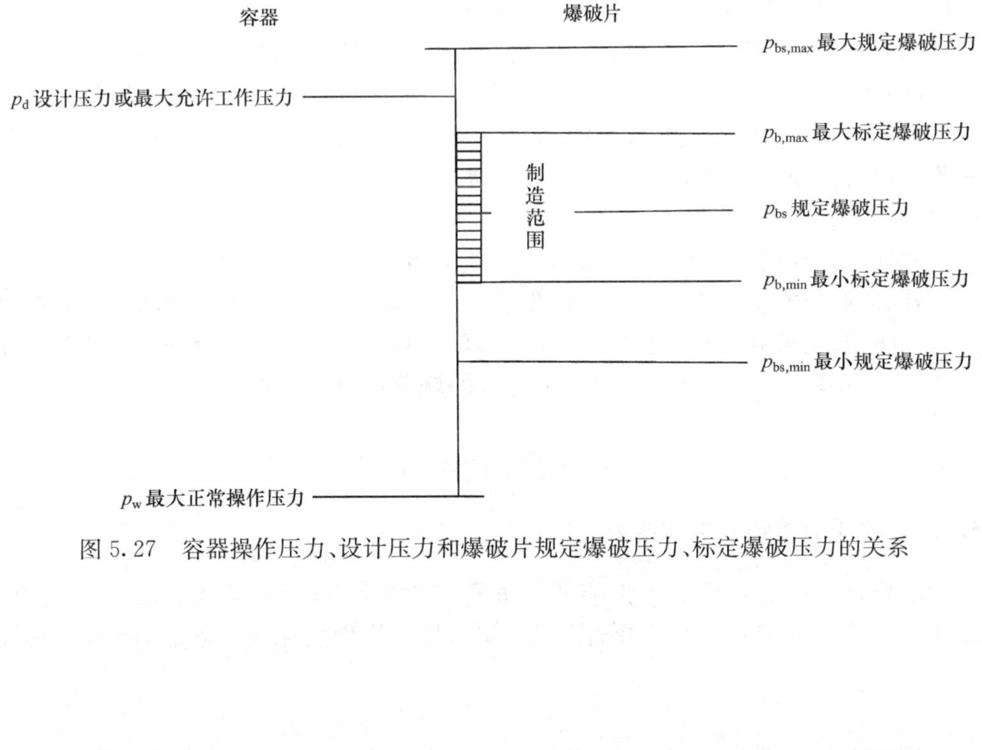

图5.27 容器操作压力、设计压力和爆破片规定爆破压力、标定爆破压力的关系

3. 爆破片排放面积的计算

容器内介质的性态不同，爆破片的排放面积(A)的计算也不同，例如对气体而言，可按式(5.19)计算：

$$A \geqslant W_S / 7.6 \times 10^{-2} C p_b K' \sqrt{M/ZT} \tag{5.20}$$

式中，K'——额定排放系数，$K'=0.62$；其余符号见式(5.19)。

4. 爆破片的选用

爆破片的选用原则如下：

(1) 下列情况应优先选用爆破片：

① 存在压力有可能迅速上升；

② 泄放介质含有颗粒、易结晶、易沉淀、易聚合、黏度较大；

③ 泄放介质有强腐蚀性，采用安全阀价格过高；

④ 需要泄放面积较大。

(2) 泄放介质十分贵重或有剧毒，不允许有任何泄漏，应与安全阀串联使用。

(3) 为增加异常情况(如火灾)下的泄放面积，可并联使用爆破片装置或与安全阀并联使用。

(4) 无特殊要求下，超高、高、中低压场合一般选用正拱型爆破装置(超高、高压可选用爆破帽)；低压、大直径或真空、有循环压力或脉冲压力场合优先选用反拱型爆破片装置。液体介质不选用反拱型爆破片装置。

(5) 爆破片装置不适用经常超压的场合，也不宜用于温度波动很大的场合。

(6) 爆破片装置的排放能力或排放面积要满足容器的安全泄放量要求。

(7) 爆破片的材料按介质腐蚀和运行温度的情况选用不同的材料或采用在金属膜片面对腐蚀介质侧覆盖或喷涂耐腐蚀膜；对压力不大的场合，可选用石墨爆破片。

此外，因为爆破片的实际爆破压力要受到载荷、温度、介质、材料、时间等因素的综合影响，与安全阀需要每年定期校验一样，爆破片需要进行定期检验，检查表面有无腐蚀、变形和损伤。按照《容规》的规定，爆破片需要定期更换，一般爆破片应在2～3年内更换，而在苛刻条件下使用的爆破片应每年更换。

5.9　压力容器的事故分析和处理

5.9.1　容器的爆炸和爆炸能量

爆炸是大量的物理或化学能的迅速释放，转化为机械、光或热辐射的现象。爆炸可分为物理爆炸和化学爆炸两类，前者是由物理变化而引起的，例如压缩气体和液化气体容器因超压引起的爆炸；后者则由于激烈的化学反应产生的高温和高压引起的。压力容器内介质发生异常的物理或化学变化使器内压力急剧升高而超过容器材料的极限承载能力时，导致容器破裂而爆炸。可燃气体容器爆炸后，在器外还会形成二次化学爆炸。显然，爆炸破坏的危害极大，不但造成中毒、火灾，而且爆炸引起的冲击波和爆炸碎片造成建筑物损毁和人员伤亡。本节扼要介绍容器发生物理爆炸的能量计算方法，以利判断容器发生爆炸的性质，从而推断事故发生的原因。例如，根据建筑物破坏的程度估算出产生冲击波的能量，当其与容器计算的爆炸能量接近时，可判断所发生的爆炸是物理爆炸，爆炸可能是容器异常超压所致。

1. 压缩气体容器的爆炸能量

容器爆炸能量的计算方法与介质的物态有关，如对液体、压缩气体、液化气和高温饱和水皆不相同。压缩气体爆炸时仅在瞬间发生泄压，未及与外界发生热量交换，因此是一绝热膨胀过程，其爆炸能量即为理想气体绝热膨胀所释放的能量，即

$$U_g=pV/(k-1)[1-(0.1013/p)^{k-1/k}] \tag{5.21}$$

式中，U_g——气体爆炸能量，MJ；

k——气体绝热指数，即气体定压比热容与定容比热容之比，例如，双原子气体$k=1.4$，三原子和四原子气体 $k=1.2\sim1.3$ 等；

p——气体爆炸前的压力（绝对压力），MPa；

V——容器的容积，m^3。

对于 $k=1.4$ 的压缩气体，式(5.21)简化为

$$U_g=C_gV \tag{5.22}$$

式中，C_g—$k=1.4$ 时的压缩气体爆炸能量系数，为 p 的函数，$MJ\cdot m^{-3}$。

同理，对干饱和蒸汽($k=1.135$)，则有

$$U_s=C_sV \tag{5.23}$$

式中，U_s——干饱和蒸汽爆炸能量，MJ；

C_s——干饱和蒸汽容器爆炸能量系数，也为 p 的函数，$MJ\cdot m^{-3}$。

部分 C_g 和 C_s值示于表 5.12。

表 5.12　爆炸能量系数 C_g和 C_s

p(绝)/MPa	0.5	0.7	0.9	1.1	1.7
$C_g/(MJ\cdot m^{-3})$	0.465	7.520	1.056	1.372	2.369
$C_s/(MJ\cdot m^{-3})$	0.640	1.064	1.541	2.010	3.584

2. 液化气体或高温饱和水容器的爆炸能量

储存液化气体或高温饱和水的容器破裂时，不仅气体要泄压膨胀，而且原来处于气液平衡的饱和液体在压力下降到大气压力时的温度超过大气压力下的沸点（也称“过热”），饱和液体或过热状态的水急剧蒸发沸腾，体积激烈膨胀而引发爆炸，称为爆沸，对高温饱和水称蒸汽爆炸。因此计算液化气体或高温饱和水容器的爆炸能量包括上述两部分的爆炸能量，即

$$U_1 = w[(i_1 - i_2) - (s_1 - s_2)T_1] \tag{5.24}$$

式中，U_1——液化气体或高温饱和水的爆炸能量，MJ；

w——饱和液体的质量，kg；

i_1——容器破裂前压力和温度下饱和液体的焓，$kJ \cdot kg^{-1}$；

i_2——大气压力下饱和液体的焓，$kJ \cdot kg^{-1}$；

s_1——容器破裂前压力和温度下饱和液体的熵，$kJ \cdot kg^{-1} \cdot K^{-1}$；

s_2——大气压力下饱和液体的熵，$kJ \cdot kg^{-1} \cdot K^{-1}$；

T_1——液化气体或水在大气压力下沸点，K。

对于饱和水，代入相应的物性参数，式(5.24)可简化成式(5.25)：

$$U_w = C_w V \tag{5.25}$$

式中，U_w——饱和水的爆炸能量，MJ；

C_w——饱和水的爆炸能量系数，为 p(绝)的函数(表 5.13)，$MJ \cdot m^{-3}$；

V——饱和水的容积，m^3。

表 5.13 饱和水的爆炸能量系数

p(绝)/MPa	0.4	0.6	0.9	1.4	2.6
C_w/($MJ \cdot m^{-3}$)	8.1	15.83	25.60	39.78	66.22

由此可见，对于同样容积的容器，当器内介质的压力同为 p(绝)＝0.9MPa 时，若介质分别为饱和水和干饱和蒸汽，它们的爆炸能量相差近 17 倍，即C_w/C_s＝25.60/1.541＝16.6。

化学爆炸和器外二次爆炸爆炸能量的计算，因受多种因素的影响，尚无较可靠的计算方法。

5.9.2 压力容器的事故分析与处理

1. 事故分析的目的

至此，已经清晰地认识到压力容器是一类容易发生事故的特种设备，一旦发生事故，将造成停工停产，严重时发生破裂爆炸、机毁人亡等；尽管导致事故发生与许

多因素有关，但还是有规律可循，因此只要充分认识与掌握压力容器的内在规律，从设计、制造、使用、维护等方面严格安全管理，采取各种有效的预防措施，可以避免事故发生或减少事故的损失。压力容器万一发生事故，要认真组织事故调查，进行现场取证，技术检验与鉴定，分析事故的原因，从中吸取教训，采取措施和对策，防止类似事故的再次发生。因此，前车之辙，后车之鉴，压力容器的事故分析与处理与加强压力容器的使用管理同样是十分重要的工作。

2. 事故分析的方法

压力容器发生的事故具有复杂性和交互性，究其原因往往带有综合性质，压力容器的事故分析仅依靠简单的调查分析有时不能得出正确的结论，判断出其真实的发生原因。因此压力容器的事故分析是一项技术性强、要求高，需要科学而谨慎的态度的工作。除了现场的事故情况和过程的调查外，要真正找出事故发生的原因，主要是技术上的检验与鉴定工作，这里包括对事故容器的爆炸能量与现场破坏能量的估算；事故容器的设计、制造、使用和管理文件档案的技术鉴定；制造压力容器材料的理化性能，如化学成分、机械性能、金相组织等的复验；容器破裂处的断口检验，包括断口宏观形貌和微观形貌的分析以及断口的化学分析等；容器材料的制造工艺性验证，如焊接性能试验，热处理性能试验和腐蚀试验等，必要时甚至模拟容器的破坏性试验等。

1）压力容器事故的分类

压力容器按照损坏程度分成以下三类：

爆炸事故：压力容器在使用过程中或进行压力试验时，发生承压部件破裂，器内介质压力瞬时降低到外界大气压力的事故；

重大事故：压力容器承压部件严重损坏（如泄漏、变形）、附件损坏等，导致被迫停止运行，必须进行修理的事故；

一般事故：压力容器承压部件或附件损坏程度不严重，无需停止运行进行修理的事故。

2）事故诊断与分析

在事故调查和技术检验的基础上，进行事故的综合诊断与分析，即判断事故的爆炸性质、鉴别事故的破坏类型、确定事故发生的原因，提出预防措施和处理意见等。

（1）容器爆炸性质的判断。压力容器爆炸的性质分成四种，即在正常工作压力（包括压力试验压力）下发生破裂；超压破裂，一般超过压力试验压力发生爆炸；因器内异常化学反应使压力急剧升高导致超压破裂；容器破裂后因逸出易燃气体与空气混合达到爆炸极限继而发生的爆炸。以上的这些爆炸有物理性爆炸也有化学性爆炸或者两者兼而有之。

(2) 破坏类型的鉴别。压力容器破坏类型的鉴别是依据压力容器破裂后的宏观和微观形貌或者破断的机理以及使用中破坏的可能性,判别容器的破裂形式。如前所述,一般可将压力容器的破坏型式分成五类:韧性破裂、脆性破裂、疲劳破裂、腐蚀破裂和蠕变破裂。例如,当容器由于超压或者腐蚀引起壁厚减薄,容器破裂后观察其外形,具有显著的整体膨胀变形,没有或偶有少量碎片;断口明显存在纤维、放射形人字纹和剪切唇等三个区域;若按照理论计算,计算爆破压力与实际爆破压力十分接近,这种容器的破坏形式显然属于韧性破坏。又若容器是脆性破裂,则与上述相反,容器破裂前变形很小,通常伴有碎片;破裂时压力不高,甚至低于正常工作压力,也可能在液压试验时破裂;破裂原因是材料固有脆性或变脆或者存在超标的原始或制造中出现的缺陷;断口平齐呈结晶状,无纤维区或剪切唇区(通常为材料脆性引起破裂的特征)等。其他破裂形式同样具有各自的特征。显然鉴别破坏形式有利对容器破坏原因的追究。

(3) 事故原因的确定。通过事故调查、技术检验、破坏类型的鉴别以及综合分析后,就比较容易判定出事故的原因。事故原因一般有以下方面,即设计制造、使用管理、安全附件和安装检修等,图 5.28 所示为压力容器常见事故原因。

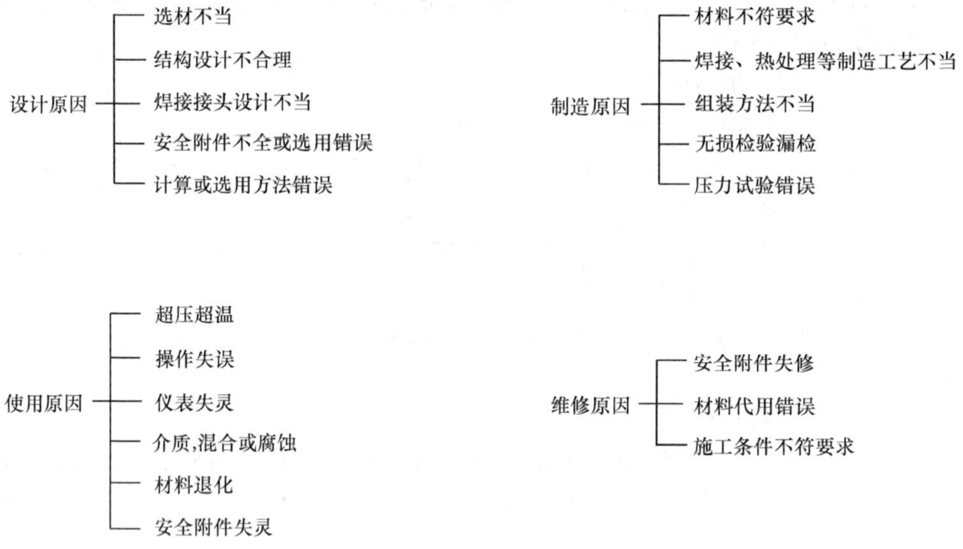

图 5.28 压力容器破坏的常见原因

3. 事故的处理

在通过上述的一系列事故分析工作后,要按照原国家劳动总局颁布的《锅炉压力容器报告办法》编写事故报告，包括容器概况、事故类别，人员伤亡、建筑物等破坏情况，财产损失估计，事故调查与技术鉴定报告，原因分析以及提出预防的措施和事故处理意见等；以上报告均应报送当地劳动部门和主管部门，并由他们逐级上报，直至国家质量技术监督局锅炉压力容器安全监察局。

思考题

1. 何谓压力容器？压力容器的界限范围如何划分？
2. 压力容器发生事故有哪些特征？事故发生的主要原因是什么？
3. 固定式压力容器从安全管理角度如何分类？其主要依据是什么？
4. 压力容器由哪些主要承压部件构成？圆筒形容器与球形容器相比各有哪些特点？
5. 高压容器与中低压容器相比结构上有哪些特点？
6. 何谓应力与应变？受内压的圆筒体上的环向应力与轴向应力如何计算？
7. 为什么在同样条件下球形容器的强度比圆筒体好？
8. 制造压力容器材料有哪些基本要求？普通碳素钢板用于压力容器有哪些限制？
9. 何谓不连续应力？产生不连续应力的原因是什么？不连续应力有哪些特性？工程应用上如何处理不连续应力？
10. 何谓热应力？压力容器产生热应力的原因是什么？如何减少或消除热应力？
11. 设计压力容器结构时应注意哪些基本原则？对焊接接头有哪些主要要求？
12. 压力容器有哪些主要破坏形式？试举例说明。
13. 压力容器发生韧性破裂与脆性破裂的原因是什么？破裂时它们的宏观形貌与显微断口各有什么特征？如何加以预防？
14. 压力容器发生疲劳破坏和应力腐蚀破裂的基本条件和破裂特征上有什么异同？
15. 制造焊接容器过程中有可能产生哪些焊接缺陷？它们对容器安全有怎样的危害？
16. 对容器进行压力试验的目的是什么？压力试验时，对试验压力、试验温度、试验介质分别有哪些要求？
17. 安全泄压装置对压力容器安全运行起什么作用？安全阀和爆破片各有哪些优缺点？分别适合何种场合？
18. 压力容器事故分析要经过哪些环节？各个环节起什么作用？压力容器事故的原因存在哪些方面？

习题

1. 某一圆筒形容器，其平均直径 $D=1000\text{mm}$，筒壁厚度为 $S=10\text{mm}$，内部压力为 $p=1\text{MPa}$，试分别计算器壁中的环向薄膜应力与轴向薄膜应力。
2. 某常温操作的容器，内直径为 2000mm，材料为 20R，焊缝为双面对接焊，经 100%无损探伤，介质对容器材料无明显腐蚀，承受均匀内压为 6.3MPa，保证该容器有足够强度所需的壁厚为多少？（已知 6～16mm 厚 20R 钢板常温下的$[\sigma]=133$MPa）

3. 一气体储罐的设计压力为 1MPa，设计温度为 50℃，进气管的内直径为 100mm，气体密度为 1.4289kg · m^{-3}，试确定其安全泄放量。（取气体的最大流速为 15m · s^{-1}）

4. 试计算一空气压力储罐的爆破片的泄放面积和直径，已知该容器的设计压力为 0.7MPa，设计温度为 65℃，其安全泄放量为 8.21×10^5kg · h^{-1}。（取爆破压力为 0.8MPa，$Z=1$，$k=1.4$，$C=356$，$K=0.62$，$M_r=29$）

第 6 章　泄漏源及扩散模式

化工、石油化工火灾爆炸、人员中毒事故很多是由于物料的泄漏引起的。导致泄漏的原因可能是腐蚀、设备缺陷、材质选择不当、机械穿孔、密封不良以及人为操作失误等。充分准确地判断泄漏量的大小，掌握泄漏后有毒有害、易燃易爆物料的扩散范围，对明确现场救援与实施现场控制处理非常重要。这类因泄漏而导致事故的危害很大程度上取决于有毒有害、易燃易爆物料的泄漏速度和泄漏量。泄漏速度快，则单位时间内的泄漏量就大；泄漏速度慢，单位时间内的泄漏量就小。物料的物理状态在其泄漏至空气后是否发生改变，对其危害范围也有非常明显的影响。常压下为液态的物料泄漏后四处流淌，同时蒸发为气体扩散；常温下加压压缩、液化储存的物料一旦泄漏至空气中会迅速膨胀、气化为常压下的大量气体，迅速扩散至大范围空间，如液化石油气、液氨、液氯的泄漏，显然其危害范围加大。泄漏物质的扩散不仅由其物态、性质所决定，又为当时气象条件、当地的地表情况所影响。为了对可能发生的重大事故进行充分的预测预警，本章利用传质学、流体力学、大气扩散学的基本原理描述可能的泄漏、扩散过程，从而为评价建设项目、在役装置的危险程度，建立针对性的应急事故救援预案，为实施有效的现场控制与处理提供科学依据和参考。

6.1　常见泄漏源

一般情况下，可以根据泄漏面积的大小和泄漏持续时间的长短，将泄漏源分为两类：一是小孔泄漏，此种情况通常为物料经较小的孔洞长时间持续泄漏，如反应器、储罐、管道上出现小孔，或者是阀门、法兰、机泵、转动设备等处密封失效；二是大面积泄漏，是指经较大孔洞在很短时间内泄漏出大量物料，如大管径管线断裂、爆破片爆裂、反应器因超压爆炸等瞬间泄漏出大量物料。

为了能够预测和估算发生泄漏时的泄漏速度、泄漏量、泄漏时间等，本章将建立如下泄漏源模型，描述物质的泄漏过程：①工艺单元中液体经小孔泄漏的源模式；②储罐中液体经小孔泄漏的源模式；③液体经管道泄漏的源模式；④气体或蒸气经小孔泄漏的源模式；⑤闪蒸液体的泄漏源模式；⑥易挥发液体蒸发的源模式。

针对不同的工艺条件和泄漏源情况，应选用相应的泄漏源模式进行泄漏速度、泄漏量、泄漏时间的求取。应当注意，由于对物料性质和泄漏过程的精确判断存有一定难度，因此应用泄漏源模式预测的结果与实际情况可能有偏差。

6.2　液体经小孔泄漏的源模式

系统与外界无热交换，流体流动的不同能量形式遵守机械能守恒方程：

$$\int \frac{dp}{\rho} + \frac{\Delta \alpha u^2}{2} + \Delta gz + F = \frac{W_s}{m} \tag{6.1}$$

式中，p——压力，Pa，习惯上将压强也称为压力，以后不做说明；

ρ——流体密度，$kg \cdot m^{-3}$；

α——动能校正因子，无因次；

u——流体平均速度，$m \cdot s^{-1}$，以后简称流速；

g——重力加速度，$m \cdot s^{-2}$；

z——高度，m，以基准面为起始；

F——阻力损失，$J \cdot kg^{-1}$；

W_s——轴功，J；

m——质量，kg。

动能校正因子 α 与速度分布有关，需应用速度分布曲线进行计算。工程上常见的是速度比较均匀的情况，因此本章从工程计算角度出发，α 值近似取为 1。对于不可压缩流体，密度恒为常数，有

$$\int \frac{dp}{\rho} = \frac{\Delta p}{\rho} \tag{6.2}$$

泄漏过程暂不考虑轴功，$W_s = 0$，则式(6.1)简化为

$$\frac{\Delta p}{\rho} + \frac{\Delta u^2}{2} + \Delta gz + F = 0 \tag{6.3}$$

工艺单元中的液体在稳定的压力作用下，经薄壁小孔泄漏，如图 6.1 所示。容器内的压力为 p_1，小孔直径为 d，面积为 A，容器外为大气压力。此种情况，容器内液体流速可以忽略，不考虑摩擦损失和液位变化，利用式(6.3)，得到

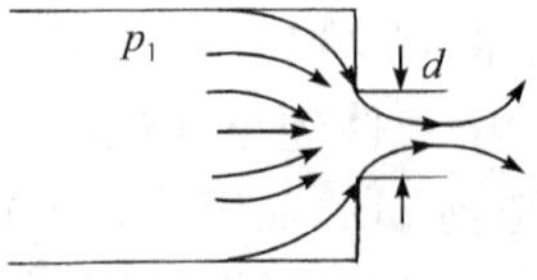

图 6.1　液体在稳定压力作用下经薄壁小孔泄漏

$$\frac{\Delta p}{\rho} + \frac{\Delta u^2}{2} = 0 \tag{6.4}$$

$$u = \sqrt{\frac{2p_1}{\rho}} \tag{6.5}$$

$$Q = \rho u A = A\sqrt{2p_1\rho} \tag{6.6}$$

式中，Q 为单位时间内流体流过任一截面的质量，称为质量流量，其单位为$kg \cdot s^{-1}$。

考虑到因惯性引起的截面收缩以及摩擦引起的速度减低，引入孔流系数 C_0。其定义为实际流量与理想流量的比值，则经小孔泄漏的实际质量流量为

$$Q=\rho u A C_0=A C_0 \sqrt{2 p_1 \rho} \tag{6.7}$$

对于修圆小孔（图 6.2），孔流系数 C_0 值约为 1；对于薄壁小孔（壁厚$\leqslant d/2$），当雷诺数 $Re>10^5$ 时，C_0 值约为 0.61；若为厚壁小孔（$d/2<$壁厚$\leqslant 4d$），或者在容器孔口处外伸有一段短管（图 6.3），C_0 值约为 0.81。可见厚壁小孔和短管泄漏的孔流系数比薄壁小孔的孔流系数要大，在相同的截面积和压力差条件下，前者的实际泄漏量高于后者 1.33 倍。在很多情况下，难以确定泄漏孔口的孔流系数，为保持足够的安全裕度，确保估算出最大的泄漏量和泄漏速度，C_0 值可取为 1。

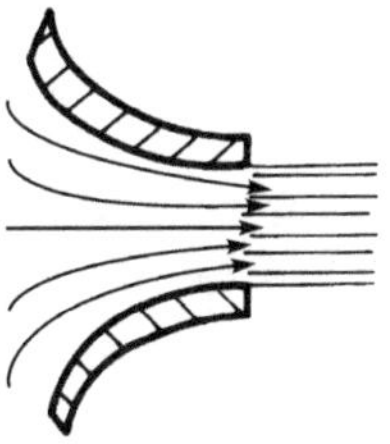

图 6.2　修圆小孔

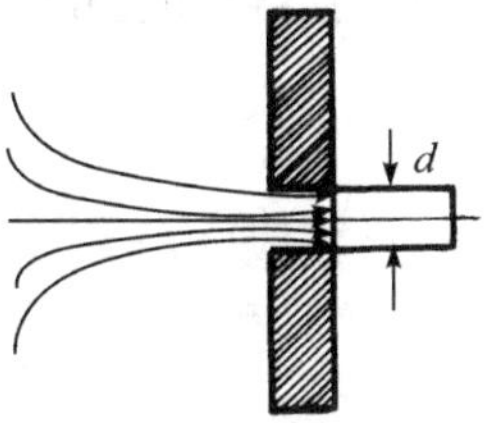

图 6.3　厚壁小孔或器壁连有短管

6.3　储罐中液体经小孔泄漏的源模式

图 6.4 所示的液体储罐，距液位高度 z_0处有一小孔，在静压能和势能的作用下，储罐中的液体经小孔向外泄漏。泄漏过程可由式（6.3）机械能守恒方程描述，储罐内的液体流速可以忽略。储罐内的液体压力为 p_g，外部为大气压力（表压 $p=0$）。如前定义孔流系数，并由式（6.8）表示：

$$\frac{\Delta p}{\rho}+g\Delta z+F=C_0^2\left(\frac{\Delta p}{\rho}+g\Delta z\right) \tag{6.8}$$

将式（6.8）代入式（6.3），求出泄漏速度：

$$u=C_0\sqrt{\frac{2p_g}{\rho}+2gz} \tag{6.9}$$

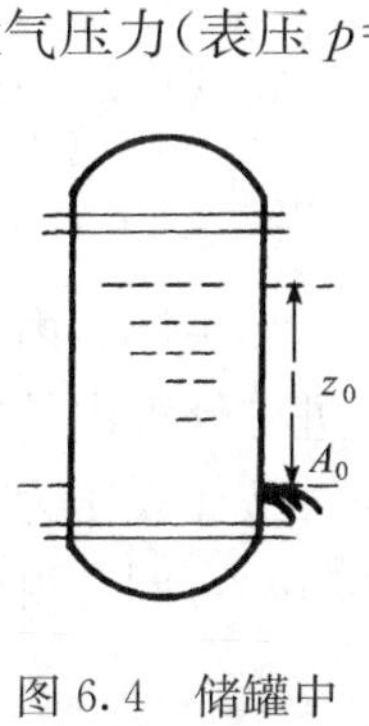

图 6.4　储罐中的液体泄漏

若小孔截面积为 A，则质量流量 Q 为

$$Q=\rho uA=\rho AC_0\sqrt{\frac{2p_g}{\rho}+2gz} \tag{6.10}$$

由式(6.9)和式(6.10)可见，随着泄漏过程的延续，储罐内液位高度不断下降，泄漏速度和质量流量也均随之降低。如果储罐通过呼吸阀或弯管与大气连通，则内外压力差 Δp 为 0。式(6.10)简化为

$$Q=\rho uA=\rho AC_0\sqrt{2gz} \tag{6.11}$$

若储罐的横截面积为 A_0，则可经小孔泄漏的最大液体总量为

$$m=\rho A_0 z_0 \tag{6.12}$$

取一微元时间内液体的泄漏量：

$$\mathrm{d}m=\rho A_0\,\mathrm{d}z \tag{6.13}$$

并且储罐内液体质量的变化速率即为泄漏质量流量：

$$\frac{\mathrm{d}m}{\mathrm{d}t}=-Q \tag{6.14}$$

将式(6.11)、式(6.13)代入式(6.14)，得

$$\frac{\mathrm{d}z}{\mathrm{d}t}=-\frac{C_0A}{A_0}\sqrt{2gz} \tag{6.15}$$

边界条件：$t=0,z=z_0;t=t,z=z$。对式(6.15)进行分离变量积分，有

$$\sqrt{2gz}-\sqrt{2gz_0}=\frac{-gC_0A}{A_0}t \tag{6.16}$$

当液体泄漏至泄漏点液位后，泄漏停止，$z=0$，根据式(6.16)可得到总的泄漏时间：

$$t=\frac{A_0}{C_0gA}\sqrt{2gz_0} \tag{6.17}$$

将式(6.16)代入式(6.11)，可以得到随时间变化的质量流量：

$$Q=\rho C_0A\sqrt{2gz_0}-\frac{\rho gC_0^2A^2}{A_0}t \tag{6.18}$$

如果储罐内盛装的是易燃液体，为防止可燃蒸气大量泄漏至空气中，或空气大量进入储罐内的气相空间形成爆炸性混合物，通常情况下会采取通氮气保护的措施。液体表压为 p_g，内外压差即为 p_g。根据式(6.10)、式(6.12)、式(6.13)、式(6.14)可同理得到：

$$\frac{\mathrm{d}z}{\mathrm{d}t}=-\frac{C_0A}{A_0}\sqrt{\frac{2p_g}{\rho}+2gz} \tag{6.19}$$

$$z = z_0 - \frac{C_0 A}{A_0}\sqrt{\frac{2p_g}{\rho} + 2gz_0} + \frac{g}{2}\left(\frac{C_0 A}{A_0}\right)^2 t^2 \tag{6.20}$$

将式(6.20)代入式(6.10)得到任意时刻的质量流量 Q：

$$Q = \rho C_0 A\sqrt{\frac{2p_g}{\rho} + 2gz_0} - \frac{\rho g C_0^2 A^2}{A_0} t \tag{6.21}$$

根据式(6.21)可求出不同时间的泄漏质量流量。

【例 6.1】 图 6.5 所示为某一盛装丙酮液体的储罐，上部装设有呼吸阀与大气连通。在其下部有一泄漏孔，直径为 4cm，已知丙酮的密度为 $800\mathrm{kg \cdot m^{-3}}$。求：

(1) 最大泄漏量；

(2) 泄漏质量流量随时间变化的表达式；

(3) 最大泄漏时间；

(4) 泄漏量随时间变化的表达式。

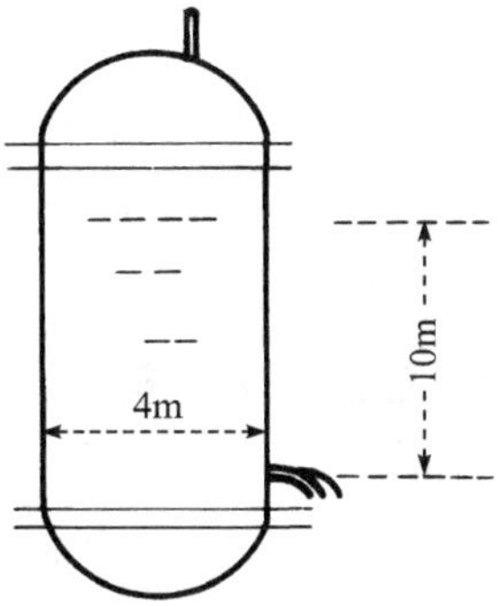

图 6.5　储罐中的液体泄漏

解　(1) 最大泄漏量即为泄漏点液位以上的所有液体量：

$$m = \rho A_0 z_0 = 800 \times \frac{\pi}{4} \times 4^2 \times 10 = 100480(\mathrm{kg})$$

(2) 泄漏质量流量随时间变化的表达式，C_0 取值为 1，则

$$Q = \rho C_0 A\sqrt{2gz_0} - \frac{\rho g C_0^2 A^2}{A_0} t$$

$$= 800 \times 1 \times \frac{\pi}{4} \times 0.04^2 \times \sqrt{2 \times 9.8 \times 10} - \frac{800 \times 9.8 \times 1^2 \times \left(\frac{\pi}{4} \times 0.04^2\right)^2}{\frac{\pi}{4} \times 4^2} t$$

$$= 14.07 - 0.000985t$$

(3) 令泄漏质量流量时间表达式的左侧为 0，即得最大泄漏时间：

$$t = 14285\mathrm{s} = 3.97\mathrm{h}$$

(4)任一时间内总的泄漏量为泄漏质量流量对时间的积分

$$W = \int_0^t Q\mathrm{d}t = 14.07t - 0.0004925t^2$$

给定任意泄漏时间，即可得到已经泄漏的液体总量。

6.4　液体经管道泄漏的源模式

在化工生产中，通常采用圆形管道输送流体，如图 6.6 所示。如果管线发生爆

裂、折断或因误拆盲板等，可造成液体经管口泄漏。泄漏过程可用式(6.3)描述。其中阻力损失 F 的计算是估算泄漏速度和泄漏量的关键。液体在管路中的流动阻力可以分为直管阻力和局部阻力。直管阻力是流体流经一定直径的直管时，由于流体与管壁之间的摩擦而产生的阻力。局部阻力是流体流经管路中的阀门、弯头等，由于速度或方向改变而引起的阻力。略去公式推导，直接引用阻力计算有关公式。

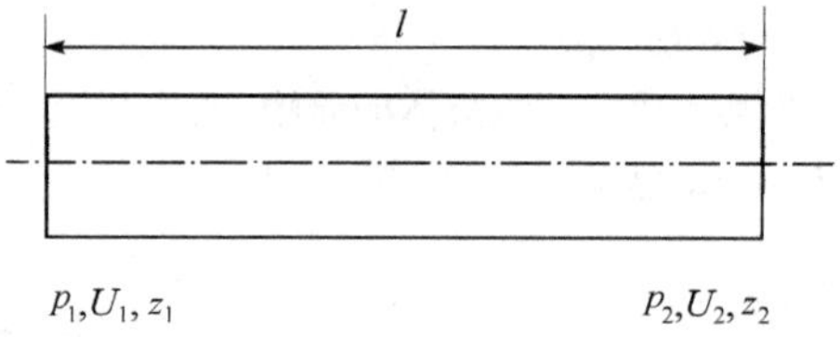

图 6.6 圆管内的液体流动

1. 直管阻力计算

$$F = \lambda \frac{l}{d} \frac{u^2}{2} \tag{6.22}$$

式中，λ——摩擦系数，无因次；

l——管长，m；

d——管径，m。

此公式称为范宁(Fanning)公式。利用该公式可以计算直管阻力。

其余符号意义同前。摩擦系数 λ 的计算与表征流体流动类型的参数——雷诺数有关。雷诺数是管径、流速、流体密度和黏度组成的无因次数群，以 Re 表示，$\mathrm{Re}=du\rho/\mu$。根据雷诺数的大小可以判断流体流动类型为层流、湍流还是过渡流。

对于层流情况，即雷诺数 $\mathrm{Re} \leqslant 2000$ 时：

$$\lambda = \frac{64}{\mathrm{Re}}$$

对于由层流向湍流过渡时，即雷诺数 $2000 < \mathrm{Re} \leqslant 4000$ 时，层流或湍流的 λ 计算式均可应用。工程上为安全起见，常将过渡流视为湍流处理。对于过渡流，有一个扎依钦科(Зайченко)经验公式可供参考：

$$\lambda = 0.0025\mathrm{Re}^{1/3}$$

而对于湍流情况，即雷诺数 $\mathrm{Re} > 4000$ 时，λ 不仅与 Re 有关，还与相对粗糙度 ε/d 有关。ε 为管壁粗糙度，指管壁上突出物的平均高度，如果没有实测 ε 值，则可查表 6.1。d 为圆管内径。

表 6.1　工业管材的粗糙度

管　材	ε/mm	管　材	ε/mm
铜、铝管	0.0015	新铸铁管	0.25
玻璃、塑料管	0.001	普通铸铁管	0.5
橡胶软管	0.01～0.03	旧铸铁管	1～3
无缝钢管	0.04～0.17	沥青铁管	0.12
新钢管	0.12	镀锌铁管	0.15
普通钢管	0.2	混凝土管	0.33
旧钢管	0.5～1	木材管	0.25～1.25

对于光滑管：

(1) $4000<\mathrm{Re}<10^6$ 时，有勃拉休斯(Blasius)公式：

$$\lambda=\frac{0.3164}{\mathrm{Re}^{0.25}}$$

(2) $2500<\mathrm{Re}<10^7$ 时，有

$$\frac{1}{\sqrt{\lambda}}=2\lg(\mathrm{Re}\sqrt{\lambda})-0.8$$

对于粗糙管：

(1) $\mathrm{Re}>2000$ 时，有柯列勃洛克(Colebrook)公式：

$$\frac{1}{\sqrt{\lambda}}=-2\lg\left(\frac{\varepsilon}{3.7d}+\frac{2.51}{\mathrm{Re}\sqrt{\lambda}}\right)$$

该公式有一个简化形式，称为阿里特苏里(Альтшуль)公式：

$$\lambda=0.11\left(\frac{\varepsilon}{d}+\frac{68}{\mathrm{Re}}\right)^{0.25}$$

(2) $\mathrm{Re}>10000$ 时，有

$$\lambda=\frac{1}{\left[2\lg\left(3.7\,\frac{d}{\varepsilon}\right)\right]^2}$$

此公式的简化形式称为希夫林松(Шифринсон)公式：

$$\lambda=0.11\left(\frac{\varepsilon}{d}\right)^{0.25}$$

以上是采用一些公式对 λ 值进行计算，也可以采用简便的办法，根据雷诺数 Re 和相对粗糙度 ε/d，由莫迪图(图 6.7)查得 λ 值。

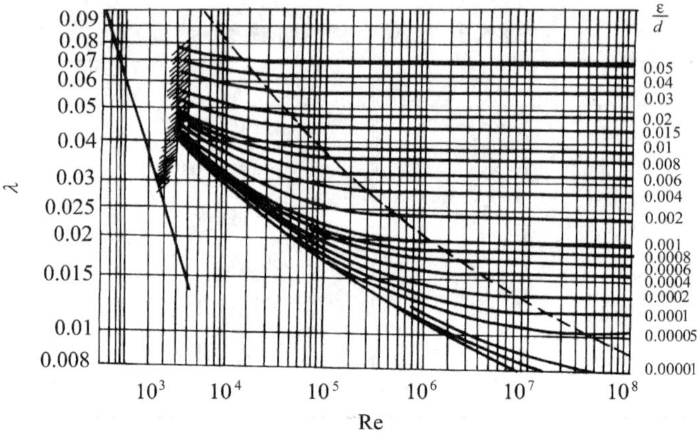

图 6.7 莫迪图

2. 局部阻力

流体在圆管内流动，由于管件、阀门、流通截面的扩大或缩小而产生流动阻力，称为局部阻力。局部阻力可按式(6.23)、式(6.24)计算：

$$F=\lambda\frac{l_e}{d}\frac{u^2}{2} \tag{6.23}$$

$$F=\zeta\frac{u^2}{2} \tag{6.24}$$

式(6.23)中，l_e 称为当量长度，即将局部阻力折合成当量长度的直管来计算。式(6.24)中，ζ 称为局部阻力系数，即将局部阻力折合成动能来计算。

ζ 值可由表 6.2、表 6.3 查得。ζ 和 l_e 数据在其他手册、资料上也可以查到，可结合具体情况选用。

表 6.2 闸阀、旋塞、蝶形阀等的局部阻力系数

闸阀	开度	全开	3/4		1/2		1/4		
	ζ	0.17	0.9		4.5		24		
旋塞	开度 α	5°	10°	15°	20°	25°	30°	40°	50°	60°
	ζ	0.05	0.29	0.75	1.56	3.10	5.47	17.3	52.6	206
蝶形阀	开度 α	5°	10°	15°	20°	25°	30°	40°	50°	60°
	ζ	0.24	0.52	0.90	1.54	2.51	3.91	10.8	32.6	118
标准螺旋阀	当阀门全开时，$\zeta=2.90$									

表 6.3　管件的局部阻力系数

<table>
<tr><td colspan="2">管件名称</td><td colspan="11">ζ</td></tr>
<tr><td colspan="2">标准弯头</td><td colspan="5">45°，$\zeta=0.35$</td><td colspan="6">90°，$\zeta=0.75$</td></tr>
<tr><td colspan="2">90°方形弯头</td><td colspan="11">1.3</td></tr>
<tr><td colspan="2">180°回弯头</td><td colspan="11">1.5</td></tr>
<tr><td colspan="2">活管接</td><td colspan="11">0.4</td></tr>
<tr><td rowspan="3">弯管</td><td rowspan="3">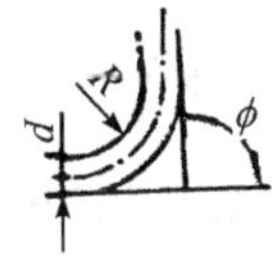</td><td>ϕ / R/d</td><td>30°</td><td>45°</td><td>60°</td><td>75°</td><td>90°</td><td>105°</td><td>120°</td></tr>
<tr><td>1.5</td><td>0.08</td><td>0.11</td><td>0.14</td><td>0.16</td><td>0.175</td><td>0.19</td><td>0.20</td></tr>
<tr><td>2.0</td><td>0.07</td><td>0.10</td><td>0.12</td><td>0.14</td><td>0.15</td><td>0.16</td><td>0.17</td></tr>
<tr><td rowspan="3">突然扩大</td><td rowspan="3">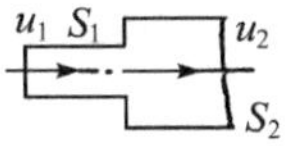</td><td colspan="12">$\zeta=(1-S_1/S_2)^2$</td></tr>
<tr><td>S_1/S_2</td><td>0</td><td>0.1</td><td>0.2</td><td>0.3</td><td>0.4</td><td>0.5</td><td>0.6</td><td>0.7</td><td>0.8</td><td>0.9</td><td>1.0</td></tr>
<tr><td>ζ</td><td>1</td><td>0.81</td><td>0.64</td><td>0.49</td><td>0.36</td><td>0.25</td><td>0.16</td><td>0.09</td><td>0.04</td><td>0.01</td><td>0</td></tr>
<tr><td rowspan="3">突然缩小</td><td rowspan="3">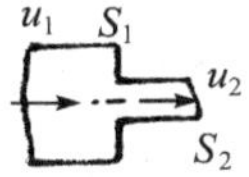</td><td colspan="12">$\zeta=0.5(1-S_2/S_1)^2$</td></tr>
<tr><td>S_2/S_1</td><td>0</td><td>0.1</td><td>0.2</td><td>0.3</td><td>0.4</td><td>0.5</td><td>0.6</td><td>0.7</td><td>0.8</td><td>0.9</td><td>1.0</td></tr>
<tr><td>ζ</td><td>0.5</td><td>0.45</td><td>0.40</td><td>0.35</td><td>0.30</td><td>0.25</td><td>0.20</td><td>0.15</td><td>0.10</td><td>0.05</td><td>0</td></tr>
<tr><td>流入大容器的出口</td><td>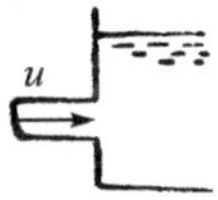</td><td colspan="12">$\zeta=1$（用管中流速）</td></tr>
<tr><td colspan="2" rowspan="2">入管口（容器→管）</td><td colspan="2">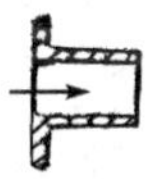</td><td colspan="2">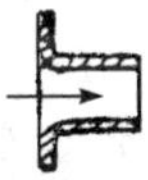</td><td colspan="2">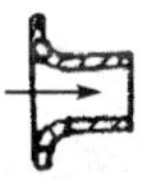</td><td colspan="2"></td><td colspan="2">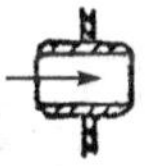</td><td colspan="2"></td></tr>
<tr><td colspan="2">$\zeta=0.5$</td><td colspan="2">$\zeta=0.25$</td><td colspan="2">$\zeta=0.04$</td><td colspan="2">$\zeta=0.56$</td><td colspan="2">$\zeta=3\sim1.3$</td><td colspan="2">$\zeta=0.5+0.5\cos\theta+0.2\cos^2\theta$</td></tr>
</table>

3. 总的阻力损失计算

总的阻力损失为直管阻力和局部阻力损失之和。

$$F=\lambda\left(\frac{l+\sum l_e}{d}\right)\frac{u^2}{2}\quad 或\quad F=\lambda\left(\frac{l+\sum l_e}{d}\right)\frac{u^2}{2}+\sum\zeta\frac{u^2}{2}\qquad(6.25)$$

【例 6.2】 图 6.8 所示为一含苯污水储罐，气相空间表压为 0，在下部有一 ϕ100mm 的输送管线通过一闸阀与储罐相连。在苯输送过程中闸阀全开，在距储罐 20m 处，管线突然断裂。已知水的密度为 1000kg · m^{-3}，黏度μ=1.0×10^{-3} kg · m^{-1} · s^{-1}，计算泄漏的最大质量流量。

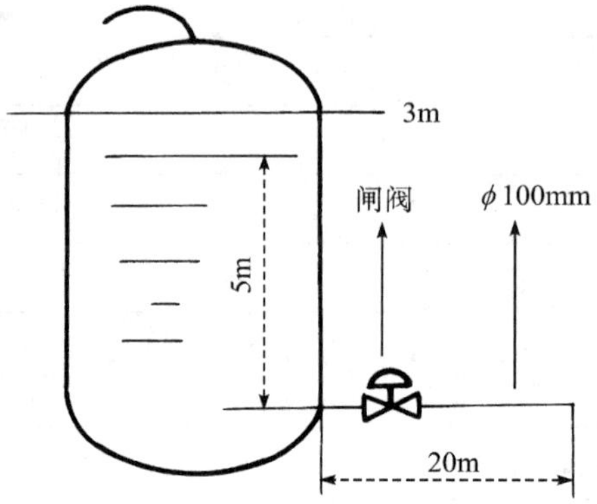

图 6.8　常压含苯污水储罐

解　考虑液面与管线断裂处为计算截面。忽略储罐内苯的流速，应用式(6.3)：

$$\Delta\left(\frac{u^2}{2}\right)+\Delta(gz)+F=0$$

总的阻力损失根据下式计算：

$$F=\lambda\frac{l}{d}\frac{u^2}{2}+\zeta\frac{u^2}{2}$$

查表 6.2，闸阀全开，局部阻力系数为 0.17。

$$\frac{l}{d}=\frac{20}{0.1}=200$$

雷诺数：

$$\mathrm{Re}=\frac{du\rho}{\mu}=\frac{0.1\times u\times 1000}{1.0\times 10^{-3}}=10^5\times u$$

假设管道为光滑管，选用勃拉休斯公式计算 λ：

$$\lambda=\frac{0.3164}{\mathrm{Re}^{0.25}}$$

则总的阻力损失为

$$F=\frac{0.3164}{(10^5\times u)^{0.25}}\times 200\times\frac{u^2}{2}+0.17\times\frac{u^2}{2}=1.78u^{1.75}+0.085u^2$$

将已知数据代入式(6.3)整理，有 $1.17u^2+3.56u^{1.75}=98$，假设流速 u 的数值，代入上式，直至两端相等：

u=5.6m · s^{-1}，左端=109.3；

u=5.4m · s^{-1}，左端=102.2；

u=5.3m · s^{-1}，左端=98.8。至此可认为误差足够小$\frac{98.8-98}{98}$=0.8%。

验证雷诺数：

$$\mathrm{Re}=\frac{du\rho}{\mu}=\frac{0.1\times 5.3\times 1000}{1.0\times 10^{-3}}=5.3\times 10^5$$

符合勃拉休斯公式的应用条件，说明得到的流速结果正确，则泄漏的最大质量流量为

$$Q=\rho uA=1000\times 5.3\times \frac{\pi}{4}\times 0.1^2=41.61(\text{kg}\cdot\text{s}^{-1})$$

6.5　气体或蒸气经小孔泄漏的源模式

前面几小节讨论了用机械能守恒方程描述液体的泄漏过程，其中有很重要的一条假设，即液体为不可压缩流体，密度恒定不变。而对于气体或蒸气，这条假设只有在初态和终态压力变化较小[$(p_0-p)/p_0<20\%$]和较低的气体流速(<0.3倍音速)的情况下，才可应用。当气体或蒸气的泄漏速度大到与该气体中音速相近，或超过音速时，会引起很大的压力、温度、密度变化，则根据不可压缩流体假设得到的结论不再适用。本节讨论可压缩气体或蒸气以自由膨胀的形式经小孔泄漏的情况。

在工程上，通常将气体或蒸气近似为理想气体，其压力、密度、温度等参数遵循理想气体状态方程：

$$p=\frac{R}{M}\rho T \tag{6.26}$$

式中，p——绝对压力，Pa；

R——理想气体常量，8.314J·mol^{-1}·K^{-1}；

M——气体摩尔质量，kg·mol^{-1}；

ρ——密度，kg·m^{-3}；

T——温度，K。

气体或蒸气在小孔内绝热流动，其压力密度关系可用绝热方程或称等熵方程描述：

$$\frac{p}{\rho^{\gamma}}=\text{constant} \tag{6.27}$$

式中，γ——绝热指数，是等压热容与等容热容的比值，$\gamma=C_p/C_V$。几种类型气体的绝热指数列于表 6.4。

此外也可按表 6.5 近似选取气体绝热指数。

表 6.4　几种气体的绝热指数

气体	空气、氢气、氧气、氮气	水蒸气、油燃气	甲烷、过热蒸汽
γ	1.40	1.33	1.30

表 6.5　绝热指数

气体	单原子分子	双原子分子	三原子分子
γ	1.67	1.40	1.32

图 6.9 所示为气体或蒸气经小孔泄漏的过程。轴功为 0，忽略势能变化，则机械能守恒方程(6.1)简化为

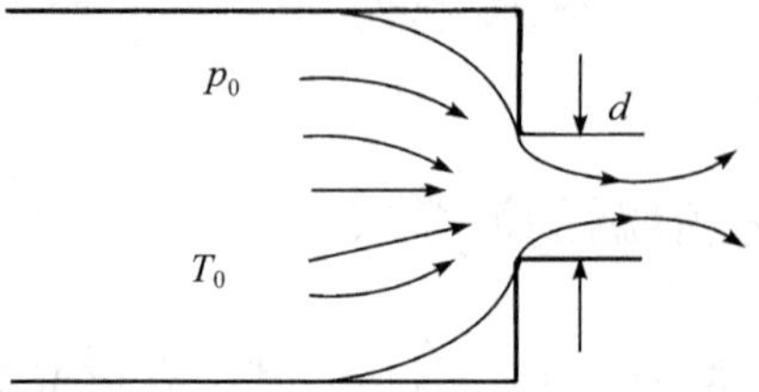

图 6.9　气体或蒸气经小孔泄漏

$$\int \frac{\mathrm{d}p}{\rho} + \frac{\Delta u^2}{2} + F = 0 \tag{6.28}$$

如式(6.8)定义孔流系数：

$$\int \frac{\mathrm{d}p}{\rho} + F = C_0^2 \int \frac{\mathrm{d}p}{\rho} \tag{6.29}$$

将式(6.29)代入式(6.28)，忽略气体或蒸气的初始动能，得到

$$C_0^2 \int_{p_0}^{p} \frac{\mathrm{d}p}{\rho} + \frac{u^2}{2} = 0 \tag{6.30}$$

由式(6.27)得到

$$\rho = \rho_0 \left(\frac{p}{p_0} \right)^{1/\gamma} \tag{6.31}$$

将式(6.31)代入式(6.30)，积分得

$$u = C_0 \sqrt{\frac{2\gamma}{\gamma - 1} \frac{RT_0}{M} \left[1 - \left(\frac{p}{p_0} \right)^{(\gamma-1)/\gamma} \right]} \tag{6.32}$$

由式(6.31)、式(6.32)得到泄漏质量流量：

$$Q = \rho u A = C_0 \rho_0 A \sqrt{\frac{2\gamma}{\gamma - 1} \frac{RT_0}{M} \left[\left(\frac{p}{p_0} \right)^{2/\gamma} - \left(\frac{p}{p_0} \right)^{(\gamma+1)/\gamma} \right]} \tag{6.33}$$

根据理想气体状态方程，有

$$\rho_0 = \frac{p_0 M}{RT_0} \tag{6.34}$$

将式(6.34)代入式(6.33)，得

$$Q = C_0 p_0 A \sqrt{\frac{2\gamma}{\gamma - 1} \frac{M}{RT_0} \left[\left(\frac{p}{p_0} \right)^{2/\gamma} - \left(\frac{p}{p_0} \right)^{(\gamma+1)/\gamma} \right]} \tag{6.35}$$

从安全工作的角度考虑，关心的是经小孔泄漏的气体或蒸气的最大流量。式(6.35)表明泄漏质量流量由前后压力的比值所决定。若以压力比 p/p_0 为横坐

标，以流量 Q 为纵坐标，根据式(6.35)可得到图6.10中的0bc曲线，当 $p/p_0=1$ 时，小孔前后的压力相等，$Q=0$；当 $p/p_0=0$ 时，气体或蒸气流向绝对真空，$\rho=0$，故 $Q=0$。流量曲线存在最大值，令 $dQ/d(p/p_0)=0$，可求得极值条件。

$$\frac{p_c}{p_0}=\left(\frac{2}{\gamma+1}\right)^{\gamma/(\gamma-1)} \tag{6.36}$$

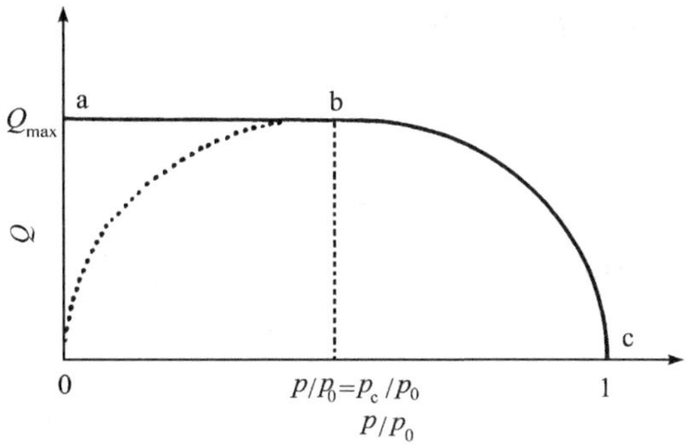

图6.10　流量曲线

式中，p_c 称为临界压力。

将此极值条件代入式(6.32)、式(6.35)可得到最大流速和最大流量：

$$u=C_0\sqrt{\frac{2\gamma}{\gamma+1}\frac{RT_0}{M}} \tag{6.37}$$

$$Q=C_0p_0A\sqrt{\frac{\gamma M}{RT_0}\left(\frac{2}{\gamma+1}\right)^{(\gamma+1)/(\gamma-1)}} \tag{6.38}$$

由图6.10可以看到，当 $p>p_c$ 时，气体或蒸气流速低于音速，如图中bc段曲线所示。当 $p=p_c$ 时，气体或蒸气的泄漏速度刚好可能达到的最大流速如式(6.37)所示，实际上就是气体或蒸气中的音速。当 $p<p_c$ 时，气体或蒸气似乎可以充分降压、膨胀、加速，但是根据气体流动力学的原理，泄漏速度不可能超过音速，这时其泄漏速度和质量流量与 $p=p_c$ 时相同，因此在图中以ab线表示。在化工生产中发生的气体或蒸气泄漏，很多属于最后一种情况。

【例6.3】 在某生产厂有一空气柜，因外力撞击，在空气柜一侧出现一小孔。小孔面积为19.6cm²，空气柜中的空气经此小孔泄漏入大气。已知空气柜中的压力为 2.5×10^5 Pa，温度 T_0 为330K，大气压力为 10^5 Pa，绝热指数 $\gamma=1.40$。求空气泄漏的最大质量流量。

解　先根据式(6.36)判断空气泄漏的临界压力：

$$p_c=p_0\left(\frac{2}{\gamma+1}\right)^{\gamma/(\gamma-1)}=2.5\times10^5\left(\frac{2}{1.4+1}\right)^{1.4/(1.4-1)}=1.32\times10^5\,(\text{Pa})$$

大气压力为 10^5 Pa，小于临界压力，则空气泄漏的最大质量流量可按式(6.38)计算：

$$Q=C_0p_0A\sqrt{\frac{\gamma M}{RT_0}\left(\frac{2}{\gamma+1}\right)^{(\gamma+1)/(\gamma-1)}}$$

C_0 值取为 1,则

$$Q = 1 \times 2.5 \times 10^5 \times 1.96 \times 10^{-4} \sqrt{\frac{1.4 \times 29 \times 10^{-3}}{8.314 \times 330} \times \left(\frac{2}{1.4+1}\right)^{(1.4+1)/(1.4-1)}}$$
$$= 1.09(\mathrm{kg \cdot s^{-1}})$$

若 C_0 值取为 0.61,则空气泄漏的最大质量流量为

$$Q = 0.61 \times 1.09 = 0.665(\mathrm{kg \cdot s^{-1}})$$

6.6 闪蒸液体的泄漏源模式

为了储存和运输方便,通常采用加压液化的方法来储存某些气体,储存温度在其正常沸点之上,如液氯、液氨等。这类液化气体一旦泄漏入大气,因压力瞬间大幅降低,其中一部分会迅速气化为气体,从高压下的气液平衡状态转变为常压下的气液平衡状态。气化时所需要的热由液体达到常压下的沸点所提供,液相部分的温度由储存时的温度降至常压下的沸点温度,这种现象称为闪蒸。之后液体吸收环境热量,继续蒸发气化。由于闪蒸过程在瞬间内完成,故可以看作是绝热过程,有

$$q = \frac{W(H_1 - H_2)}{r} \tag{6.39}$$

式中,q——蒸发气量,kg;

W——液体泄漏量,kg;

H_1——液体储存温度 T_0 时的焓,$\mathrm{kJ \cdot kg^{-1}}$;

H_2——常压下液体沸点 T 时的焓,$\mathrm{kJ \cdot kg^{-1}}$;

r——液体温度 T 时的蒸发潜热,$\mathrm{kJ \cdot kg^{-1}}$。

蒸发气量 q 与液体泄漏量 Q 的比值 q/Q 称为闪蒸率。表 6.6 给出了部分液化气体泄漏至大气中的闪蒸率及有关参数。

表 6.6 部分液化气体的闪蒸率

气体名称	沸点/℃	蒸发潜热/($\mathrm{kJ \cdot kg^{-1}}$)(×4.186)	H_1/($\mathrm{kJ \cdot kg^{-1}}$)(×4.186)	H_2/($\mathrm{kJ \cdot kg^{-1}}$)(×4.186)	闪蒸率	气液体积比
氯	−34.05	68.84	71.6	57.2	0.209	445.3
氨	−33.4	327.42	66.9	7.1	0.183	799.9
丙烷	−42.1	101.1	35.7	−1.13	0.364	253.8
丙烯	−47.7	104.7	186.0	149.7	0.346	272.6
丁烷	−0.5	92.15	−419.3	−430.7	0.124	224.3

从表 6.6 可以看出，液化气体一旦泄漏，会在瞬间蒸发，形成大量气体。若此气体为可燃气体，与空气混合后会形成爆炸性混合气，遇点火源即会发生火灾爆炸事故；若此气体为有毒气体，则会因扩散作用覆盖大范围面积，易为人员吸入，有可能造成大面积中毒。

6.7　易挥发液体蒸发的源模式

在化工生产中使用了大量的易挥发液体，如大多数的有机溶剂、油品等。如果装置或储存容器中的易挥发液体泄漏至地坪或围堰中，会逐渐向大气蒸发。根据传质过程的基本原理，该蒸发过程的传质推动力为蒸发物质的气液界面与大气之间的浓度梯度。液体蒸发为气体的摩尔通量可用式(6.40)表示：

$$N = k_c \Delta c \tag{6.40}$$

式中，N——摩尔通量，$mol \cdot m^{-2} \cdot s^{-1}$；

k_c——传质系数，$m \cdot s^{-1}$；

Δc——浓度梯度，$mol \cdot m^{-3}$。

若液体在某一温度 T 下的饱和蒸气压为 p^{sat}，则在气液界面处，其浓度 c_1 可由理想气体状态方程得到

$$c_1 = \frac{p^{sat}}{RT} \tag{6.41}$$

同理可以得到蒸发物质在大气中分压为 p 时的物质的量浓度，则 Δc 可以由式(6.42)表达：

$$\Delta c = \frac{p^{sat} - p}{RT} \tag{6.42}$$

一般情况下，$p^{sat} \gg p$，则式(6.42)简化为：

$$\Delta c = \frac{p^{sat}}{RT} \tag{6.43}$$

液体的蒸发质量流量为其摩尔通量与蒸发面积 A、蒸发物质摩尔质量 M 的乘积：

$$Q = N \cdot A \cdot M = \frac{k_c M A p^{sat}}{RT} \tag{6.44}$$

当液体向静止大气蒸发时，其传质过程为分子扩散；当液体向流动大气蒸发时，其传质过程为对流传质过程。对流传质系数比分子扩散系数要高 1～2 个数量级。本章对传质系数的计算不具体论述。需要的读者可参阅有关质量传递方面的书籍。

【例 6.4】 有一露天桶装乙醇翻倒后，致使 $2m^2$ 内均为乙醇液体。当时大气温度为16℃，乙醇的饱和蒸气压为 4kPa，乙醇的传质系数 k_c 为 $1.2\times10^{-3}m\cdot s^{-1}$。求乙醇蒸发的质量流量。

解 先查出或计算出乙醇的摩尔质量 $M=46.07g\cdot mol^{-1}$。根据式(6.44)计算乙醇蒸发的质量流量：

$$Q=\frac{k_c MAp^{sat}}{RT}=\frac{1.2\times10^{-3}\times46.07\times2\times4000}{8.314\times289}$$
$$=0.184(g\cdot s^{-1})=1.84\times10^{-4}(kg\cdot s^{-1})$$

6.8 扩散模式

在化工生产中，所使用的物料大多具有易燃易爆、有毒有害的危险特性，一旦由于某种原因发生泄漏，则泄漏出来的物料会在浓度梯度和风力的作用下在大气中扩散。通过扩散模式可估算泄漏物质的影响范围及危险性质、程度，如在多大范围以内为火灾爆炸危险区，多大范围内为急性中毒致死区，多大范围以外是无明显毒性影响的区域，可为危险程度判别、事故发生后的火源控制、明确人员疏散区域等等提供科学参考。

以储罐中的苯泄漏为例。无风情况下，泄漏出来的苯以泄漏源为中心向四周扩散，如图 6.11 所示。火灾爆炸危险区域应是空气中苯浓度高于其爆炸下限1.2%而又低于其爆炸上限 8%的范围，如图 6.11 中 A 曲线与 B 曲线构成的圆环区域，在这一区域内必须严禁一切火源；可能发生人员中毒的区域是苯浓度高于其最高容许浓度 $40mg\cdot m^{-3}$的区域，如图 6.11 中 D 曲线所包括的范围。当然，还可以根据毒理学的详细资料划分可能发生重度中毒，甚至在短时间内致使无防护人

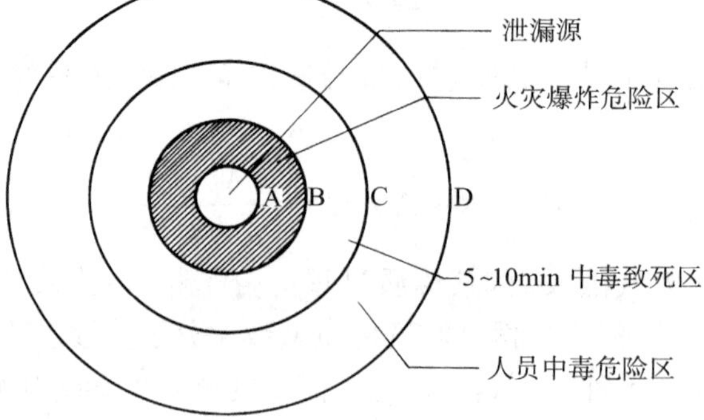

图 6.11　无风条件下，苯泄漏的影响范围示意图

员死亡的区域，如图中 C 曲线包括的区域，C 曲线代表苯浓度(体积分数)为 0.02，在此浓度下，5～10min 即可使无防护人员死亡。

利用扩散模式可描述泄漏物质在事故发生地的扩散过程。一般情况下，对于泄漏物质密度与空气接近或经很短时间的空气稀释后密度即与空气接近的情况，可用如图 6.12 所示的烟羽扩散模式描述连续泄漏源泄漏物质的扩散过程。连续泄漏源通常泄漏持续时间较长。图 6.13 所示的烟团扩散模式描述瞬间泄漏源泄漏物质的扩散过程。瞬间泄漏源的特点是泄漏在瞬间完成。连续泄漏源如连接在大型储罐上的管道穿孔、挠性连接器处出现的小孔或缝隙、连续的烟囱排放等。瞬时泄漏源如液化气体钢瓶破裂、瞬时冲料形成的事故排放、压力容器安全阀异常启动、放空阀门的瞬间错误开启等。

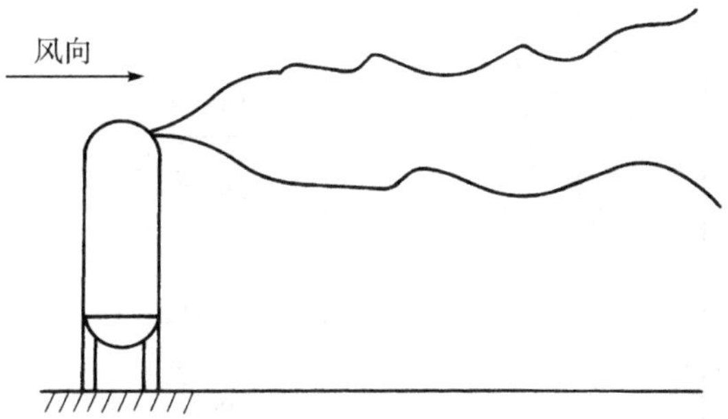

图 6.12　烟羽扩散模式示意图

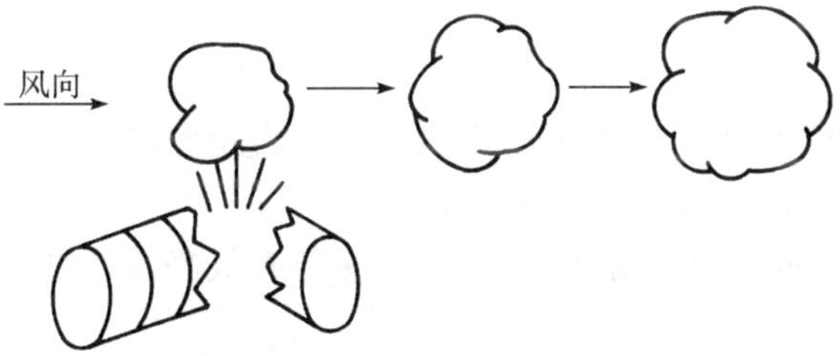

图 6.13　烟团扩散模式示意图

风速、大气稳定度、地面情况(建筑物、树木等)、泄漏源高度、泄漏物质的初始状态、物料性质均会对泄漏物质在大气中的扩散产生影响。

风对泄漏出的物质有输送和稀释作用，因此泄漏物质总是分布在泄漏源的下风向。风速越大、湍流越强，物质向下风向的扩散速度和空气的稀释速度越快。无风条件下，泄漏物质以泄漏源为中心，向各个方向扩散。

大气稳定度表示空气是否易于发生垂直运动，即对流。假如有一团空气在外力作用下，产生了向上或向下的运动，可能出现三种情况：空气团受力移动后，逐渐减速，并有返回原来高度的趋势，这时的气层对该空气团是稳定的；空气团受力作用，离开原位就逐渐加速运动，并有远离原来高度的趋势，这时的气层对该空气团是不稳定的；空气团被推至某一高度后，既不加速，也不减速，保持不动，这时的气层对该空气团是中性的。有毒有害、易燃易爆物质在大气中的扩散与大气稳定度密切相关。大气越不稳定，其扩散越快；大气越稳定，其扩散越慢。

地面情况对风速梯度随高度变化的影响如图 6.14 所示。建筑、树木等会加强地表大气的湍流程度，即加强混合稀释作用；而开阔平坦地、湖泊等则相反。

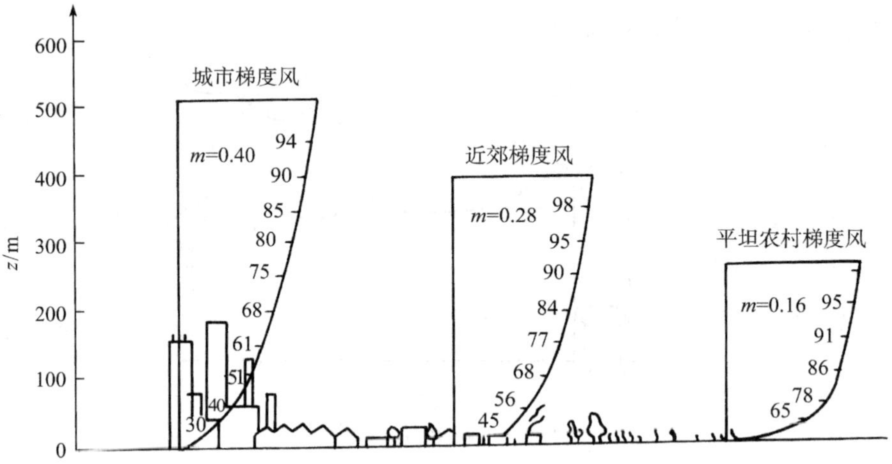

图 6.14 地面情况对垂直风力梯度的影响

泄漏源高度增加，泄漏物质扩散至地面的垂直距离增加，在同等源强和气象条件下，地面同等距离的物质浓度会降低。

泄漏物质具有向上的初始动量，会使泄漏源有效高度增加，作用效果与泄漏源高度增加相同。

泄漏物质的密度高于或低于空气的密度，分别表现出重力作用和浮力作用。重力作用引起泄漏物质下沉，导致地面浓度增加。因泄漏物质不断被大气稀释，这种下沉作用会逐渐减弱。浮力作用引起泄漏物质在扩散初期上升，导致地面浓度降低。同样泄漏物质被大气不断稀释，上升作用减弱。浮力也可能来源于泄漏物质具有的较高的温度，当泄漏物质被冷却至大气温度后，这种上升作用即停止。

6.9　湍流扩散微分方程与扩散模型

6.9.1　湍流扩散微分方程

湍流运动是大气基本运动形式之一。由于大气是半无限介质，特征尺度很大，只要极小的风速就会有很大的雷诺数，从而达到湍流状态，因此通常认为低层大气的流动都处于湍流状态。

对于流动的大气，根据质量守恒定律可导出泄漏物质浓度变化的湍流扩散微分方程：

$$\frac{\partial c}{\partial t}=-\frac{\partial}{\partial x_j}(u_j c) \tag{6.45}$$

式中，c——泄漏物质的瞬时浓度；

t——时间；

x_j——直角坐标系中各坐标轴方向 x, y, z；

μ_j——各坐标轴方向的瞬时风速。

由于湍流是不规则运动，风速和泄漏物质的浓度都是时间和空间的随机变量。在任一点上，风速和浓度的瞬时值均可用平均值和脉动值之和表示：

$$\left.\begin{aligned} u&=\bar{u}+u' \\ v&=\bar{v}+v' \\ w&=\bar{w}+w' \\ c&=\bar{c}+c' \end{aligned}\right\} \tag{6.46}$$

式(6.46)中，$(u, \bar{u}, u')$，$(v, \bar{v}, v')$，$(w, \bar{w}, w')$分别表示 x 轴、y 轴、z 轴方向的瞬时风速、平均风速、脉动风速；$c, \bar{c}, c'$分别表示瞬时浓度、平均浓度和脉动浓度。

将式(6.46)代入式(6.45)，并取平均，整理得

$$\frac{\partial \bar{c}}{\partial t}+\bar{u}\frac{\partial \bar{c}}{\partial x}+\bar{v}\frac{\partial \bar{c}}{\partial y}+\bar{w}\frac{\partial \bar{c}}{\partial z}=\frac{\partial}{\partial x}(-\overline{c'u'})+\frac{\partial}{\partial y}(-\overline{c'v'})+\frac{\partial}{\partial z}(-\overline{c'w'}) \tag{6.47}$$

定义 K_x、K_y、K_z 分别为 x、y、z 方向上的湍流扩散系数，并有

$$-\overline{c'u'}=K_x\frac{\partial \bar{c}}{\partial x},\quad -\overline{c'v'}=K_y\frac{\partial \bar{c}}{\partial y},\quad -\overline{c'w'}=K_z\frac{\partial \bar{c}}{\partial z} \tag{6.48}$$

将上述关系代入式(6.47)，得到湍流扩散微分方程：

$$\frac{\partial \bar{c}}{\partial t}+\left(\bar{u}\frac{\partial \bar{c}}{\partial x}+\bar{v}\frac{\partial \bar{c}}{\partial y}+\bar{w}\frac{\partial \bar{c}}{\partial z}\right)$$

$$= \frac{\partial}{\partial x}\left(K_x \frac{\partial \bar{c}}{\partial x}\right) + \frac{\partial}{\partial y}\left(K_y \frac{\partial \bar{c}}{\partial y}\right) + \frac{\partial}{\partial z}\left(K_z \frac{\partial \bar{c}}{\partial z}\right) \tag{6.49}$$

式(6.49)等号左边为局地扩散和对流扩散项，而右边为湍流扩散项。利用该方程与不同的初始状态、边界条件即可建立各种扩散模型。选取直角坐标系的 x 轴方向与平均风速方向一致，z 轴为铅直向上，则

$$\bar{v}=0, \qquad \bar{w}=0$$

假定各方向湍流扩散系数为常数，以 c 代表平均浓度，以 u 代表平均风速，则式(6.49)可简化为

$$\frac{\partial c}{\partial t} + u\frac{\partial c}{\partial x} = K_x \frac{\partial^2 c}{\partial x^2} + K_y \frac{\partial^2 c}{\partial y^2} + K_z \frac{\partial^2 c}{\partial z^2} \tag{6.50}$$

6.9.2 无边界点源扩散模型

1. 瞬时泄漏点源的扩散模型

1) 无风瞬时泄漏点源的烟团扩散模型

在无风条件下($u=0$)，瞬时泄漏点源产生的烟团仅在泄漏点处膨胀扩散，则式(6.50)简化为

$$\frac{\partial c}{\partial t} = K_x \frac{\partial^2 c}{\partial x^2} + K_y \frac{\partial^2 c}{\partial y^2} + K_z \frac{\partial^2 c}{\partial z^2} \tag{6.51}$$

初始条件：$t=0$ 时，$x=y=z=0$ 处，$c \to \infty$；$x \neq 0$ 处，$c \to 0$。

边界条件：$t \to \infty$ 时，$c \to 0$。

源强为 Q 的无风瞬时泄漏点源的浓度分布 $c(x,y,z,t)$ 为

$$c(x,y,z,t) = \frac{Q}{8(\pi^3 t^3 K_x K_y K_z)^{1/2}} \exp\left[-\frac{1}{4t}\left(\frac{x^2}{K_x} + \frac{y^2}{K_y} + \frac{z^2}{K_z}\right)\right] \tag{6.52}$$

2) 有风瞬时泄漏点源的烟团扩散模型

在有风条件下，烟团随风移动，并因空气的稀释作用不断膨胀，t 时刻烟团中心点坐标为(ut,0,0)，则式(6.52)经坐标变换即得源强为 Q 的有风瞬时泄漏点源的浓度分布

$$c(x,y,z,t) = \frac{Q}{8(\pi^3 t^3 K_x K_y K_z)^{1/2}} \exp\left[-\frac{1}{4t}\left(\frac{(x-ut)^2}{K_x} + \frac{y^2}{K_y} + \frac{z^2}{K_z}\right)\right] \tag{6.53}$$

2. 连续泄漏点源的扩散模型

1）无风连续泄漏点源扩散模型

若连续泄漏点源的源强 Q 为常量，则任意一点的浓度仅是位置的函数，而与时间无关，有$\partial c/\partial t=0$；无风条件，$u=0$，则式(6.50)简化为

$$K_x \frac{\partial^2 c}{\partial x^2} + K_y \frac{\partial^2 c}{\partial y^2} + K_z \frac{\partial^2 c}{\partial z^2} = 0 \tag{6.54}$$

初始条件：$x=y=z=0$ 时，$c\rightarrow\infty$。　(6.55)

边界条件：$x, y, z\rightarrow\infty$时，$c\rightarrow 0$。

则源强为 Q 的无风连续泄漏点源的浓度分布 $c(x,y,z)$为

$$c(x,y,z) = \frac{Q}{4\pi(K_xK_yK_z)^{1/3}(x^2+y^2+z^2)^{1/2}} \tag{6.56}$$

2）有风连续泄漏点源扩散模型

有风条件下，连续泄漏点源的扩散为烟羽形状，沿风向方向，任一 y-z 平面的泄漏物质总量等于源强 Q：

$$Q = \int_{-\infty}^{\infty}\int_{0}^{\infty} cu\,\mathrm{d}y\mathrm{d}z \tag{6.57}$$

若流场稳定，则空间某一位置的泄漏物质浓度恒定，不随时间改变，$\partial c/\partial t=0$。有风条件下($u>1\mathrm{m}\cdot\mathrm{s}^{-1}$)，风力产生的平流输送作用要远远大于水平方向上的分子扩散作用，有

$$u\frac{\partial c}{\partial x} \gg K_x \frac{\partial c^2}{\partial x^2}$$

因此式(6.50)可简化为

$$u\frac{\partial c}{\partial x} = K_y \frac{\partial^2 c}{\partial y^2} + K_z \frac{\partial^2 c}{\partial z^2} \tag{6.58}$$

初始条件和边界条件与式(6.55)相同。源强为 Q 有风连续泄漏点源的浓度分布 $c(x,y,z)$为

$$c(x,y,z) = \frac{Q}{4\pi x(K_yK_z)^{1/2}}\exp\left[-\frac{u}{4x}\left(\frac{y^2}{K_y}+\frac{z^2}{K_z}\right)\right] \tag{6.59}$$

上述模型均考虑泄漏物质的扩散在无边界的大气中扩散。而实际上物质泄漏往往发生在地面或近地表处，所以对泄漏物质的扩散过程进行模拟时，必须考虑地

面的影响。

6.9.3 有界点源扩散模型

在考虑地面对扩散的影响时，通常按照全反射的原理，采用“像源法”处理，即地面如同一面“镜子”，对泄漏物质既不吸收也不吸附，起着全反射的作用。因此认为地面上任意一点的浓度是两部分作用之和：一部分是不存在地面时此点应具有的浓度；另一部分是由于地面全反射而增加的浓度。对于地面源，任意一点浓度 $c(x,y,z)$ 为无界条件下的 2 倍。对于地面上高为 H 的泄漏源，任意一点浓度应是高为 H 的实源和高为 $-H$ 的虚源在此点造成的浓度之和。

1. 无风瞬时地面点源的烟团扩散模型

$$c(x,y,z,t)=\frac{Q}{4(\pi^3t^3K_xK_yK_z)^{1/2}}\exp\left[-\frac{1}{4t}\left(\frac{x^2}{K_x}+\frac{y^2}{K_y}+\frac{z^2}{K_z}\right)\right] \tag{6.60}$$

2. 有风连续地面点源的烟羽扩散模型

$$c(x,y,z)=\frac{Q}{2\pi x(K_yK_z)^{1/2}}\exp\left[-\frac{u}{4x}\left(\frac{y^2}{K_y}+\frac{z^2}{K_z}\right)\right] \tag{6.61}$$

3. 有风源高为 H 连续点源的烟羽扩散模型

$$c(x,y,z)=\frac{Q}{4\pi x(K_yK_z)^{1/2}}\exp\left(-\frac{uy^2}{4K_yx}\right)\times\left\{\exp\left[-\frac{u(z-H)^2}{4K_zx}\right]+\exp\left[-\frac{u(z+H)^2}{4K_zx}\right]\right\} \tag{6.62}$$

式(6.62)即为高斯扩散模型。若源高 $H=0$，即为地面源扩散模型。

6.10 帕斯奎尔-吉福德模型

6.10.1 大气稳定度与扩散参数的确定

6.9 节中所建立扩散模型均假定湍流扩散系数 K_x、K_y、K_z 恒定，但实际上其随位置、时间、风速、主导气象条件变化。为便于应用，定义扩散参数 σ_x、σ_y、σ_z 分别为

$$\begin{cases} \sigma_x^2 = 2K_x t = 2K_x \dfrac{x}{u} \\ \sigma_y^2 = 2K_y t = 2K_y \dfrac{x}{u} \\ \sigma_z^2 = 2K_z t = 2K_z \dfrac{x}{u} \end{cases} \tag{6.63}$$

扩散参数可以由现场测定，也可以在风洞中进行模拟试验来确定，还可以根据经验公式或图算法来估算。目前应用较多的估算法是 P-G(Pasquill-Gifford)扩散曲线法。该方法根据常规所能观测到的气象资料划分大气稳定度级别，再利用 P-G扩散曲线图直接查出下风向距离上的扩散参数 σ_y、σ_z 值，提供了无法进行现场测定或模拟试验情况下，估算扩散参数的有效方法。

根据云量、云状、太阳辐射情况和地面风速（自地面 10m 高处的风速），可将大气的扩散能力从强不稳定到稳定划分为 A～F 六个稳定度等级。具体的分类方法见表 6.7。

表 6.7　稳定度级别划分表

地面风速(距地面10m 高处)/($m \cdot s^{-1}$)	白天太阳辐射			阴天的白天或夜晚	有云的夜晚	
	强	中	弱		薄云遮天或低云≥5/10	云量<4/10
<2	A	A～B	B	D		
2～3	A～B	B	C	D	E	F
3～5	B	B～C	C	D	D	E
5～6	C	C～D	D	D	D	D
>6	C	D	D	D	D	D

注：1) A——极不稳定；B——不稳定；C——弱不稳定；D——中性；E——弱稳定；F——稳定。

2) A～B 按 A、B 数据内插。

3) 夜晚定义为日落前 1h 至日出后 1h。

4) 无论何种天气状况，夜晚前后各 1h 算做中性。

5) 在中纬度地区，仲夏晴天的中午为强太阳辐射，寒冬晴天的中午为弱太阳辐射。云量将减少太阳辐射。例如，在晴空下应为强太阳辐射，但若有碎中云（云量 6/10～9/10），则要减至中等太阳辐射，碎低云则减至弱太阳辐射。

确定大气稳定度级别后，就可以按照 P-G 扩散曲线查出下风向距离 x 处的扩散参数 σ_y、σ_z 值。图 6.15、图 6.16 适用于烟羽模式，是根据平坦地草地上的实验数据绘制的；图 6.17、图 6.18 适用于烟团模式，其数据点为实测值，其余曲线为外推值。

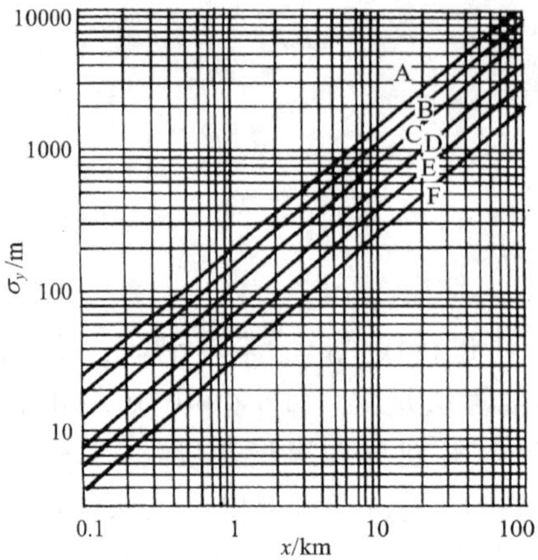

图 6.15　烟羽模式的水平扩散参数 σ_y 曲线图

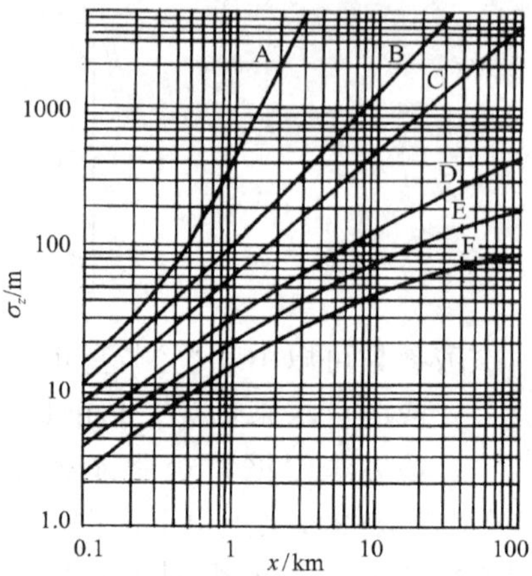

图 6.16　烟羽模式的垂直扩散参数 σ_z 曲线图

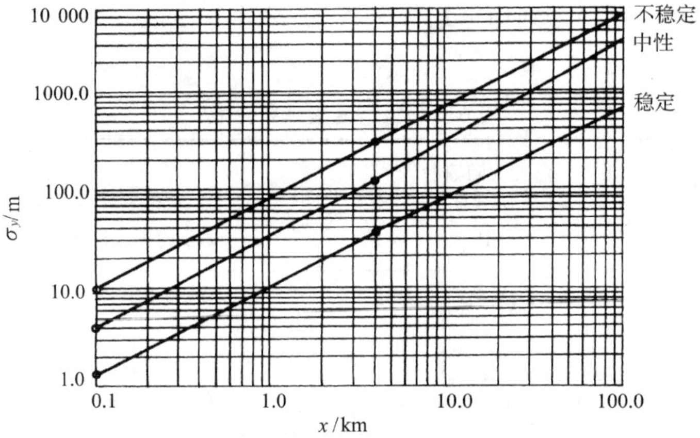

图 6.17　烟团模式的水平扩散参数 σ_y 曲线图

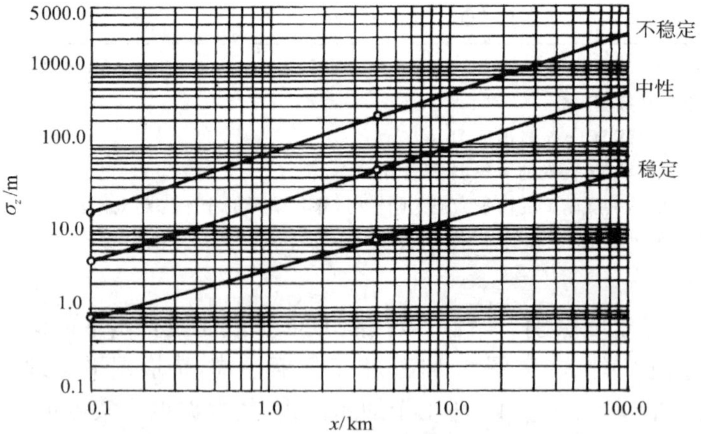

图 6.18　烟团模式的垂直扩散参数 σ_z 曲线图

6.10.2　P-G 扩散模型

1. 烟团模型

1）瞬时地面点源烟团模型

以风速方向为 x 轴，坐标原点取在泄漏点处，风速恒为 u，则源强为 Q 的浓度分布为

$$c(x,y,z,t)=\frac{Q}{\sqrt{2}\pi^{3/2}\sigma_x\sigma_y\sigma_z}\exp\left[-\frac{(x-ut)^2}{2\sigma_x^2}-\frac{y^2}{2\sigma_y^2}-\frac{z^2}{2\sigma_z^2}\right] \tag{6.64}$$

令 $z=0$，得到地面浓度：

$$c(x,y,0,t)=\frac{Q}{\sqrt{2}\pi^{3/2}\sigma_x\sigma_y\sigma_z}\exp\left[-\frac{(x-ut)^2}{2\sigma_x^2}-\frac{y^2}{2\sigma_y^2}\right] \tag{6.65}$$

令 $y=0$，得到地面轴线浓度：

$$c(x,0,0,t)=\frac{Q}{\sqrt{2}\pi^{3/2}\sigma_x\sigma_y\sigma_z}\exp\left[-\frac{(x-ut)^2}{2\sigma_x^2}\right] \tag{6.66}$$

2）有效源高 H 的瞬时点源烟团模型

以风速($u\neq0$)方向为 x 轴方向，选取移动坐标系，任一时刻烟团中心的 x 轴坐标为 ut，则其浓度分布为

$$c(x,y,z)=\frac{Q}{(2\pi)^{3/2}\sigma_x\sigma_y\sigma_z}\exp\left(-\frac{y^2}{2\sigma_y^2}\right)\times\left\{\exp\left[-\frac{(z-H)^2}{2\sigma_z^2}\right]+\exp\left[-\frac{(z+H)^2}{2\sigma_z^2}\right]\right\} \tag{6.67}$$

令 $z=0$，得到地面浓度：

$$c(x,y,0)=\frac{Q}{\sqrt{2}\pi^{3/2}\sigma_x\sigma_y\sigma_z}\exp\left(-\frac{y^2}{2\sigma_y^2}-\frac{H^2}{2\sigma_z^2}\right) \tag{6.68}$$

令 $y=0$，得到地面轴线浓度：

$$c(x,0,0)=\frac{Q}{\sqrt{2}\pi^{3/2}\sigma_x\sigma_y\sigma_z}\exp\left(-\frac{H^2}{2\sigma_z^2}\right) \tag{6.69}$$

若以风速方向为 x 轴，泄漏源中心对地面的投影为坐标点，则浓度分布为

$$c(x,y,z,t)=\frac{Q}{(2\pi)^{3/2}\sigma_x\sigma_y\sigma_z}\exp\left(-\frac{y^2}{2\sigma_y^2}\right)\times\left\{\exp\left[-\frac{(z-H)^2}{2\sigma_z^2}\right]+\exp\left[-\frac{(z+H)^2}{2\sigma_z^2}\right]\right\}\times\exp\left[-\frac{(x-ut)^2}{2\sigma_x^2}\right] \tag{6.70}$$

地面浓度与地面轴线浓度分别将式(6.68)、式(6.69)右侧乘以 $\exp\left[-\frac{(x-ut)^2}{2\sigma_x^2}\right]$ 项即可。

2. 烟羽模型

1)连续地面点源

以风速($u\neq0$)方向为 x 轴,假定流场稳定,坐标点为泄漏源中心处,则浓度分布为

$$c(x,y,z)=\frac{Q}{\pi\sigma_y\sigma_z u}\exp\left(-\frac{y^2}{2\sigma_y^2}-\frac{z^2}{2\sigma_z^2}\right) \tag{6.71}$$

令 $z=0$,得到地面浓度:

$$c(x,y,0)=\frac{Q}{\pi\sigma_y\sigma_z u}\exp\left(-\frac{y^2}{2\sigma_y^2}\right) \tag{6.72}$$

令 $y=0$,得到地面轴线浓度:

$$c(x,0,0)=\frac{Q}{\pi\sigma_y\sigma_z u} \tag{6.73}$$

2)有效源高 H 的连续点源

以风速($u\neq0$)方向为 x 轴方向,泄漏源中心对地面的投影为坐标点,假定流场稳定,则浓度分布为

$$c(x,y,z)=\frac{Q}{2\pi u\sigma_y\sigma_z}\exp\left(-\frac{y^2}{2\sigma_y^2}\right)\times\left\{\exp\left[-\frac{(z-H)^2}{2\sigma_z^2}\right]+\exp\left[-\frac{(z+H)^2}{2\sigma_z^2}\right]\right\} \tag{6.74}$$

令 $z=0$,得到地面浓度:

$$c(x,y,0)=\frac{Q}{\pi u\sigma_y\sigma_z}\exp\left(-\frac{y^2}{2\sigma_y^2}-\frac{H^2}{2\sigma_z^2}\right) \tag{6.75}$$

令 $y=0$,得到地面轴线浓度:

$$c(x,0,0)=\frac{Q}{\pi u\sigma_y\sigma_z}\exp\left(-\frac{H^2}{2\sigma_z^2}\right) \tag{6.76}$$

因 σ_y、σ_z 是距离 x 的函数,随 x 增加而增加,则 $Q/(\pi\sigma_y\sigma_z u)$ 项随 x 增加而减小;而指数项 $\exp(-H^2/2\sigma_z{}^2)$ 却随 x 增加而增大,两项共同作用的结果,必然在地面轴线的某一距离 x 处,有其地面轴线浓度最大值,当

$$\sigma_z\Big|_{x_{c\max}}=\frac{H}{\sqrt{2}}$$

出现地面轴线最大浓度：

$$c(x,0,0)_{\max}=\frac{2Q}{e\pi uH^2}\left(\frac{\sigma_z}{\sigma_y}\right)=\frac{0.234Q}{uH^2}\cdot\frac{\sigma_z}{\sigma_y} \tag{6.77}$$

【例 6.5】 在氯乙烯生产过程中，大量使用氯气作为原料。某生产厂突然发生氯气泄漏。根据源模式估算约有 1.0kg 氯气在瞬间泄漏。泄漏时为有云的夜间，初步观测发现云量 <4/10，风速为 $2\text{m}\cdot\text{s}^{-1}$。泄漏源高度很低，可近似为地面源处理。居民区距泄漏源处为 400m。请回答以下问题：

(1) 泄漏发生后，大约经多长时间烟团中心到达居民区？

(2) 烟团到达居民区后，地面轴线氯气浓度为多少？是否超过国家卫生标准？

(3) 试判断经多远距离后，氯气的地面浓度才被大气稀释至可接受水平。

(4) 估算烟团扩散至下风向 5km 处，其覆盖的范围。

解 (1)

$$t=x/u=400/2=200(\text{s})=3.33(\text{min})$$

烟团中心扩散至居民区仅需 3.33min，可见泄漏发生后，用以发出警告或提醒通知居民的时间很短，必须在第一时间发出警告。

(2) 应用式(6.66)：

$$c(x,0,0,t)=\frac{Q}{\sqrt{2}\pi^{3/2}\sigma_x\sigma_y\sigma_z}\exp\left\{-\frac{1}{2}\left[\frac{(x-ut)^2}{\sigma_x^2}\right]\right\}$$

根据题中所述情况，查表 6.7 知大气稳定度为 F 级。$x=400\text{m}$，查图 6.17、图 6.18，得到 $\sigma_y=4.5\text{m}$，$\sigma_z=1.8\text{m}$，令 $\sigma_x=\sigma_y$，又 $t=200\text{s}$，代入上式进行计算：

$$c(400,0,0,200)=\frac{1.0}{\sqrt{2}\times(3.14)^{1.5}\times(4.5)^2\times1.8}=3.49\times10^{-3}(\text{kg}\cdot\text{m}^{-3})=3490(\text{mg}\cdot\text{m}^{-3})$$

又根据我国车间空气氯气的最高容许浓度标准 MAC 为 $1\text{mg}\cdot\text{m}^{-3}$，可知扩散至居民区后，其地面轴线浓度远远超过国家卫生标准。说明烟团到达居民区后，暴露于大气中的人员都有发生中毒的危险。

(3) 可接受的地面氯气浓度水平以其最高容许浓度 $1\text{mg}\cdot\text{m}^{-3}$ 考虑，则扩散至距离 x 处，$c(x,0,0)=1\text{mg}\cdot\text{m}^{-3}$。

将有关数据代入式(6.64)简化后得到

$$c(x,0,0,t)=\frac{1.0}{\sqrt{2}\times(3.14)^{1.5}(\sigma_y)^2\sigma_z}$$

即

$$\sigma_y^2\sigma_z=1.27\times10^5(\text{m}^3)$$

利用试差法求解，即先假定 x 值，查出相应的 σ_y、σ_z 值，代入上式计算，直至满足上式。

x/km	σ_y/m	σ_z/m	$\sigma_y^2\sigma_z$/m^3	x/km	σ_y/m	σ_z/m	$\sigma_y^2\sigma_z$/m^3
9	73	12	6.39×10^4	11	90	14	1.13×10^5
10	80	13	8.07×10^4	12	97	15	1.4×10^5

再利用内插法求解 x

$$1.27\times10^{5}=1.13\times10^{5}+\frac{(1.4-1.13)\times10^{5}\times(x-12)}{13-12}$$

$$x=12.52\text{km}$$

这说明 1.0kg 氯气泄漏，必须考虑下风向 12.52km 范围内的安全问题。

(4) 烟团扩散至 5km 处，所需时间为 5000s/2=2500s。

查图 6.17、图 6.18，得到 $\sigma_y=44\text{m}$，$\sigma_z=8\text{m}$，令 $\sigma_x=\sigma_y$，其所覆盖的范围，以外边界浓度为国家卫生标准考虑，代入地面轴线浓度计算式

$$c(5000,0,0,2500)=1.0\times10^{-6}$$

$$=\frac{1.0}{\sqrt{2}\times(3.14)^{3/2}\times(44)^{2}\times8}\exp\left[-\frac{1}{2}\times\frac{(x-5000)^{2}}{44^{2}}\right]$$

解得 $x=(5000\pm90.25)\text{m}$，说明覆盖了沿风向距离 180.5m 的范围。

若以地面平面 x-y 范围考虑，代入地面浓度扩散模型

$$c(x,y,0,2500)=1.0\times10^{-6}$$

$$=\frac{1.0}{\sqrt{2}\times(3.14)^{3/2}\times(44)^{2}\times8}\exp\left[-\frac{1}{2}\times\frac{(x-5000)^{2}}{44^{2}}-\frac{1}{2}\times\frac{y^{2}}{44^{2}}\right]$$

$$1.22\times10^{-1}=\exp\left[-\frac{1}{2}\times\frac{(x-5000)^{2}}{44^{2}}-\frac{1}{2}\times\frac{y^{2}}{44^{2}}\right]$$

$$(x-5000)^{2}+y^{2}=8150.6$$

此方程说明在其下风向 5km 处，地面氯气浓度高于其最高容许浓度的覆盖范围为以 $x=5000\text{m}$，$y=0$ 为圆心，直径为 180.5m 的圆。

思　考　题

1. 化工生产中容易发生泄漏的部位有哪些？这些常见的泄漏源可分为几类？
2. 什么是闪蒸现象？液体发生闪蒸的原因是什么？
3. 泄漏物质在大气的扩散过程中，风主要起什么作用？
4. 有风和无风条件下，泄漏物质的扩散有何不同？
5. 泄漏物质的密度对其在大气中的扩散有何影响？为什么？
6. 什么是大气稳定度？什么是扩散参数？它们之间有何联系？
7. 本章的扩散模型可分为几类？分别适用于何种泄漏源？
8. 估算泄漏源源强和进行泄漏物质的扩散模拟，可以解决什么样的安全问题？
9. 请设计一个储存易燃易爆、有毒有害物料的储罐，并在此基础上，结合前面几章所学内容，明确泄漏事故的影响范围和条件，并制订一个简单的事故预案。

习　　题

1. 有一露天长、宽、高分别为 4m、5m、3m 的空气柜储存绝对压力为 3.0×10^{5} Pa 的空气。环境

温度为 17℃。请问由于小孔泄漏致使空气柜中空气压力降为临界压力时，已泄漏的空气总量是多少？

2. 某一常压甲苯储罐，内径 3m。在其下部因腐蚀产生一面积为 12.6cm^2 的小孔。小孔上方甲苯液位初始高度应为 4m。巡检人员于上午 8:00 发现泄漏，立即进行堵漏处理，堵漏完成后，小孔上方液位高度为 2m。请计算甲苯的泄漏量和泄漏始于何时。

3. 国内一石油化工厂利用高 40m 火炬焚烧废气。废气流量为 50$m^3 \cdot s^{-1}$，组成为空气(80%)、一氧化碳(约 10%)、甲烷(5%)、乙烷(1%)、乙烯(4%)、硫化氢(0.02%)。某日火炬点火装置突然失灵，致使废气直接排入大气。当时天气晴朗，阳光辐射较弱，风速 2$m \cdot s^{-1}$。下风向 1km 处为生活区。请问废气未经燃烧排入大气，是否会对该生活区构成危害。(提示：要考虑人员中毒、火灾爆炸两种危险)

4. 某化工厂的聚合反应以氯乙烯为原料，由于工艺参数瞬间突然变化后恢复正常，致使聚合反应釜上的安全阀动作，造成 0.5kg 氯乙烯瞬间泄漏。安全阀排放高度 16m。当时气象条件为强太阳辐射的白天、风速 3.2$m \cdot s^{-1}$。估算下风向 500m 处地面氯乙烯的浓度。是否会造成危险？

第 7 章　危险性分析方法

化工生产由于使用的原料、半成品和产品绝大多数具有易燃易爆、腐蚀毒害等危险特性，且生产装置大型化、连续化，工艺过程复杂化，潜在着很大的危险性。一旦发生事故造成的后果往往比较严重，不仅影响生产的正常进行，还威胁着人身的安全和健康，有些化学事故甚至给社会和环境造成严重破坏。因此，对现代化的化工生产装置单纯采用传统的安全管理方法已远不能适应安全生产的需要，必须实行现代安全管理。

所谓现代安全管理就是从系统的观念出发，运用科学分析方法识别、评价、控制危险，使系统达到最佳安全。于 20 世纪 60 年代发展起来的一门新的学科——安全系统工程为现代安全管理提供了科学的方法和手段。它是应用系统工程的原理和方法预先找出影响系统正常运行的各种事件出现的条件、可能导致的后果，并制定消除和控制这些事件的对策，以达到预防事故、实现系统安全的目的。辨识危险、分析事故及影响后果的过程就是危险性分析。

危险性分析有定性分析和定量分析两种类型。定性分析是找出系统存在哪些危险因素，分析危险在什么情况下能发生事故及对系统安全影响的大小，提出针对性的安全措施控制危险。它不考虑各种危险因素发生的数量多少。定量分析是在定性分析的基础上，进一步研究事故或故障与其影响因素之间的数量关系，以数量大小评定系统的安全可靠性。本章主要介绍定性危险性分析方法，定量分析方法在第 8 章进行讨论。

目前，国内外已经开发出的危险性分析方法有几十种之多，这些方法都是根据不同的对象和要求开发出来的，有其各自的特点，可针对系统的具体情况选择适当的方法，也可以对同一系统采用几种方法进行分析，以便取长补短相互比较，取得更加可靠的结果。下面介绍几种常用的危险性分析方法。

7.1　安全检查表

7.1.1　概述

安全检查表(Safety Check List，SCL)是进行安全检查和诊断的清单。它由一些有经验的并且对工艺、设备及操作熟悉的人员，事先对检查对象共同进行详细分析、充分讨论，列出检查项目和检查要点并编制成表。为防止遗漏，在编制安全检查表时，通常把检查对象作为系统，将系统分割成若干个子系统，按子系统进行制定。安全检查表编制出来后,就可在以后的安全检查时,按已定的项目和要求,进行检查和诊断。

安全检查表是最早开发的一种系统危险性分析方法,也是最基础、最简便的识别危险的方法。尽管后来又开发出许多新的危险性分析和安全性评价方法,但该法至今仍然应用得最多、最广泛。在我国目前安全检查表不仅用于定性危险性分析,有的还对检查项目给予量化,用于系统的安全性评价。

安全检查表之所以被广泛应用是因为它具有以下优点:①安全检查是我国长期以来企业进行安全管理的重要手段,但是传统的安全管理都是凭经验、凭直觉进行检查,由于经验有一定局限性,往往在检查时会产生疏忽和遗漏。安全检查表是由各种专业人员事先经过充分的分析和讨论,集中了大家的智慧和经验而编制出来的,按照检查表进行检查就会避免传统安全检查时的一些弊端,能够全面找出生产装置的危险因素和薄弱环节。②简明易懂,易于掌握,实施方便。③应用范围广,不论是新建项目的设计、施工、验收、机械设备的设计、制造,还是在运行装置的日常操作、作业环境、运行状态及组织管理等各个方面都可应用。④编制安全检查表的依据之一是有关安全的规程、规范和标准。因此,用安全检查表进行检查,有利于各项安全法规和规章制度的执行和落实。安全检查表还可对系统进行安全性评价。

7.1.2 安全检查表编制的步骤和依据

1. 编制的步骤

要使编制的安全检查表符合客观实际,能全面识别系统的危险性,最好先成立一个由工艺、设备、操作及管理人员组成的编制小组,并大致按以下步骤开展工作:

(1) 熟悉系统,首先要详细了解系统的结构、功能、工艺流程、操作条件、布置和已有的安全卫生设施等。

(2) 搜集有关安全的法规、标准和制度及同类系统的事故资料,作为编制安全检查表的依据。

(3) 按功能或结构将系统划分成若干个子系统或单元,逐个分析潜在的危险因素。

(4) 根据有关安全的法规制度和过去事故的教训,以及分析人员掌握的理论知识和本单位经验,确定安全检查表的检查内容和要点,并按照一定的格式列成表。

2. 编制的依据

编制安全检查表的内容要求时主要从以下 4 个方面考虑:

(1) 有关的规程、规范、标准和规定。例如,编制工艺过程的检查表,应根据安全操作规程和工艺指标来制定,编制压力容器安全检查表时则要按照压力容器安全监察规程等有关法规要求制定。

(2) 国内外事故案例。前车之覆,后车之鉴。在编制安全检查表时应广泛收集国内外同类装置已经发生的事故,并根据事故的原因结合本单位实际情况,对可能引发事故的危险因素列在表内经常检查,预防事故发生。

(3) 本单位经验。根据本单位工程技术人员、管理人员和操作人员长期工作的经验,分析导致事故的各种潜在危险因素,列入表内进行检查。

(4)其他分析方法的结果。对一些可能发生的重大事故可用事故树、故障类型和影响分析等其他方法进行分析,将查出的危险因素列成表格,经常检查,防止其发生。

7.1.3 安全检查表的种类和内容

安全检查表根据检查的对象和目的可分成设计审查用安全检查表、厂级安全检查表、车间安全检查表、工段及岗位安全检查表、专业性安全检查表五种类型。每种类型包括的主要内容如下:

(1) 设计审查用安全检查表。这类检查表主要供设计人员对工程项目安全设计和安监人员安全审查时使用,也作为"三同时"审查的依据。其内容主要含总图配置、工艺装置布置、安全装置与设施、消防设施、工业卫生措施、危险物品的储存和运输等方面。

(2) 厂级安全检查表。厂级安全检查表主要用于全厂性的安全检查和安监部门日常安全检查,内容主要包括厂区各生产工艺和装置的安全性、重点部位、安全装置与设施、危险品的储存和使用、消防通道与设施、操作管理与遵章守纪等。

(3) 车间安全检查表。车间安全检查表主要用于车间定期和预防性安全检查,内容主要有工艺安全、设备状况、产品和原料的合理存放、通风照明、噪声振动、安全装置、消防设施、防护用具、安全标志及操作安全等。

(4) 工段及岗位安全检查表。工段及岗位安全检查表主要用于班组日常安全检查、自查互查和安全教育,内容主要根据岗位的工艺与设施、危险部位、防灾控制要点等确定。重点放在防止误操作上,内容具体、简明易行。

(5) 专业性安全检查表。这种安全检查表用于专业性安全检查或特种设备安全检查,如防火防爆、锅炉及压力容器、电气设备、起重机械、机动车辆、电气焊等。内容要符合各专业安全技术要求,如设备安装的安全要求、安全运行参数指标、特种作业人员的安全技术考核等。

7.1.4 编制和使用安全检查表应注意的问题

(1) 检查内容尽可能系统而完整,对导致事故的关键因素不能漏掉,但应突出重点,抓住要害,如面面俱到地检查,容易因小失大。

(2) 各类检查表因适用对象不同，检查内容应有所侧重。例如，专业检查表应详细，日常检查表则要简明，突出要害部位。

(3) 凡重点危险部位应单独编制检查表，对能导致事故的所有危险因素都要列出，以便经常检查，及时发现和消除，防止事故发生。

(4) 每项检查内容要定义明确、便于操作。

(5) 安全检查表编好后，要在实践中不断修改，使之日臻完善。如工艺改造或设备变更，检查表内容要及时修改，使之适应生产实际的需要。

(6) 对查出的问题要及时反馈到有关部门并落实整改措施。每一个环节实施人员都要签字，做到责任明确。

7.1.5　安全检查表的格式

安全检查表的格式一般根据检查目的而设计，不可能完全一致。例如，用于定性危险性分析的检查表一般包括类别、项目内容、检查结果、检查日期和检查者等，为记录查出的问题应设备注栏。用于安全评价的检查表应考虑检查评分的需要设置相应栏目。检查的内容要求一般采用提问式，结果用“是”或“否”表示；也可用肯定式。

下面列出的是某单位编制的安全检查表(表 7.1、表 7.2)，以供参考。

表 7.1　氨球罐检测作业安全检查表

类别	检查内容	检查结果	
		是	否
用电	1. 防触电保护装置是否良好？ 2. 导线有无破损、脱皮？保护接零是否良好？ 3. 电话通信是否畅通？ 4. 每日完工后是否关闭总电源？		
搭架子	1. 登高作业是否拴好安全带？ 2. 进现场戴好安全帽了吗？ 3. 搭的架子、铺的跳板是否牢固？		
打磨	1. 进罐是否按规定穿戴好防护用品？ 2. 打磨前有否检查、更换砂轮片、手动砂轮防护罩？风镜是否齐全？		
起重	1. 起重机械是否有专人负责？在操作中是否遵守“十不吊”的规定？ 2. 每日班前是否检查机具、挂钩、钢丝绳？ 3. 每日开机前是否检查过起升机构、制动闸？		
探伤	1. 工作前有否检查仪器以及线路？是否绝缘良好？如有漏电等情况应更换再使用。 2. 检修仪器是否切断电源，并将电容放电后才进行维修？ 3. 在潮湿的地方作业，有否带绝缘手套？穿绝缘鞋？		
备注			

检查时间__________检查人__________

表 7.2　安全评价检查表

消防(系统)、消防设施与管理(单元)安全检查表

序号	检查项目	内容要求	检查方法	应得分	评分标准	实得分	扣分原因
1	蒸汽灭火系统设置与压力	符合规定要求	查设计资料，现场抽查	8	设置不符要求扣4分 压力不符要求扣4分		
2	消防给水量及压力	符合规定要求	查设计资料，现场抽查	8	一项不符扣4分		
3	泡沫液储量及压力	符合规定要求	查设计资料，现场抽查	10	一项不符要求扣5分		
4	消防水池、消防栓、消防水枪设置	符合要求并完好	查资料，现场抽查	10	一项不符要求扣5分		
5	消防水泵，泡沫泵动力源	供电故障时，备用柴油机能迅速自启动	现场查看，查记录	8	一次不符要求不给分		
6	消防水及泡沫泵房	有管理制度、值班制度和记录	查资料，查记录	10	一项不完善扣5分		
7	手提式灭火机	配备符合要求并完好	查资料，现场抽查	10	一处不符要求扣5分		
8	消防通信、报警装置、火灾事故照明	符合规定并完好	查记录，现场抽查	6	一处不符合要求扣2分		
9	消防设施检查与保养	有制度并落实	查资料，查记录	10	制度不健全扣5分，不落实扣5分		
10	消防通道	保持畅通无阻	现场抽查	6	发现一处不符要求扣3分		
11	消防设施周围	按规定的要求不准堆物	现场抽查	6	发现一处不符要求扣3分		
12	消防管理	有计划、有目标、有实施对策	查资料	8	缺一项扣3分		

检查时间__________检查人__________

7.2 预先危险性分析

7.2.1 概述

预先危险性分析(Preliminary Hazard Analysis,PHA)是指在一项工程活动(包括设计、施工、生产和维修等)之前,对系统存在的各种危险因素、出现的条件以及导致事故的后果进行宏观的、概略的分析,以便提出安全防范措施。这种方法的特点是在每一项活动之前进行分析,找出危险物质、不安全工艺路线和设备,对系统影响特别大的应尽量避免使用,如果必须使用,则应从设计、工艺等方面采取防护措施,使危险因素不致发展为事故,取得防患于未然的效果。

这种方法适用范围广,凡能对系统造成影响的人、物、环境中潜在的危险有害因素都可用于识别和分析;方法简便,容易掌握和操作;既要找出危险因素出现的条件,也要分析危险转变为事故的原因,然后提出安全措施,可使措施具有考虑全面、针对性强等优点。因此,它是减少和预防事故,实现系统安全的有效手段。

7.2.2 分析步骤

可按以下几个步骤进行预先危险性分析:

(1) 熟悉系统。在危险性分析之前,必须首先对系统的生产目的、工艺流程、操作条件、设备结构、环境状况,以及同类装置或设备发生事故的资料,进行广泛地搜集并熟悉和掌握。

(2) 识别危险。识别危险就是找出系统存在的各种潜在危险因素。例如,使用高速运转的设备、高压电、高压容器、高空作业、处理化学危险品等。这些作业如果没有安全防范措施,就有造成重大事故的可能性。

在危险性识别时,对能造成人员伤亡、财产损失和系统影响的各方面因素都要找出,包括人的误操作,机械与电气设备失控而发生能量转移,以及环境因素等。由于危险因素有一定的潜在性,分析人员必须有丰富的知识和经验,最好由工程技术人员、操作工人和管理人员组成小组共同讨论和分析。为防止发生遗漏,可将系统划分成若干个子系统,按子系统进行查找。

(3) 分析触发事件。触发事件即危险因素显现的条件事件。已知潜在危险因素潜藏在那里的时候是不会发生事故的,只有在一定条件下显现出来才有可能导致破坏后果。例如,乙烯具有燃烧爆炸的潜在危险性,但是如果把它密封在容器里边,不与空气接触是不会发生火灾爆炸事故,只有泄漏到空气中并形成爆炸性混合物,才有可能引起火灾爆炸。乙烯泄漏的原因就是触发事件。

(4) 找出形成事故的原因事件。危险因素出现以后要发展为事故还需要一定的条件,这就是事故的原因事件。

表 7.3　无水氟化氢系统成品储存包装单元预先危险性分析表

系统	单元	危险危害因素	触发事件	现象	事故情况	事故原因	后果	等级	措　施
		充装时氢氟酸泄漏	①阀门、管道连接处密封不良；②拆卸钢瓶时管内有余液	刺激气味	人员中毒或灼伤	人在现场违规操作，且无应有的个体防护用品	中毒或灼伤；重者可死亡	3	①通风排毒；②充装时阀门、管道等密封良好；③气瓶充完先用蒸汽将管内余液气化回入系统再拆卸；④充装时工人必须穿戴防护服、手套、面罩等；⑤现场设眼及皮肤冲洗设备、急救药品及紧急处理用碱中和液
无水氟化氢生产系统	成品储存包装单元	气瓶充装过量	①磅称计量不准；②违反操作规程		受热或存放时破裂爆炸	压力增加，超过气瓶承受能力	中毒或灼伤；重者可死亡，财产损坏	3～4	①定期校验磅秤，并安装超装报警仪；②加强教育，操作工严格执行操作规程；③存放时防止太阳曝晒，远离热源；④充装时双人双秤互校复验
		气瓶腐蚀穿孔	①使用时间太长；②充装时未赶尽水分	刺激气味	人员中毒或灼伤	①车间内氟化氢浓度超标；②人在现场操作或抢修，无个体防护措施	中毒或灼伤；重者可死亡	3	①使用和储存气瓶处通风良好；②进入现场必须穿戴防护服、手套、靴、防护面罩等；③定期检验气瓶，过期不得使用；④充装前需对气瓶处理并抽真空，将气体排至安全处；⑤车间安装眼及皮肤冲洗设备，备有急救药品、碱中和液
		成品罐压力过高	①超量盛装；②冷冻盐水循环不正常	压力高	容器破裂，氢氟酸外溢，人员中毒或灼伤，厂房地坪腐蚀	超过容器承受能力	中毒或灼伤；重者可死亡，财产损坏	3～4	①储槽设夹套冷却，经常检查冷冻盐水，保证循环正常；②设置储罐液位报警装置；③人进入现场处理必须穿戴防护服、手套、靴及防护面罩；④车间安装眼及皮肤冲洗设备，备有急救药品和碱中和液；⑤储罐周围设防液堤，并将液体导入接受槽；⑥地坪需防腐蚀

(5) 确定事故情况和后果。危险因素查出以后，需推测能导致什么样的事故、造成怎样的破坏后果。

(6) 划分危险因素的危险等级。系统或子系统查出的危险因素可能有很多，为使采取安全措施时有轻重缓急、先后次序，对这些危险因素按造成后果的严重程度划分成四个危险等级，划分的原则见表 7.4。

表 7.4　危险等级划分表

危险等级	影响程度	定　　义
1 级	安全的	尚不能造成事故
2 级	临界的	处于事故的边缘状态，暂时还不会造成人员伤亡和财产损失。应予以排除或采取措施
3 级	危险的	必然会造成人员伤亡和财产损失，要立即采取措施
4 级	破坏性的	会造成灾难性事故(伤亡严重、系统破坏)，必须立即排除

(7) 制定安全措施。针对危险因素出现条件及形成事故的原因制定相应的安全措施。

为了便于分析和查找，将分析项目列成表格，逐项进行。

7.2.3　分析举例

表 7.3 是某单位对无水氟化氢生产系统中的成品储存包装单元预先危险性分析的结果。

该单元是将制得的纯品无水氟化氢经冷凝器冷凝后储存在储罐内。为保持氟化氢呈液体状态，储罐外面装有夹层，通过循环冷冻盐水降温。储罐内的氟化氢需要时通过管道充装到气瓶内。瓶内充装液体的量用磅称计量。

7.3　危险和操作性研究

7.3.1　概述

危险和操作性研究(Hazard and Operability Studies，HAZOP)是查明生产装置和工艺过程中工艺参数及操作控制中可能出现的偏差，针对这些偏差，找出原因，分析后果，提出对策的一种分析方法。

该法是 1974 年由英国帝国化学公司开发出来的，主要用于工程项目设计审查阶段查明潜在危险性和操作难点，以便制定对策加以控制。化工生产中，工艺参数的控制是非常重要的，因此这种方法特别适用于化工装置设计审查和运行过程中危险性分析。目前该法应用范围在逐渐扩大，现已发展到机械、运输等行业，欧、美等都在普遍推广应用。

7.3.2 分析步骤

(1) 建立研究小组。首先应成立一个由设备、工艺、仪表控制等工程技术人员、安全工作者、操作工人等各方面专家组成的研究小组，并确定一名具有丰富经验且掌握分析方法的人员作为组长，以便确定分析点，引导大家深入讨论。

(2) 资料准备。HAZOP 研究的内容比较深入细致，因此在分析之前必须准备详细的资料，包括设计说明书、工艺流程图、平面布置图、设备结构图，以及各种参数的控制和管路系统图，搜集有关规程和事故案例，熟悉工艺条件、设备性能和操作要点。

(3) 将系统划分成若干个部分。根据工艺流程和操作条件，将分析对象划分成若干个适当的部分(分析节点)。明确各部分功能及正常的参数和状态。

(4) 分析偏差。从某一个部分开始，以正常的工艺参数和操作条件为标准，逐项分析可能发生的各种偏差，找出原因及可能产生的后果，并确定防范措施。将分析的结果直接填入如表 7.6 所示的表格内。

为了使分析有一定的范围，防止遗漏和过多提问，方法中规定了七个引导词，按引导词逐个找出偏差。引导词的名称和含义见表 7.5。

表 7.5 引导词及其含义

引导词		含 义	说 明
NO	否	完全违背原来意图	如输入物料时，流量为零
MORE	多	与标准值比，数量增加	如流量、温度、压力高于规定值
LESS	少	与标准值比，数量减少	如流量、温度、压力低于规定值
AS WELL AS	以及	除正常事件外，有多余事件发生	如有另外组分在流动，或液体发生沸腾等相变
PART OF	部分	只完成规定要求的一部分	如应输送两种组分，只输送一种
REVERSE	相反	出现与规定要求相反的事件	如反向输送或发生逆反应
OTHER THAN	其他	出现了与规定要求不同的事件	发生了异常事件和状态

(5) 结果整理。整个系统分析完毕后，对提出的安全措施进行归纳和整理，以供设计人员修改设计或有关部门参考。

7.3.3 应用举例

某反应器系统如图 7.1 所示。由于反应是放热的，在反应器外面安装了夹套冷却水系统。当冷却能力下降时，反应器温度会增加，从而导致反应速度加快，压力增加。若压力超过反应器的承受能力就会发生爆炸。为控制反应温度，在反应器上安装温度测量仪并与冷却水进口阀门连接，根据温度控制冷却水流量。

该系统在反应中的安全性主要取决于温度的控制，而温度又与冷却水流量有关，因此冷却水流量的控制是至关重要的。下面用引导词对冷却水流量进行 HAZOP 研究，结果见表 7.6。

通过研究，对这个反应器系统应增加如下几项安全措施：

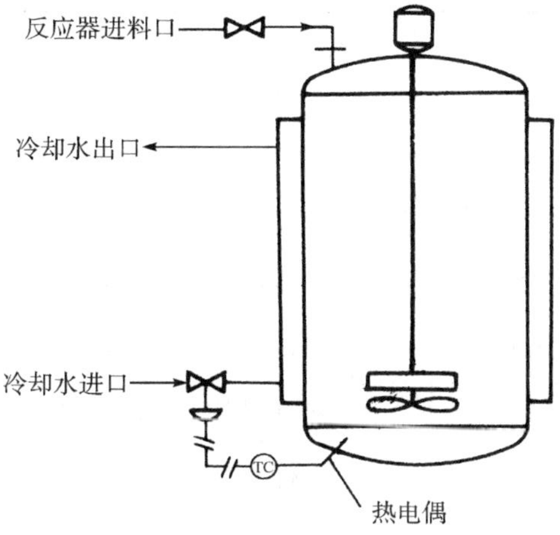

图 7.1　放热反应器的温度控制

表 7.6　图 7.1 反应器系统危险和可操作性研究

引导词	偏差	原　因	后　果	措　施
NO 否	没有冷却水	1. 控制阀失效，阀门关闭； 2. 冷却管堵塞； 3. 冷却水源无水； 4. 控制器失效，阀门关闭； 5. 气压使阀门关闭	1. 反应器内温度升高； 2. 热量失控，反应器爆炸	1. 安装备用控制阀或手动旁路阀； 2. 安装过滤器，防止垃圾进入管线； 3. 设置备用冷却水源； 4. 安装备用控制器； 5. 安装高温报警器； 6. 安装高温紧急关闭系统； 7. 安装冷却水流量计和低流量报警器
MORE 多	冷却水流量偏高	1. 控制阀失效，开度过大； 2. 控制器失效，阀门开度过大	反应器温度偏低，反应物增加	1. 安装备用控制阀； 2. 安装备用控制器
LESS 少	冷却水流量偏低	1. 控制阀失效而关小； 2. 冷却管部分堵塞； 3. 水源供水不足； 4. 控制器失效阀门关小	1. 反应器内温度升高； 2. 热量失控，反应器爆炸	1. 安装备用控制阀或手动旁路阀； 2. 安装过滤器，防止垃圾进入管线； 3. 设置备用冷却水源； 4. 安装备用控制器； 5. 安装高温报警器，警告操作者； 6. 安装高温紧急关闭系统； 7. 安装冷却水流量计和低流量报警器

续表

引导词	偏差	原 因	后 果	措 施
AS WELL AS 以及	冷却水进入反应器	反应器壁破损,冷却水压力高于反应器压力	1. 反应器内物质被稀释; 2. 产品报废; 3. 反应器过满	1. 安装高位和(或)压力报警器; 2. 安装溢流装置; 3. 定期检查维修设备
	产品进入夹套	反应器壁破损,反应器压力高于冷却水压力	1. 产品进入夹套而损失; 2. 生产能力降低; 3. 冷却能力下降; 4. 水源可能被污染	1. 定期检查维修设备; 2. 在冷却水管上安装止逆阀防止逆流
PART OF 部分	只有一部分冷却水	同冷却水流量偏低	同冷却水流量偏低	同冷却水流量偏低
REVERE 相反	冷却水反向流动	1. 水源失效导致反向流动; 2. 由于背压而倒流	冷却不正常,有可能引起反应失控	1. 在冷却水管上安装止逆阀; 2. 安装高温报警器,以警告操作者
OTHER THAN 其他	除冷却水外的其他物质	1. 水源被污染; 2. 污水倒流	冷却能力下降,可能反应失控	1. 隔离冷却水源; 2. 安装止逆阀,防止污水倒流; 3. 安装高温报警器

(1) 安装高温报警系统,以便温度超过规定值时能提醒操作者。

(2) 安装高温紧急关闭系统,当反应温度过高时,自动关闭整个过程。

(3) 在冷却水进水管和出水管上分别安装止逆阀,防止物料漏入夹套时污染水源。

(4) 确保冷却水水源,防止污染和供应中断。

(5) 安装冷却水流量计和低流量报警器,当冷却水流量小于规定值时能及时报警。

另外,在管理方面也要加强,如定期检查设备,保持完好,无渗漏。对工人加强教育,严格执行操作规程等。

7.4 故障类型和影响分析

7.4.1 概述

故障类型和影响分析(Failure Modes and Effects Analysis,FMEA)是系统危

险性分析的重要方法之一。它是采用系统分割的方法，根据需要将系统划分成子系统或元件，然后逐个分析各种潜在的故障类型、原因及对子系统乃至整个系统产生的影响，以便制定措施加以消除和控制。对可能造成人员伤亡或重大财产损失的故障类型进一步分析致命影响的概率和等级，称致命度分析（Criticality Analysis，CA）。故障类型和影响分析是定性找出危险因素，而致命度分析则是定量分析，两者结合起来称故障类型影响和致命度分析（FMECA）。

与事故不同，故障是指元件、子系统或系统在运行时达不到设计规定的要求，因而完不成规定的任务或完成得不好。故障不一定都引起事故。故障类型是故障呈现的状态。例如，阀门发生的故障类型可能有内漏、外漏、打不开、关不紧四种。

故障类型和影响分析是美国于 1957 年最早用于飞机发动机故障分析，因其容易掌握且实用性强，故得到迅速推广。目前在电子、机械、电气等领域广泛应用，国际电工委员会（IEC）已经颁布 FMEA 标准，我国有关部门也在制定相应标准。

7.4.2　分析步骤

（1）熟悉系统。首先要收集与系统有关的各种资料，如设计说明书、设备图纸、工艺流程及各种规范、标准等，了解各部分的功能和相互关系。

（2）确定分析的深度。系统是由若干个子系统组成，子系统又可逐层向下划分至元件。分析到哪一层应事先明确，一般根据分析目的而定。如用于设备的设计则应分析到元件为止，若用于安全管理，可分析到泵、阀门等为止。

（3）绘制逻辑图。根据系统、子系统、元件之间的逻辑关系绘制成框图。逻辑图不同于流程图，除包括各个系统输入输出关系，还应标明各部分之间并联或串联关系。如几个元件共同完成一项功能时用串联表示，冗余回路则用并联表示。

（4）分析故障类型和影响。按照逻辑框图，以表格的方式详细查明子系统或元件可能出现的故障类型、产生的原因，并进一步分析对子系统、系统以及人员的影响，然后根据故障类型的影响程度划分等级，以便分别轻重缓急采取安全措施。

故障类型等级的划分方法有多种，大多根据故障类型的影响后果划分，表 7.7 所示为其中的一种分级方法，谓直接判断法。

表 7.7　故障等级的划分

故障等级	影响程度	可能造成的后果
Ⅰ级	可忽略的	不会造成人身伤害和职业病，系统也不会受损
Ⅱ级	临界的	可能致人轻伤或轻度职业病，次要系统损坏
Ⅲ级	严重的	可能造成人员严重伤害，严重职业病，主系统损坏
Ⅳ级	致命的	可能造成人员伤亡，整个系统损坏

还有的用风险率(或危险度)分级,即综合考虑故障发生的可能性及造成后果严重度两个方面的因素来确定故障等级。其方法是把故障概率和严重度都划分成几个等级,然后作出矩阵图。这里介绍的是把两者都划分为4个等级,划分原则见表7.8和表7.9。

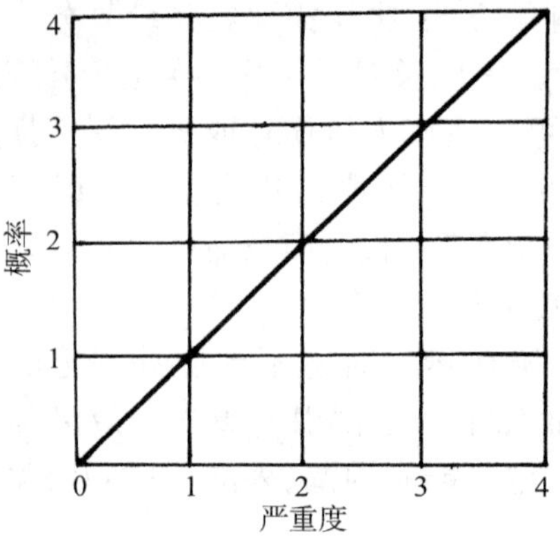

图7.2　风险率矩阵图

故障概率和严重度等级确定后,以故障概率为纵坐标,严重度为横坐标,画出如图7.2所示的风险率矩阵图。沿矩阵原点到右上角画一条对角线,以对角线为轴线,轴线两边是对称的。处在右上角方块内的故障类型风险率最大,这是因为该处故障类型发生的概率高且后果严重。依次左移,风险率逐渐降低,因为它们的故障概率虽然高,但严重度却逐渐降低;同样从右上方依次下移,风险率也逐渐降低,因为尽管故障严重度高,概率则依次下降。如果知道某一故障类型的概率和严重度等级,填入矩阵图中,就可以确定它的风险率或等级。

表7.8　严重度分级

严重度等级	内　容	严重度等级	内　容
Ⅰ级 低的	1)对系统任务无影响 2)对子系统造成的影响可忽略不计 3)通过调整故障易于消除	Ⅲ级 关键的	1)系统的功能有所下降 2)子系统功能严重下降 3)出现的故障不能立即通过检修予以修复
Ⅱ级 主要的	1)对系统的任务虽有影响但可忽略 2)导致子系统功能下降 3)出现的故障能够立即修复	Ⅳ级 灾难性的	1)系统功能严重下降 2)子系统功能全部丧失 3)出现的故障需经彻底修理才能消除

表7.9　故障概率等级的划分

故障概率等级	故障出现的机会
Ⅰ级　概率很低	元件操作期间故障出现的机会可以忽略
Ⅱ级　概率低	元件操作期间故障不易出现
Ⅲ级　概率中等	元件操作期间故障出现的机会为50%
Ⅳ级　概率高	元件操作期间故障容易出现

故障类型和影响分析的格式有许多种,分析者可根据实际情况编制,表7.11的格式可供参考。

(5)结果汇总。故障类型和影响分析完成以后,对系统影响大的故障要汇总列表，详细分析并制定安全措施加以控制。对危险性特别大的故障类型尽可能作致命度分析。

致命度分析是用式(7.1)计算致命度指数 C_r，表示元件运行 100 万小时(次)发生致命故障的次数。

$$C_r = \sum_{j=1}^{n} (\alpha \beta K_A K_B \lambda_G t \cdot 10^6)_j \tag{7.1}$$

式中，j——元件致命故障类型序数，$j=1,2,\cdots,n$；

n——元件致命故障类型个数；

K_A——运行强度修正系数，实际运行强度与实验室测定 λ_G 时运行强度之比；

K_B——环境修正系数；

λ_G——元件的故障率；

t——完成一次任务，元件运行时间(小时或周期)；

α——λ_G 中第 j 个故障类型所占的比例；

β——发生故障时造成致命影响的概率。

7.4.3　应用举例

某厂提升管催化裂化装置生产过程示意框图如图 7.3 所示。

该生产装置可划分为反应-再生、分馏、吸收稳定、脱硫、能量回收和公用工程六个系统。每个系统又可进一步划分成几个子系统或单元设备，如表 7.10。

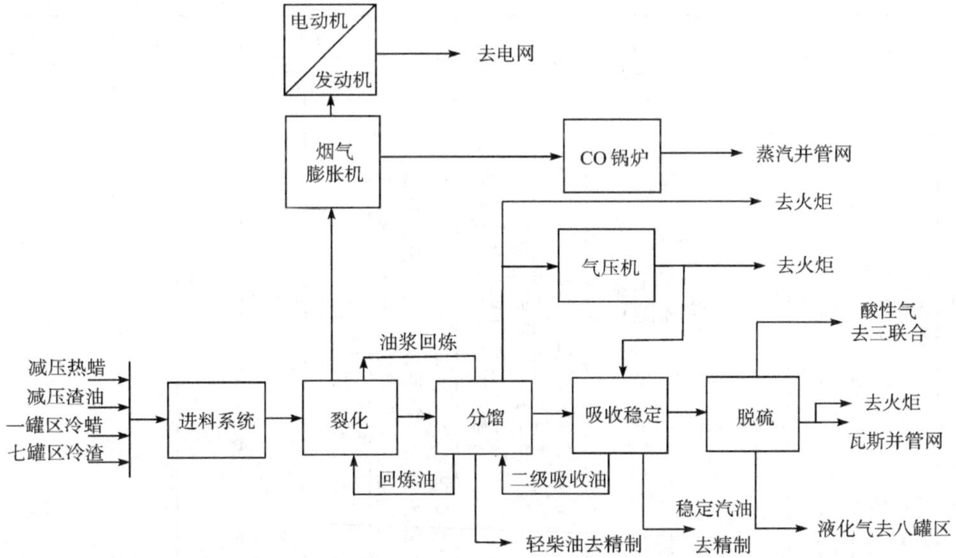

图 7.3　提升管催化裂化装置生产过程示意框图

表 7.10　催化裂化装置系统分割表

编号	工艺部分	子系统	编号	工艺部分	子系统
A	反-再系统	反应器原料	C	吸收稳定系统	容 1002(液化气发生器)
		反应器/再生器			容 1006(轻污油罐)
		主风机			冷却器/换热器
		加料器(催化剂、助燃剂)	D	脱硫系统	干气脱硫塔
B	分馏系统	分馏塔			液态烃脱硫塔
		冷却器/换热器			再生塔
		蒸汽发生器	E	能量回收系统	三级旋风分离器
		冲洗油罐(容 1001)			能量回收机组
					废热锅炉
C	吸收稳定系统	气压机	F	公用工程系统	水
		吸收塔			电
		解吸塔			汽
		再吸收塔			风

表 7.11 是对该装置反-再系统实际发生的故障类型和影响统计的结果。表 7.11 中经济损失的分类见表 7.12,故障发生频率分类见表 7.13。

表 7.11　某厂催化裂化装置故障类型和影响统计表

系统名称:反-再系统(A)　　　　______年______月____日

序号	编号	日期			单元设备名称	故障类型	故障内容	主要原因	实际		预想		经济损失分类	故障发生频率
		年	月	日					后果	损失/元	后果	损失/元		
1	A13—18	81	1	12	主风机	叶片损坏输送中断	由于操作调节过猛,再-反压力超高,主风机产生振动紧急停机,大量高温催化剂倒流进主风机,造成转子叶片,定子叶片大部磨损,轴封大部烧坏	1. 停机不当;2. 机出口没有机械单向阀;3. 自保系统不完善,没有反逆流联锁自保系统;4. 气压机入口放火炬故障打不开		140 万			7	3

续表

序号	编号	日期			单元设备名称	故障类型	故障内容	主要原因	实际		预想		经济损失分类	故障发生频率
		年	月	日					后果	损失/元	后果	损失/元		
2	A5—13	81	7	12	再生器	碳堆积	再生剂定碳 1.28,碳堆积	供风不足	烧焦	10000			3	6
3	A5—12	81	7	12	再生器	烟囱冒黄烟	原料预热温度低,反应温度低至 440℃,待生剂带油	1. 反应温度低;2. 供风不足	降量处理催化剂跑损		再生器内爆燃	32000	4	5
4	A5—13	81	7	20	再生器	碳堆积	再生剂定碳 1.7,降原料量 $17t \cdot h^{-1}$,约 4h 正常			10000			3	6
5	A8—6	81	7	28	控制表	失灵	沉降器藏量表(ΔPJT-202)因调节比例积分不当沉降器藏量下降 7t,反应温度由 478℃ 下降至 445℃,切断进料 1h	人为调节比例积分不当	切断进料 1h	16000			3	6
6	A5—13	81	8	4	再生器	碳堆积	碳堆积降低反应进料 4h,共降量 80t	供风不足		10000			3	6
7	A8—5	81	8	5	待生滑阀	自关	待生滑阀自关,沉降器藏量从 8t 上升到 20t,再生器氧含量上升喷燃烧油	滑阀定位器漏风	降量喷燃烧油	10000	可能出现空气窜入沉降器引起爆炸		3	6
8	A8—4	81	8	8	待生滑阀	误开	沉降器料位假象,指示超程,再生滑阀自开至 40%,反应器料位易压空,再生器料位上升	沉降器正测压点堵,反吹风压增高,净化风不干净			沉降器料位压空,空气窜入反应器		3	6
9	A13—7	81	9	13	主风机(D800-33)	漏润滑油	主风机联轴节漏油,开工拖后 2h	检修质量问题	开工拖后 2h			32 000	4	5

表 7.12　经济损失后果分类

类别	损失金额/千元人民币
0	0～1
1	1～3.2
2	3.2～10
3	10～32
4	32～100
5	100～320
6	320～1000
7	1000～3200
8	3200～10000
9	10000 以上

表 7.13　故障频率分类

分类	说明	二次故障相隔的平均时间/年	定　义
0	极端少	>320	从不发生
1	少	100～320	在装置寿命期限内从不发生
2	不太可能	32～100	在装置寿命期限内，预计发生 1 次
3	也许可能	10～32	在装置寿命期限内，预计发生 1 次以上
4	偶然	3～10	在装置寿命期限内，预计发生几次
5	可能	1～3	预计 1 年发生 1 次
6	频繁	<1	预计 1 年发生 1 次以上

根据故障频率分类和经济损失分类，在风险模图（图 7.4）中确定其属高风险事件还是低风险事件。对高风险事件需要进一步分析，找出原因，提出措施加以控制，防止重大事故发生。

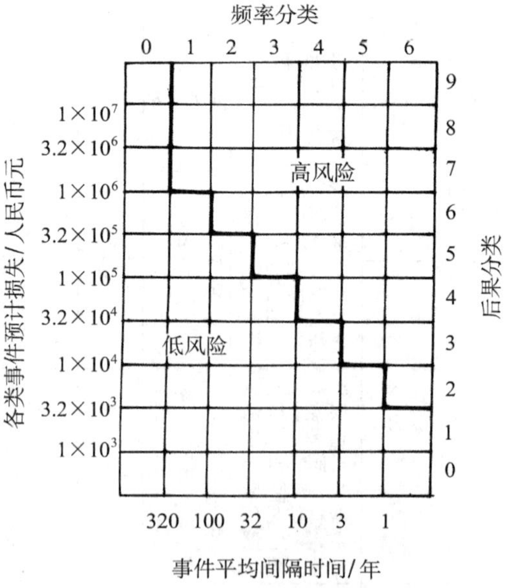

图 7.4　风险模图

7.5　事件树分析

7.5.1　分析原理

事件树分析(Event Tree Analysis,ETA)是从一个初始事件开始,按顺序分析事件向前发展中各个环节成功与失败的过程和结果。任何一个事故都是由多环节事件发展变化形成的。在事故发展过程中出现的环节事件可能有两种情况:成功或者失败。如果这些环节事件都失败或部分失败,就会导致事故发生。

事件树分析是由决策树演化而来的,最初是用于可靠性分析。它的原理是每个系统都是由若干个元件组成的,每一个元件对规定的功能都存在具有和不具有两种可能。元件具有其规定的功能,表明正常(成功);不具有规定功能,表明失效(失败)。按照系统的构成顺序,从初始元件开始,由左向右分析各元件成功与失败的两种可能,直到最后一个元件为止。分析的过程用图形表示出来,就得到似水平的树形图。

通过事件树分析,可以把事故发生发展的过程直观地展现出来,如果在事故发展的不同阶段采取恰当措施阻断事故向前发展,就可达到预防事故的目的。

7.5.2　分析步骤

(1) 确定初始事件。初始事件是事件树中在一定条件下造成事故后果的最初原因事件。它可以是系统故障、设备失效、人员的误操作或工艺过程异常等。初始事件可以是已经发生的事故,也可以预想,一般是选择分析人员最感兴趣的异常事件作为初始事件。

(2) 找出与初始事件有关的环节事件。所谓环节事件就是出现在初始事件后一系列造成事故后果的其他原因事件。

(3) 画事件树。把初始事件写在最左边,各种环节事件按顺序写在图的最上面,从初始事件画一条水平线到第一个环节事件,在水平线末端画一垂直线段,垂直线段上端表示成功,下端表示失败。再从垂直线两端分别向右画水平线到下个环节事件,同样用垂直线段表示成功和失败两种状态。依次类推,直到最后一个环节事件为止。如果某一个环节事件不需要往下分析,则水平线延伸下去,不发生分支,如此便得到事件树。

(4) 说明分析结果。在事件树最后面要写明由初始事件引起的各种事故结果或后果。

为清楚起见,对事件树的初始事件和各环节事件用不同字母加以标记。

7.5.3　应用举例

某反应器系统如图7.5所示。该反应是放热的,为此在反应器的夹套内通入冷冻盐水以移走反应热。如果冷冻盐水流量减少,会使反应器温度升高,反应速度加快,以至反应失控。在反应器上安装有温度测量控制系统,并与冷冻盐水入口阀门连接,根据温度控制冷冻盐水流量。为安全起见,安装超温报警仪,当温度超过规定值时自动报警,以便操作者及时采取措施。

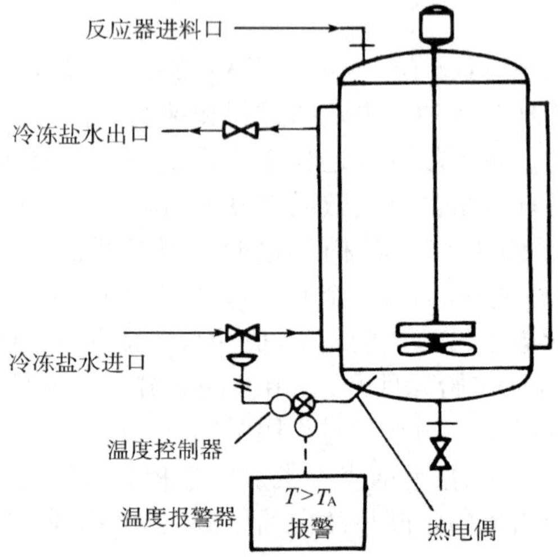

图 7.5　反应器的温度控制

现以冷冻盐水流量减少作为初始事件进行事件树分析。如果这个系统出现冷冻盐水流量减少,会按如下步骤进行控制:高温报警仪报警,操作者发现反应器超温,操作者恢复冷冻盐水流量,操作者紧急关闭反应器。每一步都可能出现成功与失败两种情况,将其画成事件树,结果如图 7.6 所示。

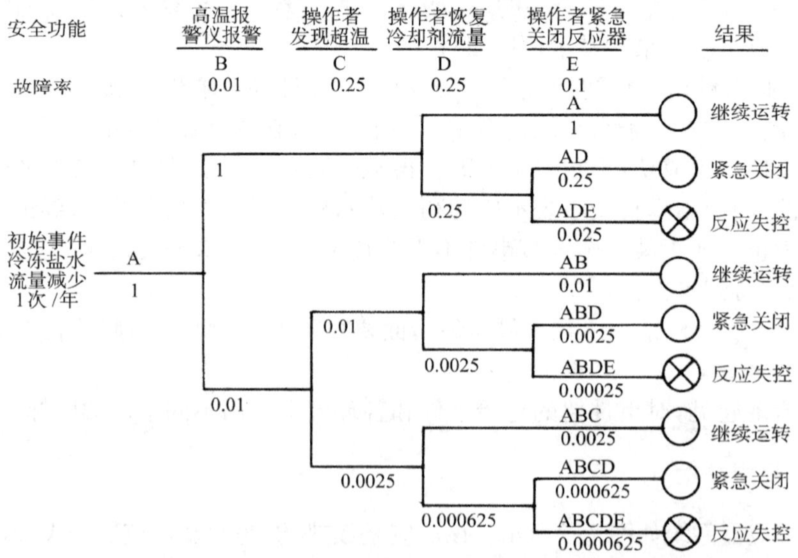

图 7.6　图 7.5 所示的反应器冷冻盐水流量减少事件树

由图 7.6 可见，该反应器系统发生反应失控的途径有三种。如果知道每个环节的故障率还可以进行定量分析，计算出事故发生的概率。

7.6　事故树分析

7.6.1　概述

事故树分析(Fault Tree Analysis，FTA)是从结果到原因找出与灾害事故有关的各种因素之间因果关系及逻辑关系的分析法。这是一种作图分析方法，做法是把系统可能发生的事故放在图的最上面，称为顶上事件，按照系统构成要素之间的关系，向下分析与灾害事故有关的原因。这些原因可能是其他一些原因的结果，称为中间原因事件(或中间事件)，应继续往下分析，直到找出不能进一步往下分析的原因为止，这些原因称为基本原因事件(或基本事件)。图中各因果关系用不同的逻辑门连接起来，得到的图形就像一棵倒置的树。

事故树分析法是 20 世纪 60 年代初美国贝尔电话研究所在研究民兵式导弹发射控制系统的安全性时提出来的。后经改进，对预测导弹发射偶然事故做出了贡献。其后波音公司对该法又进行了重大改进并应用。1974 年，美国原子能委员会利用事故树分析法对核电站的危险性进行了评价，并发表了著名的《拉斯姆逊报告》，引起世界各国关注。目前许多国家都在研究和应用这一方法。

由于事故树分析法具有能详细找出系统各种固有的潜在的危险因素；简洁、形象地表示事故和各种原因之间因果关系和逻辑关系；既可定性分析也可定量分析等优点，因此在我国航空、机械、冶金、化工等工业部门都得到了普遍的推广和应用。

7.6.2　事故树分析的步骤

(1) 确定和熟悉系统。在分析之前首先要确定分析系统的边界和范围，例如化工装置分析到哪一个设备、哪一个阀门为止。之后则要详细了解分析的系统，包括工艺、设备、操作环境及控制系统和安全装置等。同时还要广泛搜集国内外同行业已经发生的事故。

(2) 确定顶上事件。根据系统的工作原理和事故资料确定一个或几个事故作为顶上事件进行分析。顶上事件一般选择那些发生可能性大且能造成一定后果的事故进行分析。顶上事件可以是已经发生的事故，也可以预想。确定顶上事件时要坚持一个事故编一棵“树”的原则且定义明确，如“反应失控聚合釜爆炸”、“氢气钢瓶超压爆炸”等，而“火灾爆炸”、“工厂火灾”等这一类事件就太笼统，难以分析。

(3) 详细分析事故的原因。顶上事件确定之后，就要进一步分析与之有关的各种原因，包括设备元件等硬件故障、软件故障、人的差错以及环境因素，凡与事故有关的原因都找出来。原因事件定义也要明确、不能含糊不清。

(4) 确定不予考虑的事件。有些与事故有关的原因发生的可能性很小，如飓风、龙卷风等，编事故树时可不予考虑，但要事先说明。

(5) 确定分析的深度。在分析原因事件时，分析到哪一层为止，需事先明确。分析得太深，事故树过于庞大，定性定量都有困难；分析得太浅，容易发生遗漏。具体深度应视分析对象和分析目的而定。对于化工生产系统来说，机械设备一般只分析到泵、阀门、管道故障为止；电器设备分析到继电器、开关、马达故障为止。

(6) 编事故树。从顶上事件开始，采取演绎分析方法，逐层向下找出直接原因事件，直到所有的最基本事件为止。每层事件都按照输入(原因)与输出(结果)之间逻辑关系用逻辑门连接起来，得到的图形就是事故树。要注意，编树时任何一个逻辑门都有输入与输出事件，门与门之间不能直接相连。

(7) 定性分析。事故树编好后，不仅可以直观地看出事故发生的途径及相关因素，还可进行多种计算。事故树定性分析是从事故树结构上求出最小割集和最小径集，进而确定每个基本事件对顶上事件的影响程度，为制定安全措施的先后次序，轻重缓急提供依据。

(8) 定量分析。定量分析就是计算出顶上事件的发生概率，并从数量上说明每个基本事件对顶上事件的影响程度，从而制订出最经济、最合理的控制事故方案，实现系统最佳安全的目的。

以上步骤不一定每步都做，可根据需要和可能确定。例如，对在生产岗位上工人掌握操作控制要点用的，画出事故树图即可。而要进行定量分析，必须有各种元件故障率和人失误率数据，否则无法计算。

7.6.3　事故树的符号及意义

事故树是由一些符号构成的图形。这些符号根据功能可分成三种类型，即事件符号、逻辑门符号和转移符号。表 7.14 列出的是一些常用符号及意义。

表 7.14　事故树的符号及意义

种类	符　号	名　称	意　义
事件符号	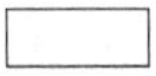	顶上事件或中间原因事件	表示由许多其他事件相互作用而引起的事件。这些事件都可进一步往下分析，处在事故树的顶端或中间
	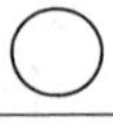	基本事件	事故树中最基本的原因事件，不能继续往下分析，处在事故树的底端
		省略事件	由于缺乏资料不能进一步展开或不愿继续分析而有意省略的事件，也处在事故树的底部
		正常事件	正常情况下应该发生的事件，位于事故树的底部

续表

种类	符　号	名　称	意　义
逻辑门符号		与门	表示下面的输入事件都发生，上面输出事件才能发生
		或门	表示下面输入事件只要有一个发生，就会引起上面输出事件发生
	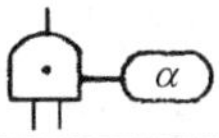	条件与门	输入事件都发生还必须满足条件 α，输出事件才能发生
	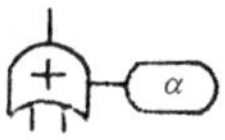	条件或门	任何一个输入事件发生同时满足条件 α，上面输出事件就会发生
	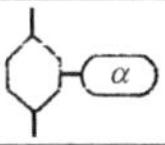	限制门	下面一个输入事件发生同时条件 α 也发生，输出事件就会发生
转移符号		转入符号	表示此处与有相同字母或数字的转出符号相连接
		转出符号	表示此处和有相同字母或数字的转入符号相连接

7.6.4　编树举例

编事故树是事故树分析中最基础也是最关键的一环。只有事故树编得切合实际，才能得到正确的定性定量结果，从而为制定安全防范措施提供可靠的依据。下面以氯乙烯悬浮聚合生产聚氯乙烯过程中可能发生的“反应失控聚合釜爆炸”事故为例，说明事故树的编制方法。

在氯乙烯悬浮聚合生产聚氯乙烯的过程中，是将溶有引发剂的氯乙烯单体在搅拌作用下，分散成液滴状悬浮于水中，再加入分散剂，使之在一定温度和压力下聚合成颗粒均匀和稳定的聚氯乙烯粒子。聚合反应为放热反应，为及时移走反应热，反应时在聚合釜夹套中通冷却水。反应温度、搅拌速度和引发剂的加入量都直接影响反应速度。反应速度越快则放热越多，釜内的压力也随之升高。当温度升到一定值时，反应无法控制，就会引起聚合釜爆炸，所以在聚合过程中各种工艺参数的控制是非常重要的。

现在聚合反应从加料到出料全过程所有操作参数都采用计算机控制和监测，并设有事故紧急处理系统。当反应发生异常，计算机会自动将终止剂加入聚合釜，在几秒钟内终止聚合反应，以防止热量大量积聚而爆炸。同时聚合釜上还安装了安全阀和紧急排放口，当安全阀满足不了压力排放要求时，将自动或手动打开紧急排放系统，进一步泄压，防止爆炸。

针对这一系统，以“反应失控聚合釜爆炸”为顶上事件进行事故树分析。首先将顶上事件写在图上方矩形方框内。由聚合反应系统知道，只有当“反应异常压力升高”、“泄压系统失效”和“紧急处理系统失效”三者都发生且满足“压力超过聚合釜承受能力”时才会发生反应失控聚合釜爆炸，因此第一层逻辑门为条件与门。

接下来分析“反应异常压力升高”和“紧急处理系统失效”的直接原因，“泄压系统失效”的原因不再分析下去，故用省略事件符号表示。造成“反应异常压力升高”的原因是“温度过高”或“搅拌停止”或“引发剂过量”，这三个原因中任一个发生，上面事件就会发生，故它们之间为或门关系；“紧急处理系统失效”的原因可能是“计算机控制系统失效”，或者是“加终止剂系统失效”，二者之间也是或门关系。

进一步分析第三层原因，“温度过高”是由于“温控失效”或“冷却能力下降”；“搅拌停止”是“电机及传动系统故障”或“停电”造成；“引发剂过量”由“引发剂浓度过高”或“引发剂加得过多”所致，因此这些事件之间都是或门关系。

引起“温控失效”的原因是“温度监测系统故障”或“温度调节系统故障”；“冷却能力下降”的原因是“冷却水流量过低”或“冷却水温度高”；“引发剂加得过多”的原因是加引发剂的“监测系统失效”或“切断功能失常”，故它们之间也都是或门关系。而引起“引发剂浓度过高”必须是“甲苯溶剂加得少”并且“分析失误”两者同时发生才有可能，因而这两者是与门关系。

“切断功能失常”是由“阀门故障”或“阀门控制失效”引起，所以这两者之间是或门关系。

有些原因事件还可以继续往下分析，但考虑到事故树的规模和分析深度不再进行下去，因此事故树分析到此为止。根据上面的分析，把上下层原因事件用相应的逻辑门连接起来，即得到如图 7.7 所示的事故树。

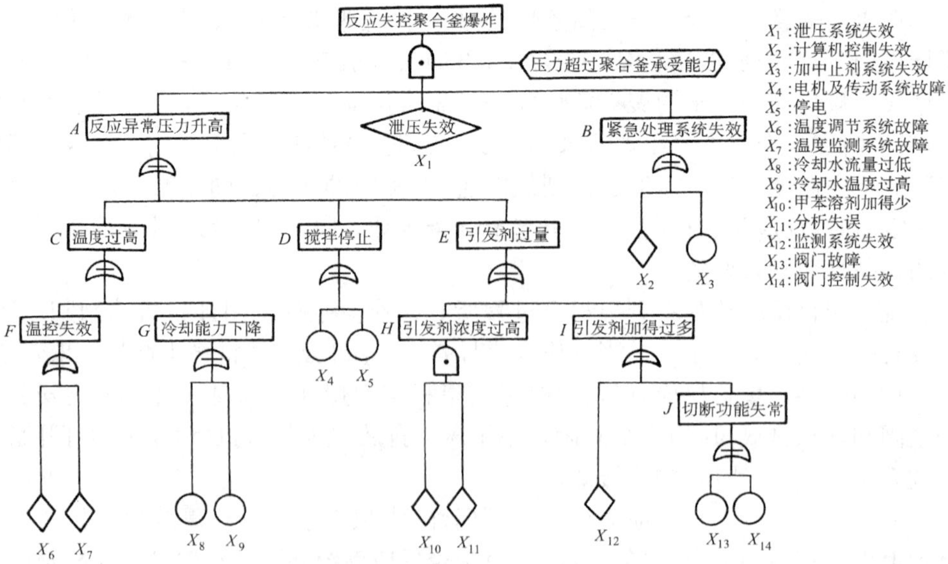

图 7.7　“反应失控聚合釜爆炸”事故树图

7.6.5 定性分析

事故树定性分析是对事故树中各基本事件不考虑发生的概率高低，只考虑发生和不发生两种情况。通过定性分析可知道哪一个或哪几个基本事件发生顶上事件就会发生，哪一个或哪几个基本事件不发生顶上事件就不会发生，哪一个基本事件发生对顶上事件发生影响大，哪一个影响小，从而可以采取经济有效的措施，防止事故发生。

定性分析包括求最小割集、最小径集以及分析各基本事件的结构重要度，在此基础上确定安全防灾对策。

1. 最小割集及其求法

事故树中所有的基本事件都发生，则顶上事件必然发生。但是在大多数情况下并非如此，只要某几个甚至某一个基本事件发生就可以引起顶上事件发生。事故树中能使顶上事件发生的基本事件的集合叫割集。所谓集合，就是满足某种条件或具有某种属性的事物的全体。集合的每一个成员称为这个集合的元素。例如，一个班级全体学生构成一个集合，一个车队的全部汽车也构成一个集合。同样一个割集中包含的几个基本事件就组成一个集合，这个集合中的每个基本事件就是它的元素。集合一般用大写字母表示，而用其他字母或数字表示集合的元素。例如，若 a 是集合 A 的一个元素，则记为 $a\in A$（读为 a 属于集合 A）。对一个集合的所有元素要用大括号括起来。例如，某集合含有 1、2、3 三个元素，这个集合就写成$\{1,2,3\}$或$\{2,1,3\}$或$\{3,1,2\}$等记号。一个割集如含有 X_1、X_2 两个基本事件，则记为$\{X_1、X_2\}$。

在一个割集中可能有多余或重复的事件出现，割集和割集之间也有相互包含的情况，必须经过整理和化简，除去那些多余和重复事件，以得到最小割集。最小割集亦即能引起顶上事件发生的最低限度基本事件的集合。在最小割集里任意去掉一个基本事件，顶上事件就不会发生。事故树有一个最小割集，顶上事件发生的可能性就有一种。要了解事故发生有哪些模式，必须求出事故树的最小割集。

最小割集的求法有许多种，其中还开发了一些用计算机求解的程序，这里只介绍两种手工求法。

1）布尔代数化简法

这种方法要首先列出事故树的布尔表达式，即从事故树的第一层输入事件开始，“或门”的输入事件用逻辑加表示，“与门”的输入事件用逻辑积表示；再用第二层输入事件代替第一层，第三层输入事件代替第二层，直至事故树中全体基本事件都代完为止。在代换过程中条件与事件之间总是用逻辑积表示。布尔表达式整理后得到若干个逻辑积的逻辑和，每个逻辑积就是一个割集，然后利用布尔代数的有关运算定律化简，就可求出最小割集。

用布尔代数化简的几个主要运算定律如下：

a. 分配律：$a \cdot (b+c)=(a \cdot b)+(a \cdot c)$

$a+(b \cdot c)=(a+b) \cdot (a+c)$

b. 幂等律：$a+a=a \qquad a \cdot a=a$

c. 吸收律：$a+a \cdot b=a \qquad a \cdot (a+b)=a$

d. 互补律：$a+a'=1 \qquad a \cdot a'=0$

e. 德 · 莫根律：$(a+b)'=a' \cdot b' \qquad (a \cdot b)'=a'+b'$

式中，1——全集，即一个集合中所有子集合的全体元素构成的集合；

0——空集，即没有任何元素的集合；

a'——补集，全集 1 中不属于集合 A 的元素的全体构成的集合称为 A 的补集。

在事故树中，事件不发生就是事件发生的补事件。

下面以图 7.8 事故树为例，求最小割集。

$$
\begin{aligned}
T &= A \cdot B \\
&= (X_1+C)(X_2+D) \\
&= (X_1+X_2X_3)(X_2+X_4X_5) \\
&= X_1X_2+X_2X_3X_2+X_1X_4X_5+X_2X_3X_4X_5 \\
&= X_1X_2+X_2X_3+X_1X_4X_5+X_2X_3X_4X_5 \\
&= X_1X_2+X_2X_3+X_1X_4X_5
\end{aligned}
$$

该事故树有三个最小割集：

$K_1=\{X_1,X_2\} \quad K_2=\{X_2,X_3\} \quad K_3=\{X_1,X_4,X_5\}$

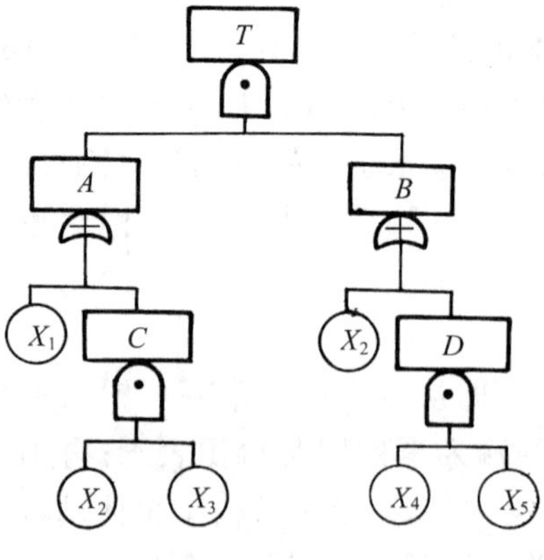

图 7.8　事故树图

2）行列法

行列法又称代换法，是由富赛尔(Fussel)1972 年提出来的，也称富赛尔法。该法是从顶上事件开始，依次将上层事件用下一层事件代替，直到所有基本事件都代完为止。在代换过程中，“或门”连接的事件纵向排列，“与门”连接的事件横向排列。最后会得到若干个基本事件的逻辑积，用布尔代数运算定律化简，就得到最小割集。

下面仍以图 7.8 为例，用行列法求事故树的最小割集：

$$T \to AB \to \begin{cases} X_1B \\ CB \end{cases} \to \begin{cases} X_1B \\ X_2X_3B \end{cases} \to \begin{cases} X_1X_2 \\ X_1D \\ X_2X_3X_2 \\ X_2X_3D \end{cases} \to \begin{cases} X_1X_2 \\ X_1X_4X_5 \\ X_2X_3X_2 \\ X_2X_3X_4X_5 \end{cases} \to \begin{cases} X_1X_2 \\ X_1X_4X_5 \\ X_2X_3 \end{cases}$$

计算结果，该事故树有三个最小割集：

$$K_1=\{X_1,X_2\} \quad K_2=\{X_1,X_4,X_5\} \quad K_3=\{X_2,X_3\}$$

此法求得的结果与布尔代数法相同。

计算机编程序求最小割集在此不做介绍。

2. 最小径集及其求法

在事故树中，若所有的基本事件都不发生则顶上事件肯定不会发生，但往往某个或几个基本事件不发生顶上事件就不会发生。能使顶上事件不发生的基本事件的集合叫径集。径集是表示系统不发生故障的模式。在径集中同样也存在相互包含和重复事件的情况，必须化简求出最小径集。最小径集是指不能导致顶上事件发生的最低限度基本事件的集合。在最小径集中，任意去掉一个基本事件就不称其为径集。事故树有一个最小径集，顶上事件不发生的可能性就有一种。要了解事故不发生的途径有哪几种，就要求事故树的最小径集。

最小径集的求法是利用它与最小割集的对偶性，首先画出事故树的对偶树——成功树，求成功树的最小割集就是原事故树的最小径集。成功树的画法是将事故树的“与门”换成“或门”，“或门”换成“与门”，并把全部事件的发生变成不发生，就是在所有事件右上角都加“′”，使之变成原事件补的形式。经过这样变换后得到的树形就是原事故树的成功树。

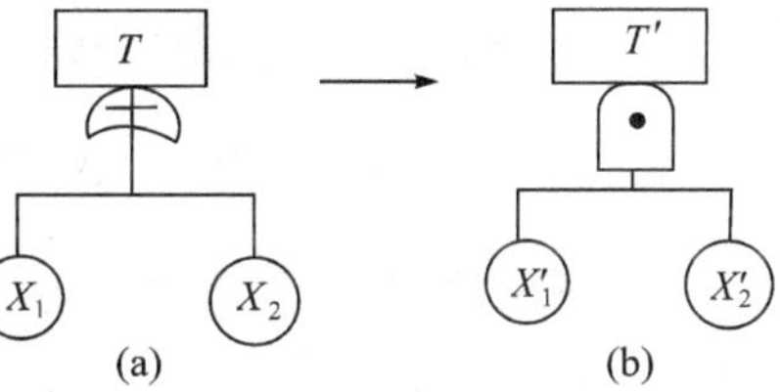

图 7.9　事故树变成功树示例

画成功树的原理是根据德·莫根定律。图 7.9(a)所示的事故树，其布尔表达式为

$$T=X_1+X_2 \tag{7.2}$$

式(7.2)表示事件 X_1、X_2 任一个发生，顶上事件 T 就会发生。要使顶上事件不发生，X_1、X_2 两个事件必须都不发生。对式(7.2)两端取补，便得到式(7.3)：

$$T'=(X_1+X_2)'=X_1'\cdot X_2' \tag{7.3}$$

式(7.3)用图形表示就是图 7.9(b)，(b)是(a)的成功树。可见，图 7.9 中所有事件都变化，逻辑门也由“或门”转换成“与门”。

同理可画出图 7.10(a)所示事故树的成功树如图 7.10(b)。

画成功树时所有的条件与事件之间逻辑关系由“与门”变为“或门”。

下面以图 7.8 所示的事故树为例,求最小径集。首先画出事故树的对偶树——成功树,如图 7.11 所示,求成功树的最小割集。

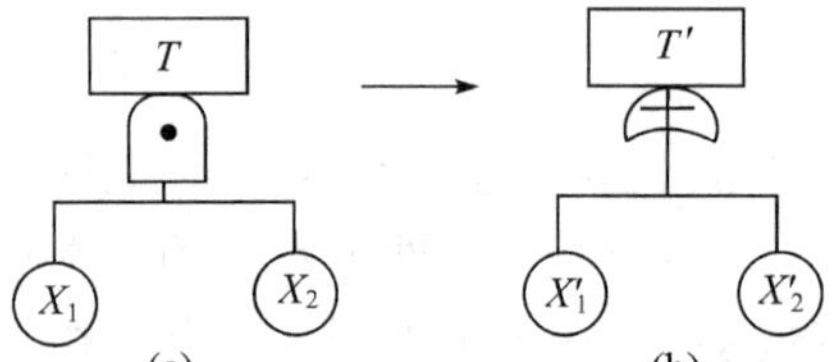

图 7.10　事故树变成功树示例

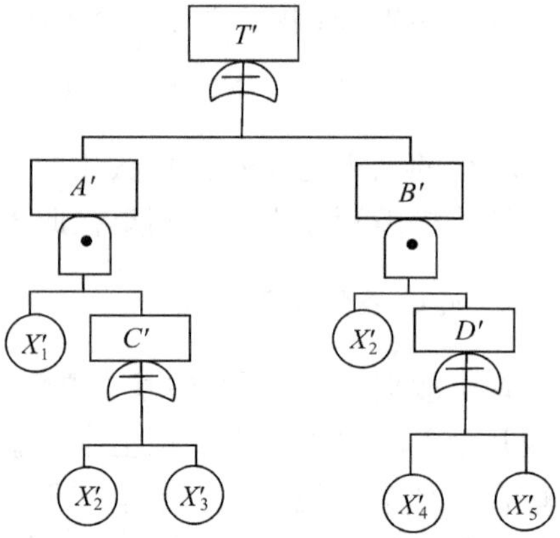

图 7.11　图 7.8 事故树的成功树

$$T'=A'+B'=X_1'C'+X_2'D'=X_1'(X_2'+X_3')+X_2'(X_4'+X_5')$$
$$=X_1'X_2'+X_1'X_3'+X_2'X_4'+X_2'X_5'$$

成功树有 4 个最小割集,就是事故树的四个最小径集:

$$P_1=\{X_1,X_2\}\quad P_2=\{X_1,X_3\}\quad P_3=\{X_2,X_4\}\quad P_4=\{X_2,X_5\}$$

用最小径集表示的事故树结构式为

$$T=P_1\cdot P_2\cdot P_3\cdot P_4=(X_1+X_2)(X_1+X_3)(X_2+X_4)(X_2+X_5)$$

3. 基本事件的结构重要度分析

结构重要度分析,就是不考虑各基本事件发生概率高低,仅从事故树结构上分析各基本事件的发生对顶上事件发生的影响程度。

事故树是由众多基本事件构成的,这些基本事件对顶上事件均产生影响,但影响程度是不同的,在制定安全防范措施时不应该同等对待,必须分清先后次序、轻重缓急,以便实现系统经济、安全的目的。结构重要度分析虽然是一种定性分析方法,但在目前缺乏定量分析数据的情况下,这种分析是很重要的。

结构重要度分析方法归纳起来有两大类:一类是精确计算出各基本事件的结构重要度系数,按系数由大到小排列各基本事件的重要度顺序;另一类是用最小割集或最小径集近似判断各基本事件的结构重要度大小,并排列次序。

第一类方法虽然计算结果比较精确，但做起来非常繁琐。当事故树很庞大时则难以进行。第二类方法尽管结果精确度差一些，但操作简便，目前应用较多，因此本书只介绍这类方法。近似判断法也有几种，这里介绍用 4 条原则判断的方法。这 4 条原则是：

(1) 单事件最小割(径)集中基本事件结构重要度最大。

例如，某事故树有 3 个最小割集：$K_1=\{X_1\}$，$K_2=\{X_2,X_3\}$，$K_3=\{X_4,X_5,X_6,X_7\}$，第 1 个最小割集只含一个基本事件 X_1，X_1 的结构重要度最大，即 $I_{\varphi(1)}>I_{\varphi(i)}$，$i=2,3,4,5,6,7$。

(2) 仅出现在同一个最小割(径)集中的所有基本事件结构重要度相等。

例如，上述事故树 X_2，X_3 只出现在第 2 个最小割集中，在其他最小割集中均未出现过，所以 X_2、X_3 结构重要度相等，即 $I_{\varphi(2)}=I_{\varphi(3)}$；同理 $I_{\varphi(4)}=I_{\varphi(5)}=I_{\varphi(6)}=I_{\varphi(7)}$。

(3) 仅出现在基本事件个数相等的若干个最小割(径)集中的各基本事件结构重要度依出现次数而定。出现次数少，结构重要度小；出现次数多，结构重要度大；出现次数相等，结构重要度相等。

例如，某事故树有 3 个最小径集：$P_1=\{X_1,X_2,X_3\}$，$P_2=\{X_2,X_3,X_4\}$，$P_3=\{X_1,X_2,X_5\}$，每个最小径集都含有 3 个基本事件，其中 X_2 出现 3 次，X_1、X_3 都出现 2 次，X_4、X_5 都只出现 1 次，故 $I_{\varphi(2)}>I_{\varphi(1)}=I_{\varphi(3)}>I_{\varphi(4)}=I_{\varphi(5)}$。

(4) 两个基本事件出现在基本事件个数不等的若干个最小割(径)集中，其结构重要度依下列情况而定：

a. 若它们在各最小割(径)集中出现的次数相等，则在少事件最小割(径)集中出现的基本事件结构重要度大。例如，某事故树有 4 个最小割集：$K_1=\{X_1,X_2\}$，$K_2=\{X_1,X_3\}$，$K_3=\{X_2,X_4,X_5\}$，$K_4=\{X_2,X_4,X_6\}$，其中，X_1、X_4 2 个基本事件都出现 2 次，但 X_1 所在的 2 个最小割集都含有 2 个基本事件，而 X_4 所在的 2 个最小割集都含有 3 个基本事件，所以 $I_{\varphi(1)}>I_{\varphi(4)}$。

b. 若它们在少事件最小割(径)集中出现次数少，在多事件最小割(径)集中出现次数多，以及其他更为复杂的情况，可用下列近似判别式计算：

$$I_{(i)}=\sum_{X_i\in K_j}\frac{1}{2^{n_i-1}} \tag{7.4}$$

式中，$I_{(i)}$——基本事件 X_i 结构重要度的近似判别值，$I_{(i)}$ 大则 $I_{\varphi(i)}$ 也大；

$X_i\in K_j$——基本事件 X_i 属于 K_j 最小割(径)集；

n_i——基本事件 X_i 所在最小割(径)集中基本事件的个数。

例如，某事故树共有 5 个最小径集：$P_1=\{X_1,X_3\}$，$P_2=\{X_1,X_4\}$，$P_3=\{X_2,X_4,X_5\}$，$P_4=\{X_2,X_5,X_6\}$，$P_5=\{X_2,X_6,X_7\}$，基本事件 X_1 与 X_2 比较，X_1 出现

2 次，但所在的最小径集中都含有 2 个基本事件；X_2 出现 3 次，所在的 3 个最小径集都有 3 个基本事件，根据式(7.4)计算如下：

$$I_{(1)}=\frac{1}{2^{2-1}}+\frac{1}{2^{2-1}}=1$$

$$I_{(2)}=\frac{1}{2^{3-1}}+\frac{1}{2^{3-1}}+\frac{1}{2^{3-1}}=\frac{3}{4}$$

由计算结果可见，$I_{\varphi(1)}>I_{\varphi(2)}$。

利用上述 4 条原则判断基本事件结构重要度大小时，必须从第 1 条至第 4 条按顺序进行，不能单纯使用近似判别式，否则会得到错误的结果。

事故树中所有基本事件的结构重要度确定以后，由大到小排列起来，排在最前面的基本事件的发生对顶上事件发生的影响最大，排在后面的影响最小。由此便可知道哪些基本事件(危险因素)应该首先控制住，哪些次之。

4. 最小割集和最小径集在事故树分析中的作用

最小割集和最小径集在事故树分析中有着非常重要的作用，归纳起来主要有以下几个方面：

(1) 最小割集表示系统的危险性。由最小割集定义得知，事故树中有一个最小割集，顶上事件发生的可能性就有一种，有几个最小割集顶上事件发生的可能性就有几种。事故树中最小割集越多，系统发生事故的可能性(途径)越多，因而就越危险。

(2) 最小径集表示系统的安全性。由最小径集的定义得知，事故树中有一个最小径集，顶上事件不发生的可能性就有一种。事故树中最小径集越多，说明控制顶上事件不发生的方案就越多，因而系统就越安全。

(3) 由最小割集可直观地比较各种故障模式的危险性。事故树中有一个最小割集，说明系统发生事故的模式就有一种。在这些事故发生的模式中，有的只含有 1 个基本事件，有的含有 2 个基本事件，还有的含有 3 个以至 4 个或更多个基本事件。含有 1 个基本事件的最小割集，只要 1 个基本事件发生，顶上事件就会发生；含有 2 个基本事件的最小割集，必须 2 个基本事件同时发生，顶上事件才会发生。很显然，1 个基本事件发生的概率比 2 个基本事件同时发生的概率要大得多，3 个基本事件同时发生的概率就更少了。因此，最小割集中含有基本事件的个数越少，这种事故模式越危险。最小割集中只含有 1 个基本事件的故障模式最危险。

(4) 从最小径集可选择控制事故的最佳方案。事故树中有几个最小径集，控制顶上事件不发生的方案就有几种。在这些方案中，控制最小径集中基本事件个数少的比控制多个要省工、省时、经济合算。除非少事件最小径集中的基本事件由于经济或技术上的原因难以控制。

(5) 利用最小割集和最小径集可进行结构重要度分析。

(6) 利用最小割集和最小径集可对系统进行定量分析和安全评价。这部分内容将在第 8 章介绍。

思考题

1. 安全检查表有哪些优点？编制安全检查表的依据有哪些？
2. 安全检查表根据检查的对象和目的可分成哪几种类型？每种类型主要包括哪些内容？
3. 什么是预先危险性分析？它有哪些优点？
4. 简述预先危险性分析的步骤。
5. 什么是危险和操作性研究？此法在危险性分析中用了哪些引导词，每个引导词的含义是什么？
6. 何谓故障、故障类型、故障类型和影响分析？
7. 直接判断法和风险矩阵法是如何划分故障类型的等级？
8. 事件树分析法的步骤有哪些？
9. 什么是事故树分析法？
10. 最小割集、最小径集的定义是什么？
11. 最小割集和最小径集在事故树分析中有哪些作用？
12. 什么是结构重要度分析？为什么要进行结构重要度分析？

习题

1. 找一个自己熟悉的系统编制安全检查表。
2. 试对一个充装有 H_2 的钢瓶进行预先危险性分析。
3. 选一个熟悉的系统进行故障类型和影响分析。
4. 应用危险和操作性研究对某一系统进行危险性识别。
5. 图 7.12 为一个物料输送系统，以“泵启动信号”为初始事件，试对该系统画事件树，并指出物料输送成功和失败的途径有哪几种。
6. 以“厨房内液化气钢瓶泄漏爆燃”为顶上事件编事故树。

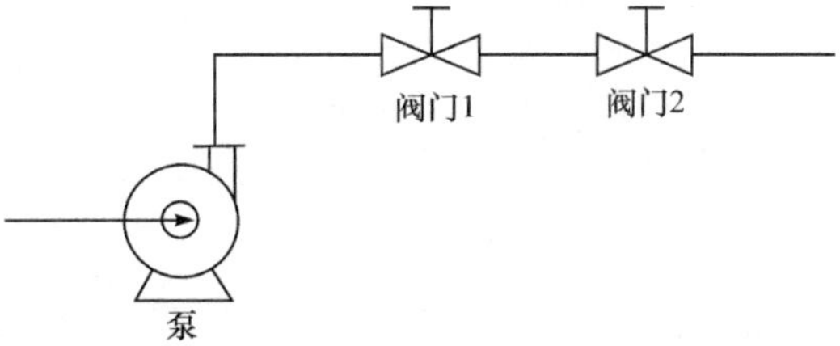

图 7.12　物料输送系统

7. 分别求出图 7.13、图 7.14 和图 7.15 所示的事故树的最小割集、最小径集，并进行结构重要度分析。

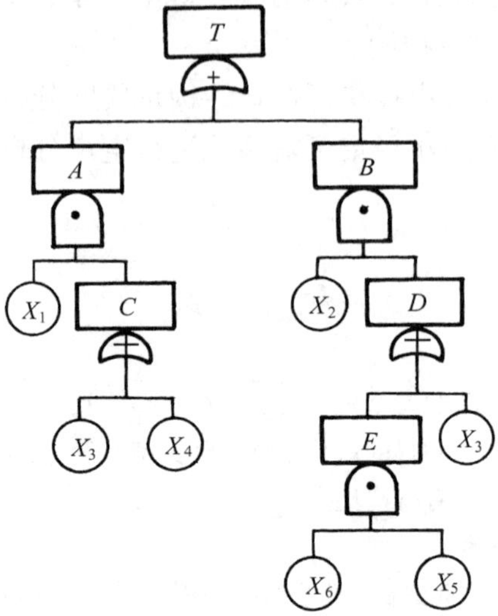

图 7.13 事故树图

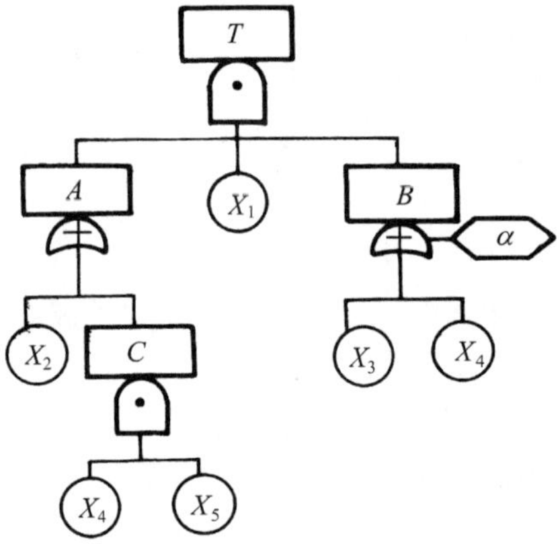

图 7.14 事故树图

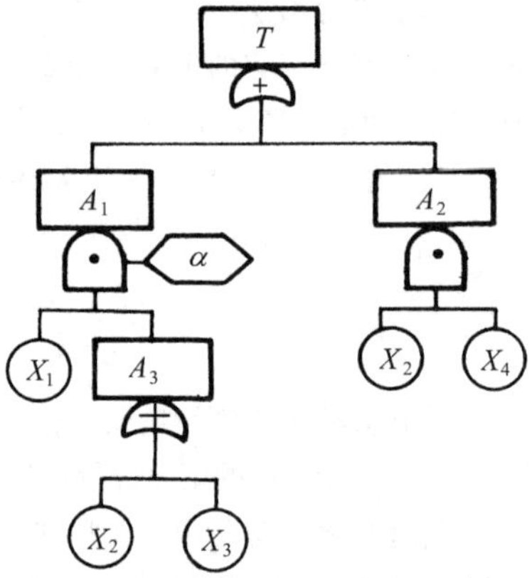

图 7.15 事故树图

第 8 章　安 全 评 价

安全评价在我国虽然只有二十多年历史，但是由于它能系统、准确地识别生产经营过程中存在的危险有害因素，并在此基础上提出有效的控制措施，从而对预防和减少事故发生，保障人们身心安全和健康，实现安全生产起到了很好的作用，所以受到行业管理部门和生产经营单位的高度重视。评价理论、评价方法也得到较快发展。

8.1　安全评价概述

8.1.1　安全评价的基本概念

我国制定的安全标准《安全评价通则》AQ 8001—2007 对安全评价（safety assessment）的定义是以实现安全为目的，应用安全系统工程原理和方法，辨识与分析工程、系统、生产经营活动中的危险、有害因素，预测发生事故或造成职业危害的可能性及其严重程度，提出科学、合理、可行的安全对策措施建议，做出评价结论的活动。

安全评价在欧美一些国家也称为风险评价（risk assessment）。它是由保险业发展起来的，因保险公司要为用户承担各种损失的风险，故要收取一定的费用。收多少费用较为合适，应取决于承担风险的大小，由此便产生了如何衡量风险大小的问题。所谓风险就是在一定时间内，造成人员伤亡和财产损失的大小，其数值用系统内发生事故的概率和损失严重度的乘积来表示。后来这种方法又被推广到其他行业。1964 年美国道化学公司根据化工生产的特点，首次开发出火灾爆炸危险指数评价法，用于化工装置的安全性评价。该法自第一版发表以后，在近 30 年的时间里共修改了 6 次，1994 年又推出了第 7 版，经过不断的补充和修改使之更加趋于科学、合理、完善。这种方法的产生和应用在世界各国工业界产生了一定的影响，引起了广泛的研究和探讨，许多大公司在此基础上开发出自己的评价方法。例如，1974 年英国帝国化学公司（ICI）蒙德（Mond）部在道化学公司第三版的基础上进行了扩充，增加了毒性的观点，提出“蒙德火灾、爆炸、毒性指标评价法”。1976 年日本劳动省公布了“化工厂六阶段安全评价法”，之后又相继开发出疋田法、冈山法等评价方法。由于安全评价在减少事故，特别是重大事故方面起到了很大作用，许多国家、企业愿意投入资金进行安全评价。一些国家政府还规定重大工程项目、技术开发项目都必须进行安全评价，并对安全设计提出明确要求，从而推动了安全评价方法的发展。

我国推行安全评价是从20世纪80年代后期开始的。虽然起步较晚，但在安全评价的理论与方法的研究及应用方面发展得还比较快。许多产业部门都制定了自己的评价方法或标准，广泛地开展了企业的安全评价。1988年劳动部劳字[1988]48号文明确规定，对一些危险危害性比较大的建设项目“初步设计会审前，必须向劳动部门报送拟建设项目劳动安全卫生评价报告”，1996年10月劳动部第3号令《建设项目(工程)劳动安全卫生监察规定》又对建设项目劳动安全卫生预评价工作进一步作了详细的规定。2002年1月发布的《危险化学品安全管理条例》要求：“生产、储存、使用剧毒化学品的单位，应当对本单位的生产、储存装置每年进行一次安全评价；生产、储存、使用其他危险化学品的单位，应当对本单位的生产、储存装置每两年进行一次安全评价”。之后国家颁布的《安全生产法》明确规定：“矿山建设项目和用于生产、储存危险物品的建设项目，应当分别按照国家有关规定进行安全条件论证和安全评价”。《危险化学品经营许可证管理办法》和《安全生产许可证条例》都规定，申请许可证的单位须对本单位的经营条件和安全生产条件进行安全评价。这些法律、法规的出台，为安全评价提供了法律依据，也进一步推动了安全评价向更广、更深的方向发展。

实践证明，安全评价是实现建设项目“三同时”的重要手段，也是提高生产装置本质安全化的有效途径，同时为企业实行安全管理科学化提供依据。安全评价对政府和企业主管部门进行安全监察和宏观控制也提供了有效的方法。对企业或装置进行安全现状评价，可以使企业领导和各级管理部门及时了解事故隐患和薄弱环节，全面掌握本单位本部门的安全状况，不断修改、完善安全防灾体系与设施，预测预防事故发生，并把可能造成的损失降到最低程度。

8.1.2 安全评价的内容和分类

1. 安全评价的内容

安全评价是运用安全系统工程的原理和方法分析、识别系统、工程中存在的危险有害因素，评价其危险危害程度，在此基础上制定安全对策措施的过程。其内容归纳起来有以下四个方面：

(1) 危险有害因素的辨识——找出系统内的危险源，分析各危险源存在的危险有害因素，包括固有的和潜在的危险性以及系统在运行过程中可能转变成新的危险性。

(2) 危险性评价——对辨识出来的危险有害因素，采用定性或定量的评价方法评价其导致事故的可能性及后果的严重程度，进而确定其危险等级或风险率等。

(3) 确定安全指标——系统危险性定性、定量评价结果，是否达到可接受的水平，需要有安全指标作比较。企业可根据自身条件建立安全指标，确定哪些危险是可接受的，哪些是不可接受的。

(4) 制定安全措施——对不可接受的危险(风险)，制定相应的安全对策措施，进一步降低危险，使系统达到安全程度。

企业以什么作为安全指标？要回答这个问题必须知道，世界上没有绝对的安全，因此不能以事故为零作为安全指标。这是由于人们的认识水平有限，不可能对所有的危险有害因素都识别出来。即使认识了现有的危险，随着生产技术的发展，新工艺、新技术、新材料、新能源的出现，又会产生新的危险，这些新危险不一定马上都被识别出来。对已经认识到的危险，由于技术、资金等因素的制约，也不可能完全根绝。但是我们可以采取科学的方法尽最大努力识别危险，并尽可能减少危险。当危险性降到一定程度，人们可以接受了，就认为系统是安全了。故此所谓安全指标，就是社会公众可以接受的危险度，可以是风险率、指数或等级。确定安全指标实际上就是确定一个危险度，这个危险度必须是社会公众允许的、可以接受的。

怎样确定安全指标，取决于国家的政治、经济和技术状况以及企业的经济情况等，可以通过多年事故的统计资料来定。例如，美国根据交通事故的统计资料显示，因小汽车相撞而引起死亡的风险率为 2.5×10^{-4}死亡/人·年，这意味着一个10万人的集体每年有25人因乘坐小汽车而死亡的风险。但是美国人没有因害怕这个风险而放弃使用小汽车，也没有人愿意花更多的钱去改善交通设施和汽车性能，说明这个风险能够被社会公众所接受，所以这个风险率就可以作为使用小汽车的安全指标。

美国原子能委员会报告中所引用的收益和风险率的关系说明，人们要获得较大的收益，必须要承担较大的风险；风险较小的活动其收益也较少。可以从中权衡选择适当的值作为安全指标。一般认为，在生产活动中以死亡/人·年的风险率表示，则 10^{-3}数量级的作业危险性很大，是不能接受的，要立即采取措施；10^{-4}数量级的作业，一般人是不愿意做的，愿意拿出费用进行改善；10^{-5}数量级与游泳溺死的风险率相当，对此人们是积极关心的；而 10^{-6}数量级与天灾死亡的风险率相同，人们感到有危险，但不一定发生在自己身上，即使碰到了也自认倒霉。以上分析说明，对于 10^{-3}死亡/人·年或高于这个数值的风险率，是不能允许的，而 10^{-6}死亡/人·年或低于这个数值的风险率是可以忽略的。在这中间的风险率要看效益的大小，对效益很大的，也有允许的可能。有时自己愿意干的事，风险虽然大也可以接受，例如拳击运动，选手的死亡率高达二百分之一，但仍然有人干。

对于有统计数据的行业，可以产业实际的平均死亡率作为确定安全指标的依据。例如，英国化学工业的FAFR值(劳动1亿小时的死亡率)为3.5，帝国化学公司(ICI)提案取其十分之一，即0.35作为目标值。美国各公司的风险目标值大都取各行业安全指标的十分之一。

表 8.1 列出了美国各类工作地点死亡的安全指标；表 8.2 为英国各类工作的危险率。

表 8.1　美国各类工作地点死亡安全指标

（每年以接触 2000h 计）

工业类型	FAFR 值	死亡/人·年
工业	7.1	1.4×10^{-4}
商业	3.2	0.6×10^{-4}
制造业	4.5	0.9×10^{-4}
服务业	4.3	0.86×10^{-4}
机关	5.7	1.14×10^{-4}
运输及公用事业	16	3.6×10^{-4}
农业	27	5.4×10^{-4}
建筑业	28	5.6×10^{-4}
采矿、采石业	31	6.2×10^{-4}

资料来源：R. L. Browning(1980)。

表 8.2　英国各类工作的危险率

工业类型	FAFR 值	年死亡概率（每日 8h，每月 20d，每年 1920h）
化工	3.5	6.75×10^{-5}
英国全工业	4	7.68×10^{-5}
钢铁	8	1.54×10^{-4}
捕鱼	35	6.72×10^{-4}
煤矿	40	7.68×10^{-4}
铁路搬道员	45	8.64×10^{-4}
建筑	67	1.28×10^{-3}
飞机乘务员	250	4.8×10^{-3}
拳击	7000	1.34×10^{-1}
狩猎竞赛	50000	9.6×10^{-1}

注：FAFR 是 Fatal Accident Frequency Rates 之略语。

2. 安全评价的分类

我国制定的《安全评价通则》对安全评价按照实施阶段划分为三类，即安全预评价、安全验收评价、安全现状评价。

1）安全预评价

安全预评价(Safety Assessment Prior to Start)是指在建设项目可行性研究阶段、工业园区规划阶段或生产经营活动组织实施之前，根据相关的基础资料，辨识与分析建设项目、工业园区、生产经营活动潜在的危险、有害因素，确定其与安全生产法律法规、规章、标准、规范的符合性，预测发生事故的可能性及其严重程度，提出科学、合理、可行的安全对策措施建议，做出安全评价结论的活动。

2）安全验收评价

安全验收评价(Safety Assessment Upon Completion)是指在建设项目竣工后正式生产运行前或工业园区建设完成后，通过检查建设项目安全设施与主体工程同时设计、同时施工、同时投入生产和使用的情况或工业区内的安全设施、设备、装置投入生产和使用的情况，检查安全生产管理措施到位情况，检查安全生产规章制度健全情况，检查事故应急救援预案建立的情况，审查确定建设项目、工业园区建设与安全生产法律法规、规章、标准、规范要求的符合性，从整体上确定建设项目、工业园区的运行状况和安全管理情况，做出安全验收评价结论的活动。

3）安全现状评价

安全现状评价（Safety Assessment In Operation）是针对生产经营活动中、工业园区内的事故风险、安全管理等情况，辨识与分析其存在的危险、有害因素，审查确定其与安全生产法律法规、规章、标准、规范要求的符合性，预测发生事故或造成职业危害的可能性及其严重程度，提出科学、合理、可行的安全对策措施建议，做出安全现状评价结论的活动。

安全现状评价既适用于对一个生产经营单位或一个工业园区的评价，也适用于某一特定的生产方式、生产工艺、生产装置或作业场所的评价。

8.1.3 安全评价的目的和意义

1. 安全评价的目的

安全评价的目的归纳起来有以下几个方面：

（1）通过安全评价，查找系统或工程存在的危险有害因素及可能导致事故后果的严重程度，提出控制和消除危险的安全技术措施，能有效提高评价对象本质安全程度。

（2）对项目的不同阶段进行安全评价，可及时发现其存在的危险和隐患，及早采取改进和预防措施，可实现全过程安全控制。

（3）通过安全评价，分析系统或工程存在的危险、有害因素，预测导致事故的严重程度，从而为制定安全控制措施的最优方案提供依据。

（4）按照国家、行业有关规范、标准、规定等对系统或工程进行检查、评价，找出问题和不足，可以实现安全管理的科学化、标准化、规范化。

2. 安全评价的意义

对系统进行安全评价可以确认生产经营单位是否符合安全生产条件，对不符合的要及时整改，这是贯彻“安全第一，预防为主，综合治理”安全生产方针的重要手段。

通过安全评价，对生产经营单位安全水平做出结论，为安全生产监督管理部门了解生产经营单位安全生产状况，实现宏观控制提供基础资料。

安全评价对找出来的危险可以得知发展为事故的可能性及造成损失的严重程度，进而可计算出风险率。根据风险率的大小选择安全对策措施，可做到合理的安全投资。

安全评价可真正做到“预防为主”，有效减少事故发生及造成的损失，也是为生产经营单位提高经济效益。

8.2 安全评价的程序

《安全评价通则》将安全评价的程序分为前期准备，辨识与分析危险有害因素，划分评价单元，定性、定量评价，提出安全对策措施建议，做出评价结论，编制安全评价报告七个步骤。

8.2.1 前期准备

前期准备包括收集被评价对象的相关技术资料，必要时实地察看，明确评价对象和评价范围，收集国内外相关法律法规、技术标准、规范等。

8.2.2 辨识与分析危险有害因素

根据评价对象的具体情况，分析、查找存在的危险有害因素，确定危险有害因素存在的部位、形式，发生事故的条件及其可能导致的后果。

8.2.3 划分评价单元

根据评价对象的复杂程度和实际需要，按照一定的原则将评价对象划分为若干个相对独立的部分。

8.2.4 定性、定量评价

根据评价单元的特性，选择适用的评价方法，对评价对象发生事故的可能性及其严重程度进行定性、定量评价。

8.2.5 提出安全对策措施建议

根据危险有害因素辨识的结果及定性、定量评价结果，遵照针对性、技术可行性、经济合理性的原则，提出减少和消除危险、危害的技术和管理对策措施建议。

8.2.6 安全评价结论

最后应对评价对象客观、公正、真实地做出评价结论。评价结论内容应概括定性、定量评价结果，评价时与国家有关安全生产的法律法规、规范、标准等的符合性，存在的主要危险有害因素及重点应考虑的安全措施，采取安全措施后的安全状态等。

8.2.7 编制安全评价报告

安全评价报告是安全评价过程的具体体现和概括性总结。应全面、概括地反映安全评价过程的全部工作，文字应简洁、准确，提出的资料应清楚可靠，论点明确，利于阅读和审查。

安全评价报告的格式应符合《安全评价通则》的有关规定。

8.3 安全评价的原理

安全评价的方法有多种多样，但其离不开几个原理，即相关性原理、类推原理、惯性原理等。

8.3.1 相关性原理

相关性是指系统的属性、特征与事故存在着因果关系。这是系统因果评价方法的理论基础。

1. 系统的基本特征

安全评价的所有对象都可视为一个系统。系统是指由若干个相互作用、相互依赖的组成部分结合成的具有独立功能的有机整体。系统有大有小，千差万别，但所有的系统都具有以下普遍的基本特征，即目的性：任何系统都具有一定目的性，要实现一定的目标（功能）；集合性：一个系统是由两个以上元素组成的有机整体，或是由各层次的要素（子系统、单元、元素集）集合组成的有机整体；相关性：即一个系统内部各要素（或元素）之间存在着相互影响、相互作用、相互依赖的有机联系，通过综合协调，实现系统的整体功能；阶层性：在大多数系统中，存在着多阶层性，通过彼此作用，互相影响、制约，形成一个系统整体；整体性：系统的要素集、相关关系集、各阶层构成系统的整体；适应性：系统对外部环境的变化有着一定的适应性。

每个系统都有自身的总目标，而构成系统的所有子系统、单元都为实现这一总目标而实现各自的分目标。

系统的整体目标（功能）是由组成系统的各子系统、单元综合发挥作用的结果。因此，不仅系统与子系统，子系统与单元有着密切的关系，而且各子系统之间、各单元之间、各元素之间也都存在着密切的相关关系。所以，在评价过程中只有找出这种相关关系并建立相关模型，才能正确地对系统的安全性做出评价。

系统的结构可用下列公式表达：

$$E=\max f(X,R,C)$$

式中，E——最优结合效果；

X——系统组成的要素集，即组成系统的所有元素；

R——系统组成要素的相关关系集,即系统各元素之间的所有相关关系;

C——系统组成的要素及其相关关系在各阶层上可能的分布形式;

$f(X,R,C)$——X,R,C 的集合效果函数。

对系统的要素集(X)、关系集(R)和层次分布形式(C)的分析,可阐明系统整体的性质。要使系统目标达到最佳程度,只有使上述三者达到最优结合,才能产生最优的结合效果 E。

对系统安全性进行评价,就是要寻求 X,R 和 C 的最合理的结合形式,即寻求具有最优结合效果 E 的系统结构形式在对应系统目标集和环境因素约束集的条件下给出最安全的系统结合方式。例如,一个生产系统一般是由若干生产装置、物料、人员(X 集)集合组成的;其生产过程是在人、机、物料、作业环境结合过程(人控制的物理、化学过程)中进行的(R 集);生产设备的可靠性、人的行为的安全性、安全管理的有效性等因素层次上存在各种分布关系(C 集)。安全评价的目的,就是寻求系统在最佳生产(运行)状态下的最安全的有机结合。

因此,在进行安全评价之前要研究与系统安全有关的系统组成要素,要素之间的相关关系,以及它们在系统各层次的分布情况。例如,要调查、研究构成工厂的所有要素(人、机、物料、环境等),明确它们之间存在的相互影响、相互作用、相互制约的关系和这些关系在系统的不同层次中的不同表现形式等。

要对系统做出准确的安全评价,必须对要素之间及要素与系统之间的相关形式和相关程度给出量的概念。这就需要明确哪个要素对系统有影响及每个要素的影响程度,彼此是线性相关,还是指数相关等。要做到这一点,就要求在分析大量生产运动数据、事故统计资料的基础上,得出相关的数学模型,以便建立合理的安全评价数学模型。例如,用加权平均法评价生产经营单位安全性,确定各子系统的权重系数,实际上就是确定生产经营单位整体与各子系统之间的相关系数。这种权重系数代表了各子系统的安全状况对生产经营单位整体安全状况的影响大小,也代表了各子系统的危险性在生产经营单位整体危险性中的比重。一般来说,权重系数是通过大量事故统计资料的分析,权衡事故发生的可能性大小和事故损失的严重程度后确定下来的。

2. 事故的因果关系

事故和各种危险有害因素之间存在着互相依存的关系,即因果关系;危险因素是因,事故是果。事故的发生是由许多因素综合作用的结果。分析各因素的特征、变化规律、影响事故发生和事故后果的程度以及从原因到结果的途径,揭示其内在联系和相关程度,才能在评价中得出正确的分析结论,提出针对性对策措施。例如,可燃气体爆炸事故是由可燃气体泄漏并与空气形成爆炸性混合物,遇点火源三种因素综合作用的结果,这三种因素又是由设计或制造失误、设备故障、操作失误、管理不当或安全装置失效等一系列因素造成的；至于爆炸的后果的严重程度则与可燃气体的性质（闪点、密度、燃烧速度等）及空间密闭程度等因素有关。在评价中需分析各层次因素的因果关系和影响程度。

8.3.2 类推原理

类推（类比）原理是根据两个或两类对象之间存在着某些相似或相同的属性，从一个已知对象具有某个属性来推出另一个对象具有此种属性的推理过程。利用类推原理对系统进行安全评价的方法即为类推法。

对系统进行类推评价的前提条件是评价的对象与利用类推的系统有相似的关系。相似关系是指两个系统具有相似的特征或存在依存联系关系。类推法有定性类推和定量类推。常用的类推法有如下几种：

1. 平衡推算法

平衡推算法是根据相互依存的平衡关系来推算所缺的有关指标的方法。例如，利用海因里希关于重伤、轻伤和无伤害事故比例为 1∶29∶300 的规律，在已知死亡事故的数据的情况下可以推出轻伤和无伤害事故的数据；利用爆炸破坏情况来推算爆炸物的 TNT 当量等。

2. 代替推算法

代替推算法是利用具有密切联系（或相似）的有关资料、数据来代替所缺资料、数据的方法。例如，在安全预评价中进行职业卫生评价时，常用同类或类似装置的工业卫生检测数据类比评价建设项目有毒有害因素控制的程度。

3. 因素推算法

因素推算法是根据指标之间的联系，从已知因素的数据推算有关未知指标数据的方法。例如，已知系统发生事故的概率 P 和事故损失严重程度 S，就可利用风险率 R 等于 P 与 S 相乘的关系来求得风险率。

4. 抽样推算法

抽样推算法是根据抽样或典型调查资料推算系统总体特征的方法。这种方法是数理统计分析中常用的方法，是以部分样本代表整个样本空间来对总体进行统计分析的一种方法。

5. 比例推算法

比例推算法是根据社会经济现象的内在联系，用某一时期、地区、部门或单位的实际比例推算另一类似时期、地区、部门或单位有关指标的方法。例如，控制图法的控制中心线的确定，是根据上一个统计期间的平均事故率来确定的。国外各行业安全指标的确定通常也都是根据前几年的年度事故平均数值来确定的。

6. 概率推算法

概率是指某一事件发生的可能性大小。事故的发生是一种随机事件，任何随机事件在一定条件下是否发生是没有规律的，但其发生概率是一客观存在的定值。因此，根据有限的实际统计资料，采用概率论和数理统计方法可求出随机事件出现各种状态的概率。可以用概率值来预测未来系统发生事故可能性的大小，以此来衡量系统危险性的大小、安全程度的高低。

8.3.3 惯性原理

任何事物在其发展过程中都具有一定的延续性，这种延续性称为惯性。利用惯性可以研究事物或评价系统的未来发展趋势。例如，从一个单位过去的事故统计资料，可以推测其未来的安全生产状况。

利用惯性原理进行评价是以系统的稳定性为前提条件。只有在系统稳定时，其内在联系和基本特征才可能延续下去。但是绝对稳定的系统是不存在的，在应用惯性原理进行评价时，要研究可能出现的偏差、偏差的程度及偏差产生的原因，以便做出适当修正，这样才能使评价结论符合实际。

事故发展的惯性在受外力使用时，可使其加速或减速甚至改变方向。例如，采取安全措施，可使事故发展速度减慢、中止，甚至使不良惯性改向，从而达到防止事故发生的目的。

安全评价的原理是人们经过长期研究和实践总结出来的，在实际工作中应综合应用这些原理指导评价工作，并开发出更多适用的评价方法应用于各个领域。

8.4 安全评价方法

根据评价的原理，到目前为止国内外已经开发出许多种安全评价方法，每种方法都有其一定的适用范围和应用条件。安全评价的目的和对象不同，评价的内容和指标也不相同。在进行安全评价时应根据安全评价的对象和要达到的目的选择适用的评价方法。

8.4.1 安全评价方法分类

安全评价方法的分类方法有几种，按评价结果的量化程度可分为定性安全评价方法和定量安全评价方法两大类。

1. 定性安全评价方法

定性安全评价方法主要是凭借经验和直观判断能力，对影响系统的各要素进行定性的分析，对系统做出定性的评价结果。这类评价方法在危险的分析评价时受个人的经验、分析判断能力以及占有资料的影响，评价结果的准确性可能差一些，但是在缺乏可靠数据的情况下，通过定性安全评价粗略地了解系统的安全程度，找出存在的隐患和危险因素，对制定安全对策和隐患整改都是很有益处的。第 7 章介绍的安全检查表、预先危险性分析、危险和可操作性研究以及故障类型和影响分析、事故树分析、事件树分析方法中的定性分析等方法都是定性安全评价方法。

2. 定量安全评价方法

定量安全评价是根据实验结果、大量事故统计资料等方法得到评价因子的数量，采取一定的数学模型，对评价系统或子系统的安全状况进行定量的计算，以数量的大小表示系统的危险性(安全性)。

定量安全评价根据给出定量结果的类别不同，可分为指数评价法、破坏后果(范围)评价法和概率风险评价法。

1) 指数评价法

指数评价法是对系统的各种危险有害因素按照一定的原则给予适当的指数(或点数)然后通过数学方法综合起来，得到一个系统或子系统的指数(或点数)，从而根据指数或所属等级确定其安全程度。例如，道化学公司火灾、爆炸危险指数评价法，蒙德火灾、爆炸、毒性指数评价法等。

2) 破坏后果(范围)评价法

破坏后果(范围)评价法是通过一些数学模型，定量计算发生火灾、爆炸、有毒气体泄漏事故造成破坏后果的影响范围，如毒物泄漏扩散模型、火灾产生的辐射热强度计算模型、爆炸冲击波伤害模型、蒸气云爆炸超压破坏模型等。

利用数学模型计算事故的破坏范围其结果直观，如果模型及各种参数选择得合理且符合事故现场情况，则计算结果可靠。但若评价模型或参数应用不当，计算结果将出现偏差，所以计算时应慎重选择。这类计算结果对发生事故后的应急疏散、应急救援等都有重要的参考作用。由于计算时工作量比较大，所以国内外已经开发出一些计算机软件，可以方便、快速计算出各种结果，有的还可将结果模拟在地图上。

3) 概率风险评价法

概率风险评价法是根据导致事故的各种因素的发生概率，求出整个系统发生事故的概率，进而求出风险率，以风险率的大小衡量系统的安全可靠程度。这种评价方法，评价结果是根据实验或大量数据统计资料，经科学计算得到的，能够准确地描述系统危险性大小，因而在航天航空、核电站等系统的安全评价中得到广泛应用。但在我国由于缺乏各类事故、故障数据，故在实际应用中尚有一定困难。

目前我国在化工、石油化工、机械等行业的安全评价大多采用定性和指数评价法。

8.4.2　安全评价方法简介

国外已经开发出的安全评价方法有许多种，现对几种应用较多的做一简单介绍。

1. 概率风险评价法

系统危险性的大小取决于两个方面，一是事故发生的概率，二是造成后果的严重度。风险率综合了两方面因素，它的数值等于事故的概率（频率）与严重度的乘积，计算公式如下：

$$R=S\cdot P \tag{8.1}$$

式中，R——风险率，事故损失/单位时间；

S——严重度，事故损失/ 事故次数；

P——事故发生概率（频率），事故次数/ 单位时间。

由此可见，风险率是表示单位时间内事故造成损失的大小。单位时间可以是年、月、日、小时等；事故损失可以用人的死亡、经济损失或是工作日的损失等表示。

计算出风险率就可以与安全指标比较，从而得知危险是否降到人们可以接受的程度。

要求风险率必须首先求出系统发生事故的概率，因此下面就概率的有关概念和计算做一简述。

生产装置或工艺过程发生事故是由组成它的若干元件相互复杂作用的结果，总的故障概率取决于这些元件的故障概率和它们之间相互作用的性质，故要计算装置或工艺过程的事故概率，必须首先了解各个元件的故障概率。

1）元件的故障概率及其求法

构成设备或装置的元件，工作一定时间后就会发生故障或失效。所谓失效就是指元件丧失规定的功能。对可修复系统的失效就是故障。

元件在两次相邻故障间隔期内正常工作的平均时间，称为平均故障间隔期，用 τ

表示。例如,某元件在第一次工作 t_1 时间后出现故障,第二次工作 t_2 时间后出现故障,第 n 次工作 t_n 时间后出现故障,则平均故障间隔期为

$$\tau=\frac{\sum_{i=1}^{n} t_i}{n} \tag{8.2}$$

τ 一般是通过实验测定几个元件的平均故障间隔时间的平均值得到。

元件在单位时间(或周期)内发生故障的平均值称为平均故障率,用 λ 表示,单位为故障次数/时间。平均故障率是平均故障间隔期的倒数,即

$$\lambda=\frac{1}{\tau} \tag{8.3}$$

故障率是通过实验测定出来的,实际应用时要受到环境因素的不良影响,如温度、湿度、振动、腐蚀等,故应给予修正,即考虑一定的修正系数(严重系数 k)。部分环境下严重系数 k 的取值见表 8.3。

表 8.3 严重系数 k 值举例

使用场所	k
实验室	1
普通室	1.1～10
船舶	10～18
铁路车辆、牵引式公共汽车	13～30
火箭实验台	60
飞机	80～150
火箭	400～1000

元件在规定时间内和规定条件下完成规定功能的概率称为可靠度,用 $R(t)$ 表示。元件在时间间隔 $(0,t)$ 内的可靠度符合下列关系:

$$R(t)=e^{-\lambda t} \tag{8.4}$$

式中,t——元件运行时间。

元件在规定时间内和规定条件下没有完成规定功能(失效)的概率就是故障概率(或不可靠度),用 $P(t)$ 表示。故障概率是可靠度的补事件,用式(8.5)得到:

$$P(t)=1-R(t)=1-e^{-\lambda t} \tag{8.5}$$

式(8.4)和式(8.5)只适用于故障率 λ 稳定的情况。许多元件的故障率随时间而变化,显示出如图 8.1 所示的浴盆曲线。

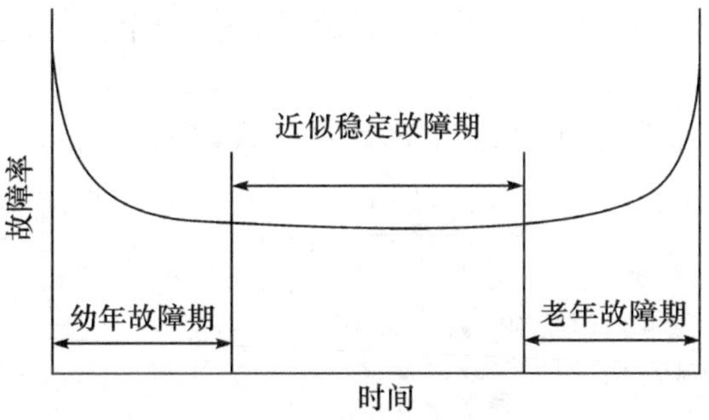

图 8.1 故障率曲线图

由图 8.1 可见，元件故障率随时间变化有三个时期，即幼年故障期（早期故障期）、近似稳定故障期（偶然故障期）和老年故障期（损耗故障期）。元件在幼年期和老年期故障率都很高。这是因为元件在新的时候可能内部有缺陷或调试过程被损坏，因而开始时故障率较高，但很快就下降了。当使用时间长了，由于老化、磨损，功能下降，故障率又会迅速提高。如果设备或元件在老年期之前，更换或修理即将失效部分，则可延长使用寿命。在幼年和老年两个周期之间（偶然故障期）的故障率低且稳定，式（8.4）和式（8.5）都适用。

表 8.4 列出部分元件的故障率。

表 8.4　部分元件的故障率

元　件	故障/次·年$^{-1}$	元　件	故障/次·年$^{-1}$
控制阀	0.60	压力测量	1.41
控制器	0.29	泄压阀	0.022
流量测量（液体）	1.14	压力开关	0.14
流量测量（固体）	3.75	电磁阀	0.42
流量开关	1.12	步进电动机	0.044
气液色谱	30.6	长纸条记录仪	0.22
手动阀	0.13	热电偶温度测量	0.52
指示灯	0.044	温度计温度测量	0.027
液位测量（液体）	1.70	阀动定位器	0.44
液位测量（固体）	6.86		
氧分析仪	5.65		
pH 计	5.88		

资料来源：Frank P. Lees. 1986. Loss Prevention in the Process Industries. London：Butterworths

2）元件的连接及系统故障（事故）概率计算

装置或工艺过程是由许多元件连接在一起构成的，这些元件发生故障常会导致整个系统故障或事故的发生。因此，可根据各个元件故障概率，依照它们之间的连接关系计算出整个系统的故障概率。

元件的相互连接有串联和并联两种情况。

串联连接的元件用逻辑或门表示，意思是任何一个元件故障都会引起系统发生故障或事故。

串联元件组成的系统，其可靠度 R 计算公式如下：

$$R=\prod_{i=1}^{n}R_i \tag{8.6}$$

式中，R_i—— 每个元件的可靠度；

n—— 元件的数量；

$\prod$—— 表示连乘。

系统的故障概率 P 由式(8.7) 计算：

$$P = 1 - \prod_{i=1}^{n}(1 - P_i) \tag{8.7}$$

式中，P_i—— 每个元件的故障概率。

只有A和B两个元件组成的系统，式(8.7) 展开为

$$P(\text{A 或 B}) = P(\text{A}) + P(\text{B}) - P(\text{A})P(\text{B}) \tag{8.8}$$

如果元件的故障概率很小，则 $P(\text{A})P(\text{B})$ 项可以忽略。此时式(8.8) 可简化为

$$P(\text{A 或 B}) = P(\text{A}) + P(\text{B}) \tag{8.9}$$

式(8.7) 则可简化为

$$P = \sum_{i=1}^{n} P_i \tag{8.10}$$

当元件的故障概率不是很小时，不能用简化公式计算总的故障概率。

并联连接的元件用逻辑与门表示，意思是并联的几个元件同时发生故障，系统就会故障。

并联元件组成的系统故障概率 P 计算公式是

$$P = \prod_{i=1}^{n} P_i \tag{8.11}$$

系统的可靠度 R 计算公式如下：

$$R = 1 - \prod_{i=1}^{n}(1 - R_i) \tag{8.12}$$

系统的可靠度计算出来后，可由式(8.4) 求出总的故障率 λ。

3)系统故障概率的计算举例

某反应器内进行的是放热反应，当温度超过一定值后，会引起反应失控而爆炸。为及时移走反应热，在反应器外面安装了夹套冷却水系统。由反应器上的热电偶温度测量仪与冷却水进口阀连接，根据温度控制冷却水流量；为防止冷却水供给失效，在冷却水进水管上安装了压力开关并与原料进口阀连接，当水压小到一定值时，原料进口阀会自动关闭，停止反应。装置组成如图 8.2 所示。

试计算这一装置发生超温爆炸的故障率、故障概率、可靠度和平均故障间隔期，假设操作周期为一年。

由图 8.2 得知，反应器的超温防护系统由温度控制和原料关闭两部分组成。温度控制部分的温度测量仪与冷却水进口阀串联，原料关闭部分的压力开关和原料进口阀也是串联的，而温度控制和原料关闭两部分则为并联关系。

由表 8.4 查得热电偶温度测量、控制阀、压力开关的故障率分别是 0.52、

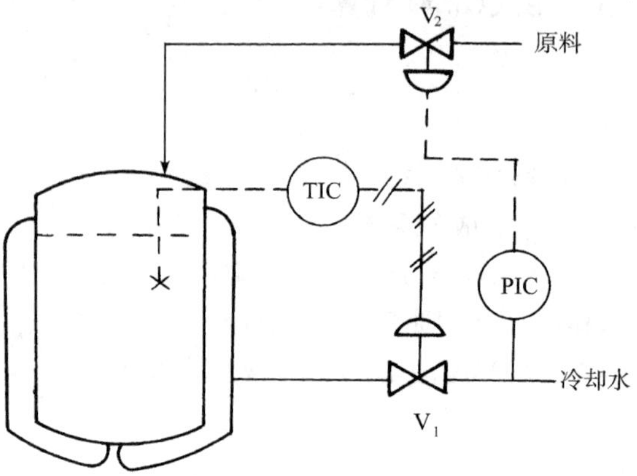

图 8.2　反应器的超温防护系统

0.60、0.14 次·年$^{-1}$。首先根据式(8.4)和式(8.5)计算各个元件的可靠度和故障概率。

热电偶温度测量仪：$R_1=e^{-0.52\times1}=0.59$，$P_1=1-R_1=1-0.59=0.41$

控制阀：$R_2=e^{-0.60\times1}=0.55$，　$P_2=1-R_2=1-0.55=0.45$

压力开关：$R_3=e^{-0.14\times1}=0.87$，　$P_3=1-R_3=1-0.87=0.13$

温度控制部分：$R_A=R_1R_2=0.59\times0.55=0.32$

$$P_A=1-R_A=1-0.32=0.68$$

$$\lambda_A=-\ln(R_A/t)=-\ln(0.32/1)=1.14$$

$$\tau_A=\frac{1}{\lambda_A}=\frac{1}{1.14}=0.88(年)$$

原料关闭部分：$R_B=R_2R_3=0.55\times0.87=0.48$

$$P_B=1-R_B=1-0.48=0.52$$

$$\lambda_B=-\ln(R_B/t)=-\ln(0.48/1)=0.73$$

$$\tau_B=\frac{1}{\lambda_B}=\frac{1}{0.73}=1.37(年)$$

超温防护系统：$P=P_AP_B=0.68\times0.52=0.35$

$$R=1-P=1-0.35=0.65$$

$$\lambda=-\ln(R/t)=-\ln(0.65/1)=0.43$$

$$\tau=\frac{1}{0.43}=2.3(年)$$

由计算说明，预计温度控制部分每 0.88 年发生一次故障，原料关闭部分每 1.37 年发生一次故障。两部分并联组成的超温防护系统，预计 2.3 年发生一次故障，防止超温的可靠性明显提高。

计算出安全防护系统的故障率，就可进一步确定反应器超压爆炸的风险率，从而可比较它的安全性。

利用故障类型影响和致命度分析、事件树定量分析、事故树定量分析等方法也都可以计算系统发生事故的概率。例如，在事故树分析中，若已知每个基本事件发生的概率，可求出顶上事件发生概率。

下面以图 8.3 所示的事故树为例，说明顶上事件发生概率的计算。

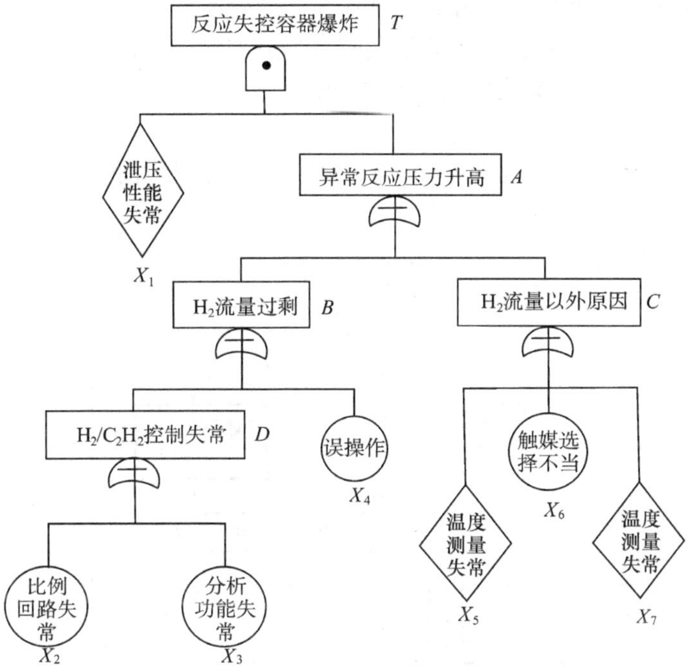

图 8.3　反应失控容器爆炸事故树图

假设事故树中各基本事件的故障概率分别是：

$$P_{X_1}=0.01,\quad P_{X_2}=0.02,\quad P_{X_3}=0.03,\quad P_{X_4}=0.04$$

$$P_{X_5}=0.05,\quad P_{X_6}=0.06,\quad P_{X_7}=0.07$$

首先求出中间事件 D 的故障概率，逐层向上推算，最后可计算出顶上事件的发生概率。

$$P_D\approx P_{X_2}+P_{X_3}=0.02+0.03=0.05$$

$$P_B\approx P_D+P_{X_4}=0.05+0.04=0.09$$

$$P_C\approx P_{X_5}+P_{X_6}+P_{X_7}=0.05+0.06+0.07=0.18$$

$$P_A\approx P_B+P_C=0.09+0.18=0.27$$

$$P_T\approx P_{X_1}\cdot P_A=0.01\times 0.27=0.0027$$

以上是近似计算的结果，各基本事件的故障概率都很小，且事故树中没有重复事件出现。各基本事件故障概率比较大时，使用式(8.7)应将括号展开计算。

2. 美国道化学公司火灾爆炸危险指数评价法(第七版)(可简称为《道七版》)

美国道化学公司火灾、爆炸危险指数评价法是以工艺过程中物料的火灾、爆炸潜在危险性为基础，结合工艺条件、物料量等因素求取火灾、爆炸指数，进而可求出经济损失的大小，以经济损失评价生产装置的安全性。评价中定量的依据是以往事故的统计资料、物质的潜在能量和现行安全措施的状况。

评价的目的：①真实地量化潜在火灾、爆炸和反应性事故的预期损失；②确定可能引起事故发生或使事故扩大的设备(或单元)；③向管理部门通报潜在的火灾、爆炸危险性；④使工程技术人员了解各工艺部分可能造成的损失，并帮助确定减轻潜在事故严重性和总损失的有效而又经济的途径。这是评价的最重要目的。

评价的基本程序如图 8.4 所示。

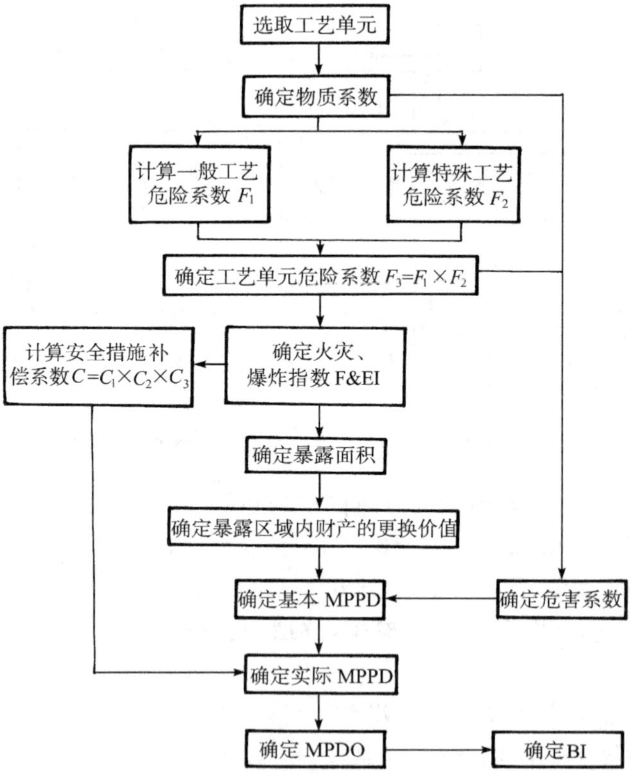

图 8.4 《道七版》评价程序

在评价之前首先要准备如下资料：

a. 装置或工厂的设计方案；

b. 火灾、爆炸指数危险度分级表；

c. 火灾、爆炸指数表(表8.5)；

d. 安全措施补偿系数表(表8.6)；

表8.5　火灾、爆炸指数(F&EI)表

地区/国家：	部门：	场所：	日期：
位置：	生产单元：	工艺单元：	
评价人：	审定人(负责人)：		建筑物：
检查人：(管理部)	检查人：(技术中心)		检查人：(安全和损失预防)
工艺设备中的物料：			
操作状态： 设计—开车—正常操作—停车		确定MF的物质	
物质系数(附录Ⅲ)当单元温度超过60℃时则注明			
1. 一般工艺危险		危险系数范围	采用范围系数[1)]
基本系数		1.00	1.00
A. 放热化学反应		0.3～1.25	
B. 吸热反应		0.20～0.40	
C. 物料处理与输送		0.25～1.05	
D. 密闭式或室内工艺单元		0.25～0.90	
E. 通道		0.35	
F. 排放和泄漏控制		0.25～0.50	
一般工艺危险系数(F_1)			
2. 特殊工艺危险			
基本系数		1.00	1.00
A. 毒性物质		0.20～0.80	
B. 负压(<66.5kPa)		0.50	
C. 易燃范围内及接近易燃范围的操作 惰性化—— 未惰性化——			
① 罐装易燃液体		0.50	
② 过程失常或吹扫故障		0.30	
③ 一直在燃烧范围内		0.80	
D. 粉尘爆炸(由图查得)		0.25～2.00	
E. 压力(由图查得) 操作压力(绝对压力)/ kPa 释放压力(绝对压力)/ kPa			

续表

F. 低温	0.20～0.30	
G. 易燃及不稳定物质的质量 物质质量/ kg 物质燃烧热 H_c/ J·kg^{-1}		
① 工艺中的液体及气体(图 8.5)		
② 储存中的液体及气体(图 8.6)		
③ 储存中的可燃固体及工艺中的粉尘(图 8.7)		
H. 腐蚀与磨蚀	0.10～0.75	
I. 泄漏-接头和填料	0.10～1.50	
J. 使用明火设备(由图查得)		
K. 热油热交换系统	0.15～1.15	
L. 转动设备	0.50	
特殊工艺危险系数(F_2)		
工艺单元危险系数($F_1 \times F_2 = F_3$)		
火灾、爆炸指数($F_3 \times$MF=F&EI)		

1)无危险时系数用 0.00。

表 8.6　安全措施补偿系数表

1. 工艺控制安全补偿系统(C_1)

项　目	补偿系数范围	采用补偿系数1)	项　目	补偿系数范围	采用补偿系数1)
a. 应急电源	0.98		f. 惰性气体保护	0.94～0.96	
b. 冷却装置	0.97～0.99		g. 操作规程/程序	0.91～0.99	
c. 抑爆装置	0.84～0.98		h. 化学活泼性物质检查	0.91～0.98	
d. 紧急切断装置	0.96～0.99		I. 其他工艺危险分析	0.91～0.98	
e. 计算机控制	0.93～0.99				

C_1 值2) [　　]

2. 物质隔离安全补偿系数(C_2)

项　目	补偿系数范围	采用补偿系数1)	项　目	补偿系数范围	采用补偿系数1)
a. 遥控阀	0.96～0.98		c. 排放系统	0.91～0.97	
b. 卸料/排空装置	0.96～0.98		d. 联锁装置	0.98	

C_2 值2) [　　]

续表

3. 防火设施安全补偿系数(C_3)					
项　目	补偿系数范围	采用补偿系数[1)]	项　目	补偿系数范围	采用补偿系数[1)]
a. 泄漏检测装置	0.94～0.98		f. 水幕	0.97～0.98	
b. 结构钢	0.95～0.98		g. 泡沫灭火装置	0.92～0.97	
c. 消防水供应系统	0.94～0.97		h. 手提式灭火器材/喷水枪	0.93～0.98	
d. 特殊灭火系统	0.91		i. 电缆防护	0.94～0.98	
e. 洒水灭火系统	0.74～0.97				
C_3 值[2)]					
安全措施补偿系数 $C=C_1\times C_2\times C_3=$					

1）无安全补偿系数时，填入 1.00。

2）所采用安全补偿系数的乘积。

e. 工艺单元风险分析汇总表；

f. 工厂风险分析汇总表；

g. 有关装置的更换费用数据。

在资料准备齐全和充分熟悉评价系统的基础上再按图 8.4 所示的程序进行。

1）选择工艺(评价)单元

一套生产装置包括许多工艺单元，但计算火灾、爆炸指数时，只评价从损失预防角度来看影响比较大的工艺单元，这些单元可称评价单元。

工艺单元的划分要根据设备间的逻辑关系。例如，氯乙烯单体或二氯乙烷工厂的加热炉或急冷区，可以划分为二氯乙烷预热器、二氯乙烷蒸发器、加热炉、冷却塔、二氯乙烷吸热器和脱焦槽。仓库的整个储存区不设防火墙，可作为一个单元。

选择评价单元时可从以下几个方面考虑：

a. 潜在化学能(物质系数)；

b. 工艺单元中危险物质的数量；

c. 资金密度(每平方米美元数)；

d. 操作压力和操作温度；

e. 导致火灾、爆炸事故的历史资料；

f. 对装置操作起关键作用的单元，如热氧化器。

一般情况下，这些方面的数值越大，该工艺单元越需要评价。

2）确定物质系数

在火灾、爆炸指数的计算和其他危险性评价时，物质系数(MF)是最基础的数值，它是表述物质由燃烧或其他化学反应引起的火灾、爆炸中释放能量大小的内在特性。

物质系数是由美国消防协会规定的物质可燃性 N_f 和化学活性(或不稳定性)N_r，

从表 8.7 求取。评价方法附录中提供了许多物质的物质系数(附录Ⅲ),可直接查得。

表 8.7　物质系数确定表

液体、气体的易燃性或可燃性	NFPA325M 或 49	反应性或不稳定性				
		$N_r=0$	$N_r=1$	$N_r=2$	$N_r=3$	$N_r=4$
不燃物	$N_f=0$	1	14	24	29	40
F. P. >93.3℃	$N_f=1$	4	14	24	29	40
37.8℃≤F. P. ≤93.3℃	$N_f=2$	10	14	24	29	40
22.8℃≤F. P. <37.8℃ 或　F. P. <22.8℃ 并且　B. P. ≥37.8℃	$N_f=3$	16	16	24	29	40
F. P. <22.8℃并且 B. P. <37.8℃	$N_f=4$	21	21	24	29	40
可燃性粉尘或烟雾						
St-1(K_{st}≤200Pa·m·s^{-1})		16	16	24	29	40
St-2(K_{st}=201～300Pa·m·s^{-1})		21	21	24	29	40
St-3(K_{st}>300Pa·m·s^{-1})		24	24	24	29	40
可燃性固体						
厚度>40mm 紧密的	$N_f=1$	4	14	24	29	40
厚度<40mm 疏松的	$N_f=2$	10	14	24	29	40
泡沫材料、纤维、粉状物等	$N_f=3$	16	16	24	29	40

注:表中 F. P. 为闭杯闪点;B. P. 为标准温度和压力下的沸点。

表 8.7 中 N_r 值可按下述原则确定:

$N_r=0$　燃烧条件下仍能保持稳定的物质;

$N_r=1$　加温加压条件下稳定性较差的物质;

$N_r=2$　加温加压下易于发生剧烈化学变化的物质;

$N_r=3$　本身能发生爆炸分解或爆炸反应,但需强引发源或引发前必须在密闭状态下加热的物质;

$N_r=4$　在常温常压下自身易于引发爆炸分解或爆炸反应的物质。

3) 计算一般工艺危险系数(F_1)

一般工艺危险性是确定事故损害大小的主要因素,包括六项内容,即放热反应、吸热反应、物料处理和输送、封闭单元或室内单元、通道、排放和泄漏。

一个评价单元不一定每项都包括,要根据具体情况选取恰当的系数,填入表 8.5 中,并将这些危险系数相加,得到单元一般工艺危险系数。

4) 计算特殊工艺危险系数(F_2)

特殊工艺危险性是影响事故发生概率的主要因素,包括十二项内容,即毒性物质、负压操作、在爆炸极限范围内或其附近的操作、粉尘爆炸、释放压力、低温、易燃和不稳定物质的数量、腐蚀、泄漏、明火设备、热油交换系统、转动设备。

每一个评价单元不一定每项都要取值，有关各项按规定求取危险系数，如“易燃和不稳定物质的数量”分三种情况确定危险系数：

a. 工艺过程中的液体和气体，求出评价单元中可燃或不稳定物质总量乘以燃烧热 H_c（$J \cdot kg^{-1}$），得到总热量，然后从图 8.5 中查得危险系数；

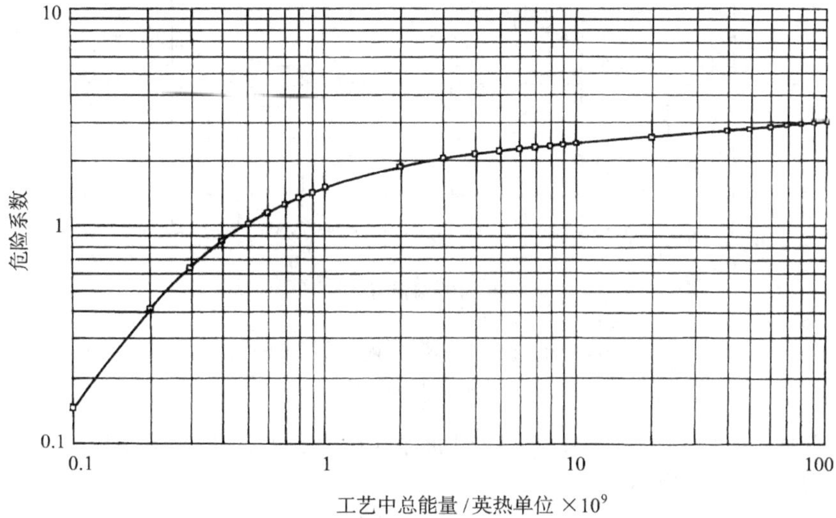

图 8.5　工艺过程中的液体和气体

注：英热单位为非法定计量单位，1 英热单位＝1.055×10^3J

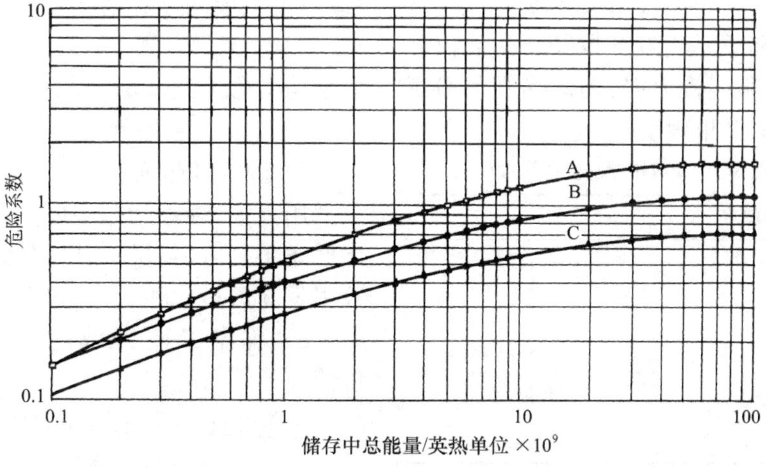

图 8.6　储存的液体和气体

b. 储存中的液体和气体，求得总燃烧热，由图 8.6 查出危险系数；

c. 储存中的可燃固体和工艺过程中的粉尘，则用储存固体总量(kg)或工艺单元中粉尘总量(kg)由图 8.7 查得危险系数。

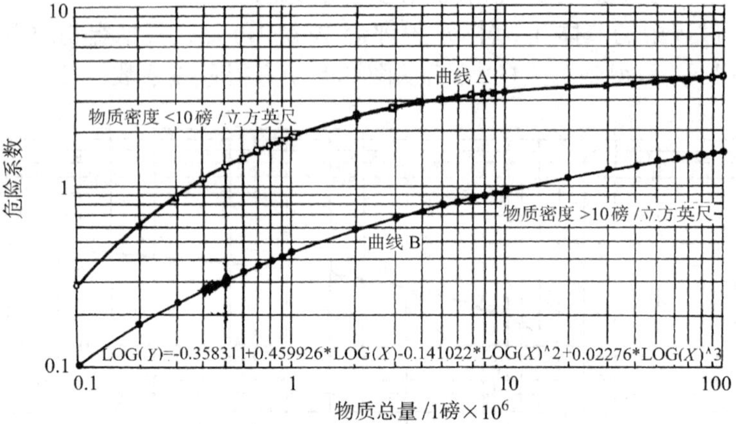

图 8.7　储存中的可燃固体/工艺中的粉尘

1 磅＝0.454kg

将各项取值填入表 8.5 中，然后相加即为单元特殊工艺危险系数。

5) 确定单元危险系数(F_3)

单元危险系数(F_3)等于一般工艺危险系数(F_1)和特殊工艺危险系数(F_2)的乘积。

6) 计算火灾、爆炸指数(F&EI)

火灾、爆炸指数用来估算生产过程中事故可能造成的破坏情况，它等于物质系数(MF)和单元危险系数(F_3)的乘积。

道七版还将火灾、爆炸指数划分成 5 个危险等级(表 8.8)，以便了解单元火灾、爆炸的严重程度。

表 8.8　F&EI 及危险等级

F&EI 值	危险等级
1～60	最轻
61～96	较轻
97～127	中等
128～158	很大
＞159	非常大

7) 确定暴露面积

用火灾、爆炸指数乘以 0.84 即可求出暴露半径 R(英尺)。根据暴露半径计算出暴露区域面积($S=\pi R^2$)。

8) 确定暴露区域内财产的更换价值

更换价值＝原来成本×0.82×价格增长系数

式中系数 0.82 是考虑事故时有些成本不会被破坏或无需更换，如场地平整、道路、地下管线和地基、工程费等。如果更换价值有更精确的计算，这个系数可以改变。

9）危害系数的确定

危害系数由单元危险系数（F_3）和物质系数（MF）按图 8.8 来确定。如果 F_3 数值超过 8.0，以 8.0 来确定危害系数。

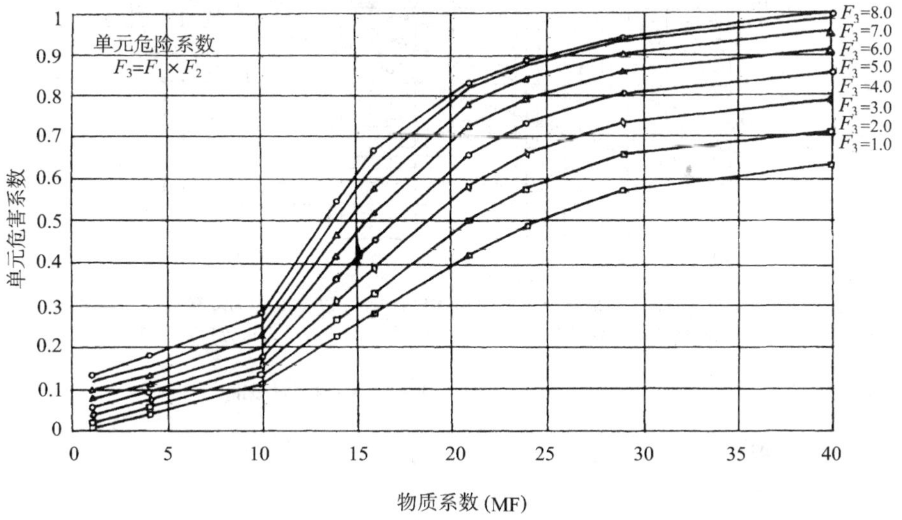

图 8.8　单元危害系数计算图

10）计算最大可能财产损失（基本 MPPD）

确定暴露区域面积（实际上是体积）和危害系数后，就可计算事故造成的最大可能财产损失。

基本 MPPD＝暴露区域的更换价值×危害系数

11）安全措施补偿系数（C）的计算

道七版考虑的安全措施分成三类：工艺控制（C_1）、物质隔离（C_2）、防火措施（C_3）。每一类的具体内容及相应补偿系数见表 8.6，其总的补偿系数是该类中所有选取系数的乘积。

单元安全措施补偿系数（C）＝$C_1 \times C_2 \times C_3$

12）确定实际最大可能财产损失（实际 MPPD）

基本最大可能财产损失与安全措施补偿系数的乘积就是实际最大可能财产损失，表示采取适当的（但不完全理想）防护措施后事故造成的财产损失。

13）最大可能工作日损失（MPDO）

估算最大可能工作日的损失是为了评价停产损失(BI)。MPDO 可由图 8.9 根据实际 MPPD 查出。

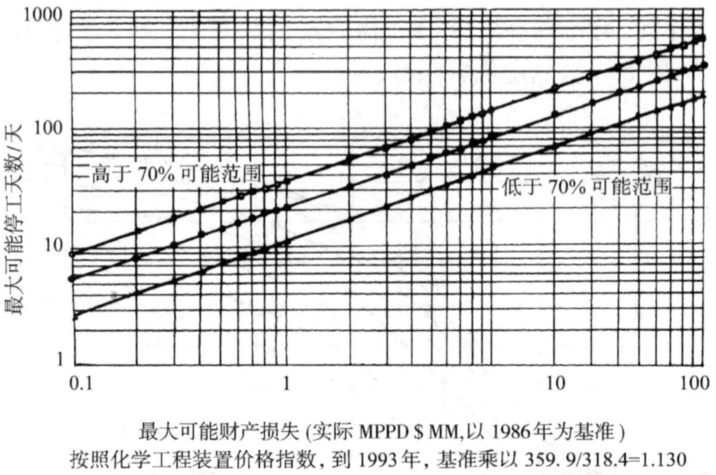

图 8.9　最大可能停工天数(MPDO)计算图

14) 停产损失(BI)的估算

$$BI=\frac{MPDO}{30}\times VPM\times 0.70$$

式中，VPM——月产值；

0.7——固定成本和利润。

最后根据造成损失的大小确定其安全程度。

3. 英国 ICI 公司蒙德法

1974 年英国帝国化学公司(ICI)蒙德部在对现有装置和设计建设中装置的危险性研究中，既肯定了道化学公司的火灾、爆炸危险指数评价法，又在其定量评价基础上对道三版做了重要的改进和扩充。扩充的内容主要有以下几点：

a. 增加了毒性的概念和计算；

b. 发展了某些补偿系数；

c. 增加了几个特殊工程类型的危险性；

d. 能对较广范围内的工程及储存设备进行研究。

改进和扩充后的蒙德(Mond)法评价的基本程序如图 8.10。

该法首先将评价系统划分成单元，选择有代表性的单元进行评价。评价过程分 2 个阶段进行，一是初期危险度评价，二是最终危险度评价。

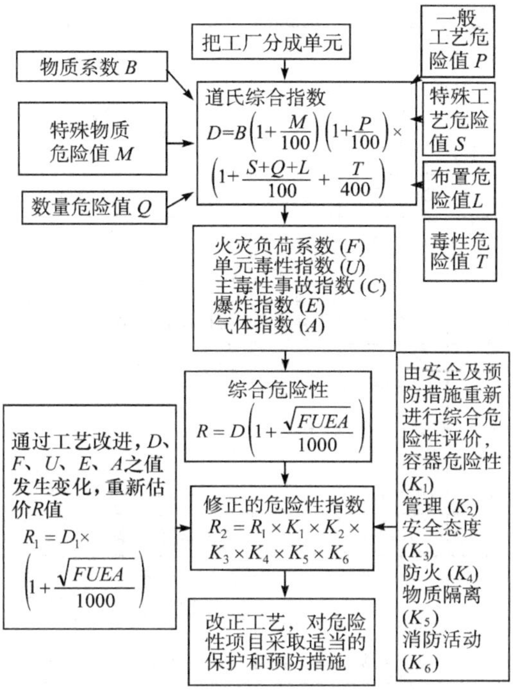

图 8.10　ICI 蒙德法安全评价程序

1）初期危险度评价

初期危险度评价不考虑任何安全措施，评价单元潜在危险性的大小。评价的项目包括：确定物质系数(B)、特殊物质的危险性(M)、一般工艺危险性(P)、特殊工艺危险性(S)、数量的危险性(Q)、布置上的危险性(L)、毒性危险性(T)。

各项包含的因素及取值见表 8.9。

表 8.9　火灾、爆炸、毒性指标

场所		物质系数 $B\left(B=\dfrac{\Delta H_c\times 1.8}{1000}\right)$		
装置		②特殊物质危险性	建议系数	采用系数
单元		a. 氧化性物质	0～20	
物质		b. 与水反应生成可燃气体	0～30	
反应		c. 混合及扩散特性	−60～60	
①物质系数		d. 自然发热性	30～250	
燃烧热 ΔH_c/(kJ · kg^{-1})		e. 自然聚合性	25～75	

续表

f. 着火敏感度	−75～150		j. 平均爆炸危险以上	40～100	
g. 爆炸的分解性	125		k. 粉尘或烟雾的危险性	30～70	
h. 气体的爆炸性	150		l. 强氧化剂	0～300	
i. 凝缩层爆炸性	200～1500		m. 工程着火敏感度	0～75	
j. 其他性质	0～150		n. 静电危险性	0～200	
特殊物质危险性合计 M			特殊工艺危险性合计 S		
③一般工艺危险性	建议系数	采用系数	⑤量的危险性	建议系数	采用系数
a. 使用与仅物理变化	10～50		物质合计/m^3		
b. 单一连续反应	0～50		密度/$(t\cdot m^{-3})$		
c. 单一间断反应	10～60		量系数 Q	1～1000	
d. 同一装置内的重复反应	0～75		⑥配置危险性	建议系数	采用系数
e. 物质移动	0～75		单元详细配置		
f. 可能输送的容器	10～100		高度 H/m		
一般工艺危险性合计 P			通常作业区域/m^2		
④特殊工艺危险性	建议系数	采用系数	a. 构造设计	0～200	
a. 低压(<103kPa 绝对压力)	0～100		b. 多米诺效应	0～250	
b. 高压	0～150		c. 地下	0～150	
c. 低温ⓐ(炭钢−10～10℃)	15		d. 地面排水沟	0～100	
ⓑ(炭钢−10℃以下)	30～100		e. 其他	0～250	
ⓒ其他物质	0～100		配置危险性合计 L		
d. 高温:ⓐ引火性	0～40		⑦毒性危险性	建议系数	采用系数
ⓑ构造物质	0～25		a. TLV 值	0～300	
工程温度/K			b. 物质类型	25～200	
e. 腐蚀与浸蚀	0～150		c. 短期暴露危险性	−100～150	
f. 接头与垫圈泄漏	0～60		d. 皮肤吸收	0～300	
g. 振动负荷、循环等	0～50		e. 物理性因素	0～50	
h. 难控制的工程或反应	20～300		毒性危险性合计 T		
i. 在燃烧范围或其附近条件下操作	0～150				

计算 DOW/ ICI 全体指标 D

$$D=B\times\left(1+\frac{M}{100}\right)\left(1+\frac{P}{100}\right)\left(1+\frac{S+Q+L}{100}+\frac{T}{400}\right) \tag{8.13}$$

将 DOW/ICI 总指标 D 划分为 9 个危险等级，见表 8.10。

考虑总指标受火灾负荷(F)、毒性指标(U)、装置内部爆炸指标(E)和环境气体爆炸指标(A)等因素影响较大,故开发了总危险性评分 R。

$$R=D\times\left(1+\frac{\sqrt{F\times U\times E\times A}}{1000}\right) \tag{8.14}$$

对应于 R 的危险程度分级如表 8.11 所示。

表 8.10　D 与危险程度

D 的范围	危险性程度
0～20	缓和的
20～40	轻度的
40～60	中等的
60～75	稍重的
75～90	重的
90～115	极端的
115～150	非常极端的
150～200	潜在灾难性的
200 以上	高度灾难性的

表 8.11　R 与危险程度

总危险性 R	总危险性程度
0～20	缓和
20～100	低
100～500	中等
500～1100	高(1 类)
1100～2500	高(2 类)
2500～12500	非常高
12500～65000	极端
65000～	非常极端

2) 危险度最终评价

初期危险度评价主要是了解单元潜在危险的程度。评价单元潜在危险性一般都比较高,因此需要采取安全措施,降低危险性,使之达到人们可以接受的水平。蒙德法从降低事故的频率和减少事故规模两个方面考虑采取措施。减少事故频率的安全预防手段有容器系统(K_1)、工艺管理(K_2)、安全态度(K_3)三类,减少事故规模的措施有防火(K_4)、物质隔离(K_5)、消防活动(K_6)三类。每类都包括数项安全措施,每项根据其降低危险所起的作用给予小于 1 的补偿系数。各类安全措施补偿系数等于该类各项取值之积,具体的内容见表 8.12。

表 8.12　安全措施补偿系数

①容器危险性	用的系数	容器系数相乘积的合计 K_1=	
a. 压力容器		②工艺管理	
b. 非压力立式储罐		a. 警报系统	
c. 输送配管:ⓐ设计应变		b. 紧急用电力供给	
ⓑ接头与垫圈		c. 工程冷却系统	
d. 附加的容器及防护堤		d. 惰性气体系统	
e. 泄漏检测与响应		e. 危险性研究活动	
f. 排放物质的废弃		f. 安全停止系统	

续表

g. 计算机管理		防火系数积的合计 K_4＝	
h. 爆炸及不正常反应的预防		⑤物质隔离	
i. 操作指南		a. 阀门系统	
j. 装置监督		b. 通风	
工艺管理积的合计 K_2＝		物质隔离系数积的合计 K_5＝	
③安全态度		⑥灭火活动	
a. 管理者参加		a. 火灾警报	
	用的系数	b. 手动灭火器	
b. 安全训练		c. 防火用水	
c. 维修及安全程序		d. 洒水器及水枪系统	
安全态度积的合计 K_3＝		e. 泡沫及惰性化设备	
④防火		f. 消防队	
a. 检测结构的防火		g. 灭火活动的地域合作	
b. 防火墙、障壁等		h. 排烟换气装置	
c. 装置火灾的预防		灭火活动系数积的合计 K_6＝	

安全措施补偿系数取值之后，分别求出 K_1、K_2、K_3、K_4、K_5、K_6，即可计算经安全措施补偿以后总危险性指标 R 下降到什么程度。

$$R_2 = R_1 \cdot K_1 \cdot K_2 \cdot K_3 \cdot K_4 \cdot K_5 \cdot K_6 \tag{8.15}$$

经补偿后的危险性降到了可以接受的水平，则可以建设或运转装置，否则必须更改设计或增加安全措施，然后重新进行评价，直至达到安全为止。

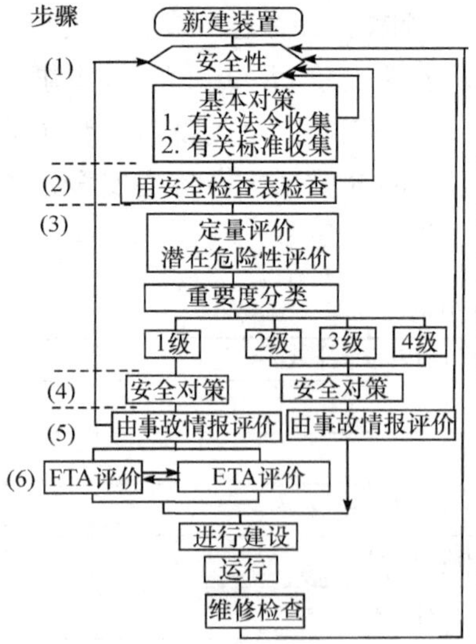

图 8.11 化工企业六阶段安全评价程序

4. 日本劳动省化工企业六阶段安全性评价法

1976 年日本劳动省颁布了《化工厂安全评价指南》，提出化工企业六阶段安全评价法。该法将定性分析和定量评价相结合，先用安全检查表对照检查，再根据各种条件评出表示危险性的点数，然后按照点数采取相应的安全措施。其评价程序见图 8.11。

1）资料准备（第一阶段）

评价之前首先要准备建厂条件、装置布置、工艺过程、安全装备、操作要点以及人员的配置、安全教育训练计划、各种设备图等资料。

2）定性评价（第二阶段）

定性安全评价包括：建厂条件；工厂内部布置；对建筑物的要求；工艺设备的选择；原材料、

中间体、产品的危险特性及管理；工艺过程注意的问题；运输储存系统的要求；消防设施等。

每个方面的详细内容列成检查表进行分析评价。

3）定量评价（第三阶段）

定量评价时，首先将装置划分成几个单元，以单元的物料、容量、温度、压力和操作五项进行评定。每项又分为A、B、C、D四类，分别用10点、5点、2点、0点表示，最后用单元点数之和评定其危险等级。危险等级划分见表8.13。

$$\text{单元点数}=\begin{Bmatrix}\text{物质}\\0\sim10\end{Bmatrix}+\begin{Bmatrix}\text{容量}\\0\sim10\end{Bmatrix}+\begin{Bmatrix}\text{温度}\\0\sim10\end{Bmatrix}+\begin{Bmatrix}\text{压力}\\0\sim10\end{Bmatrix}+\begin{Bmatrix}\text{操作}\\0\sim10\end{Bmatrix}$$

表8.13　单元危险等级划分表

点　数	等　级	危险程度
16点以上	Ⅰ级	高度危险
11～15点	Ⅱ级	需同周围情况及其他设备联系起来评价
1～10点	Ⅲ级	低度危险

定量评价的具体方法见表8.14。

表8.14　定量评价表

项　目	A(10点)	B(5点)	C(2点)	D(0点)
1. 物质	①劳动安全卫生法实施令（简称令）中附表Ⅰ的爆炸性物质； ②上表中易着火物质，如金属锂和钠、黄磷； ③上表中可燃气体中196kPa以上的乙炔； ④与①～③同样危险程度的物质如烷基铝	①（令）附录Ⅰ中易着火物质中的硫化磷和赤磷； ②（令）附表中氧化性物质的氯酸盐、过氯酸盐、无机过氧化物； ③上表中易燃物质中，闪点不满零下30℃者； ④上表中的可燃气体； ⑤具有①～④同样危险性的物质	①（令）附表中易着火物质中的赛璐珞类、电石、磷化钙、镁粉、铝粉； ②上表中易燃物质中闪点在－30～30℃者； ③具有和①～②同样危险程度的物质	不属于A～C的物质
	所谓物质，系指原材料、中间体或生成物中危险程度最大的物质，如果使用的物质在爆炸下限不满10%的微量时，可以不考虑			
2. 单元容量（气体、液体）	气体1000m³以上 液体100m³以上	500～1000m³ 50～100m³	100～500m³ 10～50m³	＜100m³ ＜50m³
	对于充填了触媒的反应装置，计算容量时要去掉触媒层所占空间体积。 对于气液混合系的反应装置，按照其反应时的形态，精制装置按精制形态选择上述规定。 没有化学反应的精制装置和储藏装置，降一级进行评价，D级则原封不动			

续表

项　目	A(10 点)	B(5 点)	C(2 点)	D(0 点)
3. 温度	在 1000℃以上使用，其使用温度在燃点以上	①在 1000℃以上使用，但使用温度未达燃点； ②在 250～1000℃使用，温度在燃点以上	①250～1000℃时使用，使用温度未达燃点； ②未到 250℃时使用，但使用温度在燃点以上	使用温度未到 250℃且未达燃点
4. 压力	100MPa 以上	20～100MPa	1～20MPa	<1MPa
5. 操作	在爆炸范围附近操作	① $Q_r/C_p\rho V$[1] 值在 400℃ · min^{-1} 以上的操作； ②运转条件从通常的条件有 25%变化成①的状态进行操作； ③进行单批式的操作； ④系统中进入空气中不纯物质就可能发生危险反应的操作； ⑤使用粉状或雾状物能够发生粉尘爆炸的操作； ⑥具有与①～⑤相同程度危险操作	①$Q_r/C_p\rho V$ 值为 4～400℃操作； ②运转条件从通常的条件 25%变化到①的状态下操作； ③虽为单批式，但已开始用机械进行程序操作； ④精制操作中伴随有化学反应； ⑤具有与①～④相同程度的危险性	①$Q_r/C_p\rho V$ 不到 4℃ · min^{-1}； ②运转条件从通常的条件 25%变化到①的状态下操作； ③反应器中有 70%以上水的情况； ④精制操作中不伴有化学反应或储存； ⑤①～④之外，不属于 A、B、C 的操作

1) $Q_r/C_p\rho V$——温度上升速度，℃ · min^{-1}；Q_r——反应的发热速度，kJ · min^{-1}；C_p——单元内物质的比热容，kJ · (kg · ℃)$^{-1}$；ρ——单元内物质的密度，kg · m^{-3}；V——单元内物质的容量，m^3。

4) 安全措施(第四阶段)

危险等级确定之后，就要在设备和组织管理等方面采取相应措施。

(1) 按评价等级对设备采取的措施如表 8.15 所示。

表 8.15　对设备采用的措施(由重要度分类所采取的安全对策)

序号	设　备	Ⅰ级	Ⅱ级	Ⅲ级
1	灭火设备和洒水设备	室外灭火用供水设施需能持续 120min。洒水和喷水设备能力也需维持上述要求。喷水量应能满足有关规定要求。 停电时也能使用	室外灭火用供水设施需能持续 120min。适当设置喷水设备，其喷水量应能满足有关规定要求。 停电时也能使用	室外灭火用供水设施需能持续 120min。适当设置喷水设备，其喷水量应能满足有关规定要求。 但 5 点以下的不适用

续表

序号	设 备	Ⅰ级	Ⅱ级	Ⅲ级
2	建筑物的耐火构造	使用或制造可燃物时，设备支承部位的受热应能支持2h。储有可燃物 7×10^3L 以上的建筑物应耐热 2h 以上。但装有喷水设备，支柱为耐火结构者除外	使用或制造可燃物时，设备支承部位的受热应能支持1h。储有可燃物 7×10^3L 以上的建筑物应耐热 30min 以上。但装有喷水设备，支柱为耐火结构者除外	
3	特别的仪表和设备	发生火灾时应采取防止可燃物逸出或逸出最少的方法，应采取防止反应器、塔槽等设备因异常反应而发生危险或使危险减到最小的方法。这些仪表设备应采取双份或加强方式，仪表用空气、电源能维持 30min，紧急停车回路为独立电源	发生火灾时应采取防止可燃物逸出或逸出最少的方法，应采取防止反应器、塔槽类设备因异常反应而发生危险或发生危险最少的方法	
4	三废设备、泄放设备、急冷设备	设置排放槽，火炬烟囱，排泄烟道，急冷设备等，放空阀采用远距离操作方式	在使用可燃物的室内，要设置火灾时能从建筑物排除可燃物或者保持安全状态的特殊设备	
5	防止容器爆炸的设备	装设特别仪表控制设备(调节阀设置自动防止故障或安全断路阀等)或向容器内部送入惰性气体	装设特别仪表控制设备或用惰性气体送入容器	设置消除火焰装置及防止静电措施
6	远距离操作	装置远距离操作和监视装置	必要时装设远距离操作及监视装置	
7	报警装置	设置报警器和扩音器等，特别必要时可采用自动和联动方式	设置紧急状态报警装置	
8	气体检测装置	可燃性物质有泄漏可能时，设置可燃性气体检测器，必要时使其与紧急停车，消防装置联动	可燃物质有泄漏可能时，设置可燃性气体检测器	
9	冲击波防护措施	为防止冲击波破坏，消防用水主管和操作阀应隔离，埋设或设防爆墙，离波源应有 30m 远	消防主管和操作阀应隔离，埋设或设防爆墙，离波源应有 15m 远	
10	排气设施	设置烟、热、可燃性气体、粉尘等有害物质的排气设施	设置烟、热、可燃性气体、粉尘等有害物质的排气设施	设置烟、热、可燃性气体、粉尘等有害物质的排气设施
11	备用电源	以下设备应有备用电源，消防设备、冷却水泵、备用照明、紧急停车装置、气体泄漏警报器、排毒设备、通信设备	消防设备、备用照明、紧急停车装置、气体泄漏警报器、通信设备应有备用电源	

(2) 管理方面的措施有：

① 人员的配备。化工装置人员的配备，不能采用随劳动量增加而增加人员的方式，而是要以技术、经验和知识等为基础，编成小组，按危险程度表的要求进行配备(表 8.16)。

表 8.16　人员配备表

等级	Ⅰ 级	Ⅱ 级	Ⅲ 级
人员	紧急时，不同地点同时进行作业，按此原则配备	紧急时，不同地点同时进行作业，按尽可能做到的原则配备	紧急时，应配备对主要作业确保支援的人员
资格	需有法定资格者，而且应配备 2 人以上，管理人员应多些	需有法定资格者 2 人以上	需有法定资格者，人员要足够

② 教育训练。为确保化工装置的安全，必须提高知识和判断力，为此要确定指挥联络的机构且分工明确，要规定一定的教育训练，在一定时间内反复操作。在工作中应进行实际技术训练，以提高应变能力。

主要教育课程有危险物品及化学反应的有关知识，化工设备的构造及使用方法的有关知识，化工设备操作及维修方法的有关知识，操作规程，事故案例，有关法令，还要进行实际操作技能、维护检修方法和紧急操作方法教育。为取得实效，应研究适当的教育方法，要求记笔记并进行检查。

③ 维修。按照操作规程定期维修，并有记录且要保存。对以前的维修记录或操作时的事故记录也要充分利用。

维修时还要注意几个问题：维修制度健全否，试运转时有无操作规程，停止运转时有无操作检查表，有无紧急停车程序表，有否返修记录，有无定期修理计划表。

5) 用过去的事故情况进行再评价(第五阶段)

在第四阶段以后，再根据设计内容参照过去同样设备和装置的事故情报进行再评价。如果有需要改进的地方，再按照第四阶段重复进行讨论。

对危险程度为Ⅱ、Ⅲ级的装置，在经以上评价之后，即可进行中间工厂或装置的建设。

6) 用 FTA 和 ETA 进行再评价(第六阶段)

危险程度为Ⅰ级的装置，最好用 FTA 和 ETA 进行再评价。

如果评价后发现有的地方需要改进，要对设计内容进行修改，然后才能建设。

5. 单元危险性快速排序法

国际劳工组织在《重大事故控制实用手册》中推荐荷兰劳动总管理局的单元危险性快速排序法。该法是道化学公司的火灾爆炸指数法的简化方法，使用起来简捷方便。该法主要用于评价生产装置火灾、爆炸潜在危险性大小，找出危险设备、危险部位。其程序如下：

1）单元划分

首先将生产装置划分成单元，该法建议按工艺过程划分成如下单元：

a. 供料部分；b. 反应部分；c. 蒸馏部分；d. 收集部分；e. 破碎部分；f. 泄料部分；g. 骤冷部分；h. 加热/制冷部分；i. 压缩部分；j. 洗涤部分；k. 过滤部分；l. 造粒塔；m. 火炬系统；n. 回收部分；o. 存储装置的每个罐、储槽、大容器；p. 存储用袋、瓶、桶盛装的危险物质的场所。

2）确定物质系数和毒性系数

根据美国防火协会的物质系数表直接查出被评价单元内危险物质的物质系数，并由该表查出健康危害系数，按表8.17转换为毒性系数。

表8.17 健康危害系数与毒性系数

健康危害系数	毒性系数(T_n)
0	0
1	50
2	125
3	250
4	325

3）计算一般工艺危险性系数(GPH)

由以下工艺过程对应的分数值之和求出一般工艺危险性系数：

(1) 放热反应。表8.18列出了各种放热反应及其相应的系数值。

表8.18 放热反应危险性系数

系数	0.2	0.3	0.5	0.75	1.0	1.25
放热反应	固体、液体、可燃性混合气体燃烧	加氢 水解 烷基化 异构化 磺化 中和	酯化 氧化 聚合 缩合 异物化(不稳定、强反应性物质)	酯化(较不稳定、较强反应性物质)	卤化 氧化(强氧化剂)	硝化 酯化(不稳定、强反应性物质)

(2) 吸热反应。燃烧(加热)、电解、裂解等吸热反应取0.20；利用燃烧为煅烧、裂解提供热源时取0.40。

(3) 储存和输送。

① 危险物质的装卸 0.50；

② 在仓库、庭院用桶、运送罐储存危险物质

储存温度在常压沸点之下 0.30；

储存温度在常压沸点之上 0.60；

(4) 封闭单元。

① 在闪点之上、常压沸点之下的可燃液体　0.30；

② 在常压沸点之上的可燃液体或液化石油气　0.50。

(5) 其他方面。

用桶、袋、箱盛装危险物质，使用离心机，在敞口容器中批量混合，同一容器用于一种以上反应等　0.50。

4) 计算特殊工艺危险性系数(SPH)

由下列各种工艺条件对应的分数值之和求出特殊工艺危险性系数。

(1) 工艺温度。

① 在物质闪点以上　0.25；

② 在物质常压沸点以上　0.60；

③ 物质自燃温度低，且可被热供气管引燃　0.75；

(2) 负压。

① 向系统内泄漏空气无危险　不考虑；

② 向系统内泄漏空气有危险　0.50；

③ 氢收集系统　0.50；

④ 绝对压力 0.67bar 以下的真空蒸馏，向系统内泄漏空气或污染物有危险　0.75。

(3) 在爆炸范围内或爆炸界限附近操作

① 露天储罐储存可燃物质，在蒸气空间中混合气体浓度在爆炸范围内或爆炸界限附近　0.50；

② 接近爆炸界限的工艺或需用设备和/或氮、空气清洗、冲淡以维持在爆炸范围以外的操作　0.75；

③ 在爆炸范围内操作的工艺　1.00。

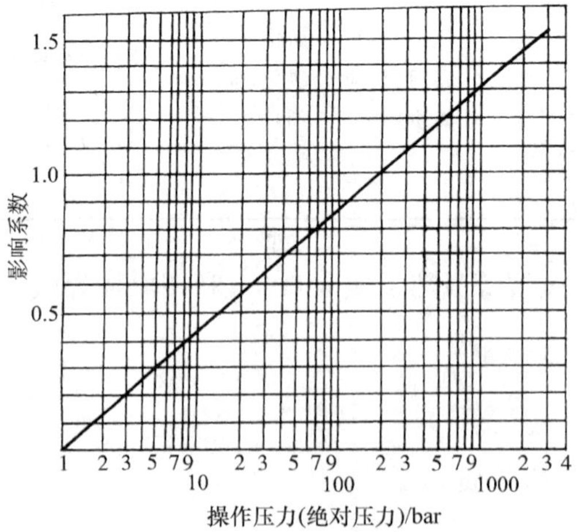

图 8.12　操作压力的影响系数

(4) 操作压力。

操作压力高于大气压力时需考虑压力系数。

可燃或易燃液体查图 8.12 或按式(8.16)计算相应系数 y：

$$y=0.435\lg p \qquad (8.16)$$

式中，p——减压阀确定的绝对压力，bar；

高黏滞性物质　$0.7y$；

压缩气体　$1.2y$；

液化可燃气体 1.3y；

挤压或模压 不考虑。

(5) 低温。

① 0～－30℃的工艺 0.30；

② 低于－30℃的工艺 0.50。

(6) 危险物质的数量。

① 加工处理工艺中，由图8.13查出相应的系数：

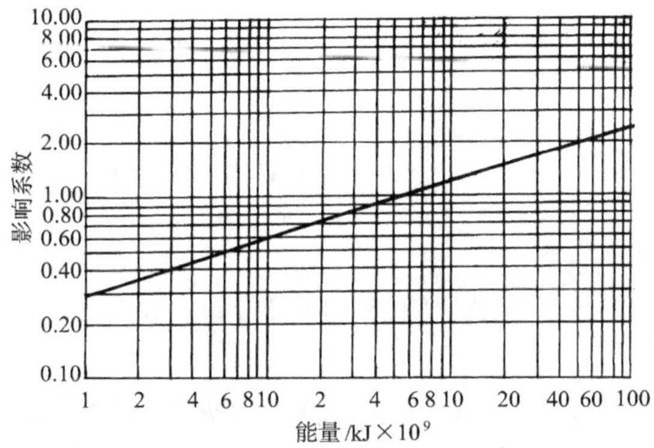

图8.13 可燃物质在加工处理中的能量的影响系数

在计算时应考虑事故发生时容器或一组相互连接的容器的物质可能全部泄出。

② 储存中，由图8.14查出加压液化气体(A)和可燃液体(B)的相应系数。

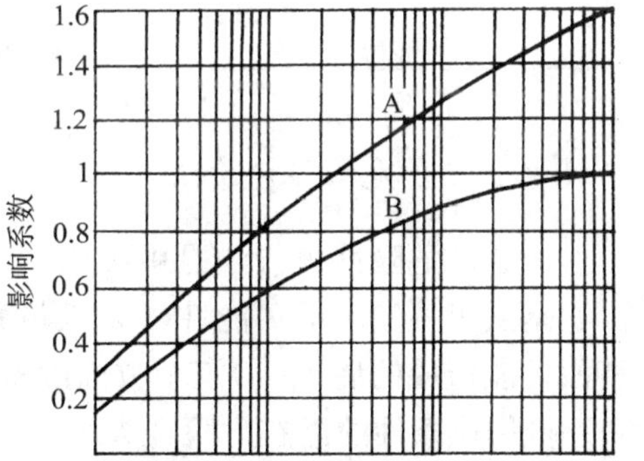

图8.14 可燃物质在储存中出现的能量的影响系数曲线

曲线A. 加压液化气；曲线B. 可燃液体

(7) 腐蚀。

腐蚀有装置内部腐蚀和外部腐蚀两类，如加工处理液体中少量杂质的腐蚀，油层和涂层破损而发生的外部腐蚀，衬的缝隙、接合或针洞处的腐蚀等。

① 局部剥蚀，腐蚀率为0.5mm·a^{-1} 0.10；

② 腐蚀率大于0.5mm·a^{-1}、小于1mm·a^{-1} 0.20；

③ 腐蚀率大于1mm·a^{-1} 0.50。

(8) 接头和密封处泄漏。

① 泵和密封盖自然泄漏 0.10；

② 泵和法兰定量泄漏　0.20；

③ 液体透过密封泄漏　0.40；

④ 观察玻璃、组合软管和伸缩接头　1.50。

5）计算火灾、爆炸指数

（1）火灾、爆炸指数 F。

$$F=\mathrm{MF}\times(1+\mathrm{GPH})\times(1+\mathrm{SPH}) \tag{8.17}$$

式中，MF——物质系数；

GPH——一般工艺危险性系数；

SPH——特殊工艺危险性系数。

（2）毒性指标 T。

$$T=\frac{T_n+T_s}{100}(1+\mathrm{GPH}+\mathrm{SPH}) \tag{8.18}$$

式中，T_n——物质毒性系数；

T_s——考虑有毒物质 MAC 值（最高容许浓度）的系数，见表 8.19。

6）评价危险等级

该方法把单元危险性划分为 3 级，评价时取火灾、爆炸指数和毒性指标相应的危险等级中最高的作为单元危险等级。表 8.20 为单元危险等级划分情况。

表 8.19　有毒物质 MAC 的系数

MAC 值/$mg\cdot m^{-3}$	T_s
<5	125
5～50	75
>50	50

表 8.20　单元危险性等级

等级	火灾爆炸指数 F	毒性指标 T
Ⅰ	$F<65$	$T<6$
Ⅱ	$65\leqslant F<95$	$6\leqslant T<10$
Ⅲ	$F\geqslant 95$	$T\geqslant 10$

6. 作业条件危险性评价法

作业条件危险性评价法是由美国的格雷厄姆（Graham）和金尼（Kinney）提出的。它是从事故发生的可能性（L）、人员暴露于危险环境的频繁程度（E）和一旦发生事故可能造成的后果（C）三个方面因素分别评分，并用它们的乘积 $D=L\cdot E\cdot C$ 来评价作业条件的潜在危险性大小。

评价标准如下：

1）事故发生的可能性（L）

事故或危险事件发生的可能性是事故发生概率的定性描述。绝对不发生的事故概率为 0，必然发生的事故概率为 1。在实际作业时绝对不发生事故是不可能的，只能说事故发生的可能性极小，规定这种情况的分值为 0.1，对必然要发生的事故分值给予10，处于这两种情况之间的，规定了若干个中间值，具体内容见表8.21。

2）人员暴露于危险环境的频繁程度(E)

人员暴露在危险环境中的时间越多，受到伤害的可能性越大，相应的危险性也越大。方法中规定人员连续出现在危险环境的分值为10；对于分值为0则表示人员根本不暴露于危险环境中，没有实际意义，故规定非常小的暴露的分值为0.5，两者之间规定了若干个中间值，见表8.22。

表8.21　事故发生可能性分值(L)

分数值	事故发生可能性
10	完全被预料到
6	相当可能
3	可能，但不经常
1	完全意外，很少可能
0.5	可以设想，很不可能
0.2	极不可能
0.1	实际上不可能

表8.22　暴露于危险环境频繁程度分值(E)

分数值	暴露于危险环境的频繁程度
10	连续暴露
6	每天工作时间内暴露
3	每周一次或偶然暴露
2	每月暴露一次
1	每年几次暴露
0.5	非常罕见地暴露

3）事故可能造成的后果(C)

事故造成人员伤害的变化范围很大，规定把需要治疗的轻伤对应分值为1，许多人同时死亡的分值为100，其他情况分值在1～100，见表8.23。

4）危险性等级的划分

L、E、C三个因素的分值确定之后，可用式(8.19)计算作业的危险性分值(D)：

$$D = L \cdot E \cdot C \tag{8.19}$$

根据经验，按D的分值划分成5个危险等级，具体标准见表8.24。

表8.23　事故后果分值(C)

分数值	事故造成的后果
100	10人以上死亡
40	数人死亡
15	一人死亡
7	严重伤残
3	有伤残
1	轻伤，需救护

表8.24　危险性等级划分

危险性分值(D)	危险程度
≥320	极度危险，不能继续作业
160～320	高度危险，需要立即整改
70～160	显著危险，需要整改
20～70	比较危险，需要注意
<20	稍有危险，可以接受

我国在推广国外安全性评价方法的基础上，一些高校、科研、产业主管部门和企业也都开展了安全性评价的理论与方法的研究，并制定了适合行业生产特点的安全性评价标准。1988 年 1 月 1 日国家机械工业委员会首先颁布并实施了《机械工业安全评价标准》，接着化工部、冶金部、核工业部、航天航空部和（原）中石化总公司、国家医药管理局等制定的安全评价方法也相继推出。这些评价方法大多用于对现有企业或装置的安全性评价。下面对《化工厂危险程度分级》和《石化企业安全性综合评价实施办法》做一简介。

1）石化企业安全性综合评价实施办法

该法是采取安全检查表逐项赋值，以加权平均法得到企业的总分，从而确定其安全等级。

评价原理是应用系统工程的方法，将企业划分成若干个系统，每个系统按逻辑层次分成不同层（级）的分系统（或子系统），每个系统最后一层子系统即为安全检查表。检查表的每一项视其重要程度的不同赋予一定的分数值。一张检查表满分为 100 分。同一层（级）各分系统根据其对总体安全性所起的重要作用分别给予一定的权重系数，这些权重系数之和等于 1。评价时由检查表的实得分逐层向前推算，最后得到企业的总分。

具体评价方法如下：

（1）系统划分。采用系统分割的方法，将生产企业划分成生产运行、公用工程、生产辅助、储存运输、厂区布置及作业环境、消防、工业卫生和综合安全管理八个系统（图 8.15）。

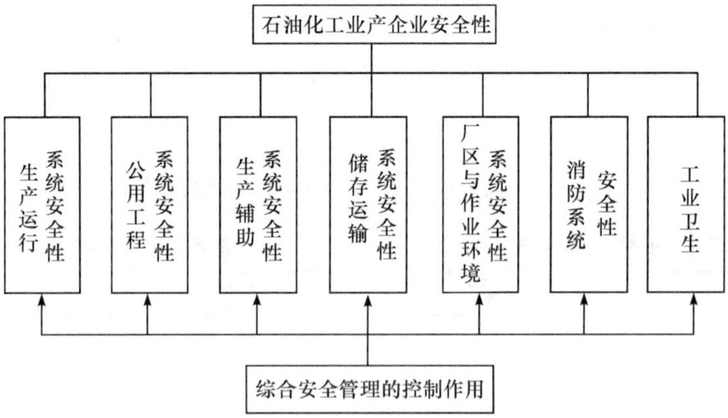

图 8.15　生产企业的系统划分图

（2）评价方法。按检查表的检查内容和要求，采取现场检查或查阅档案、资料或抽考有关人员等方法进行检查。找出存在的不安全因素和隐患，并按规定扣分。

（3）企业安全性评价计算分值的方法。

① 系统和子系统评价值均以100分为满分。按照检查表对评价对象实施评价，采用按标准扣分的方法计算，扣完为止，不计负分。系统或子系统采取权重系数赋值法，同一个系统所属各分系统权重系数之和等于1。

② 系统(或分系统)分值计算公式如下：

$$M_i=\sum_{j=1}^{n}K_{ij}M_{ij} \tag{8.20}$$

式中，M_i——系统评价分值；

K_{ij}——分系统权重系数；

M_{ij}——分系统评价分值；

n——分系统的项目数。

③ 系统权重系数。各系统权重系数建议取值见表8.25。

表8.25 各系统权重系数建议值

系统名称	生产运行	公用工程	生产辅助	储存运输	厂区环境	工业卫生	消防
权重系数符号	K_1	K_2	K_3	K_4	K_5	K_6	K_7
权重系数	0.35	0.15	0.10	0.20	0.05	0.10	0.05

各评价工厂可根据实际情况另行确定。

④ 生产运行系统评价分值的计算。一个企业若有几套生产装置，生产运行系统评价分值既是各分系统评价分值的总成，又是各装置评价分值的总成。计算方法如下：

a. 按装置的危险程度将其划分为A、B、C、D四类，各类装置的权重系数(k_A、k_B、k_C、k_D)分别为

$$k_A=\frac{4}{4a+3b+2c+d}$$

$$k_B=\frac{3}{4a+3b+2c+d}$$

$$k_C=\frac{2}{4a+3b+2c+d}$$

$$k_D=\frac{1}{4a+3b+2c+d}$$

式中，a——企业中A类装置个数；

b——企业中B类装置个数；

c——企业中C类装置个数；

d——企业中D类装置个数。

b. 对各装置生产运行系统进行评价，评价的分值分别为 M_{Aj}、M_{Bj}、M_{Cj}、M_{Dj}。

c. 计算出企业生产运行系统的评价分值：

$$M_1 = \sum_{j=1}^{a} k_A M_{Aj} + \sum_{j=1}^{b} k_B M_{Bj} + \sum_{j=1}^{c} k_C M_{Cj} + \sum_{j=1}^{d} k_D M_{Dj} \tag{8.21}$$

⑤ 缺项计算。

a. 分系统如有缺项，计算分值时用已有项目评价的分值与其权重系数之积的总和除以已有项目权重系数之和得出，即

$$M_i = \frac{\sum_{j=1}^{n} k_{ij} M_{ij}}{\sum_{j=1}^{n} k_{ij}} \tag{8.22}$$

式中，M_i——系统评价分值；

k_{ij}——分系统权重系数；

M_{ij}——分系统评价分值。

b. 子系统（安全检查表）缺项计算分值时，以实得分与应得分之比乘以 100 得评价分值。

$$M=\frac{m_i}{m_Q}\times 100 \tag{8.23}$$

式中，M——子系统分值；

m_i——子系统评价实得分；

m_Q——去掉缺项的应得分。

⑥ 企业最终评价结果计算。

$$A = \frac{g}{100}\sum_{i=1}^{7} K_i M_i \tag{8.24}$$

式中，A——企业安全评价最终结果分值；

g——综合安全管理评价分值；

K_i——系统权重系数；

M_i——系统评价分值。

(4) 等级划分

根据最终评价结果分值将企业划分为 4 个等级，划分标准见表 8.26。

表 8.26　等级划分

安全等级	最终评价结果分值范围
本质安全级	$A>95$
一般安全级	$95\geqslant A\geqslant 80$
临界安全级	$80>A\geqslant 60$
不安全级	$A<60$

注：评价过程中，如果某一系统安全评价值低于 60 分，则企业安全评价等级降一级。

(5) 评价程序

具体评价程序见图 8.16。

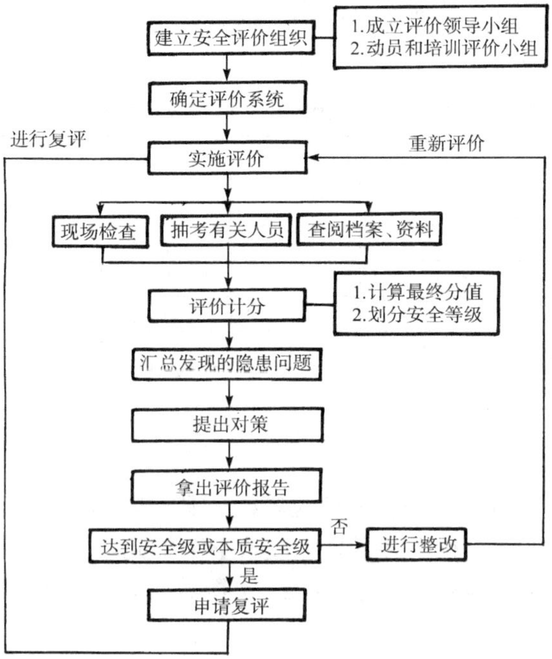

图 8.16　评价程序

本评价法评价结果可靠与否关键取决于安全检查表的制定和权重系数的取值两个方面是否合理、准确。

为使检查表能真实反映子系统安全状况，必须依据国家、部委及石化总公司有关安全卫生法规、标准的要求，结合国内外同类或类似系统事故案例、其他分析方法的结果以及本单位的经验，并由安全工程专业人员、企业工程技术人员、管理人员及操作工人共同讨论、制定安全检查表的内容和各项取值。

权重系数是衡量分系统安全性对系统整体安全性的影响程度。其大小取决于事故发生的可能性和事故后果的严重程度。权重系数的确定方法有多种，这里只介绍专家调查法和两两比较法两种。

专家调查法是请对企业比较熟悉且有丰富经验的专家，通过调查表的方式直接调查。此法是将各个层(级)所包含的分系统列成表格，发给专家，各自分别给予权数。然后将调查结果进行统计处理，即可得到各分系统(或子系统)的权重系数。调查的对象包括企业各级领导、工程技术人员、各部门管理干部。实践证明，该法调查的人员越多，代表的面越宽，结果越趋于合理。该法操作简便，适用范围广。

两两比较法是将同一层次各分系统分别列于表的纵向和横向，两两比较其重要性，同因素比较无意义，记“×”号，重要的在格内记“1”，次要的记“0”。表 8.27 为 4 因素比较确定权重系数的结果。表中纵向 a 与 4 因素比，a 与 a 比无意义，与

b、c 比重要，与 d 比次要，分别在对应的格内记入“×”、“1”、“0”，依次类推。各因素横向数值之和(g_i)与 4 个因素 g_i 之和的比值，即为各因素权重系数。

表 8.27 4 因素比较确定权重系数

因素名称	a	b	c	d	评分值(g_i)	权重系数 $k_i=g_i/\sum_{i=1}^{4}g_i$
a	×	1	1	0	2	0.33
b	0	×	1	0	1	0.17
c	0	0	×	1	1	0.17
d	1	1	0	×	2	0.33
总计					$\sum g_i=6$	$\sum k_i=1$

2) 化工厂危险程度分级

该法主要用于评价化工企业的危险等级。其步骤如下：

(1) 将工厂按工艺过程或装置划分成若干个单元。

(2) 查出单元内危险物质的火灾爆炸指数 F，毒性指数 P，并求出物质指数 M：

$$M=F+P$$

F 值按照《建筑设计防火规范》中物质分类(甲、乙、丙、丁、戊)确定(0～30)。

P 值按照物质毒性(分为无毒、基本无毒、低毒、中毒、高毒、剧毒六级)确定(0～30)。

(3) 用物质指数 M_i、物质的重量(t)W_i 和状态系数 K_i，根据式(8.25)求出单元物量指数 WF：

$$\mathrm{WF}=\sqrt[3]{\sum_{i=1}^{n}M_i^3\cdot K_i\cdot W_i} \tag{8.25}$$

物质状态系数 K_i 的取值如下：

工艺状态时：气态物质 $K_{气}=200$，液态物质 $K_{液}=10$，固态物质 $K_{固}=4$；

储存状态时：气态物质 $K_{气}=10$，液态物质 $K_{液}=0.5$，固态物质 $K_{固}=0.2$。

(4) 求出单元固有危险指数 g：

$$g=\mathrm{WF}\cdot\alpha_1\cdot\alpha_2\cdot\alpha_3\cdot\alpha_4 \tag{8.26}$$

式中，α_1——工艺系数，由作业方式、物料温度、操作压力、操作浓度、作业危险度、明火作业、静电危害 7 个方面修正系数计算求得；

α_2——设备系数，由运转方式、设备高度、脆(袴)性材料、检测装置、设备状态、防爆电气、设备先进程度 7 个方面修正系数计算求得；

α_3——厂房系数，由厂房结构型式、防火间距、建筑物耐火等级、厂房泄压面积、安全疏散距离 5 个方面修正系数计算求得；

α_4——安全装置系数，由安全装置各项修正系数计算求得。

(5) 求出安全与卫生管理修正系数 α_5 和工厂环境修正系数 α_6。

α_5 由工厂安全管理检查表逐项检查赋值，计算求得。α_6 根据厂界外延 500m 的区域特征分成 5 级，依据其等级确定系数。

(6)计算工厂危险指数 G。选取工厂内固有危险指数最大五个单元的指数值用以计算工厂危险指数。

$$G=\sqrt{\sum_{i=1}^{5}\frac{g_i^2}{5}}\cdot\alpha_5\cdot\alpha_6 \quad (8.27)$$

(7) 确定工厂危险等级。根据工厂危险指数 G 值由表 8.28 确定工厂危险等级。

表 8.28 工厂危险等级划分

工厂危险指数 G	工厂危险等级
$G<50$	最低度危险
$50\leqslant G<99$	低度危险
$100\leqslant G<249$	中度危险
$250\leqslant G<500$	高度危险
$G\geqslant 500$	最高度危险

思 考 题

1. 什么是安全评价？它包括哪些内容？
2. 何谓安全指标？怎样确定安全指标？
3. 对建设项目进行安全预评价的目的和意义是什么？
4. 安全评价的原理主要有哪几种？什么是类推法？简述常用的几种类推方法。
5. 安全评价的基本程序有哪些？
6. 美国道化学公司第七版评价法的步骤有哪些？
7. 《道七版》的物质系数是什么？它是根据什么确定的？
8. 《道七版》一般工艺危险性和特殊工艺危险性都包括哪些内容？
9. 简述英国 ICI 公司蒙德法的评价程序。
10. 日本化工企业六阶段安全评价法包括哪六个阶段？它是怎样进行定量评价的？

习 题

基本事件	故障概率
X_1	0.01
X_2	0.02
X_3	0.03
X_4	0.04

1. 已知图 8.17 和 8.18 所示的事故树各基本事件的故障概率如右表所示，请分别求出顶上事件发生概率。
2. 对图 7.5 所示的反应器温度控制系统，试计算在不考虑温度报警器时该系统总的故障率、可靠度、故障概率和平均故障间隔期。假设操作周期为一年，各元件的故障率见表 8.4。

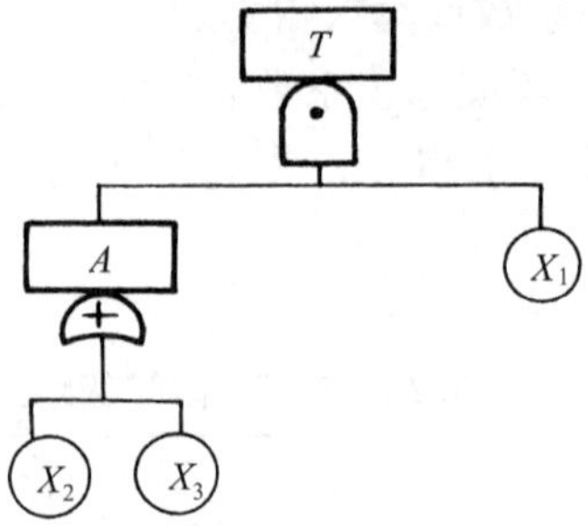

图 8.17　事故树图

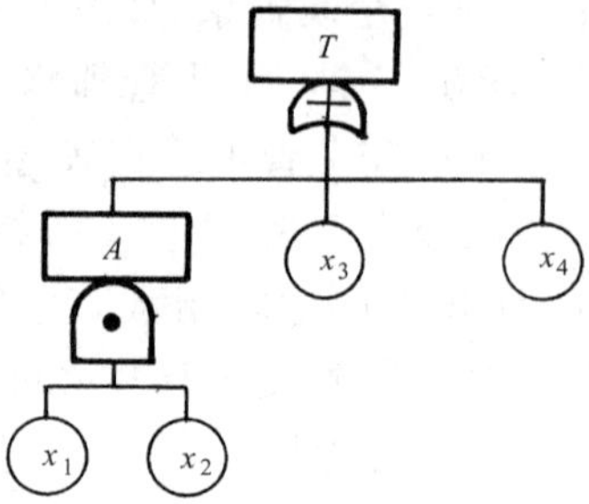

图 8.18　事故树图

3. 某储罐区有两个 $400m^3$ 的氯乙烯球罐，分别装有约 300t 氯乙烯液化气体。球罐的压力为 $5kgf \cdot cm^{-2}$(g)，温度为常温，在两个球罐的周围有防火堤，氯乙烯对设备材质有轻微腐蚀性。试用"单元危险性快速排序法"对该储罐区潜在危险性进行评价，确定其危险性等级。
4. 某企业有 5 套生产装置，分别是常减压、催化、脱硫、裂解、丙烯腈。各装置生产运行系统的评价分值如下表：

装　置	$M_{催}$	$M_{裂}$	$M_{常}$	$M_{丙}$	$M_{脱}$
评价分值	82.0	75.4	83.5	78.2	80.3

这些装置的危险程度分类为 A 类. 催化、裂解；B 类. 常减压、丙烯腈；C 类. 脱硫。请计算该企业生产运行系统的评价分值。

参考文献

[1] 田兰等. 化工安全技术. 北京:化学工业出版社,1984

[2] 陈行表,谈宗山等. 防火防爆安全技术. 上海:上海市劳动保护宣教中心,1988

[3] Daniel A C. Chemical Process Safety Fundamentals with Application. Prentice-Hall,Inc. ,1990

[4] 〔德〕巴尔特克纳西特 F. 爆炸过程和防护措施. 何宏达译,翁德庆校. 北京:化学工业出版社,1980

[5] 波德莎 F T. 工业防爆技术. 蒋运茂译. 北京:劳动人事出版社,1987

[6] 中国石化总公司. 石油化工安全技术(高级本). 北京:石油工业出版社,1987

[7] 〔日〕前澤正禮. 安全工程学. 魏殿柱,董裕译. 北京:化学工业出版社,1989

[8] 曾清樵. 建筑防爆设计. 北京:中国建筑工业出版社,1986

[9] 王莹等. 现代职业医学. 北京:人民卫生出版社,1996

[10] 夏元洵. 化学物质毒性全书. 上海:上海科学技术出版社,1991

[11] 童建,冯致英. 环境化学物的联合毒作用. 上海:上海科学技术出版社,1994

[12] 顾学萁,王簃兰. 劳动卫生学. 2 版. 北京:人民卫生出版社,1984

[13] 桂宝康编译. 职业卫生与安全百科全书. 北京:中国大百科全书出版社,1987

[14] 张维凡等. 常用化学危险物品安全手册(一、二卷). 北京:中国医药科技出版社,1992

[15] 〔日〕北川徹三. 爆炸事故的分析. 黄九华,刘培德译. 北京:化学工业出版社,1984

[16] 国务院令第 373 号.《特种设备安全监察条例》,2003

[17] 宋继红. 中国压力设备的安全现状和发展趋势. 化工机械年会,2008

[18] 国家质检总局. 2005 年全国特种设备安全状况通报. 2006

[19] 国家质量技术监督局. 压力容器安全技术监察规程. 北京:中国劳动社会保障出版社,1999

[20] 谢铁军等.《固定式压力容器安全技术监察规程》修订情况综述. 压力容器,2008(10),1

[21] 王志文,蔡仁良. 压力容器设计. 3 版. 北京:化学工业出版社,2007

[22] 蔡仁良,顾伯勤,宋鹏云. 过程装备密封技术. 2 版. 北京:化学工业出版社,2006

[23] 高忠白等. 压力容器安全管理工程. 北京:中国石化出版社,1992

[24] 国家技术监督局. 钢制压力容器(GB 150—1998). 北京:中国标准出版社,1998

[25] 王信义,陈庆林. 压力容器制造安全技术及质量管理. 北京:中国劳动出版社,1993

[26] 陈凤锦. 压力容器安全技术. 北京:化学工业出版社,2004

[27] 国家质检总局特种设备安全监察局. TSG R7001:压力容器定期检验规则,2004

[28] 谢亚东. 压力容器使用管理与安全. 北京:原子能出版社,1995

[29] 中国寰球化学工程公司. HG/T 20570. 2—95:安全阀的设置和选用. 北京:化工部工程建设标准编辑中心,1996

[30] 中国寰球化学工程公司. HG/T 20570. 3—95:爆破片的设置和选用. 北京:化工部工程建设标准编辑中心,1996

[31] Callister W D Jr. Materials Science and Engineering:An Introduction. New York:John Wiley & Sons Inc,1997

[32] 张也影. 流体力学. 2 版. 北京:高等教育出版社, 1999

[33] 王绍亭,陈涛. 动量、热量与质量传递. 天津:天津科学技术出版社,1986

[34] 童志权. 大气环境影响评价. 北京:中国环境科学出版社,1988
[35] Bird R B. 传递现象. 袁一等译. 北京:化学工业出版社,1990
[36] 王致清. 流体力学基础. 北京:高等教育出版社,1987
[37] 林肇信. 大气污染控制工程. 北京:高等教育出版社,1991
[38] 〔日〕難波桂芳. 化工厂安全工程. 李崇理,陈振兴,孙世杰译. 北京:化学工业出版社,1986
[39] Burgoyne J H. The Assessment and Control of Major Hazards. The Institution of Chemical Engineers,1985
[40] 冯肇瑞等. 安全系统工程. 2版. 北京:冶金工业出版社,1993
[41] 〔日〕井上威恭. 最新安全科学. 冯翼译. 南京:江苏科学技术出版社,1988
[42] 隋鹏程,陈宝智. 安全原理与事故预防. 北京:冶金工业出版社,1988
[43] 曲和鼎. 安全系统工程概论. 北京:化学工业出版社,1988
[44] 中国石化总公司安全监察部. 安全评价资料汇编. 1990
[45] 闪淳昌等. 建设项目(工程)劳动安全卫生预评价指南. 大连:大连海事大学出版社,1999
[46] 刘潜等. 从劳动保护工作到安全科学. 武汉:中国地质大学出版社,1992
[47] 王显政等. 安全评价. 3版. 北京:煤炭工业出版社,2005
[48] 〔日〕北川徹三. 化学安全工学. 吉林省公安消防总队译. 北京:群众出版社,1981
[49] 〔德〕纳伯尔特 K,雄恩 G. 可燃性气体和蒸汽的安全技术参数手册. 李合德译. 北京:机械工业出版社,1983

附　　录

Ⅰ　部分可燃性气体和蒸气的火灾、爆炸危险性参数

1	2	3	4	5	6	7	8		9	10
物质名称	分子式	相对密度		熔点/℃	沸点/℃	闪点/℃	爆炸极限/%		最大爆炸压力/10^2×kPa	引燃温度/℃
		水:1	空气:1				下限	上限		
甲烷	CH_4		0.6	−182	−162		5.0	16	7.17	537
乙烷	C_2H_6		1.0	−172	−89		3.0	16		472
丙烷	C_3H_8	0.5	1.6		−42		2.1	9.5	8.428	450
丁烷	C_4H_{10}		2.0		−1	−60*	1.5	8.5		287
戊烷	C_5H_{12}	0.6	2.5		36	<−40	1.7	9.75	8.134	260
乙烯	C_2H_4		1.0		−104		2.7	36		425
丙烯	C_3H_6	0.5			−47		1.0	15	8.82	455
1-丁烯	$CH_3CH_2CH{=}CH_2$	0.8	3.11		−6	−80*	1.6	10	6	385
顺-2-丁烯	$CH_3CH{=}CHCH_3$	0.6	1.9		4	−73*	1.6	10		325
反-2-丁烯	$CH_3CH{=}CHCH_3$		1.9		1	−73*	1.6	10		324
异丁烯	$CH_2C(CH_3)CH_3$	0.59	1.9	−140	−7	−82.78*	1.8	8.8		465
1,3-丁二烯	$CH_2{=}CHCH{=}CH_2$		1.9		−4	−78*	1.4	16.3		415
1-戊烯	$CH_3(CH_2)_2CH{=}CH_2$	0.7	2.4		30	<−20	1.4	8.7		275
1,3-戊二烯（顺反式混合）	$CH_2{=}CHCH{=}CHCH_3$	0.7	2.4		−43	−29	3	3		
苯	C_6H_6	0.9	2.8	6	80	−11	1.2	8.0	8.8	560
甲苯	$C_6H_5CH_3$	0.9	3.1		111	4	1.2	7.0	7.84	535
对二甲苯	$C_6H_4(CH_3)_2$	0.9	3.7		138	25	1.1	7.0		525
邻二甲苯	$C_6H_4(CH_3)_2$	0.9	3.7		144	30	1.0	7.0	7.644	463
乙苯	$C_2H_5C_6H_5$	0.9	3.7		136	15	1.0	6.7		432
苯乙烯	$C_6H_5C_2H_3$	0.9	3.6		146	32	1.1	6.1		490
苯酚	C_6H_5OH	1.1	3.2		181	79	1.3	9.5		595
氯乙烯	CH_2CHCl	0.9	2.2		−14		3.6	31	6.66	415
氯苯	C_6H_5Cl	1.1	3.9		132	28	1.3	9.6	5.6	590
氯乙烷	C_2H_5Cl	0.9	2.2		12	−50	3.6	14.8		510
联苯	$C_6H_5C_6H_5$	1.2		70	254	113	0.6	5.8		540
萘	$C_{10}H_8$	1.1	4.4	80	218	79	0.9	5.9		526
甲胺	CH_3NH_2	1.0		−92	−6	0*	4.3	21		430

续表

1	2	3	4	5	6	7	8		9	10
物质名称	分子式	相对密度		熔点/℃	沸点/℃	闪点/℃	爆炸极限/%		最大爆炸压力/10^2×kPa	引燃温度/℃
		水:1	空气:1				下限	上限		
乙胺*	$C_2H_5NH_2$			−80.6	16.6	<−17.78	3.5	14		385
乙二胺*	$NH_2CH_2CH_2NH_2$			8.5	117.2	43.3				385
苯胺	$C_6H_5NH_2$	1.0	3.2	−6	184	70	1.2	11		615
苯甲醚	$C_6H_5OCH_3$	1.0	3.7	−3.7	154	41	0.3	6.3		475
硝基苯	$C_6H_5NO_2$	1.2	4.3		211	88	1.8			480
甲醇	CH_3OH	0.8	1.1	−98	64	11	5.5	44		385
乙醇	C_2H_5OH	0.8	1.6		78	12	3.3	19		363
正丙醇	$CH_3CH_2CH_2OH$	0.8	2.1		97	15	2.0	13.7		392
异丙醇	$(CH_3)_2CHOH$	0.8	2.1	−88	82	14	2.0	12.7		399
1,2-乙二醇	HOC_2H_4OH	1.1			197	111	3.2			398
丁醇	$CH_3(CH_2)_2CH_2OH$	0.8	2.6		117	35	1.4	11.2		340
2-丁醇	$CH_3CH_2CHOHCH_3$	0.8	2.6		94	24	1.7	9.8		390
氯乙醇	CH_2ClCH_2OH	1.2	2.8	−70	129	55	4.9	15.9		425
甲醛	$HCHO$		1.0	−117	−19	50	7.0	73		420
丙酮	CH_3COCH_3	0.8	2.0	−96	56	−20	2.5	13	8.7	465
乙醚*	$C_2H_5OC_2H_5$			−116.2	34.6	−45	1.85	36.5		160
二甲醚	$(CH_3)_2O$		1.6		−24		2.0	50	8.8	350
(二)苯醚	$(C_6H_5)_2O$	1.1		27	259	115	0.8	1.5		618
甲酸	$HCOOH$	1.2	1.6	8	101	50	18	57		434
乙酸	CH_3COOH	1.0	2.1	17	118	39	4.0	17		463
丙烯酸	$CH_2{=}CHCOOH$	1.1	2.5	13	42	50	2.4	8.0		438
丙烯酸甲酯	$CH_2{=}CHCOOCH_3$	1.0	3.0	<−75	80	−3	1.2	25		468
丙烯酸乙酯	$CH_2{=}CHCOOC_2H_5$	0.9	3.5		99	9	1.4	14		350
乙酸乙酯	$CH_3COOC_2H_5$	0.9	3.0	−83	77	−4	2.0	11.5	8.5	426
乙酸甲酯	CH_3COOCH_3	0.9	2.8	−99	60	−10	3.1	16	8.6	454
丙烯酸丁酯	$CH_2{=}CHCOOC_4H_9$	0.9	4.4		145	37	1.2	9.9		275
乙腈	CH_3CN	0.8	1.4	−45	82	2	3.0	16		524
丙烯腈	$CH_2{=}CHCN$	0.8	1.8	−82	77	−5	2.8	28		480
甲苯-2,4-二异氰酸酯	$CH_3C_6H_3(NCO)_2$	1.2	6.0		251	127	0.9	9.5		

续表

1	2	3	4	5	6	7	8		9	10
物质名称	分子式	相对密度		熔点/℃	沸点/℃	闪点/℃	爆炸极限/%		最大爆炸压力/$10^2\times$kPa	引燃温度/℃
		水:1	空气:1				下限	上限		
环氧乙烷	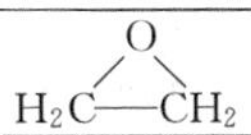	0.9	1.5		11	<−18	2.6	100		429
四氢呋喃	$OCH_2CH_2CH_2CH_2$	0.9	2.5		66	−20	1.5	12.4		230
环丁砜	$CH_2(CH_2)_3SO_2$	1.3		27	285					
乙炔	C_2H_2	0.4	0.9	−81	−83		2.1	100 (80)		
丙炔	$CH_3C\equiv CH$		1.4		−23		1.7			
2-丁炔	$CH_3C\equiv CCH_3$	0.69	1.86	−32.2	27	<−20	1.4			
丙烯醛	$CH_2=CHCHO$	0.8	1.9	−88	52	−26	2.8	31		220
丙二烯	$H_2C=C=CH_2$	1.4		−146	−34		1.7	12		
丁苯	$C_6H_5C_4H_9$	0.9	4.6		180	48～60	0.7	6.9		410
丁基氯	C_4H_9Cl	0.9	3.2		77	−12	1.8	10.1		240
环己烷	C_6H_{12}	0.8	2.9	7	82	−16.5	1.2	8.4	8.43	245
乙硼烷	B_2H_6		0.95		−93		0.8	9.8		38～52
二乙胺	$(C_2H_5)_2NH$	0.7	2.5	−50	57	−23	1.7	10.1		312
二甲胺	$(CH_3)_2NH$				7		2.8	14.4		400
乙硫醇	C_2H_5SH	0.8	2.1	−148	35	−45	2.8	18		
硝酸乙酯	$CH_3CH_2ONO_2$	1.1	3.1	−112	88	10	3.8			
亚硝酸乙酯	CH_3CH_2ONO	0.9	2.6		17	−35	3.0	50		90
乙酐	$(CH_3CO)_2O$	1.1	3.5	−73	140	49	2.0	10.3	6.0	316
一氧化碳	CO	1.0		−205	−192		12	74	7.2	605
二硫化碳	CS_2	1.3	2.6		46	−30	1.0	60	7.6	90
樟脑	$C_{10}H_{16}O$	1.0	5.24		204	66	0.6	4.5		460
氨	NH_3	0.61	0.6	−78	−33	132	15	30.2	5.8	630
氢氰酸	HCN	0.7	0.9	−13	26	−18	5.4	46.6	9.2	535
氢	H_2		0.1	−259	−252		4	75		500
硫化氢	H_2S	0.79	1.2	−86	−60		4.0	44* 46	4.9	260
砷化氢	AsH_3						4.5	100		

注：1）数据摘自：中华人民共和国公安部消防局. 1990. 可燃气体、蒸气、粉尘火灾危险性参数手册. 哈尔滨：黑龙江科学技术出版社

2）带 * 的数据，摘自：《防火检查手册》编辑委员会. 1982. 防火检查手册. 上海：上海科学技术出版社

3）爆炸极限为体积分数。

Ⅱ 《化工行业职业性接触毒物危害程度分级》HG 24001—96

Ⅰ级(极度危害)			
联苯胺	染料生产	甲基对硫磷	生产及储运
2-萘胺	橡胶加工,染料生产	三乙基氯化锡	三乙基氯化锡油漆制造及使用
磷胺	生产及储运	煤焦油沥青挥发物	煤焦油沥青熔化
甲拌磷	生产及储运	叠氮酸	有机合成,叠氮钠制造
久效磷	生产及储运	叠氮钠	雷管制造
内吸磷	生产及储运		
Ⅱ级(高度危害)			
丁二烯	合成橡胶及塑料生产	氟及其无机化合物	磷肥生产
1,2-二氯乙烷	超细纤维滤膜生产,制药	磷化氢	电石中磷化钙水解,磷化铝水解
碘甲烷	碘甲烷制造及使用	氯化苦(三氯硝基甲烷)	有机合成,粮库熏蒸
环氧乙烷	环氧乙烷生产,合成洗涤剂生产、熏蒸消毒	甲基丙烯酸环氧丙酯	飞机制造业
肼(联氨)	制药、火箭推进剂制造	三甲苯磷酸酯	橡胶、塑料加工
一甲肼	火箭推进剂制造	甲基内吸磷	生产及储运
偏二甲肼	火箭推进剂制造,火箭安装维修	乐果	生产及储运
氯联苯	氯联苯制造,电容器、变压器绝缘	氧化乐果	生产及储运
氯苯	氯萘制造,电容器、电缆绝缘	溴氰菊酯	生产及储运
甲苯胺	染料、香料、离子交换树脂生产	氯乙酸	生产靛蓝染料,合成咖啡因,制造乐果
二甲苯胺	染料生产、制药	铊	滤色玻璃、光电管制造
丙烯酰胺	树脂合成,矿井、水坝堵水固沙,造纸	硒及化合物	
Ⅲ级(中度危害)			
氯甲烷	硅酮、甲基纤维素生产	二甲基乙酰胺	聚酰胺树脂生产,合成纤维生产
二氯甲烷	电影胶片生产	乙腈	丙烯腈制造,维生素 B_1 及香料生产
三氯甲烷	氟里昂制造,合成纤维生产	吡啶	焦化厂吡啶生产,制药
四氯乙烯	干洗	氰氨化钙	氰氨化钙制造
氯苯	染料、农药生产	氯乙醇	医药、农药生产
一甲胺	农药、医药生产	二氯丙醇	离子交换树脂制造
二甲胺	制革,农药生产		

续表

Ⅲ 级(中度危害)			
乙胺	农药、表面活性剂和离子交换树脂生产	糠醛	医药、农药生产、食品防腐、香烟加工
乙二胺	医药、农药生产	邻苯二甲酸酐	生产及储运
锑及其化合物(不包括锑化氢)	锑矿开采、锑冶炼、涂料、颜料生产	三氯化磷	医药、农药生产
钴及其氧化物	碳化钨冶炼	五氧化二磷	磷酸制造
氢化锂	核材料加工	马拉硫磷	生产及储运
铜尘、烟	铜熔炼、氧化亚铜生产	杀螟松	生产及储运
二氧化硫	硫酸制造,二氧化硫储运	氰戊菊脂	生产及储运
三氯氢硅	三氯氢硅生产,多晶硅生产	硝化甘油	医药、炸药制造
Ⅳ 级(轻度危害)			
己内酰胺	合成树脂、合成纤维、人造革生产	丁烯	合成橡胶及塑料生产
秋兰姆	橡胶加工	环己烷	己内酰胺生产,油漆脱膜
正丁醛	丁酸纤维素生产	液化石油气	液化石油气制造、储运
环己酮	己内酰胺生产	抽余油	抽余油生产
二噁烷	用作溶剂、乳化剂、去垢剂	萘	焦化厂提取萘,染料生产
乙醚	用作溶剂、麻醉剂	四氢化萘	油脂提取,橡胶加工
丙醇	制药、油漆和化妆品生产	萘烷	鞋油制造
异丙醇	制药、化妆品、香料和涂料生产	松节油	油脂提取,合成樟脑生产
乙二醇	合成树脂、合成纤维和化妆品生产	氧化锌	有色金属冶炼,无机盐生产,橡胶、涂料添加剂
戊醇	油漆、塑料、水果香精和炸药制造	二氧化锡	锡矿开采,锡冶炼
环己醇	己内酰胺生产,醋酸纤维及硝化棉生产	二氧化钛	颜料、涂料制造
间苯二酚	制药,染料和感光胶片生产	钼及其化合物	钼冶炼、玻璃、陶瓷制造
四氢呋喃	制药(咳必清、黄体酮),合成橡胶生产	锆及其化合物	锆冶炼,锆合金、玻璃、陶瓷制造
乙酸甲酯	硝化纤维素,人造革生产	碳化钨	碳化钨冶炼
乙酸乙酯	清漆、染料、药物、香料生产	六氟化硫	六氟化硫合成,高压电器绝缘
乙酸丙酯	调味剂、香料生产	硫酰氟	粮仓熏蒸杀虫
乙酸丁酯	硝化纤维、清漆生产	异稻瘟净	生产及储运
乙酸戊酯	香料、化妆品、胶卷生产、青霉素萃取	百菌清	生产及储运
丙烯酸甲酯	合成橡胶、涂料生产	丙烯酸	黏合剂、涂料生产
甲基丙烯酸甲酯	有机玻璃制造	二月桂酸二丁基锡	塑料加工

Ⅲ　物质系数和特性

化　合　物	物质系数 MF	燃烧热 H_c /BTU·(lb×10^3)$^{-1}$	N　FPA 分级		
			健康危害 N_h	易燃性 N_f	化学活性 N_r
乙醛	24	10.5	3	4	2
乙酸	14	5.6	3	2	1
乙酐	14	7.1	3	2	1
丙酮	16	12.3	1	3	0
丙酮合氰化氢	24	11.2	4	2	2
乙腈	16	12.6	3	3	0
乙酰氯	24	2.5	3	3	2
乙炔	29	20.7	0	4	3
乙酰基乙醇氨	14	9.4	1	1	1
过氧化乙酰	40	6.4	1	2	4
乙酰水杨酸[5]	16	8.9	1	1	0
乙酰基柠檬酸三丁酯	4	10.9	0	1	0
丙烯醛	29	11.8	4	3	3
丙烯酰胺	24	9.5	3	2	2
丙烯酸	24	7.6	3	2	2
丙烯腈	24	13.7	4	3	2
烯丙醇	16	13.7	4	3	1
烯丙胺	16	15.4	4	3	1
烯丙基溴	16	5.9	3	3	1
烯丙基氯	16	9.7	3	3	1
烯丙醚	24	16.0	3	3	2
氯化铝	24	(2)	3	0	2
氨	4	8.0	3	1	0
硝酸胺	29	12.4(7)	0	0	3
乙酸戊酯	16	14.6	1	3	0
硝酸戊酯	10	11.5	2	2	0
苯胺	10	15.0	3	2	0
氯酸钡	14	(2)	2	0	1
硬脂酸钡	4	8.9	0	1	0
苯甲醛	10	13.7	2	2	0
苯	16	17.3	2	3	0
苯甲酸	14	11.0	2	3	1
乙酸苄酯	4	12.3	1	1	0
苄醇	4	13.8	2	1	0
苄基氯	14	12.6	2	2	1
过氧化苯甲酰	40	12.0	1	3	4
双酚 A	14	14.1	2	1	1
溴	1	0.0	3	0	0
溴苯	10	8.1	2	2	0
邻-溴甲苯	10	8.5	2	2	0

续表

化合物	物质系数 MF	燃烧热 H_c /BTU·(lb×10^3)$^{-1}$	NFPA分级		
			健康危害 N_h	易燃性 N_f	化学活性 N_r
1,3-丁二烯	24	19.2	2	4	2
丁烷	21	19.7	1	4	0
1-丁醇	16	14.3	1	3	0
1-丁烯	21	19.5	1	4	0
乙酸丁酯	16	12.2	1	3	0
丙烯酸丁酯	24	14.2	2	2	2
(正)丁胺	16	16.3	3	3	0
溴代丁烷	16	7.6	2	3	0
氯丁烷	16	11.4	2	3	0
2,3-环氧丁烷	24	14.3	2	3	2
丁基醚	16	16.3	2	3	1
特丁基过氧化氢	40	11.9	1	4	4
硝酸丁酯	29	11.1	1	3	3
过氧化乙酸特丁酯	40	10.6	2	3	4
过氧化苯甲酸特丁酯	40	12.2	1	3	4
过氧化特丁酯	29	14.5	1	3	3
碳化钙	24	9.1	3	3	2
硬脂酸钙[3]	4	—	0	1	0
二硫化碳	21	6.1	3	4	0
一氧化碳	21	4.3	3	4	0
氯气	1	0.0	4	0	0
二氧化氯	40	0.7	3	1	4
氯乙酰氯	14	2.5	3	0	1
氯苯	16	10.9	2	3	0
三氯甲烷	1	1.5	2	0	0
氯甲基乙基醚	14	5.7	2	1	1
1-氯-1-硝基乙烷	29	3.5	3	2	3
邻-氯酚	10	9.2	3	2	0
三氯硝基甲烷	29	5.8[4]	4	0	3
2-氯丙烷	21	10.1	2	4	0
氯苯乙烯	24	12.5	2	1	2
氧杂萘邻酮	24	12.0	2	1	2
异丙基苯	16	18.0	2	3	1
异丙基过氧化氢	40	13.7	1	2	4
氨基氰	29	7.0	4	1	3
环丁烷	21	19.1	1	4	0
环己烷	16	18.7	1	3	0
环己醇	10	15.0	1	2	0
环丙烷	21	21.3	1	4	0
DER* 331	14	13.7	1	1	1

续表

化　合　物	物质系数 MF	燃烧热 H_c /BTU·(lb×10^3)$^{-1}$	N　FPA 分级		
			健康危害 N_h	易燃性 N_f	化学活性 N_r
二氯苯	10	8.1	2	2	0
1,2-二氯乙烯	24	6.9	2	3	2
1,3-二氯丙烯	16	6.0	3	3	0
2,3-二氯丙烯	16	5.9	2	3	0
3,5-二氯代水杨酸	24	5.3	0	1	2
二氯苯乙烯	24	9.3	2	1	2
过氧化二枯基	29	15.4	0	1	3
二聚环戊二烯	16	17.9	1	3	1
柴油	10	18.7	0	2	0
二乙醇胺	4	10.0	1	1	0
二乙胺	16	16.5	3	3	0
间-二乙基苯	10	18.0	2	2	0
碳酸二乙酯	16	9.1	2	3	1
二甘醇	4	8.7	1	1	0
二乙醚	21	14.5	2	4	1
二乙基过氧化物	40	12.2	—	4	4
二异丁烯	16	19.0	1	3	0
二异丙基苯	10	17.9	0	2	0
二甲胺	21	15.2	3	4	0
2,2-二甲基-1-丙醇	16	14.8	2	3	0
1,2-二硝基苯	40	7.2	3	1	4
2,4-二硝基苯酚	40	6.1	3	1	4
1,4-二噁烷	16	10.5	2	3	1
二氧戊环	24	9.1	2	3	2
二苯醚	4	14.9	1	1	0
二丙二醇	4	10.8	0	1	0
二特丁基过氧化物	40	14.5	3	2	4
二乙烯基乙炔	29	18.2	—	3	3
二乙烯基苯	24	17.4	2	2	2
二乙烯基醚	24	14.5	2	3	2
DOWANOL* DM	10	10.0	2	2	0
DOWANOL* EB	10	12.9	1	2	0
DOWANOL* PM	16	11.1	0	3	0
DOWANOL* PnB	10	—	0	2	0
DOWICIL* 75	24	7.0	2	2	2
DOWICIL* 200	24	9.3	2	2	2
DOWFROST*	4	9.1	0	1	0
DOWFROST* HD	1	—	0	0	0
DOWFROST* 250	1	—	0	0	0
DOWTHERM* 4000	4	7.0	1	1	0

续表

化　合　物	物质系数 MF	燃烧热 H_c /BTU·(lb×10^3)$^{-1}$	N　FPA 分级		
			健康危害 N_h	易燃性 N_f	化学活性 N_r
DOWTHERM* A	4	15.5	2	1	0
DOWTHERM* G	4	15.5	1	1	0
DOWTHERM* HT	4	—	1	1	0
DOWTHERM* J	10	17.8	1	2	0
DOWTHERM* LF	4	16.0	1	1	0
DOWTHERM·Q	4	17.3	1	1	0
DOWTHERM* SR-1	4	7.0	1	1	0
DURSBAN*	14	19.8	1	2	1
3-氯-1,2-环氧丙烷	24	7.2	3	3	2
乙烷	21	20.4	1	4	0
乙醇胺	10	9.5	2	2	0
乙酸乙酯	16	10.1	1	3	0
丙烯酸乙酯	24	11.0	2	3	2
乙醇	16	11.5	0	3	0
乙胺	21	16.3	3	4	0
乙苯	16	17.6	2	3	0
苯甲酸乙酯	4	12.2	1	1	0
溴乙烷	4	5.6	2	1	0
乙基丁基胺	16	17.0	3	3	0
乙基丁基碳酸酯	14	10.6	2	2	1
丁酸乙酯	16	12.2	0	3	0
氯乙烷	21	8.2	1	4	0
氯甲酸乙酯	16	5.2	3	3	1
乙烯	24	20.8	1	4	2
碳酸乙酯	14	5.3	2	1	1
乙二胺	10	12.4	3	2	0
1,2-二氯乙烷	16	4.6	2	3	0
乙二醇	4	7.3	1	1	0
乙二醇二甲醚	10	11.6	2	2	0
乙二醇单乙酸酯	4	8.0	0	1	0
氮丙啶	29	13.0	4	3	3
环氧乙烷	29	11.7	3	4	3
乙醚	21	14.4	2	4	1
甲酸乙酯	16	8.7	2	3	0
2-乙基己醛	14	16.2	2	2	1
1,1-二氯乙烷	16	4.5	2	3	0
乙硫醇	21	12.7	2	4	0
硝酸乙酯	40	6.4	2	3	4
乙氧基丙烷	16	15.2	1	3	0
对-乙基甲苯	10	17.7	3	2	0

续表

化合物	物质系数 MF	燃烧热 H_c /BTU·(lb×10^3)$^{-1}$	N FPA分级		
			健康危害 N_h	易燃性 N_f	化学活性 N_r
氟	40	—	4	0	4
氟(代)苯	16	13.4	3	3	0
甲醛(无水气体)	21	8.0	3	4	0
甲醛,液体(37%～56%)	10	—	3	2	0
甲酸	10	3.0	3	2	0
♯1燃料油	10	18.7	0	2	0
♯2燃料油	10	18.7	0	2	0
♯4燃料油	10	18.7	0	2	0
♯6燃料油	10	18.7	0	2	0
呋喃	21	12.6	1	4	1
汽油	16	18.8	1	3	0
甘油	4	6.9	1	1	0
乙醇腈	14	7.6	1	1	1
(正)庚烷	16	19.2	1	3	0
六氯丁二烯	14	2.0	2	1	1
六氯二苯醚	14	5.5	2	1	1
己醛	16	15.5	2	3	1
己烷	16	19.2	1	3	0
无水肼	29	7.7	3	3	3
氢	21	51.6	0	4	0
氰化氢	24	10.3	4	4	2
过氧化氢(40%～60%)	14	[1]	2	0	1
硫化氢	21	6.5	4	4	0
羟胺	29	3.2	2	0	3
2-羟乙基丙烯酸酯	24	8.9	2	1	2
羟丙基丙烯酸酯	24	10.4	3	1	2
异丁烷	21	19.4	1	4	0
异丁醇	16	14.2	1	3	0
异丁胺	16	16.2	2	3	0
异丁基氯	16	11.4	2	3	0
异戊烷	21	21.0	1	4	0
异戊间二烯	24	18.9	2	4	2
异丙醇	16	13.1	1	3	0
异丙基乙炔	24	—	2	4	2
乙酸异丙酯	16	11.2	1	3	0
异丙胺	21	15.5	3	4	0
异丙基氯	21	10.0	2	4	0
异丙醚	16	15.6	2	3	1
喷气式发动机燃料 A&A-1	10	21.7	0	2	0
喷气式发动机燃料 B	16	21.7	1	3	0
煤油	10	18.7	0	2	0

续表

化合物	物质系数 MF	燃烧热 H_c /BTU・(lb×10^3)$^{-1}$	N FPA 分级		
			健康危害 N_h	易燃性 N_f	化学活性 N_r
十二烷基溴	4	12.9	1	1	0
十二烷基硫醇	4	16.8	2	1	0
十二烷基过氧化物	40	15.0	0	1	4
LORSBAN* 4E	14	3.0	1	2	1
润滑油	4	19.0	0	1	0*
镁	14	10.6	0	1	1
马来酸酐	14	5.9	3	1	1
甲基丙烯酸	24	9.3	3	2	2
甲烷	21	21.5	1	4	0
乙酸甲酯	16	8.5	1	3	0
甲基乙炔	24	20.0	2	4	2
丙烯酸甲酯	24	18.7	3	3	2
甲醇	16	8.6	1	3	0
甲胺	21	13.2	3	4	0
甲基戊基甲酮	10	15.4	1	2	0
硼酸甲酯	16	—	2	3	1
碳酸二甲酯	16	6.2	2	3	1
甲基纤维素(袋装)	4	6.5	0	1	0
甲基纤维素粉[5]	16	6.5	0	1	0
氯甲烷	21	5.5	1	4	0
氯乙酸甲酯	14	5.1	2	2	1
甲基环己烷	16	19.0	2	3	0
甲基环戊二烯	14	17.4	1	2	1
二氯甲烷	4	2.3	2	1	0
甲撑二苯基二异氰酸盐	14	12.6	2	1	1
甲醚	21	12.4	2	4	1
甲基乙基甲酮	16	13.5	1	3	0
甲酸甲酯	21	6.4	2	4	0
甲肼	24	10.9	4	3	2
甲基乙丁基甲酮	16	16.6	2	3	1
甲硫醇	21	10.0	4	4	0
甲基丙烯酸甲酯	24	11.9	2	3	2
2-甲基丙烯醛	24	15.4	3	3	2*
甲基乙烯基甲酮	24	13.4	4	3	2
石油	4	17.0	0	1	0
重质灯油	10	17.6	0	2	0
氯苯	16	11.3	2	3	0
一氨基乙醇	10	9.6	2	2	0
石脑油	16	18.0	1	3	0
萘	10	16.7	2	2	0

续表

化合物	物质系数 MF	燃烧热 H_c /BTU·(lb×10^3)$^{-1}$	N FPA分级		
			健康危害 N_h	易燃性 N_f	化学活性 N_r
硝基苯	14	10.4	3	2	1
硝基联苯	4	12.7	2	1	0
硝基氯苯	4	7.8	3	1	0
硝基乙烷	29	7.7	1	3	3
硝化甘油	40	7.8	2	2	4
硝基甲烷	40	5.0	1	3	4
硝基丙烷	24	9.7	1	3	2
对-硝基甲苯	14	11.2	3	1	1
N-SERV*	14	15.0	2	2	1
(正)辛烷	16	20.5	0	3	0
辛硫醇	10	16.5	2	2	0
油酸	4	16.8	0	1	0
氧己环	16	13.7	2	3	1
戊烷	21	19.4	1	4	0
过乙酸	40	4.8	3	2	4
高氯酸	29	[1]	3	0	3
原油	16	21.3	1	3	0
苯酚	10	13.4	4	2	0
2-皮考啉	10	15.0	2	2	0
聚乙烯	10	18.7	—	—	
发泡聚苯乙烯	16	17.1	—	—	—
聚苯乙烯片料	10	—	—	—	—
钾(金属)	24	—	3	3	2
氯酸钾	14	[1]	1	0	1
硝酸钾	29	[1]	1	0	3
高氯酸钾	14	—	1	0	1
过四氧化二钾	14	—	3	0	1
丙醛	16	12.5	2	3	1
丙烷	21	19.9	1	4	0
1,3-二胺基丙烷	16	13.6	2	3	0
炔丙醇	29	12.6	4	3	3
炔丙基溴	40	13.7[4]	4	3	4
丙腈	16	15.0	4	3	1
乙酸丙酯	16	11.2	1	3	0
丙醇	16	12.4	1	3	0
正丙胺	16	15.8	3	3	0
丙苯	16	17.3	2	3	0
1-氯丙烷	16	10.0	2	3	0
丙烯	21	19.7	1	4	1
二氯丙烯	16	6.3	2	3	0

续表

化合物	物质系数 MF	燃烧热 H_c /BTU·(lb×10^3)$^{-1}$	N FPA分级		
			健康危害 N_h	易燃性 N_f	化学活性 N_r
丙二醇	4	9.3	0	1	0
氧化丙烯	24	13.2	3	4	2
n-丙醚	16	15.7	1	3	0
n-硝酸丙酯	29	7.4	2	3	3
吡啶	16	5.9	2	3	0
钠	24	—	3	3	2
氯酸钠	24	—	1	0	2
重铬酸钠	14	—	1	0	1
氢化钠	24	—	3	3	2
次硫酸钠	24	—	2	1	2
高氯酸钠	14	—	2	0	1
过氧化钾	14	—	3	0	1
硬脂酸	4	15.9	1	1	0
苯乙烯	24	17.4	2	3	2
氯化硫	14	1.8	3	1	1[5]
二氧化硫	1	0.0	3	0	0
SYLTHERM* 800	4	12.3	1	1	0
SYLTHERM* XLT	10	14.1	1	2	0
TELONE* 11	16	3.2	2	3	0
TELONE* C-17	16	2.7	3	3	1
甲苯	16	17.4	2	3	0
甲苯-2,4-二异氰酸盐	24	10.6	3	1	2
三丁胺	10	17.8	3	2	0
1,2,4-三氯化苯	4	6.2	2	1	0
1,1,1-三氯乙烷	4	3.1	2	1	0
三氯乙烯	10	2.7	2	1	0
1,2,3-三氰丙烷	10	4.3	3	2	0
三乙醇胺	14	10.1	2	1	1
三乙基铝	29	16.9	3	4	3
三乙胺	16	17.8	3	3	0
三甘醇	4	9.3	1	1	0
三异丁基铝	29	18.9	3	4	3
三异丙基苯	4	18.1	0	1	0
三甲基铝	29	16.5	—	3	3
三丙胺	10	17.8	2	2	0
乙烯基乙酸酯	24	9.7	2	3	2
乙烯基乙炔	29	19.5	2	4	3
乙烯基烯丙醚	24	15.5	2	3	2
乙基烯丁基醚	24	15.4	2	3	2
氯乙烯	24	8.0	2	4	2

续表

化　合　物	物质系数 MF	燃烧热 H_c /BTU·(lb×10^3)$^{-1}$	N　FPA 分级		
			健康危害 N_h	易燃性 N_f	化学活性 N_r
4-乙烯基环己烯	24	19.0	0	3	2
乙烯基·乙基醚	24	14.0	2	4	2
1,1-二氯乙烯	24	4.2	2	4	2
乙烯基甲苯	24	17.5	2	2	2
对二甲苯	16	17.6	2	3	0
氯酸锌	14	[2]	1	0	1
硬脂酸锌	4	10.1	0	1	0

注：燃烧热(H_c)是燃烧所生成的水处于气态时测得的值，当 H_c 以 kcal·mol^{-1}的形式给出时，可乘以1800 除以相对分子质量转换成英热单位/磅(BTU·lb^{-1}，1BTU=252cal)。

[1]具有强氧化性的氧化剂；

[2]在水中分解；

[3]MF 是经过包装的物质的值；

[4]H_c 相当于 6 倍分解热(H_d)的值；

[5]作为粉尘进行评价。

* 道化学公司的注册商标。

表 3.14　石油化工厂总平面布置的防火间距(m)

项目		工艺装置(单元)			全厂重要设施		明火地点	地上可燃液体储罐									沸点低于45℃的甲$_B$类液体全压力储罐	液化烃储罐					可燃气体储罐	液化烃及甲$_B$、乙类液体			罐装站		甲类物品仓库(库棚或堆场)	罐区甲、乙类泵(房)、全冷冻式液化烃储存的压缩机(包括添加剂设施及其专用变配电室、控制室)	污水处理场(隔油池、污油罐)	铁路走行线(中心线)、原料及产品运输道路(路面边)	备注
								甲$_B$、乙类固定顶				浮顶、内浮顶或丙$_A$类固定顶						全压力式和半冷冻式储存			全冷冻式储存												
		甲	乙	丙	一类	二类		>5000m^3	>1000~5000m^3	>500~1000m^3	≤500m^{3}或卧式	>20000m^3	>5000~20000m^3	>1000~5000m^3	>500~1000m^3	≤500m^{3}或卧式		>1000m^3	>100~1000m^3	≤100m^3	>10000m^3	≤10000m^3	>1000~50000m^3	码头装卸区	汽车装卸站	铁路装卸设施、槽车洗罐站	液化烃	甲$_B$、乙类液体及可燃与助燃气体					
工艺装置(单元)	甲	30/25	25/20	20/15	40	35	30	50	40	30	25	40	35	30	25	20	40	60	50	40	70	60	25	35	25	30	30	25	30	20	25	15	注1、2
	乙	25/20	20/15	15/10	35	30	25	40	35	25	20	35	30	25	20	15	35	55	45	35	65	55	20	30	20	25	25	20	25	15	20	10	
	丙	20/15	15/10	10	30	25	20	35	30	20	15	30	25	20	15	10	30	50	40	30	60	50	15	25	15	20	20	15	20	10	15	10	
全厂重要设施	一类	40	35	30	—	—	—	60	50	45	40	50	45	40	35	30	50	80	70	55	90	80	40	50	40	45	45	40	45	30	35	—	注3
	二类	35	30	25	—	—	—	50	40	35	30	40	35	30	25	20	40	70	60	45	80	70	30	40	30	35	35	30	35	20	25	—	
明火地点		30	25	20	—	—	—	40	35	30	25	35	30	25	20	15	35	60	50	40	70	60	30	35	25	30	30	25	30	15	25	—	注4
地上可燃液体储罐 甲$_B$、乙类固定顶	>5000m^3	50	40	35	60	50	40	见表3.15									40	50	45	40	40	30	30	50	25	25	35	30	35	20	25	20	注5、2
	>1000~5000m^3	40	35	30	50	40	35										30	40	35	30	40	30	25	40	20	20	30	25	30	15	20	15	
	>500~1000m^3	30	25	20	45	35	30										25	35	30	25	40	30	20	35	15	15	25	20	25	12	15	12	
	≤500m^{3}或卧式罐	25	20	15	40	30	25										20	30	25	20	40	30	15	30	10	10	20	15	20	10	15	10	
地上可燃液体储罐 浮顶、内浮顶或丙$_A$类固定顶	>20000m^3	40	35	30	50	40	35										35	45	40	35	40	30	25	45	25	25	30	25	30	20	25	20	
	>5000~20000m^3	35	30	25	45	35	30										30	40	35	30	40	30	20	40	20	20	25	20	25	15	20	15	
	>1000~5000m^3	30	25	20	40	30	25										25	35	25	20	40	30	15	35	15	15	20	15	20	12	15	12	
	>500~1000m^3	25	20	15	35	25	20										20	30	20	15	40	30	10	30	12	12	17	12	15	10	15	10	
	≤500m^{3}或卧式罐	20	15	10	30	20	15										15	25	15	10	40	30	8	25	10	10	15	10	10	8	15	10	
沸点低于45℃的甲$_B$类液体全压力储罐		40	35	30	50	40	35	40	30	25	20	35	30	25	20	15	见表3.16				40	30	25	40	20	20	30	25	30	25	20	20	
液化烃储罐 全压力和半冷冻式储存	>1000m^3	60	55	50	80	70	60	50	40	35	30	45	40	35	30	25					40	30	40	55	45	50	45	40	60	35	30	25	
	>100~1000m^3	50	45	40	70	60	50	45	35	30	25	40	35	25	20	15					40	30	30	45	35	40	40	35	50	30	25	20	
	≤100m^3	40	35	30	55	45	40	40	30	25	20	35	30	20	15	10					40	30	25	40	30	35	35	30	40	25	25	15	
液化烃储罐 全冷冻式储存	>10000m^3	70	65	60	90	80	70	40	40	40	40	40	40	40	40	40	40	40	40	40	见表3.16		50	65	55	60	55	50	70	45	40	25	
	≤10000m^3	60	55	50	80	70	60	30	30	30	30	30	30	30	30	30	30	30	30	30			40	55	45	50	45	40	60	35	30	25	
可燃气体储罐	>1000~50000m^3	25	20	15	40	30	30	30	25	20	15	25	20	15	10	8	25	40	30	25	50	40	见表3.16	25	15	20	20	15	20	15	20	10	注6、2
液化烃及甲$_B$、乙类液体	码头装卸区	35	30	25	50	40	35	50	40	35	30	45	40	35	30	25	40	55	45	40	65	55	25	—	20	25	30	25	35	15	30	10	注7、2
	汽车装卸站	25	20	15	40	30	25	25	20	15	10	25	20	15	12	10	20	45	35	30	55	45	15	20	—	15	20	15	25	10	20	10	
	铁路装卸设施、槽车洗罐站	30	25	20	45	35	30	25	20	15	10	25	20	15	12	10	20	50	40	35	60	50	20	25	15	10	25	20	20	12	25	15(10)	
灌装站	液化烃	30	25	20	45	35	30	35	30	25	20	30	25	20	17	15	30	45	40	35	55	45	20	30	20	25	—	—	30	25	25	10	
	甲$_B$、乙类液体及可燃与助燃气体	25	20	15	40	30	25	30	25	20	15	25	20	15	12	10	25	40	35	30	50	40	15	25	15	20	—	—	25	20	20	10	
甲类物品仓库(库棚)或堆场		30	25	20	45	35	30	35	30	25	20	30	25	20	15	10	30	60	50	40	70	60	20	35	25	30	30	25	—	20	25	10	注8、2
罐区甲、乙类泵(房)、全冷冻式液化烃储存的压缩机(包括添加剂设施及其专用变配电室、控制室)		20	15	10	30	20	15	20	15	12	10	20	15	12	10	8	20	35	30	25	45	35	15	15	10	12	25	20	20	—	15	10	注9、2
污水处理场(隔油池、污油罐)		25	20	15	35	25	25	25	20	15	15	25	20	15	15	15	20	30	25	25	40	30	20	30	20	25	25	20	25	15	—	10	注10、2
铁路走行线(中心线)、原料及产品运输道路(路面边)		15	10	10	—	—	—	20	15	12	10	20	15	12	10	10	20	25	20	15	25	25	10	10	10	15(10)	10	10	10	10	10	—	注11
可能携带可燃液体的高架火炬		99	90	90	90	90	60	90	90	90	90	90	90	90	90	90	90	90	90	90	90	90	90	90	90	90	90	90	90	60	90	50	—
厂区围墙(中心线)或用地边界线		25	25	20	—	—	—	35	35	25	25	35	30	25	20	20	30	30	30	30	40	40	30	—	25	30	30	25	15	15	15	—	—

注:1) 分子适用于石油化工装置,分母适用于炼油装置;
2) 工艺装置或可能散发可燃气体的设施与工艺装置明火加热炉的防火间距应按明火地点的防火间距确定;
3) 工厂消防站与甲类工艺装置的防火间距不应小于 50m。区域性重要设施与相邻设施的防火间距,可减少 25%(火炬除外);
4) 与散发火花地点的防火间距,可按与明火地点的防火间距减少 50%(火炬除外),但散发火花地点应布置在火灾爆炸危险区域之外;
5) 罐组与其他设施的防火间距按相邻最大罐容积确定;埋地储罐与其他设施的防火间距可减少 50%(火炬除外)。当固定顶可燃液体罐采用氮气密封时,其与相邻设施的防火间距可按浮顶、内浮顶罐处理;丙$_B$类固定顶罐与其他设施的防火间距可按丙$_A$类固定顶罐减少 25%(火炬除外);
6) 单罐容积等于或小于 1000m^3,防火间距可减少 25%(火炬除外);大于 50000m^3,应增加 25%(火炬除外);
7) 丙类液体,防火间距可减少 25%(火炬除外)。当甲$_B$、乙类液体铁路装卸采用全密闭装卸时,装卸设施的防火间距可减少 25%,但不应小于 10m(火炬除外);
8) 本项包括可燃气体、助燃气体的实瓶库。乙、丙类物品库(棚)和堆场防火间距可减少 25%(火炬除外);丙类可燃固体堆场可减少 50%(火炬除外);
9) 丙类泵(房),防火间距可减少 25%(火炬除外),但当地上可燃液体储罐单罐容积大于 500m^3 时,不应小于 10m;地上可燃液体储罐单罐容积小于或等于 500m^3 时,不应小于 8m;
10) 污油泵的防火间距可按隔油池的防火间距减少 25%(火炬除外);其他设备或构筑物防火间距不限;
11) 铁路走行线和原料产品运输道路应布置在火灾爆炸危险区域之外。括号内的数字用于原料及产品运输道路;
12) 表中"—"表示无防火间距要求或执行相关规范。